INDÚSTRIA QUÍMICA
RISCOS E OPORTUNIDADES

II

Capa: Moema Cavalcanti

PEDRO WONGTSCHOWSKI

INDÚSTRIA QUÍMICA

RISCOS E OPORTUNIDADES

2.ª edição revista e ampliada

Indústria química: riscos e oportunidades
© 2002 Pedro Wongtschowski
2ª edição – 2002
5ª reimpressão – 2019
Editora Edgard Blücher Ltda.

Blucher

Rua Pedroso Alvarenga, 1245, 4º andar
04531-934 – São Paulo – SP – Brasil
Tel.: 55 11 3078-5366
contato@blucher.com.br
www.blucher.com.br

É proibida a reprodução total ou parcial por quaisquer
meios sem autorização escrita da editora.

Todos os direitos reservados pela Editora
Edgard Blücher Ltda.

Dados Internacionais de Catalogação na Publicação (CIP)
(Câmara Brasileira do Livro, SP, Brasil)

Wongtschowski, Pedro
   Indústria química : riscos e oportunidades /
Pedro Wongtschowski 2ª ed. rev. e ampl. – São Paulo :
Blucher, 2002.

   Bibliografia.
   ISBN 978-85-212-0312-4

   1. Indústria química 2. Indústria química –
Brasil I. Título.

09-01416	CDD-338.47661

Índice para catálogo sistemático:
1. Indústria química : Economia   338.47661

CONTEÚDO

ABREVIATURAS DE PRODUTOS QUÍMICOS IX

1. INTRODUÇÃO 1

2. INDÚSTRIA QUÍMICA MUNDIAL 8

Histórico 8

    Período 1850-1914 9

    Período 1914-1918 13

    Período 1918-1939 16

    Período 1939-1955 23

    Período pós-1955 29

Definição de indústria química 37

Produtos químicos — Classificação 45

Tendências da indústria química mundial 49

    Produção e comércio químico mundial 49

    Desenvolvimento químico mundial 59

    Tecnologia 64

    Futuro da indústria química mundial 67

A questão ambiental 84

    Histórico 84

    A ação governamental 85

    Reação da indústria à ação governamental 92

    Conclusão 99

A indústria farmacêutica 101

    Introdução 101

    Histórico 101

    Período 1820-1880 102

    Período 1880-1930 103

VI

Período 1930-1960 108

Período 1960-1980 116

Período pós-1980 122

Bibliografia do Capítulo 2 131

3. **INDÚSTRIA QUÍMICA NO BRASIL** 132

Histórico 132

A indústria química pós-60 150

A indústria petroquímica 150

A indústria de fertilizantes 156

A indústria de cloro e soda 157

A indústria de química fina 158

A alcoolquímica 159

A indústria química pós-90 164

A indústria petroquímica 167

A indústria de fertilizantes 170

A indústria de cloro e soda 172

A indústria de química fina 173

A alcoolquímica 174

A indústria farmacêutica 174

Tendências da indústria química brasileira 177

Bibliografia do Capítulo 3 186

4. **PREÇOS NA INDÚSTRIA QUÍMICA** 187

Introdução 187

Ciclos da indústria química 188

Competição imperfeita 201

Concentração do mercado químico 204

Componentes do custo industrial 215

Características gerais do mercado químico 216

Dinâmica dos mercados 218

Preços no Brasil 222

Bibliografia do Capítulo 4 230

5. **FATORES DE VULNERABILIDADE** 231

Introdução 231

Incertezas na demanda 231

Substituição e mudanças no produto 232

Razões ecológico-ambientais 233

Mudanças de hábito de consumo 236

Mudanças nas normas que regulam o comércio exterior 236

Questões regulatórias 237

Variações climáticas 237

Reciclagem 237

Desaparecimento do cliente 238

Incertezas tecnológicas 238

Alterações de processo 238

Alterações de rota tecnológica 241

Mudanças de catalisador 243

Mudanças na concepção de equipamentos 245

Mudanças na legislação ambiental 245

Substituição ou mudanças no produto 246

Incertezas nas margens 248

Bibliografia do Capítulo 5 257

6. TÉCNICAS DE REDUÇÃO DE VULNERABILIDADE. 258

Introdução 258

Redução de erro na previsão de demanda 259

Redução de risco tecnológico 260

Redução de erro na previsão de margens 262

Metodologias de implantação 272

Gerenciamento da carteira de negócios 277

Bibliografia do Capítulo 6 283

GLOSSÁRIO DE TERMOS ESTRANGEIROS. 284

ÍNDICE DE PRODUTOS QUÍMICOS. 286

ÍNDICE DE EMPRESAS QUÍMICAS. 295

VIII

ABREVIATURAS DE PRODUTOS QUÍMICOS

ABS	Borracha acrilonitrila-butadieno-estireno
APG	Alquilpoliglucosídeo
BHC	Benzeno hexaclorado
BTX	Benzeno, tolueno, xileno
CFC	Clorofluorcarbono
DCE	Dicloroetano
DDT	Diclorodifeniltricloroetano
DMT	Tereftalato de dimetila
DNA	Ácido desoxirribonucleico
EDTA	Ácido etilenodiaminotetracético
EPDM	Monômero de eteno-propeno-dieno
GABA	Ácido gama-aminobutírico
LABS	Alquilbenzenossulfonato de sódio linear
LSD	Dietilamida do ácido lisérgico
MDI	Diisocianato de metileno
MEG	Monoetilenoglicol
MMA	Metacrilato de metila
MTBE	Éter-metil-terc-butílico
NPK	Fertilizante contendo nitrogênio, fósforo e potássio
PDO	1,3 propanodiol
PEAD	Polietileno de alta densidade
PEBD	Polietileno de baixa densidade
PELBD	Polietileno linear de baixa densidade
PES	Fibra de poliéster
PET	Resina de tereftalato de polietileno
PP	Polipropileno
PTA	Ácido tereftálico purificado
PTT	Tereftalato de politrimetileno

X

PVC	Cloreto de polivinila
SBR	Borracha estireno-butadieno
TBA	Álcool butílico terciário
TDI	Diisocianato de tolueno
TNP	Trinitrofenol
TNP	Trinitrotolueno
VCM	Cloreto de vinila monômero

CAPÍTULO 1

INTRODUÇÃO

Os últimos anos têm testemunhado profundas alterações na indústria química mundial. Companhias como a Ciba-Geigy, Hoechst, Rhône- Poulenc e Sandoz abandonaram os produtos químicos e se transformaram, primeiro, em empresas especialistas em"ciências da vida"e, menos de três anos depois, em empresas farmacêuticas. Na verdade todos esses nomes desapareceram, sendo substituídos por Novartis (fusão das áreas farmacêuticas da Ciba-Geigy e da Sandoz) e por Aventis (fusão das áreas farmacêuticas da Hoechst e da Rhône-Poulenc).

A segunda metade da década de 90 viu surgirem, no cenário químico, nomes novos como Acordis, Astaris, Avecia, Basell, Clariant, Cognis, Dynea, Imerys, Ineos, Noveon, Noviant, Sandia, Sensient, Solutia, Solvias, Solvin, Syngenta, Vantico, Wintech. Nomes tradicionais como Albright-Wilson, Allied Signal, Arco Chemical, Hüls, Neste, Union Carbide, Upjohn e outros desapareceram.

As transformações em curso na indústria mundial têm como motivadores principais a **globalização**, a **concentração**, a **especialização** e a **descentralização geográfica**.

A **globalização** é reflexo, na indústria química, da mobilidade de capital, da revolução nas comunicações e da abertura generalizada de mercados. Como conseqüência, a indústria padronizou seus produtos (porque os clientes, em grande parte, padronizaram sua demanda), fazendo com que não haja relação geográfica direta entre cliente e fornecedor. Clientes globalizados desejam, idealmente, que seus fornecedores atendam suas demandas em qualquer lugar do mundo, com produto idêntico e em iguais condições comerciais.

A **concentração** é o processo de criação de empresas de grande porte, que se beneficiam basicamente do poder de escala. O processo de concentração ocorreu na indústria farmacêutica com a criação, por exemplo, da GlaxoSmithKline em 2000 (produto final da fusão entre SmithKline, Beecham, Glaxo e Burroughs-Wellcome), da Novartis em 1996 (a partir da Ciba-Geigy e Sandoz) e da Pharmacia (produto final da fusão da Pharmacia, Upjohn e da área farmacêutica da Monsanto) em 2000.

A **concentração** ocorreu na indústria de petróleo com a formação da BP Amoco, depois BP, da ExxonMobil, da TotalFinaElf e da Chevron-Texaco.

A **concentração** ocorreu na indústria de produtos químicos industriais com a absorção da Union Carbide pela Dow em 1999 e da Degussa, Hüls, SKWTrostberg e Th. Goldschmidt pela Degussa em 2000.

A **especialização** está ocorrendo em muitos setores. Na produção de resinas plásticas, por exemplo, há novas empresas, *spin-offs*[*] ou *joint ventures* de grandes empresas que reduziram seu foco: a Basell em poliolefinas, a Ticona em plásticos de engenharia, a Equistar em eteno e polietileno, entre outras. A ICI, a nona maior empresa química mundial em 2000, reduziu de dez para quatro as suas áreas de atuação, transformando-se em uma empresa de especialidades químicas. As empresas de produtos de limpeza e higiene pessoal como a Unilever e a Henkel venderam suas atividades químicas. A DyStar passou a concentrar o negócio de corantes da Hoechst, da Bayer e da Basf.

O processo de especialização teve, adicionalmente, o curioso efeito de fazer com que empresas que descobriram, e primeiro comercializaram certos produtos, posteriormente os abandonassem. Exemplos típicos incluem metanol, PEBD e fibra poliéster pela ICI, corantes e fibra acrílica pela Bayer, corantes pela Basf, explosivos e náilon pela DuPont, PVC pela BF Goodrich, glicerina sintética pela Shell e magnésio metálico pela Dow. As unidades que fabricavam esses produtos foram vendidas pelos criadores originais ou, alternativamente, alocadas a *joint ventures* ou a empresas criadas por *spin-offs*, como forma indireta de venda.

A **descentralização geográfica** é fenômeno relativamente novo na indústria. A produção de derivados de gás natural migrou para os países em que esse insumo é excedente e portanto de baixo custo. Canadá, Indonésia, Arábia Saudita, Kuwait e Venezuela abrigarão crescentemente unidades de produção de derivados de eteno. Chile, Trinidad e Tobago e Nova Zelândia abrigam grandes produtores mundiais de metanol. A Malásia e as Filipinas atraem usuários de óleos láuricos.

O poder na indústria química — como de resto na indústria de transformação como um todo — está paulatinamente trocando de mãos. As indústrias químicas foram fundadas por empreendedores que administravam seus negócios com absoluta liberdade. As grandes empresas em que esses negócios se transformaram passaram a contar, especialmente nos Estados Unidos, com uma base acionária muito ampla, fazendo com que o comando migrasse, muitas vezes, para os executivos dessas empresas. Fenômeno semelhante ocorreu na Europa, a despeito de a base acionária ser em grande parte distinta da norte-americana. Recentemente, a força dos fundos de pensão, dos fundos de ações e de outros investidores institucionais têm aumentado o grau de influência dos acionistas sobre as empresas.

Empresas químicas têm sofrido pressões crescentes da comunidade financeira, que molda, limita e orienta as ações dos seus executivos, que perderam, portanto, parte de sua autonomia decisória. A ação da empresa química mundial passou igualmente a sofrer influências crescentes de outros *stakeholders:* a comunidade, os fornecedores, os clientes e os empregados.

A comunidade influencia a política ambiental e o comportamento social da empresa; os fornecedores e clientes moldam o processo produtivo e os produtos de cada empresa; os empregados — especialmente na Europa e, particularmente, na Alemanha — limitam e influenciam a ação dos executivos.

A indústria química mundial defronta-se com os desafios da competição crescente, da maturidade dos mercados (especialmente os dos países desenvolvidos), da necessidade

---

(*) Ver Glossário de Termos Estrangeiros para as palavras em itálico.

permanente de inovação, da demanda conflitante por preços baixos e por produtos "customizados", das pressões e limitações impostas pelo mercado financeiro, pela comunidade e por outros *stakeholders*.

O que, então, moverá a indústria química no futuro? O **mercado**, a **evolução tecnológica** e a **competição** são os fatores centrais que orientarão a ação dos estrategistas do setor químico. A indústria química fabrica intermediários; seus clientes, a indústria têxtil, a agricultura, a pecuária, a construção civil, a indústria automobilística, determinam, na maior parte das vezes, as tendências da indústria química. A tecnologia deriva da necessidade de melhorar e criar produtos, reduzir investimentos, custos operacionais e consumos energéticos e aumentar a compatibilidade ambiental. A tecnologia pode ainda revelar surpresas de grande alcance como a produção de propeno a partir de metanol, o uso de processos biotecnológicos para fabricação de produtos como riboflavina e lisina, a produção de petróleo sintético, obtido a partir de gás natural, usando a velha síntese de Fischer-Tropsch, e a produção de resinas termoplásticas a partir de milho, soja ou cana de açúcar, processo em desenvolvimento no Brasil (IPT–Copersucar) e nos Estados Unidos (Cargill Dow e Procter & Gamble–ADM).

Mas o que moverá a indústria química no futuro será, acima de tudo, a **competição**. É a competição que implica a busca da sobrevivência, que origina o investimento em pesquisa e desenvolvimento. Esse investimento, as alianças estratégicas e as aquisições representam a busca da superação da obsolescência, risco que ronda permanentemente cada processo e cada produto químico. É a competição que leva à especialização, ao crescimento, à dispersão geográfica.

Também no Brasil as maiores modificações estruturais da indústria química ocorreram na década de 90. A abertura comercial, ocorrida após 1991, encontrou a indústria química brasileira despreparada para a competição. Como resposta à redução de preços no mercado nacional e à diminuição do volume de vendas (causada pela recessão interna e pela ocupação de parte do mercado por importações), a indústria contraiu-se: fecharam-se fábricas, paralisaram-se programas de pesquisa e desenvolvimento, racionalizaram-se suas áreas administrativas. Uma medida dessa contração pode ser dada pela redução de 58% do nível de emprego na indústria entre janeiro de 1990 e dezembro de 2001.

A indústria química enfrenta o conflito entre **especialização** e **concentração**. As duas tendências são, em certa medida, antagônicas em um mercado da dimensão do brasileiro. A indústria de fertilizantes passa por um processo de **concentração**, com fusão de companhias produtivas. A indústria de especialidades químicas e a de *pseudocommodities* tenta, simultaneamente, **concentrar-se** (isto é, aumentar seu volume de vendas) e **especializar-se** (fabricar apenas produtos afins). A indústria de química fina reduz-se e passa por um processo acelerado de **desnacionalização**, com as unidades produtivas brasileiras integrando redes mais amplas de produção e comercialização. No setor petroquímico a tendência claramente é a de concentração, com a Braskem criando um *portfolio* de produtos de primeira e de segunda geração.

A indústria química é parte muito importante da indústria de transformação brasileira. Utiliza globalmente cerca de 12% do petróleo consumido no país, sob a forma de matéria-prima e fonte energética, além de recursos minerais (sal, enxofre, titânio, rocha fosfática, cromo e outros) e insumos agroindustriais (óleos vegetais, etanol, açúcar, por exemplo). O consumo energético setorial alcançou 62 milhões de Gcal/ano em 1999, correspondentes a cerca de 124 mil barris/dia de petróleo. Segundo a Abiquim, o faturamento global da indústria química brasileira em 2001 foi equivalente a US$ 38 bilhões.

A importação de produtos químicos tem contribuído significativamente para o déficit comercial brasileiro. De fato, o déficit químico brasileiro cresceu de US$ 290 milhões em 1983 para US$ 7,2 bilhões em 2001. As importações de produtos químicos representaram cerca de 13% do total de importações efetuadas pelo Brasil, em 2001.

Com a abertura da economia brasileira, a viabilidade da indústria química aqui instalada foi posta à prova. Os produtos importados passaram a concorrer diretamente com a fabricação local, e novos padrões de qualidade e preço foram estabelecidos. À abertura comercial seguiu-se a saída do Estado da indústria petroquímica (com exceção das centrais petroquímicas e de alguns outros casos isolados) e da indústria de fertilizantes. As empresas internacionais aumentaram sua presença no mercado brasileiro, dominando hoje os segmentos mais diretamente ligados aos mercados de consumo, como os de produtos farmacêuticos, tintas, defensivos agrícolas, cosméticos, detergentes e fertilizantes. A presença nacional é ainda preponderante na petroquímica.

O crescimento da economia brasileira deverá fortalecer os setores menos transacionáveis, em especial as indústrias farmacêutica, de cosméticos e detergentes, de defensivos agrícolas e de tintas.

A petroquímica e a indústria de fertilizantes, intrinsecamente menos competitivas no Brasil do que em locais providos de matérias-primas de baixo custo, viabilizar-se-ão via ganho de escala empresarial. A indústria brasileira tem de imaginar, adicionalmente, um cenário de longo prazo, em que:

i)   a integração das Américas esteja presente, e assim avaliar sua competitividade diante de produtores norte-americanos, venezuelanos, argentinos e mexicanos;

ii) a liberação dos mercados de energia e de derivados de petróleo, leve os participantes dessas áreas a buscarem integração vertical a jusante, ou mesmo a criarem negócios integrados petróleo-petroquímica;

iii) o interesse das grandes empresas internacionais em integrar o Brasil às suas redes globais aumente sua presença na América do Sul, via novos investimentos ou, mais provavelmente, via aquisições.

Finalmente, a influência do mercado financeiro sobre a indústria química brasileira começa a se dar de fora para dentro; as empresas brasileiras — mesmo as de capital aberto — são controladas por reduzido número de acionistas, normalmente os empreendedores originais ou seus sucessores. A dimensão e a natureza do mercado acionário brasileiro têm feito com que a captação de capital se dê preponderantemente no exterior. E o mercado financeiro internacional e, em menor medida, os fundos de pensão das grandes empresas brasileiras começam a influenciar e a moldar a ação dos executivos das empresas químicas brasileiras. Essa influência levará as empresas brasileiras a uma administração mais aberta, mais transparente, mais voltada para os resultados, para o crescimento, para a geração do *shareholder value*.

Os produtos e os processos químicos têm-se modificado ao longo da existência da indústria química, fruto da inovação tecnológica e da evolução da demanda. A demanda evoluiu quantitativa e qualitativamente, influenciada por exigências mutantes da própria indústria química, dos setores industriais a jusante da indústria química e de novas necessidades dos consumidores finais. As exigências dos consumidores criaram até duas novas áreas da indústria química: a dos"nutracêuticos", produtos que têm características de nutrientes e de farmacêuticos, e a dos"cosmecêuticos", produtos que têm propriedades cosméticas e farmacêuticas.

Essas modificações, de difícil previsibilidade, tornaram a indústria química especialmente vulnerável. Incertezas quanto à evolução da demanda, quanto ao futuro da tecnologia ligada ao produto, ao seu processo de produção, ao seu uso ou aplicação somam-se a incertezas quanto à evolução das margens, exacerbando a vulnerabilidade da indústria.

As incertezas na demanda derivam, especialmente, da ocorrência de ciclos econômicos, de substituição e mudanças no produto, de razões ecológico-ambientais, de alterações de hábitos de consumo, de mudanças nas normas e diretrizes que regulam o comércio exterior, de questões regulatórias, de variações climáticas, da reciclagem e da mudança da estrutura da indústria usuária do produto químico. As incertezas na demanda implicam, em resumo, o risco da alteração significativa no tamanho do mercado de cada produto químico.

As incertezas tecnológicas advêm de alterações nos processos de produção, alterações de rotas tecnológicas, mudanças de catalisador, mudanças na concepção de equipamentos, modificações na legislação ambiental e substituição do produto. As incertezas tecnológicas implicam, em última análise, a superação, ou mesmo a obsolescência do produto ou do processo utilizado para sua fabricação.

As incertezas nas margens derivam do comportamento distinto, ao longo do tempo, dos preços de cada produto químico e dos insumos necessários para sua produção.

A vulnerabilidade da indústria química, em relação a seus processos e a seus produtos, implica em consideráveis riscos financeiros. A minimização desses riscos é uma das metas da administração de toda indústria química.

As incertezas relativas à demanda devem ser reduzidas, inicialmente, pela contínua previsão do mercado futuro, com o uso das técnicas mais apropriadas em cada caso. Adicionalmente, a contratação prévia da demanda, a integração vertical a jusante e a busca de mercados alternativos — em especial o mercado externo — são mecanismos que podem reduzir as incertezas relativas à demanda.

A redução do risco ocasionado por mudanças tecnológicas — e a busca dos benefícios dessas mesmas mudanças — exige, em primeiro lugar, a realização contínua de trabalhos de previsão tecnológica. Adicionalmente, deve a indústria, sempre que possível, montar instalações próprias de pesquisa e desenvolvimento, para estimular a inovação tecnológica e para permitir que, com conhecimento de causa, a empresa se valha de tecnologia de terceiros, via licenciamento, de alianças tecnológicas e contratos cooperativos de tecnologia.

O controle do risco de redução futura de margens deve ser atividade contínua. Curvas de experiência e técnicas que vinculam as margens ao índice de ocupação da capacidade instalada são instrumentos adequados para essa finalidade. Outras técnicas, visando à redução das incertezas ligadas à variação das margens, são a contratação antecipada de matérias-primas com regras de formação de preço, a contratação de insumos à base de *tolling*, a contratação da venda de produtos com regras definidas de fixação de preços ou divisão de margens, e o uso de instrumentos financeiros para reduzir riscos de flutuação excessiva de preços de insumos ou de produtos.

A adoção de tecnologia de implantação de projetos, incluindo o gerenciamento da ciclicidade, a redução dos prazos de construção e a contratação via sistema de fornecimento global reduzem os riscos relativos à ocasião, à duração e ao custo da implantação de projetos.

Finalmente, a escolha apropriada dos negócios que compõem a carteira de uma empresa permite que a sua rentabilidade global varie, no tempo, substancialmente menos do que a rentabilidade de cada um dos seus negócios.

À grande incerteza quanto à rentabilidade da indústria química, no Brasil e no mundo, tem-se somado uma pressão crescente dos órgãos ambientais, governamentais e não-governamentais, que chegam mesmo a questionar a necessidade e a utilidade da indústria química.

A indústria química compreende um espectro amplo e aparentemente pouco conexo de segmentos industriais: os produtos químicos industriais (aqui incluídos os chamados produtos petroquímicos), as fibras e fios sintéticos, os produtos farmacêuticos, os defensivos agrícolas, os sabões, os detergentes e produtos de limpeza, as tintas e vernizes, os explosivos, os adesivos, os catalisadores e muitos outros.

A análise do setor químico — em particular o estudo de suas características gerais (mercado, tecnologia, gestão) — é complexa, pelo limitado grau de generalização possível.

O setor químico é extremamente heterogêneo; é difícil indicar situações comuns à indústria petroquímica e, por exemplo, à indústria de defensivos agrícolas ou de tintas, salvo situações que sejam comuns à indústria de transformação como um todo. Havendo o objetivo de maior especificidade, a análise tem de se restringir a um segmento determinado do setor químico. Mesmo aí, opções terão de ser feitas: dentro do segmento de produtos químicos industriais, a produção de resinas termoplásticas tem relativamente pouco em comum com a produção de resinas termofixas. Em um caso, os processos são contínuos, a tecnologia de processo vinculada ao uso de catalisadores, os produtos têm ciclo de vida curto; no outro caso, os processos são descontínuos, a tecnologia relativamente estável e os produtos têm longo ciclo de vida. Tome-se o segmento de tintas e vernizes, no qual tintas para a indústria automobilística e tintas de uso imobiliário guardam relativamente pouca relação: as tecnologias são distintas, e os tratamentos mercadológico e econômico, absolutamente dissimilares.

A indústria química não é o único setor industrial cujas *commodities* estão sujeitas a variações cíclicas: produtos agroindustriais e da indústria mineral podem ter comportamento semelhante. Assim, suco de laranja, açúcar, óleos vegetais, celulose, petróleo, gás natural, metais (cobre, alumínio, zinco e outros) estão entre os produtos largamente estudados. Os fatores que influenciam os preços desses produtos são, em parte, comuns ao setor químico: ciclos econômicos, desequilíbrios entre oferta e demanda, novos processos de produção e alterações na demanda, graças a mudanças tecnológicas nos mercados a jusante. As técnicas de previsão de preços e de mercado adotadas por esses setores são, em parte, aplicáveis ao setor químico. A grande heterogeneidade dos produtos do setor químico e sua dependência de um conjunto muito maior e mais complexo de fatores limitam, contudo, o estabelecimento de analogias com esses setores.

As análises do setor químico, feitas pelo governo e pelos *stakeholders* (comunidade, mercado de capitais, clientes, fornecedores, empregados), podem dar ênfase maior ou menor às questões de mercado, tecnologia ou gestão. Ao governo interessa uma indústria química forte: o American Chemistry Council (a associação que congrega as empresas químicas americanas) chama a indústria química de "indústria facilitadora", enquanto o Departamento de Comércio norte-americano a classifica como "indústria viabilizadora"; ambas as caracterizações apontam a dependência de diversas atividades econômicas — a indústria têxtil, a indústria automobilística, a agricultura, a pecuária —, de uma indústria química forte. Não por acaso **todas** as grandes economias do mundo têm indústria química forte. Os países que possuem as maiores indústrias químicas são, pela ordem, os Estados Unidos, o Japão, a Alemanha, a China e a França. A indústria química brasileira está entre as dez maiores do mundo. Na definição de uma eventual política industrial e tecnológica para o setor químico, a viabilidade econômica da indústria será, certamente, critério a considerar; nesse sentido a análise dos fatores que afetam a sua competitividade estará necessariamente presente.

O mercado de capitais analisa, com precisão crescente, a performance e as perspectivas de crescimento e rentabilidade da indústria química. Análises de bancos de investimento são cada vez mais profundas e abrangentes, levantando, em geral com propriedade, pontos fortes e fraquezas das principais indústrias químicas mundiais. Por força de sua influência sobre o acesso a recursos do mercado de capitais, as visões e os objetivos e a forma de atuar dos executivos das empresas químicas são cada vez mais conformes com as expectativas (e os estereótipos) dos bancos de investimento.

A indústria química passa, no mundo e no Brasil, por um processo de questionamento de sua imagem.

Levantamento de opinião pública realizado nos Estados Unidos em 1999 indicou que só um terço dos americanos bem informados tinham opinião favorável sobre a indústria química. Na Alemanha, em 2000, 31% dos pesquisados julga que a indústria química faz muito pouco ou nada para reduzir os efeitos danosos de suas atividades sobre o meio ambiente. Na Inglaterra, em 2000, só 21% dos pesquisados se disse favorável à indústria química. No Brasil, pesquisa feita com a população da Bahia em 2000 indica que 59,5% dos entrevistados julgam que as empresas do Pólo Petroquímico de Camaçari são inseguras.

Sintomaticamente, o tradicional *slogan* da DuPont "Better things for better living through chemistry" mudou inicialmente para "Better things for better living" e depois para "The Miracles of Science".

As próprias entidades representativas da indústria química nos Estados Unidos passaram a evitar a palavra "chemical", substituída por "chemistry"; a primeira tinha, junto ao público, conotação negativa, a segunda lembrava ciência, conhecimento. A "chemical industry" passou a ser chamada de "the business of chemistry"; a CMA — Chemical Manufacturers Association transformou-se em ACC — American Chemistry Council.

William Storck, angustiado pela constatação de que as empresas químicas tradicionais não querem mais fazer parte da indústria química, chega a indagar: "Who's going to make chemicals?"

As incertezas são parte integrante da vida de qualquer negócio e em maior grau, dada a sua natureza, dos negócios envolvendo a fabricação de produtos químicos. A incerteza decorre das alterações constantes no meio ambiente, no mercado, na tecnologia, na legislação, no desejo e na exigência do consumidor. A incerteza existe, e as decisões envolvendo investimentos ou desinvestimentos são tomadas, ao final, por seres humanos. E estes, mesmo quando adotam posturas racionais, são sujeitos a erros. Erros que, muitas vezes, só são perceptíveis *a posteriori*. Erros, muitas vezes, incorridos por uma incompleta ou incorreta previsão quanto ao comportamento, racional ou irracional, de outros agentes.

Os que estudam a indústria química juntam-se aos que, segundo Sherden, são praticantes da "segunda mais velha profissão", a de prever o futuro. Há cinco mil anos, prognosticar o que estava por vir trazia poder e riqueza.

A indústria química é um organismo vivo: o ambiente forçará ou motivará as empresas existentes a se reinventarem continuamente, visando a sobrevivência e ao crescimento. A inovação tecnológica acoplada à iniciativa empresarial farão surgir novos processos, novos produtos, novas empresas e novas formas de operar as empresas existentes.

O desafio da viabilidade continuará dando vida e dinamismo à indústria química.

CAPÍTULO

2 INDÚSTRIA QUÍMICA MUNDIAL

HISTÓRICO

A indústria química nasceu da necessidade de complementação das atividades básicas ligadas à preservação da vida humana. Em seu sentido mais amplo a química está presente em todas as facetas da vida do homem, desde o primitivo homem das cavernas ao homem atual. O fogo, uma das primeiras reações químicas que o homem aprendeu a dominar, a metalurgia do bronze e do ferro, o curtimento de couros, a fiação, o tratamento e tingimento dos primeiros tecidos, a obtenção dos primeiros remédios extraídos de plantas, a elaboração dos alimentos fermentados (panificação e bebidas alcoólicas), a produção de lixívia para a limpeza pessoal e de utensílios, são todas atividades precursoras da indústria química, tal como é conhecida atualmente.

A química é uma ciência essencialmente experimental, e só muito modernamente passou a dispor de recursos teóricos que permitem prever os resultados e as condições nas quais se processam certas reações químicas.

A indústria química, entendida como atividade industrial dentro da conceituação atual, praticamente só existe a partir do século XIX. O grande desenvolvimento e o sucesso da indústria química moderna originaram-se do êxito na realização de duas tarefas: a de descobrir novos produtos e materiais por meio de ensaios de laboratório e a de extrapolar esses ensaios para produção em escala industrial. A primeira corresponde basicamente ao campo da química, a segunda ao da engenharia química.

A moderna indústria química mundial, em uma visão sintética, teve seu desenvolvimento baseado em duas fontes bem distintas:

i) indústria química alemã, desenvolvida por químicos a partir da química derivada do carvão, em unidades de pequeno e médio portes, em geral descontínuas, predominando por quase um século, a partir da segunda metade do século XIX;

INDÚSTRIA QUÍMICA MUNDIAL

ii) indústria química norte-americana, desenvolvida por engenheiros químicos a partir da química derivada do petróleo, em unidades de grande porte, em geral de produção contínua, predominando a partir da segunda metade do século XX.

O estudo do histórico da indústria química mundial corresponde à análise das vantagens competitivas, obtidas por cada país participante dessa história, graças à criação, por parte das empresas, de capacitação tecnológica, administrativa e de marketing, e por parte do governo, de sistemas educacionais, infra-estrutura social, comercial e financeira, sistemas tarifários, política de patentes e incentivos governamentais, entre outras.

Serão analisadas, nesse histórico, as ações de Inglaterra, Alemanha e Estados Unidos, indubitavelmente os principais participantes do desenvolvimento da indústria química moderna. A indústria química japonesa e breve referência à indústria química dos países em desenvolvimento serão mostradas ao fim do capítulo. A indústria química no Brasil será abordada no Capítulo 3.

Período 1850–1914

Na metade do século XIX, a Inglaterra, berço da revolução industrial, era o país mais industrializado do mundo. Suas indústrias têxteis, de sabões, de vidro e siderúrgicas necessitavam de grandes quantidades de ácidos e álcalis, supridas por fábricas implantadas na própria Inglaterra.

A Alemanha, por volta de 1870, produzia 43 mil t/ano de ácido sulfúrico e 33 mil t/ano de soda cáustica, e a produção inglesa era de 590 mil t/ano de ácido sulfúrico e 304 mil t/ano de soda cáustica.

Em 1857, quando William Henry Perkin fundou a primeira fábrica de malva, a Inglaterra reunia todas as vantagens competitivas para ser um grande parque industrial de corantes sintéticos. Tinha um grande mercado consumidor (a indústria têxtil), as matérias-primas necessárias (sobretudo o alcatrão, obtido da coqueificação do carvão para a indústria siderúrgica e gás de iluminação), economia em crescimento e sólida base acadêmica. Na área acadêmica destacavam-se, no Royal College of Chemistry, August Wilhelm von Hoffmann e um grupo de renomados químicos alemães que, não encontrando oportunidade de emprego na Alemanha, foram para a Inglaterra (Heinrich Caro, Carl Alexander von Martius, Johann Peter Griess e Otto Witt, entre outros).

August W. von Hoffmann, discípulo de Justus von Liebig, grande especialista em química orgânica, em particular em corantes à base de alcatrão, foi convidado pelo príncipe Alberto, marido da rainha Vitória, para lecionar química orgânica no recém criado Royal College of Chemistry, atuando também como consultor de indústrias. Foi justamente um discípulo seu, William Henry Perkin, que, tentando produzir quinina a partir de anilina, obteve, por acaso, um corante púrpura que chamou de malva. Ciente do valor de sua descoberta, fundou junto com seu pai e seu irmão uma fábrica desse corante.

A indústria de corantes floresceu rapidamente na Inglaterra, sendo que, somente entre 1859 e 1861, foram ali concedidas 26 patentes sobre a fabricação de corantes à base de anilina.

A notícia do sucesso das indústrias de corantes inglesas rapidamente atravessou o Canal da Mancha, incitando franceses e alemães a lançarem-se nesse tipo de indústria. A princípio, as indústrias francesas também conseguiram bom êxito, notabilizando-se François E. Verguin, de Lyon (centro têxtil da França), que além de sintetizar um outro corante púrpura, sintetizou também um corante vermelho, que chamou de fucsina.

Também na Alemanha foram fundadas várias empresas destinadas à produção de corantes sintéticos, sendo as mais conhecidas a Bayer, fundada em 1863, a Hoechst também em 1863, a Basf em 1865 e a Agfa em 1867. A princípio, essas fábricas limitavam-se a reproduzir o que era feito nas indústrias inglesas e francesas.

Entretanto, entre 1870 e 1880, graças a uma série de vantagens competitivas, a Alemanha sobrepuja a Inglaterra e a França, assumindo o papel de líder mundial, primeiro no campo dos corantes sintéticos e depois no campo da indústria química em geral, liderança essa que perdurou até a Segunda Guerra Mundial.

A capacitação tecnológica foi a primeira vantagem competitiva que as firmas alemãs apresentaram para vencer suas congêneres inglesas e francesas. Dada a grande concorrência entre as firmas produtoras, a enorme gama de produtos a serem fabricados e as inúmeras etapas de fabricação para cada produto, as empresas alemãs logo perceberam que só quem racionalizasse ao máximo seus processos produtivos poderia sobreviver. E assim procederam: analisando detalhadamente a cadeia de produção, trataram de diminuir o número de operações inter-mediárias, aumentaram o rendimento das reações, agindo nos parâmetros que as modificavam. Utilizaram os mesmos equipamentos para produtos diferentes, integraram-se, a montante, na produção de certos reagentes, ácidos e álcalis, chegando mesmo algumas empresas a comprar minas de carvão, para dispor de alcatrão — matéria-prima fundamental na produção de corantes sintéticos da época — nas quantidades necessárias às suas fabricações.

Dentro da capacitação tecnológica, outra arma utilizada pelas indústrias alemãs foi a pesquisa e o desenvolvimento. Dispondo de técnicos e cientistas de alto nível, em vista do bom sistema de ensino, as empresas logo montaram estruturas de pesquisa e desenvolvimento para descobrir novos corantes que pudessem ser vendidos a preços mais elevados, já que os corantes existentes no mercado tinham que ser vendidos a preços competitivos. Inicialmente, a pesquisa de novos corantes seguia um caminho de tentativa e erro; após 1865, com a descoberta da estrutura química do benzeno por Friedrich A. Kekulé, químicos com maiores conhecimentos de química orgânica passaram a conduzir as pesquisas, baseadas mais em conhecimentos científicos e menos no empirismo. Entre 1877 e 1886, as sete maiores empresas alemãs de corantes sintéticos instalaram seus laboratórios de pesquisa e desenvolvimento. Em 1890 as três maiores já empregavam 350 químicos de nível superior, e em 1912, esse número aumentou para 930.

Como fruto dessa atividade de pesquisa, esses laboratórios foram descobrindo outros produtos químicos, notadamente fármacos e fotoquímicos, que trouxeram grandes lucros a essas companhias, gerando um círculo "virtuoso", no qual produtos descobertos nos laboratórios de pesquisa geram resultados, que são investidos nos laboratórios de pesquisa, que podem, assim, pesquisar novos produtos, que vão gerar mais resultados.

A diferença entre as indústrias de corantes sintéticos inglesas e alemãs, fica flagrante no número de patentes concedidas. Assim, entre 1886 e 1900, foram concedidas 86 patentes às seis maiores firmas inglesas, enquanto às seis maiores firmas alemãs, foram concedidas 948 patentes.

A capacitação administrativa ou de gerenciamento foi outra vantagem competitiva, utilizada pelas empresas alemãs, para sobrepujar suas rivais inglesas e francesas.

As indústrias químicas alemãs, foram fundadas por químicos: a Hoechst, por Eugen Lucius e Adolf Brünning, a Basf por August e Carl Clemm, a Agfa por Carl Alexander von Martius. Outras contrataram químicos logo após a fundação. É o caso da Bayer, cujos fundadores Friedrich Bayer e Johann Weskott, o primeiro, comerciante e o segundo, técnico em cores, um ano após o início da empresa, contrataram o químico August Siller. Algumas firmas inglesas como a Perkin & Sons e a Levinstein também tinham químicos de renome na sua direção, mas isso constituía mais a exceção do que a regra.

À medida que as empresas foram crescendo e a complexidade dos trabalhos técnicos e administrativos aumentando, perceberam os fundadores, na década de 1880, que a administração familiar original não mais era adequada às necessidades da empresa e trataram de contratar administradores profissionais e cientistas para a direção das suas empresas. O que caracterizou as indústrias químicas alemãs foi a escolha sempre de um químico para a principal posição executiva. Só muito recentemente essa tradição deixou de ser observada. Nomes como Karl König, na Hoechst, Carl Duisberg, na Bayer, e Carl Bosch, na Basf, notabilizaram-se na direção de suas respectivas empresas.

Outra característica dessas indústrias foi a abertura do capital ao público, quando as necessidades de investimento sobrepujavam os recursos dos fundadores.

O marketing foi outra arma do arsenal de vantagens competitivas que as indústrias alemãs de corante sintético usaram para derrotar suas rivais inglesas e francesas.

Para garantir o retorno do investimento em fábricas de grande capacidade de produção era necessário estabelecer uma vasta rede de comercialização, a fim de garantir pedidos em número suficiente para uma operação próxima à capacidade máxima, beneficiando-se assim dos ganhos de escala. Na virada do século a rede de comercialização de corantes sintéticos das indústrias alemãs abrangia, entre outros, os Estados Unidos, a China, a Rússia, a Índia, além da França e da Inglaterra, contando com catálogos comerciais e técnicos traduzidos para todas essas línguas.

Os custos para a manutenção de tal rede de comercialização começaram a ficar tão altos que as empresas de corante sintético alemãs, nessa época dominando 80% do mercado mundial, resolveram formar alianças, para diminuir esses custos e dividi-los entre os seus participantes. A Bayer, a Basf e a Agfa uniram-se na Dreibund, enquanto a Hoechst, a Cassella e a Kalle formaram a Dreiverband.

Essas alianças foram o embrião da Interessengemeinschaft der deutschen Teerfarbenfabriken, formada em 1917, que unia essas seis empresas, mais a Chemische Fabrik Griesheim-Elektron e a Weiler-ter-Meer, ou "Pequena IG" como ficou conhecida. Esta, por sua vez, foi o embrião da I.G. Farbenindustrie Aktiengesellschaft, fundada em 1925, que ficou conhecida como "IG Farben" e que reunia boa parte das indústrias químicas alemãs.

A utilização de corantes sintéticos e a introdução de novos tipos de tecidos mudaram de tal forma a prática da tinturaria tradicional (com corantes naturais), que era necessário aprender tudo de novo. As indústrias alemãs logo perceberam esse fato e criaram um serviço de assistência técnica, cujos especialistas visitavam as tinturarias, ensinando o manuseio dos novos produtos. Essa assistência técnica era ainda mais ampla, pela possibilidade de os tintureiros poderem fazer estágios nas fábricas alemãs, que dispunham de instalações para esse tipo de treinamento, ao contrário das firmas inglesas que não dispunham dessas facilidades.

Dentre as vantagens competitivas de responsabilidade do governo, a dos sistemas educacionais é uma das mais importantes.

O sistema de ensino fundamental (primário e secundário) alemão sempre foi considerado um dos melhores da Europa e, graças a isso, preparava melhor os alunos para os cursos universitários. A Inglaterra tinha poucas escolas secundárias (algumas de boa qualidade), mas o ensino primário era fraco, o que implicava poucos candidatos bem preparados para o ensino universitário.

Mas é no número e na qualidade das universidades que esses dois países mais divergiam, sobretudo em cursos de ciências naturais, em particular de química. Quando na década de 1830 foram criadas as Faculdades de Tecnologia ou Escolas Politécnicas na Alemanha, o ensino universitário alemão passou a ser considerado, por especialistas, o mais avançado do mundo, perdurando essa condição por um século.

Outros fatores, embora menos significativos, agiram no sentido de alavancar o desenvolvimento da indústria química alemã, contribuindo para que esta pudesse equiparar-se e depois sobrepujar sua congênere inglesa.

Embora a aristocracia, a nobreza e a burguesia inglesa pudessem empresariar a indústria química, mostravam-se, à época, pouco interessadas nessa atividade, preferindo os serviços administrativos (sobretudo nas colônias), o comércio (a Inglaterra era o grande entreposto comercial do mundo), o sistema financeiro e a política. Já a sociedade alemã, proveniente da agricultura e do pequeno artesanato, via na industrialização, com ênfase nos ramos da mecânica, eletricidade e química, sua redenção e possibilidade de ascensão econômica e social.

Os sistemas bancários dessas duas nações eram muito diferentes. Na Inglaterra prevalecia o sistema instaurado no início da Revolução Industrial, que se caracterizava por ter mínima regulação, forte dependência na retenção de lucros para a acumulação de capital, pequeno contato entre o emprestador e o tomador, empréstimos de curto prazo e acesso limitado ao mercado de capitais, por parte das novas empresas. Os primeiros intermediários no financiamento de empreendimentos industriais eram comerciantes bem sucedidos, conhecidos como "country bankers". Financiavam a curto prazo e descontavam as "bill of change", que eram títulos oriundos do comércio. Os futuros empreendedores viam-se assim na posição de ter eles próprios que bancar o capital fixo, ou arrumá-lo com parentes e amigos. Como os investimentos em indústrias químicas eram todos de prazo longo e alto risco, vê-se bem que essa estrutura em nada ajudava a implantação desse tipo de empresa.

Na Alemanha o sistema bancário mantinha estreitos laços com os tomadores. Desenvolveu também boa capacidade de monitoramento e controle sobre os empréstimos, podendo assim fazer empréstimos de longo prazo e, finalmente, o mercado de ações era controlado por um pequeno número de grandes instituições bancárias. No início do período analisado, o financiamento às indústrias era concedido pelos "Privatbankiers", que eram associações de banqueiros privados com os empreendedores. Esses banqueiros privados estabeleciam boas relações com seus clientes e engajavam-se tanto em financiamentos a curto como a longo prazos.

Posteriormente, vieram a ser substituídos pelos "Kreditbanken", maiores e mais capitalizados, que foram pioneiros em "universal banking", oferecendo serviços tanto comerciais como para investimento. Com isso desenvolveram as habilidades necessárias para avaliar o potencial, a longo prazo, das empresas e, participando do gerenciamento das mesmas, podiam fornecer empréstimos a longo prazo. Ajudavam ainda os empreendedores na emissão de títulos.

Os sistemas tarifários dos dois países não podiam ser mais diferentes. Enquanto a Inglaterra era partidária de um comércio livre, sem tarifas sobre importações, a Alemanha tratava de impor tarifas sobre os produtos químicos importados da Inglaterra, sobretudo a barrilha, com o intuito de proteger a nascente indústria do produto na Alemanha. Os fabricantes alemães de corantes, já líderes mundiais nessa época, opuseram-se à imposição de tarifas sobre os produtos ingleses, com medo de uma retaliação por parte da Inglaterra, mas nunca houve esse revide. Com isto, a Alemanha, que na década de 1870 importava aproximadamente 70 mil t/ano de barrilha da Inglaterra, cessou a importação na década de 1880 e passou a exportar esse produto: 30 mil t em 1890 e 60 mil t em 1899.

Enquanto na Inglaterra o sistema de registro de patentes estava perfeitamente organizado, na Alemanha, antes de sua unificação em 1871, o sistema era muito confuso. Tal situação era vantajosa para a indústria de corantes alemã, que podia copiar os corantes ingleses não protegidos por patentes na Alemanha. A recíproca, entretanto, não era verdadeira, sendo os corantes alemães patenteados na Inglaterra, mesmo não sendo produzidos ou licenciados para produtores locais. É conhecido o fato de os químicos alemães Caro, Graebe e Lieberman terem conseguido seu registro de patente para produção do corante alizarina na Inglaterra, um dia antes de Perkin.

INDÚSTRIA QUÍMICA MUNDIAL **13**

Com o desenvolvimento da tecnologia, as indústrias alemãs começaram a preocupar-se em proteger suas invenções no próprio país, para defenderem-se inclusive da concorrência local. É fato que os primeiros laboratórios de pesquisa e desenvolvimento das grandes indústrias químicas alemãs (Basf, Bayer, Hoechst, Agfa) só surgiram após 1877, ano em que o governo alemão emitiu uma lei de patentes uniforme, válida para todos os estados alemães. Participou ativamente desse evento August Wilhelm von Hoffmann, que, de volta de Londres para a Alemanha, como cientista, beneficiava-se financeiramente de direitos sobre patentes que detinha na Inglaterra.

Na formulação dessa lei, participaram ativamente os industriais alemães, orientando-a para seus próprios benefícios: só os processos químicos seriam patenteáveis e não os produtos químicos. A Basf obteve a sua primeira patente nesse mesmo ano e a Bayer em 1881.

Sob pressão de uma associação de indústrias químicas alemãs, em 1891 o parlamento alemão fez uma revisão da lei de patentes, ajustando as regras para interpretar a natureza e o escopo das patentes químicas, aumentando ainda mais a proteção legal contra imitações.

A indústria química inglesa não foi tão bem sucedida em conseguir uma legislação de patentes que a protegesse. O químico e industrial Ivan Levinstein, que havia saído da Alemanha para fundar uma bem sucedida empresa de corantes na Inglaterra, observou que as indústrias químicas alemãs instalaram fábricas na França e na Rússia. Isso se dava porque suas legislações sobre patentes obrigavam a fabricação local, para que prevalecessem as proteções. Com esse argumento conseguiu do parlamento inglês a emissão do "Patent Act" de 1907, obrigando a fabricação local. Imediatamente a Hoechst e a Basf anunciaram que iriam fabricar corantes na Inglaterra, a partir de matérias-primas importadas. Entretanto uma decisão judicial de 1909 abrandou muito os termos dessa lei, fazendo com que, na prática, os corantes alemães continuassem a ser fabricados na Alemanha, prevalecendo suas patentes na Inglaterra.

Os relatos que descrevem os primórdios do desenvolvimento da indústria química mundial estão, em geral, polarizados entre a Inglaterra, verdadeiro berço da indústria química e líder inconteste até a década de 1870, e a Alemanha, que assumiu a liderança mundial a partir da década seguinte, permanecendo nessa posição até o fim da Segunda Guerra Mundial. Há, entretanto, um terceiro participante igualmente importante, os Estados Unidos, que já a partir de 1900 é o segundo maior produtor mundial de químicos, suplantando a Inglaterra. Sua maior atividade residia no campo dos produtos químicos inorgânicos, sobretudo ácidos, álcalis e fertilizantes, sendo sua atuação do ramo dos orgânicos um pouco inferior à inglesa.

A grande contribuição trazida pelos Estados Unidos nesse período foi o reconhecimento da Engenharia Química como uma disciplina separada da Química, e instituída pelo Massachusetts Institute of Technology — MIT, em 1912. O primeiro diretor dessa nova área foi William H. Walker.

Cabe salientar que o desenvolvimento e aplicação dos conceitos de engenharia química às indústrias químicas outorgaram aos Estados Unidos uma notável vantagem competitiva, levando-o à liderança mundial, a partir da Segunda Guerra Mundial.

Período 1914–1918

É o período correspondente à Primeira Guerra Mundial, em que ocorreram grandes transformações nas indústrias químicas dos países envolvidos.

O governo inglês, reconhecendo sua nítida desvantagem em relação à indústria química alemã, criou em 1915 o Committee for Scientific and Technical Research, transformado em 1916 no British Department of Scientific and Industrial Research, com a finalidade de coordenar todas as atividades científicas e técnicas, para suprir o país dos produtos necessários ao esforço de guerra. Também os industriais, tendo que se reunir às autoridades governamentais para implementar suas ações, fundaram a Association of British Chemical Manufacturers, originando a prática de consultas entre as empresas, com notáveis conseqüências no período pós-guerra. Um dos primeiros problemas que a Inglaterra teve que enfrentar foi o da falta de corantes (tanto para os uniformes de seu exército, como para sua indústria têxtil em geral), uma vez que a Alemanha suspendeu suas exportações à Inglaterra, imediatamente após o início das hostilidades. O governo inglês criou em 1915 a British Dye, tentando reunir todos os fabricantes ingleses de corantes, em uma só empresa. Enquanto algumas indústrias não se opuseram, outras como a British Alizarin e a Levinstein resistiram à encampação, mormente por não haver mais a concorrência alemã. Somente em 1919, com o medo da reintrodução dos corantes alemães na Inglaterra e com a promessa do governo inglês de dispor 2 milhões de libras esterlinas para um programa de pesquisa e desenvolvimento para corantes, é que a Levinstein concordou em participar da British Dye, agora rebatizada de British Dyestuffs Corporation. Essa empresa tinha porte equivalente à união da Dreibund e Dreiverband, as maiores fabricantes alemãs de corantes.

Outro problema importante enfrentado pelo governo inglês foi o dos explosivos à base de TNT e TNP, já que seus intermediários são derivados da indústria do alcatrão e mais ligados à química dos corantes, não tão desenvolvida na Inglaterra. A Nobel Industries, tradicional fabricante inglesa de explosivos, estava mais ligada ao campo da nitroglicerina.

O governo inglês também confiscou as indústrias alemãs situadas na Inglaterra, vendendo-as a empresas inglesas e ab-rogando os direitos sobre patentes dessas empresas.

A situação na Alemanha era algo diversa. Com o bloqueio naval imposto pela Inglaterra à Alemanha, esta se viu impedida de receber matérias-primas e alimentos necessários ao seu esforço de guerra. Dentre as matérias-primas, situava-se o nitrato do Chile, sal destinado à produção de ácido nítrico e utilizado tanto na produção de fertilizantes, como de explosivos.

Em 1913, ocorreu o que talvez seja uma das maiores conquistas da química e da engenharia química: obteve-se a síntese direta da amônia, a partir do nitrogênio do ar e do hidrogênio, pelo processo desenvolvido por Fritz Haber, da Universidade de Karlsruhe, e por Carl Bosch, da Basf. O químico Alwin Mittasch, chefe do famoso Laboratório da Amônia da Basf, testou milhares de combinações de catalisadores, desenvolvendo, para a produção de amônia, o primeiro processo químico moderno, utilizando gases em altas temperaturas (500°C) e pressões (200 atm), o primeiro a requerer planta especializada e o primeiro a ser genuinamente capital-intensivo. A Krupp teve atuação importante no desenvolvimento de um reator, que, pela primeira vez, deveria suportar altas pressões concomitantes com altas temperaturas, em presença de hidrogênio (solucionando a fragilização do aço por hidrogênio). O físico-químico Fritz Haber recebeu o prêmio Nobel em 1918, pelo projeto da síntese de amônia, e o engenheiro Carl Bosch o recebeu em 1931, pelo projeto e execução de reações catalíticas em alta pressão, das quais a síntese da amônia é um exemplo.

Os químicos alemães logo desenvolveram um processo de produção de ácido nítrico, a partir da amônia, por oxidação catalítica. A produção alemã de produtos nitrogenados, que era de 114 mil t/ano em 1914, passou para 185 mil t/ano em 1918.

A indústria de corantes alemã, no início do conflito, viu-se em grandes dificuldades, com a proibição do governo de exportar seus produtos, visto que 80% de sua produção era destinada ao mercado de exportação. Os industriais logo conseguiram do governo permissão para exportar seus produtos para os países amigos, mas o bloqueio naval imposto pela Inglaterra e seus aliados dificultava muito essa exportação. Existem registros de corantes exportados aos Estados Unidos (os Estados Unidos entraram na Primeira Guerra Mundial só em 1917, a favor da Inglaterra e seus aliados), transportados por submarinos.

As indústrias de corantes, em boa parte ociosas pela diminuição do mercado, trataram de mudar suas linhas de produção e descobriram que facilmente poderiam fabricar explosivos: chegaram em 1917 a deter 77% desse mercado na Alemanha. Estavam, entretanto, preocupadas com seus destinos após a guerra, percebendo que muitos países, como a Inglaterra, estavam desenvolvendo suas próprias indústrias de corantes, e além disso poderiam encontrar pesadas barreiras tarifárias e mesmo mercados fechados aos seus produtos. Trataram assim de se unir, formando um cartel, ao qual foi dado o nome de Interessengemeinschaft der deutschen Teerfarbenfabriken (Comunidade de Interesses das Fábricas Alemãs de Corantes à base de Alcatrão), em 1917. Além das empresas componentes da Dreibund e da Dreiverband, pertenciam ao cartel as empresas Weiler-ter-Meer e Chemische Fabrik Griesheim-Elektron. Esse cartel ficou conhecido como a"Pequena IG".

Em contraposição à situação da Inglaterra, já existia na Alemanha um bom entrosamento entre governo, universidade e indústria, de modo que a coordenação dos esforços de guerra, por parte do governo alemão, foi menos traumática.

Fritz Haber foi nomeado diretor do recém-criado Kaiser Wilhelm Institut für Physikalische Chemie e usou essa instituição para coordenar as atividades de pesquisa entre o governo, a indústria e as forças armadas. Um dos primeiros resultados dessas pesquisas foi o desenvolvimento dos gases de combate, que viriam a revolucionar as táticas de guerra da época.

Com o fim da guerra e a vitória da Inglaterra e seus aliados, a Alemanha, pelo Tratado de Versalhes, perderia todas as suas fábricas químicas nos países aliados, teria que revelar às forças aliadas todos os detalhes de seus processos químicos e teria destruídas todas suas fábricas que produziram produtos químicos para a guerra.

Com isso, as empresas inglesas teriam direito de fabricar corantes e medicamentos, anteriormente protegidos por patentes, e poderiam, alegando sua vitória militar, solicitar à Basf os segredos da instalação de amônia pelo processo Haber-Bosch. É curiosa, e não se sabe até que ponto verdadeira, a história de que, por ocasião da visita dos técnicos ingleses às instalações da Basf, os alemães teriam pintado de preto todos os vidros dos indicadores da instrumentação e retirado as escadas de acesso aos vários andares da estrutura em que estava montada a unidade de amônia.

O Tratado de Versalhes obrigava ainda a Alemanha a entregar gratuitamente todo o seu estoque de corantes e medicamentos, e a fornecer aos países vencedores a quarta parte da produção de corantes e medicamentos, durante cinco anos, pelo menor preço vigente no mercado. Inicialmente também deveriam ser destruídas todas as fábricas de amônia que utilizavam o processo Haber-Bosch. Como Carl Bosch pertencia à delegação alemã que negociou o Tratado de Versalhes, conseguiu poupar essas destruições, sob alegação de que as fábricas eram necessárias à produção de fertilizantes, e mediante promessa de construir uma fábrica semelhante na França.

Os Estados Unidos, nesse período, ressentiam-se de sua desatualização no campo da química orgânica e, com sua entrada na guerra, em 1917, houve falta de solventes, sobretudo de acetona, para a fabricação de explosivos em grande escala. A solução encontrada foi a utilização do processo Weizmann, desenvolvido por Chaim Weizmann, na Inglaterra, mas implantado industrialmente somente nos Estados Unidos. Consistia na fermentação do milho com o microrganismo *Bacillus clostridium acetobutylicum*, para a produção de butanol e acetona.

Notável foi também o trabalho de Carleton Ellis, uma das maiores autoridades de química orgânica dos Estados Unidos da época, que desenvolveu processos de produção de etanol, isopropanol e acetona a partir de gases residuais de refinaria.

Os Estados Unidos não assinaram o Tratado de Versalhes, que garantia, aos países vencedores, a posse das fábricas alemãs implantadas em seus territórios. Assim, em 1929, as empresas alemãs (agora reunidas na IG Farben) puderam reclamar, judicialmente, indenizações pela perda das unidades localizadas nos Estados Unidos.

Período 1918-1939

Esse período assistiu a grandes transformações na indústria química mundial. Políticas protecionistas, crises financeiras, formação de empresas gigantes (IG Farben e ICI), proliferação de cartéis e avanços no desenvolvimento de novos produtos químicos marcaram esse período. Os departamentos de pesquisa e desenvolvimento mudam seus focos, de ciência pura para ciência aplicada.

A Inglaterra, por meio de seu governo, partiu em proteção de sua indústria química, agora que já tinha recuperado boa parte de seu atraso. Abandonou a política de livre comércio e criou barreiras alfandegárias à importação de produtos químicos. A lei Safeguarding of Industries Act, de 1921, impunha uma taxa de 33,3% a todo produto importado. Por outro lado, a lei Dyestuff Import Regulation Act, também de 1921, proibia a importação de corantes por 10 anos. Após três prorrogações, essa lei foi estabelecida como permanente, em 1934.

Com o intuito de proteger a indústria alcooleira inglesa, que se queixava dos elevados impostos sobre seu produto destinado à industrialização, o governo inglês abaixou essas taxas, em 1921.

Pretendendo uma certa independência dos países produtores de petróleo, o governo inglês emitiu a lei British Hydrocarbon Oils Production Act, em 1934, que apoiava a criação de uma indústria inglesa de combustível sintético. A Import Duties Act, emitida em 1932, impunha tarifas alfandegárias para todos os bens importados, exceto para aqueles que gozavam de isenção especial.

Essas medidas mostraram grande eficácia, e deram à indústria química inglesa uma vantagem competitiva inegável.

A situação da indústria química alemã, sobretudo a de corantes, era bastante difícil, no imediato pós-guerra. Tendo enorme capacidade ociosa e com os mercados europeu e norte-americano protegidos por pesadas barreiras alfandegárias, as indústrias de corantes alemãs, voltaram-se para o mercado asiático (China, Japão e Índia), que possuíam indústria têxtil razoável e tinham baixas taxas alfandegárias. Entretanto o consumo desse mercado era relativamente pequeno, se comparado às demandas anteriores à guerra.

Pelo fato de ter perdido a guerra, a Alemanha era obrigada a manter suas tarifas alfandegárias em níveis bem baixos, além de conceder tarifas de "nações mais favorecidas" aos países vencedores.

Além disso, o governo alemão receava aumentar suas tarifas alfandegárias para os outros países não envolvidos na guerra, com medo de represálias por parte desses países, que também poderiam aumentar suas tarifas alfandegárias.

Ao fim da guerra houve grande descontentamento social na Alemanha, com demonstrações e greves freqüentes. Em 1919 foi formado o Escritório de Exportação de Produtos Químicos, com a finalidade de fornecer licenças de exportação e controlar os preços dessas exportações. Eram medidas governamentais no sentido de recuperar, o quanto possível, as vantagens competitivas obtidas pela indústria química alemã, antes da guerra.

Percebendo os empresários alemães das indústrias de corantes que o mercado mundial ficara mais restrito, chegaram à conclusão de que a única saída seria a fusão de todas as empresas de corantes que compunham a "Pequena IG". Diante disso, em 1925 foi criada a I.G. Farbenfabriken Aktiengesellschaft[*], ou "Grande IG", ou ainda "IG Farben", como ficou conhecida. Carl Bosch, principal executivo da Basf, foi nomeado presidente executivo da nova

---

(*) Note-se que, embora esta nova empresa tenha as iniciais I.G., vindas de Interessengemeinschaft, que significa comunidade de interesses, é de fato uma nova empresa, desaparecendo as identidades dos participantes originais.

empresa e Carl Duisberg, que era o principal executivo da Bayer, foi nomeado presidente do Conselho de Administração. A IG Farben, constituída pela fusão de oito empresas, tinha um capital inicial de 1 bilhão de marcos alemães (Reichsmark – RM). Suas vendas cresceram de aproximadamente 1 bilhão de marcos alemães (RM), em 1926, para 3,1 bilhões de marcos alemães (RM) em 1942 e o número de funcionários cresceu de 94.000, em 1926, para 199.000, em 1943. Era a maior empresa exportadora da Alemanha, ficando mesmo à frente de empresas de outros ramos como a Siemens, do ramo eletroeletrônico. Entre 1926 e 1933, 57% da produção da IG Farben destinava-se à exportação, da qual metade, correspondia a corantes.

A Inglaterra não podia assistir passivamente à criação de um gigante da química, como a IG Farben, sem reagir. Os principais executivos da Nobel Industries e Brunner Mond, respectivamente Henry McGowan e Alfred Mond, traçaram um ousado plano que reuniria as quatro maiores empresas químicas inglesas da época:

i)   Brunner Mond & Company – empresa líder em química inorgânica da Inglaterra, fabricante de barrilha pelo processo Solvay, fundada em 1873 por Ludwig Mond, químico alemão, e Henry Brunner, filho de um pastor suíço-alemão;

ii) Nobel Industries – empresa de explosivos, teve como núcleo a British Dynamite Company, fundada pelo químico sueco Alfred Nobel em 1871, em Glasgow, na Escócia, mas que, ao fim da Primeira Guerra Mundial, já englobava todas as indústrias de explosivos da Inglaterra;

iii) British Dyestuffs – empresa que teve como origem a British Dye, formada pelo governo inglês a partir da Read Holliday & Sons em 1915 e transformada em British Dyestuffs Corporation em 1919, com a entrada da British Alizarin e da Levinstein;

iv) United Alkali Corporation – formada em 1891 por Charles Tennant, pela união de todos os fabricantes de barrilha, pelo processo Leblanc, da Inglaterra.

O governo inglês teve participação ativa na organização dessa empresa, que em 1926 recebeu o nome de Imperial Chemical Industries – ICI. Seu capital, em 1929, era aproximadamente 20% maior do que o da IG Farben, e suas vendas, em 1927, eram de 550 milhões de marcos alemães (RM) e de 715 milhões de marcos alemães (RM) em 1929. Tinha 47.000 funcionários, na época de sua fundação, e 75.000 funcionários, às vésperas da Segunda Guerra Mundial.

Terminada a Primeira Guerra Mundial, a Alemanha recebeu grandes empréstimos de capital dos Estados Unidos, ficando, de certa forma, ligada economicamente aos Estados Unidos. Com a crise da Bolsa de Nova York em 1929 e a turbulência mundial por ela criada, a Alemanha foi muito mais afetada que a Inglaterra, em vista do retorno, aos Estados Unidos, do capital norte-americano aplicado na Alemanha.

A Inglaterra abandonou o padrão-ouro em 1931, determinando a conseqüente desvalorização da libra esterlina e a melhora em sua posição exportadora, o que lhe permitiu uma rápida recuperação da economia.

A IG Farben investiu no período de 1926 a 1929 em pesquisa e desenvolvimento (P & D), 9,9% de suas vendas. Com a Grande Depressão (queda da Bolsa de Nova York) de 1929 a 1933, essa porcentagem reduziu-se para 5,2%, permanecendo nesse patamar até 1938.

A ICI, por seu lado, investiu em P & D, durante todo esse período, uma média de 2,4% de suas vendas. Enquanto na década de 30 a IG Farben tinha aproximadamente 1.000 cientistas trabalhando em seus laboratórios de pesquisa, a ICI tinha 615, em 1938.

A IG Farben registrou 40.000 patentes, entre nacionais e internacionais, nesse período e agia comercialmente, com algum grau de influência, sobre 2.000 cartéis. A ICI, além do "Acordo sobre Patentes e Processos", assinado com a DuPont norte-americana em 1927, tinha acordos comerciais com mais de 800 empresas.

O Quadro 2.1.1 dá uma idéia dos processos e produtos químicos mais representativos desenvolvidos e aperfeiçoados pela IG Farben, no período.

QUADRO 2.1.1	Processos e produtos químicos desenvolvidos pela IG Farben	
Produto	**Processo**	**Inventor**
Acetileno	A arco, a partir de gás de alto-forno ou de metano	Paul Baumann
Oxoálcoois	A partir de olefinas, com monóxido de carbono e hidrogênio a alta pressão	Otto Roelen
Metanol	Processo sintético a partir de coque	Alwin Mittasch Mathias Pier
Gasolina sintética	Processo a alta pressão, a partir do carvão	Friedrich Bergius Carl Bosch
Gasolina sintética	Processo a baixa pressão, a partir do carvão	Franz Fischer Hans Tropsch
Borracha sintética tipo Buna	A partir de butadieno	Paul Baumann Walter Reppe
Náilon 6	A partir de caprolactama	Paul Schlack
Fibra sintética de PVC	A partir de cloreto de vinila	Fritz Klatte
Poliuretanas	A partir de hexametileno-diisocianato e 1,4 butanediol	Otto Bayer
Acetileno e gás de síntese	Por craqueamento à chama ("flame cracking")	Hans Sachsse

Fonte: Spitz(1)[*].

Antes da formação da ICI, a Brunner Mond havia iniciado, em 1919, o desenvolvimento de uma unidade de produção de amônia a partir do nitrogênio do ar, semelhante à desenvolvida por Haber e Bosch na Alemanha. Em 1922 uma pequena unidade industrial coroava o esforço britânico; entretanto, o fato despertou a acusação de ter essa idéia sido copiada dos alemães, por terem os técnicos ingleses da Brunner Mond visitado a unidade alemã de amônia da Basf, em Oppau, após o término da Primeira Guerra Mundial. Com esse desenvolvimento a Brunner Mond ganhou experiência em processos catalíticos a alta pressão e temperatura e foi capaz de desenvolver, em seguida, um processo para a produção de metanol.

Na década de 30, a ICI fez um acordo de licenças com o cartel que havia financiado as pesquisas do processo Bergius (ao qual pertenciam a Shell holandesa e a IG Farben), para utilizar esse processo na produção de gasolina sintética a partir de carvão, e construiu duas unidades de gasolina sintética. Estas geravam muito propano e butano, e a ICI não sabia o que fazer com esses gases. Procurou então desenvolver processos para produzir amônia e metanol a partir daqueles produtos. Foi desenvolvido um processo de reforma catalítica de hidrocarbonetos leves, para servir como ponto de partida para a produção de amônia e metanol. Esse processo teve grande êxito, e logo inúmeras empresas quiseram licenciá-lo. Ainda nos nossos dias, o processo sintético de produção de metanol a partir gás natural e de frações leves de petróleo, desenvolvido pela ICI, é o mais empregado no mundo.

(*) Os números entre parênteses representam citações bibliográficas, indicadas no fim de cada capítulo.

Outro mérito da ICI foi ter descoberto o polietileno de baixa densidade, em 1935. O depósito da patente inglesa nos EUA precedeu em poucos meses o depósito feito pela Union Carbide sobre o mesmo material. A primeira fábrica inglesa foi inaugurada em 1939. A produção da fábrica era de 100 t/ano. Seu primeiro nome foi Alkathene, para lembrar que o laboratório em que foi descoberto pertencia à antiga United Alkali; para completar o nome usou-se "thene" de polythene, como era chamado o polietileno na época.

Quando foi criado o Departamento de Engenharia Química no Massachusetts Institute of Technology dos Estados Unidos, em 1920, Warren K. Lewis foi convidado para ser seu diretor. Esse professor teve uma atuação destacada na direção do novo departamento, e seu livro Principles of Chemical Engineering, escrito em conjunto com Walker e Mac Adams (este um especialista em transferência de calor), é considerado a base da Engenharia Química.

O Departamento de Engenharia Química do MIT foi um dos responsáveis pela transição do processamento em batelada para o processamento contínuo, além de notáveis avanços nas áreas de troca térmica, extração, destilação e fluidodinâmica.

Essa transição de processamento em batelada para processamento contínuo, tendo-se em conta o porte das instalações norte-americanas de processamento de petróleo e, logo a seguir, de petroquímicos, era uma necessidade urgente. A indústria química alemã, que conseguiu chegar ao fim da Segunda Guerra Mundial em posição de liderança sem a necessidade da engenharia química, certamente não teria podido acompanhar o desenvolvimento da indústria de petróleo e petroquímica sem aquele conhecimento. Isso deu aos Estados Unidos uma vantagem competitiva, que lhe permitiu assegurar a liderança mundial nesse campo, a partir de 1945.

O grande desenvolvimento econômico ocorrido nos Estados Unidos, nesse período, influiu de maneira decisiva no crescimento da indústria química: além do surgimento de empresas novas, as empresas existentes procuraram consolidar suas posições de mercado, ora enfrentando, ora compondo-se com a poderosa IG Farben alemã.

Sinais de desenvolvimento significativo em empresas norte-americanas, nesse período, foram visíveis na DuPont, na Union Carbide, na Dow e na Standard Oil.

A DuPont, empresa fundada em 1802 pelo francês Éleuthère Irénée DuPont, discípulo de Lavoisier e especialista na fabricação de pólvora, instalou-se em Wilmington, no estado de Delaware. A DuPont lançou em 1923 uma tinta de secagem rápida à base de nitrocelulose, a "Pyroxilin", como resposta à dificuldade da indústria automobilística da época: a pintura de um carro podia demorar um mês com as tintas a óleo de até então. Em 1927 lançou no mercado uma tinta para a indústria automobilística ainda melhor, a "Dulux", à base de resinas fenólicas. Preocupada com o avanço da então nova ciência dos polímeros, a DuPont contratou em 1927 um jovem professor de Química Orgânica, da Universidade de Harvard, para chefiar seu laboratório de desenvolvimento de polímeros: Wallace H. Carothers. Carothers descobriu o cloropreno, a primeira borracha sintética com características aceitáveis, em 1930, tendo a DuPont iniciado sua fabricação em caráter industrial em 1931.

Entretanto, a descoberta mais significativa veio com o surgimento do náilon em 1934, um polímero que se tornou o maior sucesso comercial de produto químico no mundo. O desenvolvimento do processo para a escala industrial revelou-se bastante complicado, ficando a primeira fábrica pronta somente em 1939.

À Union Carbide, fundada nos fins do século XIX, em Chicago, para a produção de carbeto de cálcio, vieram se juntar em 1917 a Prest-O-Lite, Linde Air Products Co. (originalmente uma filial da empresa Linde alemã) e a National Carbon Company (também fabricante de carbeto de cálcio), para constituir a United Carbide and Carbon Company. Já antes da união, tanto a Prest-O-Lite, como a Union Carbide tinham recorrido ao Mellon Institute of Industrial Research de Pittsburgh, solicitando pesquisas sobre processos alternativos para a produção de acetileno (solicitação da Prest-O-Lite) e sobre compostos a partir de acetileno (solicitação da Union Carbide). O Mellon Institute contratou para tal tarefa o jovem químico George O. Curme Jr., recém-chegado da Alemanha.

Curme desenvolveu um processo a arco elétrico de alta freqüência, que produzia acetileno a partir de gasóleo. Notou então que para cada molécula de acetileno produzida era também formada meia molécula de eteno, o que logo lhe sugeriu que a formação de compostos derivados do eteno deveria ser investigada. Curme em laboratório investigou ainda a produção de eteno a partir do etano e sintetizou a partir do eteno a cloridrina, o etilenoglicol, o óxido de eteno, a acetona, o etanol, o isopropanol, o acetaldeído, o crotonaldeído, o butanol e os éteres glicólicos.

Em 1920 a Union Carbide criou a Carbide and Carbon Chemicals Corp., para produzir e comercializar os produtos derivados do eteno. Em 1921 a Union Carbide deu partida ao que pode ser considerado no mundo a primeira unidade de craqueamento de gás natural para a produção de eteno, em Clendenin, West Virginia. E novas fábricas foram surgindo: em 1925 a primeira planta industrial para a produção de eteno a partir de etano de gás natural; a fábrica para a produção de cloridrina a partir do eteno e a unidade de etilenoglicol a partir de cloridrina. Logo após a partida da unidade, adaptou-se a mesma para a produção de óxido de eteno; 1926, a fábrica de "Cellosolve", um éter de óxido de eteno e celulose; 1927, a planta para fluído de refrigeração de motores à base de etilenoglicol – "Prestone"; 1928, as fábricas de dietilenoglicol, trietilenoglicol e trietanolaminas; 1929, a unidade de copolimerização de cloreto de vinila e acetato de vinila, produzindo um copolímero chamado "Vinylite", que foi empregado nos discos da RCA Victor; 1930, a primeira unidade de álcool etílico sintético, a partir de eteno.

Em 1934 a Union Carbide produzia e comercializava 35 produtos químicos a partir do eteno e 15 a partir do propeno. Em 1939 comprou a Bakelite Company, empresa produtora de resina fenolformaldeído, conhecida como baquelite no Brasil. Essa resina fora descoberta pelo químico belga Leo Henrik Baekeland, que emigrou para os Estados Unidos, onde fundou uma fábrica em 1910, a General Bakelite Company, depois só Bakelite Company. O primeiro produto a ser feito com essa nova resina foram bolas de bilhar, tentando substituir o marfim. Leo Baekeland foi um químico notável e, por ocasião da sua morte, detinha mais de 400 patentes depositadas em seu nome. Vendeu as suas patentes de papéis fotográficos para George Eastman (o fundador da Kodak) por aproximadamente 1 milhão de dólares.

A Dow Chemical foi fundada em 1890 pelo professor de química do curso médio Herbert Henry Dow. Instalou sua fábrica em Midland, Michigan, onde existiam grandes jazidas de sal-gema, pois pretendia extrair o bromo dos brometos existentes no sal-gema. Logo após o início da produção de bromo e alguns de seus sais, começou a produzir soda cáustica e cloro, por via eletrolítica. Em 1920 produzia também, além do bromo, cloro e soda cáustica, cloreto de cálcio, fenol, cloreto de vinilideno (um polímero conhecido como "Saran") e etilcelulose. Em 1924, em cooperação com a empresa Ethyl Corporation, produz o brometo de etila, que servia para a produção do chumbo-tetraetila, antidetonante descoberto pela Ethyl. Em 1929 produz um elastômero sintético, a partir de dicloroetano e polissulfeto de sódio, que, embora não fosse o substituto ideal da borracha natural, podia ser empregado em certos usos específicos e ficou conhecido com o nome de "Thiokol". Em 1930 inicia a produção de magnésio, embora praticamente não houvesse mercado nos Estados Unidos: toda a produção era exportada para a Inglaterra, França, Alemanha e Japão. Logo em seguida inaugurou em Velasco, Texas, uma planta de estireno, que era a maior fábrica norte-americana desse produto, na época.

A Dow teve o mérito de ser a primeira empresa a construir, em 1939, uma unidade petroquímica na região da Costa do Golfo, mais precisamente em Freeport, Texas, utilizando conceitos revolucionários para a época, ao instalar todos os equipamentos a céu aberto, sem tubulações de processo enterradas, com o mínimo de edificações possível, o que acarretou economia de um terço do que seria investido para fazer a mesma fábrica no clima frio dos estados do norte dos Estados Unidos. Esse modelo de construção veio a ser o padrão de construções de unidades químicas em regiões de climas tropicais e temperados de todo o mundo.

A Standard Oil Company foi criada por John D. Rockefeller em 1870. Em 1900 detinha 80% da capacidade de refino e 90% dos oleodutos norte-americanos. Em 1911 foi dividida em diversas companhias, por decisão da Suprema Corte dos Estados Unidos. A maior parte dos negócios da Standard Oil passou para a então Standard Oil of New Jersey (atual Exxon). Em 1927, em um processo interno de reorganização na Standard Oil of New Jersey, foi criada a Standard Oil Development Company (SOD), sob a direção de Edgar M. Clark, para centralizar e desenvolver técnicas de refino de petróleo. Uma das primeiras providências de Clark foi procurar Warren K. Lewis no MIT, que encarregou Robert T. Haslam, também do MIT, de organizar o departamento de pesquisa e desenvolvimento da SOD, na refinaria da Standard Oil of New Jersey, em Baton Rouge, Louisiana. Para chefiar o departamento foi convidado Robert P. Russell.

A Standard Oil of New Jersey, após ver comprovado o sucesso dos alemães da IG Farben no processo de hidrogenação a altas temperaturas do carvão em pó para produção de hidrocarbonetos, entrou em contato com a essa empresa para licenciar o processo. A licença, que foi negociada e assinada em 1927, interessava aos norte-americanos não porque quisessem produzir hidrocarbonetos a partir do carvão, mas porque queriam dominar a técnica de hidrogenação a altas pressões, pensando aplicá-la na refinação de petróleos pesados, que começavam a se tornar mais freqüentes em suas refinarias. Um acordo de troca de licenças mais amplo foi assinado em 1930. Uma unidade piloto foi construída em Baton Rouge, e Paul Baumann, pesquisador eminente da IG Farben, vindo da Alemanha, conduziu experiências nessa unidade durante 5 anos, chegando a desenvolver o processo de produção de ácido acético a partir de acetileno.

Os trabalhos de Russell e o *know-how* proveniente dos acordos com a IG Farben levaram a Standard Oil of New Jersey a dominar os processos de hidrogenação a alta pressão, desenvolvendo assim processos de remoção de enxofre por "hydrotreating" (hidrogenação), tratamento e estabilização de óleos lubrificantes por hidrogenação, produção de álcool isopropílico a partir de propeno, hidrogenação de diisobuteno gerando isooctano – um composto fundamental para aumentar o índice de octanagem das gasolinas, sobretudo as de aviação. Posteriormente passou-se a produzir o isooctano sem a necessidade de hidrogenação, pela reação de buteno com isobutano.

A maior realização da Standard Oil of New Jersey ocorreu durante a Segunda Guerra Mundial, com o desenvolvimento do craqueamento catalítico em leito fluidizado, desenvolvimento esse que teve uma participação muito ativa da equipe do MIT e que é a base do sistema de refino de petróleo no mundo inteiro, até a presente data.

Alguns estudiosos da história da química costumam atribuir a primazia de primeira unidade verdadeiramente petroquímica do mundo à unidade de produção de álcool isopropílico, a partir do propeno, da Standard Oil of New Jersey, localizada em Bayway, New Jersey. Sua operação foi iniciada em 1920, a partir de um processo desenvolvido em 1917 por uma pequena empresa chamada Melco Chemical Company e que foi comprada pela Standard Oil of New Jersey em 1918. A capacidade dessa unidade industrial era de aproximadamente 140 t/ano.

Embora a Shell não fosse uma companhia norte-americana, resolveu em 1927 entrar no campo da química ligada aos derivados de petróleo, em parte porque sua grande concorrente, a Standard Oil of New Jersey, estava fazendo o mesmo e em parte porque a IG Farben, com sua síntese de hidrocarbonetos a partir do carvão, poderia pôr em perigo sua penetração no mercado de combustíveis. A Shell decidiu implementar esse projeto, consubstanciado nos seguintes pontos:

i) desenvolver e comercializar tecnologias que utilizam frações não aproveitadas da refinação do petróleo, gás natural ou gás liquefeito, ou ambos;

ii) enfatizar essas atividades nos Estados Unidos, que têm ampla e provada reserva de hidrocarbonetos e também refinarias da Shell, de grande porte com unidades de craqueamento;

iii) trazer os talentos acadêmicos necessários para ajudar a assegurar o sucesso dessa nova "estratégia química" da Shell.

O talento escolhido foi E. Clifford Williams, que era na ocasião o reitor da Faculdade de Ciências da Universidade de Londres e que havia introduzido o curso de engenharia química na Faculdade de Ciências. Anteriormente ele havia trabalhado durante vários anos na British Dyestuffs Corporation, sendo, portanto, um acadêmico com vivência industrial.

O Quadro 2.1.2 indica os processos e produtos desenvolvidos pela Shell, nos Estados Unidos, de 1930 a 1941, o ano de início da primeira unidade comercial e o número de unidades construídas até 1948.

O feito mais notável de Williams foi, em 1937, o desenvolvimento em escala piloto de um processo de produção de glicerina sintética a partir da cloração do propeno, em que foram estudadas de forma exaustiva várias rotas alternativas, com a produção de produtos intermediários e subprodutos interessantes. Além da glicerina, poderiam ser obtidos o cloreto de alila, a epicloridrina e o glicidol. Curiosamente a Shell só veio a implantar uma unidade industrial de glicerina sintética nos fins da década de 50.

Uma outra característica desse período foi a formação de cartéis. Segundo alguns economistas, os cartéis são produtos de "tempos ruins", e de fato pode-se associar o aparecimento de cartéis a tempos de crises econômicas, regionais ou mundiais, e sua diminuição e/ou desaparecimento a épocas de desenvolvimento e prosperidade.

O cartel basicamente visa eliminar a livre concorrência, definindo preços e quotas de produção entre seus participantes. Nos Estados Unidos, a formação de cartéis era totalmente proibida desde 1890, com a promulgação da Sherman Antitrust Act; na Inglaterra o impedimento à livre concorrência era regulamentado pela legislação ordinária; na Alemanha a formação de cartéis era permitida e passível de registro em cartórios civis, como qualquer contrato comercial. Evidentemente foi na Alemanha que a formação de cartéis mais proliferou, com 13 cartéis no ramo da indústria química, em 1905, e 93, em 1923.

QUADRO 2.1.2	Processos e produtos desenvolvidos pela Shell nos EUA	
Processo ou produto	**Ano de início da primeira operação comercial**	**Unidades construídas**
Butanol secundário	1930	4
Isooctano (processo ácido a frio)	1934	13
Álcool isopropílico e acetona	1935	4
Alquilfenóis de petróleo	1937	2
Alquilação de parafinas com olefinas	1939	28
Recuperação de tolueno por destilação/extração	1940	11
Butadieno via diclorobutano	1941	1

Fonte: Spitz(1).

INDÚSTRIA QUÍMICA MUNDIAL **23**

O primeiro cartel internacional importante formado nesse período foi o cartel dos corantes, entre 1926 e 1929, com a participação da Alemanha, Suíça e França, e a partir de 1932, também da ICI inglesa. A repartição das vendas estava assim distribuída: Alemanha com 65%, Suíça com 17% e França e Inglaterra com 9% cada uma. O cartel detinha 80% da produção mundial de corantes e em 1938, apesar da concorrência dos Estados Unidos, Japão e Itália, suas vendas correspondiam a 62% do comércio mundial de corantes.

Outro cartel internacional muito importante foi o do nitrogênio, que surgiu em 1929, com o nome de Convention Internationale de l'Azote. Após a Primeira Guerra Mundial, países como a Alemanha, Inglaterra e França, utilizando o recente processo Haber-Bosch, da síntese da amônia, superestimaram o consumo de fertilizantes nitrogenados, criando enormes excedentes. A solução encontrada foi a formação de um cartel, que imediatamente reduziu as produções dos países membros para manter os preços. A produção da Inglaterra foi reduzida em 50%, a da França em 10%, além de várias fábricas da Holanda e da Bélgica terem suas produções paralisadas. As fábricas paralisadas recebiam um pagamento do cartel, por terem interrompido suas produções. A Hercules Powder Company, nos Estados Unidos, foi impedida de fazer uma ampliação de sua fábrica, em 1933, por contrariar os interesses do cartel.

É curioso notar que, mesmo tendo legislações proibitivas em relação à formação e participação de cartéis, firmas dos Estados Unidos e da Inglaterra participavam ativamente dos mesmos.

Havia praticamente um cartel para cada produto químico ou grupo de produtos similares, sendo mais conhecidos os cartéis dos explosivos, dos combustíveis sintéticos, da barrilha, das fibras raiom, dos compostos de potássio, do alumínio e até de um só corante, o Alizarin Convention, formado em 1900 por uma só empresa britânica, a British Alizarin Company, e nove fábricas alemãs e que durou até o início da Segunda Guerra Mundial.

Com a vitória dos países aliados na Segunda Guerra Mundial, a formação de cartéis ficou rigorosamente proibida, havendo, entretanto, de tempos em tempos, por parte de grupos de empresas, tentativas de controlar preços e quotas de produção.

Período 1939–1955

O período da Segunda Guerra Mundial conheceu um avanço sem precedentes no desenvolvimento da indústria química mundial. Com a impossibilidade de acesso às fontes usuais de matérias-primas, as nações em litígio foram obrigadas a lançar mão dos seus químicos e engenheiros químicos para sintetizar e produzir, a partir de matérias-primas locais, os produtos necessários aos esforços de guerra.

A Alemanha estava em uma posição vantajosa, não só pelo grande número de cientistas e químicos de que dispunha, mas sobretudo pela empresa IG Farben.

Do lado norte-americano o esforço foi maior, porque o país não contava com a tradição química da Alemanha. Entretanto, graças à introdução do conceito de Engenharia Química, desenvolvido pelo MIT e logo seguido por muitas universidades norte-americanas (California Institute of Technology – Caltech, e as de Wisconsin, Minnesota, Delaware, Purdue, Texas e Cornell entre outras), os Estados Unidos foram capazes de recuperar o tempo perdido e, ao fim da guerra já estavam praticamente equiparados à Alemanha no desenvolvimento de indústrias químicas.

De todos os produtos e processos desenvolvidos nesse período pelo Estados Unidos, três devem ser ressaltados: o craqueamento catalítico em leito fluidizado (fluid catalytic cracking – FCC), a gasolina de aviação e a borracha sintética.

O primeiro processo bem-sucedido de craqueamento de frações pesadas resultantes da destilação de petróleo em frações leves foi desenvolvido em 1938 pela Houdry Process Company, em conjunto com a Vacuum Oil, depois Socony Vacuum, Mobil Oil e atualmente ExxonMobil. O processo utilizava três reatores, com o catalisador em leito fixo, e operava em bateladas, por meio de um intrincado sistema de válvulas, que faziam automaticamente a troca de ciclos de operação e a regeneração do catalisador pelos três reatores.

A Standard Oil of New Jersey achou o processo Houdry muito complicado e propôs-se a desenvolver um processo contínuo de craqueamento catalítico. A novidade do processo – movimentação de dezenas de toneladas de catalisador por minuto, para uma unidade de 12.000 barris por dia – fez com que a Standard Oil of New Jersey procurasse o MIT para o desenvolvimento conjunto do processo. Vários conhecidos professores do MIT estiveram envolvidos nesse trabalho: Warren K. Lewis, Edwin R. Gilliland, Robert T. Haslam e Robert P. Russell. Em 1939 foi construída uma planta piloto para 100 barris por dia, em Baton Rouge, Louisiana, e em 1942, neste mesmo local, a primeira unidade industrial, com capacidade para 12 mil barris por dia.

O processo de craqueamento catalítico em leito fluidizado foi um sucesso, e pode ser considerado um marco na indústria química mundial, não só por ser usado praticamente em todas as refinarias de petróleo do mundo, mas por persistir até os nossos dias sem que nenhum novo processo tenha surgido para a substituí-lo.

Para a gasolina de aviação, o objetivo era obter um produto com índice de octanas[*] da ordem de 100. Foi a Humble Oil Company, afiliada da Standard Oil of New Jersey, localizada no Texas, que, sob a supervisão de Herb Meyer, desenvolveu e produziu a maior parte da gasolina de aviação utilizada pelos Estados Unidos durante a guerra.

A gasolina de aviação era obtida pela adição de isooctano à gasolina comum, e o problema era a obtenção, em larga escala, do isooctano. Baseado na reação de alquilação de isobutano com buteno, descoberta em 1938 por pesquisadores da Anglo-Iranian Oil, hoje BP, a Humble Oil desenvolveu o processo de produção de isooctano e, o que era mais importante, a produção de isobutano, necessário à reação. Em 1939 entrava em operação a primeira unidade industrial de produção de isooctano.

Quando foi necessário produzir gasolina de aviação com índice de octanagem de 100/130, em função da maior taxa de compressão dos motores, a solução foi adicionar, às gasolinas de aviação existentes, compostos aromáticos ramificados, dos quais o cumeno (isopropilbenzeno) era o mais indicado. A Shell, em 1942, foi a primeira a produzir cumeno para essa finalidade. Posteriormente essa produção de cumeno veio a tornar-se muito importante, quando a Hercules norte-americana e a Distillers inglesa desenvolveram, a partir do cumeno, o processo de produção de fenol, que se tornou o processo-padrão internacional. Em 1998, mais de 90% da produção mundial de fenol era feita por esse processo.

No tocante à borracha sintética, enquanto os Estados Unidos produziam, em 1940, 1 t/dia (planta piloto da Goodyear), a Alemanha produzia 20 mil t/ano.

No amplo acordo de troca de licenças entre a Standard Oil of New Jersey e a IG Farben de 1930, a Standard Oil of New Jersey recebeu informações sobre dois processos alemães de fabricação de borracha sintética: a Buna S, à base de estireno e butadieno e a Buna N, à base de acrilonitrila. Em 1942 os japoneses invadiram a Malásia, acabando com o envio de borracha

---

(*) O índice de octanas, ou a octanagem, mede as propriedades antidetonantes de uma gasolina e é definido como a porcentagem em volume de isooctano (2,2,4 trimetilpentano, que recebeu arbitrariamente o número 100) que deve ser adicionada ao n-heptano (normal heptano, que recebeu arbitrariamente o número zero) para igualar as propriedades antidetonantes da gasolina que está sendo testada.

natural para o resto do mundo. A partir das informações das patentes alemãs disponibilizadas pela Standard Oil of New Jersey, a Rubber Reserve Company, entidade governamental criada para coordenar o programa de produção de borracha sintética dos Estados Unidos, encomendou à Goodyear, Firestone, BF Goodrich e U.S. Rubber (depois Uniroyal) a construção de fábricas de Buna S, de 10 mil t/ano de capacidade, logo aumentadas para 30 mil t/ano. Este tipo de borracha ficou inicialmente conhecido como GR-S (Government Rubber-Styrene) e posteriormente como SBR (Styrene-Butadiene Rubber).

Além da necessidade de produção de borracha sintética, a partir do estireno e do butadieno, havia o problema da produção desses insumos. O estireno seria produzido pela Dow, que operava uma fábrica desse produto desde 1937, pela Union Carbide e pela Koppers, e teria como origem o benzeno proveniente da indústria metalúrgica (preparação do coque). O butadieno tinha duas origens distintas: indústria petrolífera (desidrogenação de butenos, craqueamento de nafta e cloração/dehidrocloração de butenos) e álcool etílico, obtido por via fermentativa.

A produção de estireno nos Estados Unidos, que era inferior a 12 mil t/ano em 1941, passou para 108 mil t/ano em 1943 e 216 mil t/ano em 1944. Da mesma forma, a produção de borracha sintética, que era de 3,7 mil t/ano em 1942, passou para 668 mil t/ano em 1944.

Nos Estados Unidos, durante a Segunda Guerra Mundial, muitas empresas de consultoria se dispunham a desenvolver novos processos ou melhorar os existentes, em seus laboratórios ou nos dos próprios clientes, trazendo uma contribuição notável ao desenvolvimento da indústria química.

Dentre elas, cabe um destaque especial à Universal Oil Products – UOP, fundada em 1915 a partir da Standard Asphalt. Gustav Egloff, químico chefe do Departamento de Pesquisas da UOP, fez várias viagens à Alemanha, para acompanhar o desenvolvimento da indústria química alemã, sobretudo a parte da síntese de combustíveis a partir do carvão, e, em uma dessas ocasiões, convidou para trabalhar nos Estados Unidos o próprio Hans Tropsch, um dos cientistas envolvidos nessa síntese. Infelizmente a permanência de Hans Tropsch na UOP foi muito breve, porque, doente, teve de retornar à Alemanha. Foi contratado então, em 1930, o cientista russo Vladimir Nicolaevitch Ipatieff, uma das maiores autoridades em catálise da época e considerado, juntamente com Paul Sabatier, químico francês, um dos "pais" da catálise. Embora Sabatier tenha ganho o prêmio Nobel por seus trabalhos em catálise, sabe-se hoje que os trabalhos de Ipatieff foram mais profundos e amplos que os de Sabatier (2). Além de ser consultor da UOP, Ipatieff ocupava uma cátedra de química na Northwestern University.

Vladimir Haensel, que obteve seu doutorado com Ipatieff na Northwestern University em 1941, começou a pesquisar na UOP um método catalítico para aumentar o índice de octanagem da gasolina ou de frações leves, ou seja, uma reforma catalítica (catalytic reforming). Após anos de pesquisa, variando-se pressões, temperaturas, tipos de catalisadores e composições de insumos, chegou-se a uma solução que resultou no maior sucesso da UOP em desenvolvimento de processos e que ficou conhecida como "Platforming" (de Platinum Reforming). Em 1958 já existiam 106 unidades de Platforming operando no mundo.

A partir da década de 50 a indústria química mundial, agora liderada pelos Estados Unidos, passou por um desenvolvimento acelerado, introduzindo no mercado novos polímeros, que vieram a substituir em muitas funções outros materiais como papel, madeira, vidro e metais. Também no campo das fibras sintéticas o avanço foi notável, ao se substituírem fibras naturais e fibras artificiais à base de celulose. No campo dos defensivos agrícolas foram desenvolvidos dezenas de inseticidas, herbicidas e fungicidas.

Os polímeros termofixos precederam os termoplásticos, tanto em desenvolvimento como na utilização prática. Como os produtos elaborados com alguns termofixos (como a resina de fenol-formaldeído) apresentavam odor residual e não podiam ser coloridos, foram desenvolvidas resinas do tipo uréia-formaldeído e melamina-formaldeído, que não tinham cor nem odor residual e podiam receber qualquer cor desejável.

A American Cyanamid foi uma das primeiras empresas norte-americanas a produzir essa nova resina, que mais tarde ficou conhecida com o nome de "Formica", ainda hoje muito utilizada.

O primeiro termoplástico a ser desenvolvido foi o PVC, a partir de cloreto de vinila, atribuído ao químico alemão Fritz Klatte, em 1912. Entretanto foi só na década de 20 que os cientistas começaram a desenvolver polímeros a partir do cloreto de vinila. O maior problema encontrado no PVC produzido era a sua extrema rigidez. Nos Estados Unidos, a Union Carbide, que queria fabricar PVC a partir dos grandes excedentes de DCE que possuía, recorreu uma vez mais ao Mellon Institute de Pittsburgh, que, sob a liderança de E.W. Reid, encontrou a solução ao copolimerizar cloreto de vinila com acetato de vinila, obtendo um polímero com propriedades mecânicas situadas entre o PVC, que era muito rígido, e o poliacetato de vinila, que era muito flexível.

Outra solução, encontrada por Waldo Semon da BF Goodrich, nos Estados Unidos, foi a utilização de plastificantes como o fosfato de tricresila, que deixava o PVC com características de uma borracha. Na Alemanha também foram utilizados plastificantes, para melhorar as características físicas do PVC, e o produto ficou conhecido sob o nome de "Igelit", de IG Farben e "Vinylite". Durante a Segunda Guerra Mundial, a Alemanha copolimerizava cloreto de vinila com maleato de dimetila ou acrilato de metila, obtendo um polímero que podia ser processado sem o uso de plastificantes.

Nos Estados Unidos a produção de resinas vinílicas, que era pouco superior a 450 t/ano em 1939, saltou para 54 mil t/ano, em 1945. As fábricas atuais de PVC têm capacidade individual entre 500 mil e 1 milhão de t/ano.

O poliestireno, outro termoplástico importante, seguiu de perto as pegadas do PVC, tendo sofrido desenvolvimento maior na Alemanha que nos Estados Unidos, pelo grande interesse que a Alemanha tinha em desenvolver a química da borracha sintética, a partir do estireno. Curiosamente a primeira fábrica de poliestireno surgiu nos Estados Unidos, a Naugatuck Chemical Company, em 1925, em função dos trabalhos do químico russo I.I. Ostromislenski, que havia trabalhado muitos anos na química dos produtos vinílicos e emigrado para os Estados Unidos. O produto chamava-se "Victron" e destinava-se à produção de dentaduras.

Após os trabalhos de Carl Wulff e de Hermann Mark[*] no laboratório de pesquisas da Basf, (na época IG Farben) em Ludwigshafen, no desenvolvimento do processo de produção de estireno por desidrogenação do etilbenzeno e de sua polimerização, a IG Farben construiu várias fábricas de poliestireno na década de 30. A primeira fábrica norte-americana de poliestireno baseada nesse processo foi instalada pela Dow, em 1937.

Após a Segunda Guerra Mundial, quando das investigações pelos aliados das atividades químicas da Alemanha, descobriu-se que já eram produzidos outros copolímeros de estireno, como estireno-acrilontrila e estireno-acrilato, e empregadas várias técnicas diferentes de polimerização, como polimerização em massa, em emulsão e em dois estágios.

O polietileno é hoje o termoplástico de maior produção mundial. Sua descoberta, no início da década de 30, por E.W. Fawcett e R.O. Gibson da ICI, ocorreu por um feliz acaso, por estar o eteno que esses pesquisadores utilizavam impurificado com o teor exato de oxigênio para catalisar a reação de polimerização: um teor menor e a reação não se processaria; um teor maior e a reação tornar-se-ia explosiva. Foi Michael Perrin, outro químico da ICI, que, em 1935, determinou

---

[*] Hermann Mark emigrou posteriormente para os Estados Unidos, onde se tornou professor emérito em Ciências de Polímeros, no Brooklyn Polytechnic Institute.

as condições ótimas da reação. As primeiras utilizações desse material, por suas propriedades dielétricas, foram para finalidades militares, em radares instalados em aviões. O polietileno descoberto é do tipo hoje conhecido como polietileno de baixa densidade. O processo da ICI utilizava reator tipo autoclave, com pressões bastante elevadas (1.000 a 3.000 atmosferas) e temperaturas iniciais de 100 a 200°C. Poucos anos depois, já durante a Segunda Guerra Mundial, a Basf desenvolveu um processo de produção do mesmo tipo de polietileno, só que usando um reator tubular, e deu ao produto o nome de "Lupolen", de Ludwigshafen, cidade onde fica a sede da Basf, e polietileno.

O polietileno de alta densidade foi descoberto por Karl Ziegler do Instituto Max Planck, nos primeiros anos da década de 50, retomando experiências feitas pela IG Farben durante a guerra. Esse polietileno tem características bem diferentes das do polietileno de baixa densidade e é produzido em baixas pressões e temperaturas. A primeira fábrica de polietileno de alta densidade foi implantada pela Hoechst, na Alemanha, em 1955. O estudo dos catalisadores empregados por Ziegler foi retomado por Giulio Natta, professor do Instituto Politécnico de Milão e consultor da Montecatini, para a polimerização estereospecífica do propeno, criando o polipropileno; além de permitir a polimerização de mono e diolefinas de cadeia maior.

Ambos os cientistas receberam o Prêmio Nobel de Química em 1963, por seus trabalhos em catalisadores para polimerização de olefinas; houve contudo um forte ressentimento de Ziegler contra Natta, que o acusava de ter se beneficiado da vinda de cientistas italianos ao Instituto Max Planck, para "espionar" seus trabalhos. Esses catalisadores, à base de alquil ou aril-cloretos de titânio e alquil-haletos de alumínio, ficaram conhecidos com o nome de "Ziegler-Natta" e deram origem a centenas de tipos de polietileno e polipropileno diferentes.

Com a introdução dos catalisadores chamados de 2ª geração para a polimerização de olefinas, na década de 80, e do tipo "metalocenos", o número de polietilenos e polipropilenos com propriedades físicas e químicas diferentes pode chegar a alguns milhares.

A participação da indústria química mundial no desenvolvimento das fibras têxteis, primeiramente nas artificiais (à base de celulose) e posteriormente nas totalmente sintéticas, foi tão notável quanto o desenvolvimento do campo dos polímeros.

As primeiras fibras artificiais partiam da celulose, visando a dar à fibra uma característica semelhante ao fio da seda. Outro tipo de fibra artificial, conhecido como acetato de celulose, parte também da celulose, mas modifica a molécula da mesma, introduzindo radicais acetato na molécula. A produção mundial de fibras artificiais teve um grande crescimento nas décadas de 20 a 30 e começou a perder impulso na década de 50, com a introdução das fibras sintéticas.

Em 1919 a produção mundial de fibras artificiais era de aproximadamente 11 mil toneladas, em 1924 passou para 60 mil toneladas e em 1929 já era aproximadamente 200 mil toneladas. Em 1998 a produção de fibras artificiais foi de 2,2 milhões de toneladas, correspondendo a aproximadamente 5% da produção mundial de fibras.

O náilon[*] foi descoberto em 1934 pelo professor e pesquisador da Universidade de Harvard, Wallace H. Carothers, contratado pela DuPont em 1927, graças a metódico e detalhado trabalho de laboratório.

O pedido de patente foi depositado em 1937, e o início da produção industrial ocorreu somente em 1939. O náilon produzido pela DuPont ficou conhecido pelo nome de "náilon 6/6", porque partia do ácido adípico com 6 átomos de carbono e da hexametilenodiamina, que também possui 6 átomos de carbono.

(*) A marca náilon foi criada pela DuPont em 1938, após longa e interessante pesquisa em busca de um nome para a recém-descoberta Fibra #66. Como o produto substituía a seda de origem japonesa, a imprensa do Japão acusou a DuPont de ter escolhido o nome com o objetivo de ridicularizar o país: "Now You Lousy Old Nipponese". (2)

O químico alemão Paul Schlack, da firma Aceta (IG Farben), que trabalhava com fibras têxteis desde 1928, ao ler a patente do náilon depositada pela DuPont, imediatamente vislumbrou a possibilidade de produzir um fio semelhante, usando a caprolactama.

Dentro de dias, o laboratório da Aceta estava produzindo um fio de náilon, com propriedades algo diferentes das apresentadas pelo fio fabricado pela DuPont. Ficou conhecido como "náilon 6", pois partia da caprolactama, que contém 6 átomos de carbono.

Alguns executivos da DuPont visitaram em 1938 a fábrica da Aceta, em Wolfen, e ficaram espantados com o progresso alemão na fabricação do náilon 6. Decidiram fazer um intercâmbio de licenças de fabricação, o que efetivamente ocorreu em 1939, poucos meses antes do início da Segunda Guerra Mundial.

Quando os químicos ingleses J.R. Whinfield e J.T. Dickson da Calico Printers Association, em 1939, começaram a estudar as patentes de Carothers, ficaram surpresos ao verificar que este havia incluído, na descrição de uma das patentes, que poliésteres alifáticos (de cadeia reta) não eram adequados à formação de polímeros que pudessem ser transformados em fibras, por não apresentarem a estabilidade química das poliamidas (náilon) e terem ponto de fusão muito baixo, mas não citava os poliésteres aromáticos (contendo a estrutura de um anel benzênico). Esses pesquisadores testaram a reação de esterificação e polimerização entre o ácido tereftálico e o etilenoglicol, sob a ação de catalisadores, e logo chegaram à formação de um polímero que apresentava ótimas propriedades como fibra (algumas superiores ao náilon), além de um ponto de fusão elevado (240°C). A esse poliéster deram o nome de "Terylene".

Essa fibra foi patenteada pela Calico em 1941, sob grande segredo, como havia sido estabelecido pelo governo britânico para todo o invento descoberto, durante a Segunda Guerra Mundial, que pudesse ter um valor estratégico. Faltava ainda desenvolver a tecnologia para a fiação no estado de fusão da resina. Em 1943, J.R. Whinfield, agora trabalhando para o Ministério de Suprimentos, resolveu negociar com a ICI a cessão das patentes da Calico, ao mesmo tempo em que a ICI deveria desenvolver a tecnologia da fiação no estado de fusão. A ICI foi escolhida não só porque já produzia uma das matérias-primas (o etilenoglicol), mas também porque tinha conhecimento das técnicas de fiação no estado de fusão, conhecimento obtido por um acordo com a DuPont (Nylon Agreement), feito em 1939. O acordo da Calico com a ICI só foi efetivamente assinado em 1946, e a primeira fábrica de terylene começou a operar em 1948.

No fim da guerra a Inglaterra resolveu revelar as patentes de inventos considerados estratégicos (e o terylene foi um deles), dando oportunidade à DuPont de conhecer esse invento, agora de propriedade da ICI, idêntico ao que ela mesma havia desenvolvido em 1944. Entretanto as duas companhias tinham um acordo de cessão de licenças; a DuPont para a produção do polietileno e a ICI para a produção do náilon. A DuPont reconheceu a precedência inglesa na descoberta da fibra poliéster e acabou negociando com a ICI os direitos de utilização da patente inglesa.

A fibra de poliéster tem características que a distinguem do náilon, como a extrema insensibilidade à água após estirada a frio, a grande resistência à maioria dos solventes, a possibilidade de imitar a resiliência da lã quando "amarrotada", a possibilidade de "manter o vinco" após a lavagem (que foi o seu grande apelo na fase de marketing) e a possibilidade de misturar-se a fibras naturais, sobretudo ao algodão. Além disso, seu contato com a pele é considerado, pela maioria das pessoas, como mais agradável que o do náilon. De todas as fibras sintéticas, é a de maior produção mundial, correspondendo a aproximadamente 20% da produção da totalidade de fibras (incluindo as naturais e artificiais) dos Estados Unidos e da Europa Ocidental e a 40% do Japão, em 1998.

As fibras acrílicas são de desenvolvimento mais recente. Constituem polímeros de adição, em que o monômero é a acrilonitrila e em que podem ser usados outros comonômeros, em geral do tipo vinílico.

As resinas acrílicas foram patenteadas pela IG Farben em 1929. Várias tentativas de extrudar a resina na forma de fibras, efetuadas pela Agfa em Wolfen na década de 30, foram infrutíferas. O primeiro processo prático para produção de acrilonitrila a partir de acetileno foi patenteado pela Bayer em 1939, trabalho esse desenvolvido por Otto Bayer e Peter Kurtz. Estava faltando descobrir um solvente adequado para a poliacrilonitrila, para poder transformá-la em fibra. Em 1941, em trabalhos independentes, tanto a Bayer como a DuPont descobrem a dimetilformamida como o solvente para tal finalidade, mas, estranhamente, talvez por causa dos esforços de guerra, ambas as empresas descontinuaram as pesquisas. Ao fim da guerra só os norte-americanos tiveram condições de prosseguir com os trabalhos. As investigações sobre as condições da reação de polimerização e a utilização de comonômeros tinham avançado bastante, sendo possível produzir fibras tendo comonômeros como cloreto de vinila, vinil-piridina e ésteres acrílicos.

As propriedades da fibra acrílica são: sua grande resistência à luz solar, sua imunidade ao ataque de traças e à formação de mofo e ser "promotora de volume" (bulking power), tornando-a muito semelhante à lã natural. Essas carascterísticas levaram, além da DuPont, também a Union Carbide e a Monsanto a desenvolverem processos para a sua fabricação.

A DuPont construiu em 1950 uma primeira fábrica de fibra acrílica (que recebeu o nome de "Orlon") em Camden, Carolina do Sul, e uma fábrica de fibra cortada (staple fiber) em 1952, tendo já nesse ano, uma capacidade total de produção de fibras acrílicas de 17 mil t/ano.

A Union Carbide inaugurou sua fábrica de "Dynel", fibra acrílica com 40% de acrilonitrila e 60% de cloreto de vinila, em 1952, com uma capacidade de 3,6 mil t/ano de fibra cortada. Essa fibra era lavável, não encolhia, podia ser tingida com qualquer cor, aceitava vinco permanente, tinha a textura da lã e custava exatamente a metade do preço da lã.

A entrada da Monsanto nesse campo foi mais tumultuada. Na década de 40 desenvolveu processos de produção de vários copolímeros de poliacrilato. Por não ter experiência industrial em processamento de fibras, resolveu fazer uma *joint venture* com a American Viscose, na época a maior produtora de raiom dos Estados Unidos. A firma formada em 1949 chamou-se Chemstrand. Foi montada a fábrica de "Acrilan" (esse era o nome dado pela Monsanto para a sua fibra acrílica), que entrou em operação no início dos anos 50. O produto, entretanto, apresentava um sério defeito: as fibras rompiam-se quando tensionadas (por exemplo, ao dobrar-se um cotovelo), e aparecia o substrato da fibra, que não era tingido. O produto teve de ser recolhido e a Chemstrand quase foi à falência. As pesquisas em laboratório foram retomadas e só em 1955 o produto pôde ser relançado, sem os inconvenientes do primeiro lançamento. Em 1961 a Monsanto comprou a participação da American Viscose na Chemstrand e passou a ser sua única proprietária.

Na Alemanha, a primeira fábrica de fibra acrílica foi instalada pela Bayer, em 1953, para a produção de fibra cortada. Essa fibra recebeu o nome de "Dralon" e veio a se constituir como importante produto de exportação da Bayer.

Período pós-1955

Esse período, também conhecido como os "anos dourados" da petroquímica, assistiu o deslanche definitivo da indústria química norte-americana, e o renascer da indústria química alemã.

Logo após a Segunda Guerra Mundial, as instalações das indústrias químicas alemãs estavam totalmente destruídas, e os aliados discutiam como desmantelar a IG Farben. Muitos de seus diretores foram julgados em Nüremberg, por crimes de guerra.

30 PEDRO WONGTSCHOWSKI

Os aliados criaram vários CIOS[*] e BIOS[**] para investigar e divulgar a tecnologia química alemã, na qualidade de vencedores do conflito. Os relatórios dessas investigações contribuíram decididamente para inúmeros avanços tecnológicos, tanto nos Estados Unidos e Inglaterra, quanto na França e Rússia. Esses relatórios estão arquivados na Seção Militar dos Arquivos Nacionais, na cidade de Washington, DC, nos Estados Unidos.

Dois fatores vieram acelerar a decisão aliada de permitir a retomada da fabricação de produtos químicos pela Alemanha: a guerra fria entre soviéticos e norte-americanos, em que esses últimos preferiam ter uma Alemanha aliada e próspera para reagir contra as investidas dos soviéticos; a própria situação da Alemanha, que, sem indústria química, não poderia se desenvolver, uma vez que essa indústria é a base do crescimento da produção do país.

O desmantelamento da IG Farben ficou definido em 1952, e as empresas químicas que a compunham, foram repartidas entre as três maiores empresas químicas existentes antes de sua formação: Basf, Bayer e Hoechst. Com a ajuda econômica do Plano Marshall, com a reorganização da economia e com muita tenacidade e trabalho, a indústria química alemã começou a renascer das cinzas, auxiliada por dois eventos, de certa forma inesperados: a nova química derivada do petróleo — a petroquímica — e a descoberta de importantes jazidas de petróleo no Oriente Médio. Estas garantiam o abastecimento abundante e barato de petróleo à Europa. Não tivesse a Alemanha perdido a guerra, praticamente toda a sua indústria química teria que ser sucateada, uma vez que utilizava carvão como matéria-prima. Como as fábricas já estavam todas destruídas pela guerra, foi possível aos alemães fazerem novas construções mais modernas e avançadas que as norte-americanas e inglesas, garantindo, de saída, uma vantagem competitiva. A Alemanha beneficiou-se ainda da ótima situação econômica mundial, em pleno crescimento, e da abertura do comércio mundial aos seus produtos. Tendo sua capacidade técnica e administrativa preservada, as empresas químicas alemãs, já a partir de 1969 e mais notadamente a partir de 1974, galgaram os primeiros postos entre as maiores indústrias químicas mundiais. Tornaram-se as maiores exportadoras mundiais de produtos químicos e só foram suplantadas pela indústria química norte-americana nos últimos anos da década de 90.

O Quadro 2.1.3 mostra o ranking das maiores empresas químicas mundiais, por faturamento de produtos químicos, no período entre 1970 e 2000.

QUADRO 2.1.3 Maiores indústrias químicas mundiais

Ano	Basf	Bayer	DuPont	Hoechst	ICI
1974	1º	4º	5º	2º	3º
1978	3º	2º	4º	1º	5º
1982	4º	3º	1º	2º	5º
1986	2º	1º	5º	3º	4º
1990	1º	4º	5º	2º	3º
1994	2º	4º	3º	1º	6º
1998	1º	3º	2º	7º	6º
2000	1º	5º	2º	—	9º

Fonte: Chemical & Engineering News.

(*) Combined Intelligence Objectives Subcommittee consistia em um grupo de militares e civis norte-americanos, ingleses e canadenses, cujo objetivo era descobrir e revelar a tecnologia alemã.
(**) British Intelligence Objectives Subcommittee, idêntico ao anterior, composto só por ingleses.

INDÚSTRIA QUÍMICA MUNDIAL **31**

É importante notar que as empresas alemãs Basf, Bayer e Hoechst, a partir de 1974, ficaram sempre entre as 5 maiores empresas químicas do mundo, até o ano 2000, com exceção da Hoechst, que, a partir de 1998, começou a fazer o *spin-off* de algumas subsidiárias, em preparo para a fusão de sua área farmacêutica com a da Rhône-Poulenc, para formar a Aventis.

No ano 2000, a terceira colocada foi a Dow, a quarta foi a ExxonMobil, a sexta foi a TotalFinaElf, a sétima a Degussa e a oitava a Shell.

Na análise das vantagens competitivas que levaram a Alemanha a suplantar a Inglaterra no desenvolvimento de sua indústria química, deve-se ressaltar, em primeiro lugar, a situação social vigente em ambos os países. Enquanto na Alemanha, a sociedade estava dirigida para o reerguimento econômico, com poucos embates entre as empresas e as organizações de trabalhadores (havia um sindicato único para as indústrias químicas e participação igualitária nos conselhos diretores das grandes empresas), na Inglaterra, os trabalhadores faziam uma série de reivindicações, com greves numerosas. Entre os anos 50 e os anos 70, a Inglaterra foi o país europeu que mais sofreu greves de natureza trabalhista, e as indústrias químicas tinham de negociar os salários de seus trabalhadores com 38 sindicatos.

Outro fator importante foi o desmembramento do outrora poderoso império britânico, o que abriu ao mercado mundial, os mercados de seus países membros, até então cativos.

A tecnologia dos novos processos petroquímicos veio à Alemanha substancialmente dos Estados Unidos, por meio de empresas de engenharia, além de algumas empresas alemãs terem se associado a empresas britânicas de petróleo (a Basf com a Shell e a Bayer com a BP). Essas empresas britânicas de petróleo, entrando no mercado petroquímico, passaram a ter participação expressiva nesse mercado, mantendo presença até nossos dias.

O acordo firmado entre a ICI e a DuPont em 1929, impedindo a entrada da ICI tanto no mercado norte-americano como no europeu continental, e só desfeito em 1952 por ordem do governo norte-americano, atrasou a entrada da ICI naqueles mercados. A Alemanha retomou os contatos que já existiam antes da guerra, para reativar esses mercados.

Nos anos 80 e 90 a situação social entre Alemanha e Inglaterra de certo modo inverteu-se, com a ascensão do partido conservador na Inglaterra. Esta se aproximou do Mercado Comum Europeu, quebrou o poder dos sindicatos, diminuiu as despesas do governo e abriu a economia. A Alemanha, por sua vez, instituía um sistema social extremamente caro e inflexível. Com isso, os trabalhadores alemães passaram a gozar de uma semana de trabalho menor, férias maiores e um programa de seguridade social que não tinha paralelo no mundo. Com o primeiro choque mundial do petróleo, em 1973 e 1974, a Alemanha deixou de ter as altas taxas de crescimento que vinha apresentando (10% ao ano entre 1950 e 1973), e seu governo passou a ter dificuldades em manter o alto padrão de seu programa de seguridade social.

A indústria química inglesa conseguia índices de produtividade semelhantes às suas congêneres alemãs e começava a ganhar terreno em relação a essas.

A Alemanha, por outro lado, perdia sua vantagem competitiva de ter o melhor sistema de ensino universitário europeu, embora mantivesse bons níveis no ensino fundamental, médio e técnico. A produção de trabalhos científicos em 1991 mostra a Inglaterra apresentando 8,2% da totalidade dos trabalhos publicada, o Japão 7,7% e a Alemanha 5,8%. Outros problemas apresentados pela Alemanha foram a reunificação da Alemanha Oriental com a Alemanha Ocidental, originando enormes gastos, que levaram a um aumento de impostos e uma política ambiental extremamente rígida, e isso acarretou custos maiores para a indústria química alemã.

As exigências do mercado financeiro quanto à obtenção crescente de resultados também impactou as indústrias químicas alemãs, habituadas a investir mais em pesquisa e desenvolvimento, bem como em novas instalações industriais.

Essas indústrias, a fim de manter sua rentabilidade, decidiram sair do ramo de *commodities*, passando a concentrar-se em produtos de tecnologia mais complexa e a investir em países de alto crescimento econômico, notadamente China e Sudeste Asiático. Uma das soluções encontradas para a saída do negócio de *commodities*, foi a formação de *joint ventures* com outras empresas que também queriam sair daquele negócio. São exemplos as formações da Targor, da Elenac e da Basell, entre outras. Essas *joint ventures* seriam operadas por um período, para depois serem colocadas à venda, consolidando o afastamento definitivo das empresas originais do negócio de *commodities*.

O Japão, país perdedor da Segunda Guerra Mundial, com suas indústrias químicas bastante destruídas no conflito, merece destaque pelo seu notável reerguimento, constituindo-se, nas três últimas décadas do século XX, no segundo maior fabricante de produtos químicos do mundo, somente atrás dos Estados Unidos e bem à frente da Alemanha. Uma característica curiosa dessa indústria japonesa é a sua "invisibilidade", sem empresas de grande porte e com nomes pouco conhecidos, quando comparados às indústrias automobilística (Honda, Nissan, Toyota) e eletro-eletrônica (Toshiba, Sony, Panasonic).

Um dos fatores que levaram a indústria química japonesa à posição que ocupa no cenário mundial foi, sem dúvida, sua elevada eficiência operacional. Ser eficiente significa perscrutar todas as fases de um processo produtivo, sugerir modificações que venham a melhorá-lo substancialmente, seja abaixando seu custo, aumentando seu rendimento ou gerando menos resíduos ou subprodutos. Em geral, os cientistas e técnicos japoneses não fizeram descobertas revolucionárias, de modo a modificar essencialmente a forma como um produto vinha sendo fabricado, mas introduziram uma série de pequenas modificações, de modo a torná-lo mais rentável.

Outro fator significativo provém de as indústrias químicas japonesas apresentarem enorme diversificação em seus produtos. Por não serem de grande porte e, portanto, não poder impor um produto segundo suas próprias especificações, as indústrias químicas japonesas foram obrigadas a fabricar os produtos que os clientes queriam receber, com uma série de variações, cada uma segundo um cliente determinado. Vale lembrar que a indústria química japonesa era fornecedora, essencialmente, do mercado interno, sendo, nos primeiros anos de seu ressurgimento (anos 60 e 70), bastante pequeno o seu potencial exportador. Atualmente seu comércio exportador é ainda relativamente pequeno, quando comparado com os Estados Unidos e vários países europeus.

A inserção da indústria química japonesa no mercado mundial segue duas direções distintas. Enquanto sua presença industrial nos países desenvolvidos é muito pequena, no Sudeste Asiático começa a ser significativa, seja por investimentos próprios, seja por meio de *joint ventures*. Convém lembrar também que, nos contratos de licenciamento de tecnologia feitos pelas indústrias japonesas com empresas dos países desenvolvidos, havia restrições quanto à entrada dos produtos japoneses nesses mercados. Há ainda a ressaltar o papel das *trading companies*, que sempre estiveram associadas às indústrias químicas japonesas, para a comercialização de seus produtos. Enquanto as indústrias químicas produziam *commodities* químicas, o papel das *trading companies* apresentava uma vantagem competitiva, pois estas tinham uma vasta rede de vendas. Entretanto, quando as indústrias químicas japonesas evoluíram para a área de especialidades químicas, em que uma interação maior entre o cliente e o fabricante se faz necessária, a interferência das *trading companies* mais atrapalhava do que ajudava.

Outra característica das indústrias químicas japonesas é a de pertencerem a grandes grupos econômicos, com múltiplas atividades, como bancos, firmas de seguro, de financiamento, *trading companies* e atividades industriais em muitos ramos, além da química. Antes e durante a Segunda Guerra Mundial, esses grupos eram chamados de zaibatsu e sua liderança pertencia geralmente a uma *trading company*. Os Estados Unidos, ao fim da guerra, como potência vencedora, decretaram o fim dos zaibatsu, introduzindo uma nova sistemática bancária e financeira para o Japão. Criaram-se assim novos grupos econômicos, chamados keiretsu, agora liderados por um banco. O mercado financeiro e creditício foi colocado sob a tutela do Banco do Japão, que o controlava de forma rígida.

Os keiretsu evoluíram para os kigyo shudan, de estrutura menos rígida, embora muitas vezes os termos que os designam tenham sido considerados sinônimos. Os maiores kigyo shudan japoneses são a Mitsubishi, a Mitsui e a Sumitomo. Para se ter uma idéia do tamanho e complexidade de tal estrutura, o Quadro 2.1.4 mostra o kigyo shudan da Mitsubishi, no começo dos anos 90.

Só no complexo petroquímico da Mitsubishi em Yokkaichi, participam 19 empresas, sendo 7 estrangeiras. Pode-se bem aquilatar a dificuldade de administrar e operar tal complexo, em que cada empresa depende de outra para o recebimento de sua matéria-prima.

Essas estruturas evidentemente são muito rígidas, impedindo ou dificultando modificações nos processos produtivos e nos produtos ou mesmo fechamentos de unidades, por imposições de mercado.

Diante de tal situação, restou às empresas químicas japonesas, para adquirirem a flexibilidade e agilidade necessárias na economia globalizada, o caminho da composição, por fusões, aquisições e *joint ventures*. A formação da Shin-Daiichi Vinyl, uma *joint venture* formada entre a Nippon Zeon, Sumitomo Chemical e Tokuyama, em 1995 para a produção de PVC, a Taiyo Vinyl, *joint venture* formada entre a Tosoh Chemical, Mitsui Toatsu e Denki Kagaku, em 1996, também para a produção de PVC, a Japan Evolue, uma *joint venture* entre a Mitsui Petrochemical e a Sumitomo Chemicals, em 1996, para a produção de polietilenos, a fusão entre a Mitsui Petrochemical e

QUADRO 2.1.4 O Kigyo Shudan da Mitsubishi

Área química

Petróleo	Mitsubishi Oil	Refino de petróleo, Plásticos, Fibras
Químicos	Mitsubishi Kasei	Petroquímicos, Orgânicos, Inorgânicos, Produtos químicos para a indústria eletrônica, Farmacêuticos.
	Mitsubishi Petrochemical	Petroquímicos básicos, Plásticos, Química fina, Especialidades, Farmacêuticos.
	Mitsubishi Gas Chemical	Orgânicos básicos, Plásticos, Produtos químicos para a indústria eletrônica.
	Mitsubishi Plastics	Plásticos, Produtos químicos para ind. eletrônica, Materiais de construção.
Fibras	Mitsubishi Rayon	Plásticos, Fibras
Vidro	Asahi Glass	Vidros, Cerâmicas, Inorgânicos, Química fina, Produtos químicos para indústria eletrônica.

Outras áreas

Alimentos	Construção	Finanças	Metais
Armazéns	Consultoria	Imobiliária	Papel
Automóveis	Eletrônica	Instrumentos	Seguros
Aviões	Estaleiro	Máquinas	Transportes marítimos

Fonte: Landau (3).

34 PEDRO WONGTSCHOWSKI

Mitsui Toatsu ocorrida em 1997, formando a Mitsui Chemicals, e a Sumitomo Mitsui Polyolefin, *joint venture* entre a Sumitomo Chemical e a Mitsui Chemicals, em 2001, para a produção de poliolefinas, atestam o exposto.

Embora o número de processos químicos desenvolvidos nesse período seja muito grande, o Quadro 2.1.5 mostra alguns desses processos químicos, bem como as empresas envolvidas em seus desenvolvimentos.

QUADRO 2.1.5   Desenvolvimento de processos químicos

Ano aproximado	Produto	Processo desenvolvido	Companhia
1950	Polietileno de alta densidade	Produção de polietileno em baixas pressões e temperaturas	Max Planck Institut (Karl Ziegler)
1950	Fenol	Oxidação a ar do cumeno	Distillers, British Petroleum, Hercules
1953	DMT	Oxidação a ar em quatro estágios	Imhausen, Hercules
1953	Amônia	Alta pressão, a partir de gás de síntese	Pullman/Kellogg
1955	Anidrido maléico	Oxidação do benzeno	Halcon
1957	Polietileno irradiado	Plásticos com memória	Raychem
1957	Isocianatos-uretanas	Uretanas e espumas	Bayer, Houdry, Wyandotte
1958	Polietileno de alta densidade; polipropileno	Novos catalisadores	Montecatini—Natta, Phillips, Avisun, Amoco
1958	Alfa olefinas e álcoois lineares	Novos catalisadores	Gulf, Ethyl, Conoco
1958	Ácido tereftálico	Oxidação a ar do p-xileno	Halcon, Amoco
1959	Acetaldeído	Oxidação do eteno em fase vapor	Hoechst/Wacker
1960-70	Oxoálcoois	Melhorias nos catalisadores	Exxon, ICI, Shell Union Carbide
1960-70	Ácido acético	Oxidação de parafinas	Celanese
1960-70	Policarbonatos	Plásticos de engenharia	GE, Bayer
1964	Ciclohexanol e ciclohexanona	Oxidação do ciclohexano, sistema bórico	Halcon
1965	Acrilonitrila	Amoxidação do propeno	Sohio
1965	Hexametilenodiamina	Eletrohidrodimerização da acrilonitrila	Monsanto
1965	Cloreto de vinila	Oxicloração do eteno	Goodrich, Monsanto, PPG, Stauffer
1967	Acetato de vinila	Reação de eteno com ácido acético e oxigênio em fase vapor	Bayer, Celanese, Hoechst, USI
1968	Ácido acético	Reação de metanol e monóxido de carbono a alta pressão	Basf, DuPont
1969	Anidrido ftálico	Oxidação de o-xileno	Basf
1969	Acrilatos	Oxidação do propeno	BP, Celanese, Sohio, Rohm & Haas, Union Carbide

Ano aproximado	Produto	Processo desenvolvido	Companhia
1969	PET	Garrafas plásticas	DuPont
1969	Óxido de propeno, e álcool butílico terciário	Epoxidação com hidroperóxido	Arco/Halcon
1970	p-Xileno	Recuperação por adsorção	UOP
1970	Metanol	Reação de monóxido de carbono e hidrogênio a baixa pressão	ICI
1970	Anilina	Fenol e amônia	Halcon, Mitsui
1970	Óxido de eteno	Melhorias nos catalisadores	Halcon, Shell, Union Carbide
1970	Óxido de polifenileno e polímeros Noryl	Plásticos de engenharia	GE
1972	Hexametilenodiamina	Butadieno e ácido cianídrico	DuPont
1972	Estireno e óxido de propeno	Epoxidação com hidroperóxido	Arco/Halcon
1973	Ácido acético	Metanol e monóxido de carbono a baixa pressão	Monsanto
1974	Kevlar	Fibra de alta tensão	DuPont, Akzo
1974	Polipropileno	Fase vapor	Basf
1974	Anidrido maléico	A partir do butano	Amoco, Halcon, Monsanto, Showa Denko
1977	Polietileno linear de baixa densidade	Baixa pressão	Union Carbide, outras empresas mais tarde
1980	Anidrido acético	Monóxido de carbono a carvão e metanol	Halcon, Eastman
1981	Metacrilatos	A partir de isobutano ou isobuteno	Mitsubishi, Halcon/Arco, outras cias. japonesas
1985	Polipropileno	Catalisadores e técnicas de processo melhoradas	Montedison/Himont, Shell, outros

Fonte: Landau (4).

Nesse período pós-1955, de grande progresso econômico, até a primeira crise do petróleo em 1973-74, os países emergentes logo entenderam que, para acompanhar o desenvolvimento industrial, melhorar o nível de vida da população e gerar mais empregos, teriam que desenvolver suas indústrias químicas. Estas estão verdadeiramente na base de qualquer atividade industrial, e não há nação desenvolvida que não tenha uma indústria química forte. Entre as várias razões para incentivo da implantação de indústrias químicas em um país está o fato de ser geradora de empregos, não só diretos, mas também indiretos, nas indústrias que consomem os produtos químicos[*].

Razões adicionais são o fato de poder transformar matérias-primas locais em produtos de maior valor, fabricando produtos que antes eram importados e contribuindo para a melhoria dos saldos comerciais.

[*] Nos Estados Unidos o American Chemistry Council, em trabalho publicado em 2001, afirma que, para cada emprego na indústria química, são gerados mais cinco empregos em outras áreas da economia.

São dignas de nota, entre as maiores nações produtoras de químicos, as posições alcançadas pela China, em 4º lugar, a Coréia, em 6º lugar e o Brasil, em 9º lugar, em 2000.

A Figura 2.1.1 mostra o avanço dos países ROW[(*)], na produção de químicos básicos, no período de 1975 a 2000.

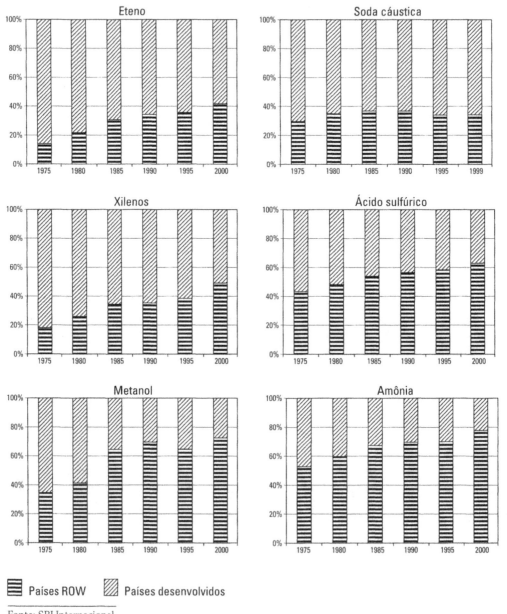

Figura 2.1.1 Produção de químicos básicos

Fonte: SRI Internacional

(*) A expressão ROW (Rest of the World) refere-se aos países fora do eixo Estados Unidos, Europa Ocidental e Japão.

DEFINIÇÃO DE INDÚSTRIA QUÍMICA

O estudo da indústria química deve ser precedido de uma concreta definição de quais produtos ou atividades nela estão incluídos. Infelizmente as definições adotadas pelos estudiosos do setor ou pelas associações nacionais ou regionais da indústria química não são homogêneas.

Para o conjunto da indústria de transformação existem duas famílias de classificações: uma baseada em **atividades** e outra baseada em **produtos**. As classificações de atividades foram estabelecidas para permitir a coleta, disseminação e análise de estatísticas econômicas. As classificações por atividade mais utilizadas são a NAICS (North American Industry Classification System), que veio substituir a SIC (Standard Industrial Classification), adotada pelo Departamento de Comércio dos Estados Unidos e agências de estatísticas dos países do NAFTA (Estados Unidos, Canadá e México), a ISIC (International Standard Industrial Classification of All Economic Activities), adotada pelas Nações Unidas, e a NACE (Nomenclature Générale des Activités Économiques dans les Communautés Européennes), adotada pela Comunidade Econômica Européia. O IBGE (Instituto Brasileiro de Geografia e Estatística) adota a CNAE – Classificação Nacional de Atividades Econômicas.

As classificações por produto como a CPC (Central Product Classification), adotada pelas Nações Unidas, e a NCM (Nomenclatura Comum do Mercosul), adotada pelo Brasil e demais países do Mercosul, são utilizadas principalmente para efeitos tributários (definições de alíquotas do IPI, no caso brasileiro) e para efeitos aduaneiros (definição da TEC –Tarifa Externa Comum, no caso do Mercosul).

O Quadro 2.2.1 apresenta uma visão resumida das sete principais classificações utilizadas pela indústria de transformação: quatro são de atividades e três de produtos.

QUADRO 2.2.1 Sistemas de classificação de atividades e produtos				
Sistema	**Título**	**Natureza**	**Última versão**	**Órgão emissor**
CPC	Provisional Central Product Classification	Produto	1991	Organização das Nações Unidas
CNAE	Classificação Nacional de Atividades Econômicas	Atividade	1996	IBGE - Instituto Brasileiro de Geografia e Estatística
ISIC	Standard Industrial Classification of All Economic Activities	Atividade	1990	Organização das Nações Unidas
NACE	Nomenclature Générale des Activités Économiques dans les Communautés Européennes	Atividade	1990	Comunidade Econômica Européia
NCM	Nomenclatura Comum do Mercosul	Produto	1995	Governo do Brasil
NAICS	North American Industry Classification System	Atividade	1997	Office of Management and Budget
SITC	Standard International Trade Classification	Produto	1986	Organização das Nações Unidas

QUADRO 2.2.2 Classificação de produtos (CPC 91)

Divisão 34 — Produtos químicos básicos

341 - Produtos orgânicos básicos
342 - Produtos inorgânicos básicos
343 - Taninos e extratos colorantes
344 - Produtos naturais, minerais e vegetais
345 - Outros produtos químicos básicos[*]
346 - Fertilizantes e pesticidas
347 - Resinas plásticas
348 - Borracha sintética

Divisão 35 — Outros produtos químicos

351 - Tintas e vernizes
352 - Produtos farmacêuticos
353 - Sabões, perfumes e produtos de limpeza
354 - Outros produtos químicos[**]
355 - Fibras artificiais e sintéticas

[*] Inclui enxofre, produtos da refinação de óleos e gordura vegetais, glicerina e outros.
[**] Inclui óleos essenciais, gelatina, adesivos, preparações lubrificantes, produtos para análise, explosivos e outros.

Fonte: United Nations, 1991.

A classificação CPC separa os produtos químicos em duas grandes divisões, a primeira de produtos químicos básicos (incluindo fertilizantes e pesticidas) e a segunda de outros produtos químicos (incluídos tintas e vernizes, produtos farmacêuticos, sabões e produtos de limpeza, fibras artificiais e sintéticas); não inclui transformados de plásticos e borracha (Quadro 2.2.2).

A classificação CNAE adota uma definição ampla de indústria química, incluindo a fabricação de produtos farmacêuticos, fibras artificiais e sintéticas, tintas e vernizes, fertilizantes, sabões e cosméticos; não inclui transformados plásticos e produtos de borracha (Quadro 2.2.3).

A classificação ISIC, que serviu de base para a recente revisão da CNAE brasileira, igualmente divide a manufatura de produtos químicos (Divisão 24) em três grupos: manufatura de produtos químicos básicos (incluindo fertilizantes), manufatura de outros produtos químicos (incluindo tintas e vernizes, produtos farmacêuticos, sabões e cosméticos) e manufatura de fibras artificiais e sintéticas; exclui transformados de borracha e plástico (Quadro 2.2.4).

A classificação NACE, adotada pela Comunidade Européia, inclui na indústria química produtos agroquímicos, tintas e vernizes, produtos farmacêuticos, sabões e cosméticos, fibras artificiais e sintéticas; a transformação de plásticos e borracha consta de grupo separado (Quadro 2.2.5).

A classificação NCM, baseada no Sistema Harmonizado de Designação e Codificação de Mercadorias, inclui na Seção VI (Capítulos 28 a 38) – Produtos das indústrias químicas ou das indústrias conexas, os produtos farmacêuticos, fertilizantes, sabões e cosméticos, explosivos e produtos para fotografia; não inclui plásticos e suas obras e borracha e suas obras (Quadro 2.2.6).

Em abril de 1997 os países do NAFTA (Estados Unidos, Canadá e México) acordaram sobre uma nova classificação de atividades que substituiu os 3 sistemas nacionais de classificação industrial. Assim o SIC (Standard Industrial Classification) dos Estados Unidos, cuja última revisão é de 1987, é substituído pelo North American Industry Classification System (NAICS 1997). O sistema NAICS é apresentado no Quadro 2.2.7, e as primeiras estatísticas com o novo sistema foram apresentadas pelo U.S. Bureau of the Census em 1999 e, retroativamente, a partir de 1997.

INDÚSTRIA QUÍMICA MUNDIAL

QUADRO 2.2.3 — Classificação nacional de atividades econômicas (CNAE 1996)

Divisão 24	Grupo	Classe	Denominação
			Fabricação de produtos químicos
	24.1		**Fabricação de produtos químicos inorgânicos**
		24.11-2	Fabricação de cloro e álcalis
		24.12-0	Fabricação de intermediários para fertilizantes
		24.13-9	Fabricação de fertilizantes fosfatados. nitrogenados e potássicos
		24.14-7	Fabricação de gases industriais
		24.19-8	Fabricação de outros produtos inorgânicos
	24.2		**Fabricação de produtos químicos orgânicos**
		24.21-0	Fabricação de produtos petroquímicos básicos
		24.22-8	Fabricação de intermediários para resinas e fibras
		24.29-5	Fabricação de outros produtos químicos orgânicos
	24.3		**Fabricação de resinas e elastômeros**
		24.31-7	Fabricação de resinas termoplásticas
		24.32-5	Fabricação de resinas termofixas
		24.33-3	Fabricação de elastômeros
	24.4		**Fabricação de fibras, fios, cabos e filamentos contínuos artificiais e sintéticos**
		24.41-4	Fabricação de fibras, fios, cabos e filamentos contínuos artificiais
		24.42-2	Fabricação de fibras, fios, cabos e filamentos contínuos sintéticos
	24.5		**Fabricação de produtos farmacêuticos**
		24.51-1	Fabricação de produtos farmoquímicos
		24.52-0	Fabricação de medicamentos para uso humano
		24.53-8	Fabricação de medicamentos para uso veterinário
		24.54-6	Fabricação de materiais para usos médicos, hospitalares e odontológicos
	24.6		**Fabricação de defensivos agrícolas**
		24.61-9	Fabricação de inseticidas
		24.62-7	Fabricação de fungicidas
		24.63-5	Fabricação de herbicidas
		24.69-4	Fabricação de outros defensivos agrícolas
	24.7		**Fabricação de sabões, detergentes, produtos de limpeza e artigos de perfumaria**
		24.71-6	Fabricação de sabões, sabonetes e detergentes sintéticos
		24.72-4	Fabricação de produtos de limpeza e polimento
		24.73-2	Fabricação de artigos de perfumaria e cosméticos
	24.8		**Fabricação de tintas, vernizes, esmaltes, lacas e produtos afins**
		24.81-3	Fabricação de tintas, vernizes, esmaltes e lacas
		24.82-1	Fabricação de tintas de impressão
		24.83-0	Fabricação de impermeabilizantes, solventes e produtos afins
	24.9		**Fabricação de produtos e preparados químicos diversos**
		24.91-0	Fabricação de adesivos e selantes
		24.92-9	Fabricação de explosivos
		24.93-7	Fabricação de catalisadores
		24.94-5	Fabricação de aditivos de uso industrial
		24.95-3	Fabricação de chapas, filmes, papéis e outros materiais e produtos químicos para fotografia
		24.96-1	Fabricação de discos e fitas virgens
		24.99-6	Fabricação de outros produtos químicos não especificados ou não classificados

Fonte: IBGE, 1996.

QUADRO 2.2.4   Classificação de atividades econômicas (ISIC Rev. 3)

24 — Manufatura de produtos químicos

241 - Produção de químicos básicos
    2411 - Produção de químicos básicos, exceto fertilizantes e compostos nitrogenados
    2412 - Produção de fertilizantes e compostos nitrogenados
    2413 - Produção de resinas plásticas e borracha sintética

242 - Produção de outros produtos químicos
    2421 - Produção de pesticidas e outros produtos agroquímicos
    2422 - Produção de tintas e vernizes, mastiques e tintas de impressão
    2423 - Produção de produtos de uso medicinal
    2424 - Produção de sabões, detergentes, preparações de limpeza, cosméticos e perfumes
    2425 - Produção de outros produtos químicos

243 - Produção de fibras artificiais e sintéticas

Fonte: United Nations, 1990.

Quadro 2.2.5   Classificação de atividades econômicas (NACE Rev. 1)

Divisão 24 — Indústria química

    241 - Indústria química de base
    242 - Fabricação de produtos agroquímicos
    243 - Fabricação de tintas e vernizes
    244 - Indústria farmacêutica
    245 - Fabricação de sabões, perfumes e cosméticos
    246 - Fabricação de outros produtos químicos[*]
    247 - Fabricação de fibras artificiais e sintéticas

Divisão 25 — Indústria de plásticos e borracha

    251 - Indústria de borracha
    252 - Transformação de material plástico

(*) Inclui explosivos, produtos pirotécnicos, adesivos, produtos de uso fotográfico.

Fonte: Statistical Office of the European Communities Eurostat, 1997.

O sistema NAICS define a indústria química de forma diferente da adotada pela classificação SIC, que viera substituir. Assim alguns produtos petroquímicos e intermediários orgânicos produzidos em refinarias de petróleo que, pela classificação SIC, não estavam incluídos como produtos da indústria química, pela classificação NAICS são considerados como tal. Por outro lado alumina e enxofre removido de gás natural, que, na classificação SIC, estavam incluídos, pela classificação NAICS foram excluídos. De modo geral, a classificação NAICS é mais ampla, indicando, um faturamento total da indústria química norte-americana, aproximadamente 5% maior que o faturamento apontado pela classificação SIC.

Outra modificação reside no grau de detalhe das subclasses da classificação NAICS. Assim, 80% da produção petroquímica apontada pela NAICS, nas estatísticas de 1997, corresponde a "outros produtos orgânicos".

INDÚSTRIA QUÍMICA MUNDIAL **41**

QUADRO 2.2.6 Nomenclatura Comum do Mercosul (NCM)

Seção VI — Produtos das indústrias químicas ou indústrias conexas

Capítulo 28 - Produtos químicos inorgânicos
Capítulo 29 - Produtos químicos orgânicos
Capítulo 30 - Produtos farmacêuticos
Capítulo 31 - Adubos ou fertilizantes
Capítulo 32 - Extratos tanantes e tintoriais
Capítulo 33 - Produtos de perfumaria e preparações cosméticas
Capítulo 34 - Sabões e agentes orgânicos de superfície, produtos de limpeza
Capítulo 35 - Matérias albuminóides, colas
Capítulo 36 - Pólvoras e explosivos
Capítulo 37 - Produtos para fotografia
Capítulo 38 - Produtos diversos das indústrias químicas[*]

(*) Inclui grafita, carvões ativados, colofônias, inseticidas, fungicidas, herbicidas, desinfetantes, preparações, ácidos graxos e outros.

Fonte: Decreto 1.767/95 de 28/12/95 publicado no Diário Oficial da União em 29/12/95.

QUADRO 2.2.7 Classificação da indústria norte-americana (NAICS 1997)

325 — Manufatura química

3251 - Fabricação de produtos químicos básicos
3252 - Fabricação de resinas, borracha sintética, fibras artificiais e sintéticas e filamentos
3253 - Fabricação de pesticidas, fertilizantes e outros produtos químicos de uso agrícola
3254 - Fabricação de produtos farmacêuticos e medicinais
3255 - Fabricação de tintas, revestimentos de superfície, adesivos e selantes
3256 - Fabricação de sabões, produtos de limpeza e cosméticos
3259 - Fabricação de outros produtos químicos[*]

(*) Inclui tintas de impressão, explosivos, produtos de uso fotográfico, carvão ativado e outros.

Fonte: US Bureau of the Census, 1997.

Como as estatísticas de comércio exterior nos Estados Unidos continuarão a ser feitas pela classificação SITC, as comparações entre produção e comércio exterior tornar-se-ão bastante difíceis.

Mas o maior problema, sem dúvida, é a perda das séries históricas de estatísticas, uma vez que as duas classificações partem de bases diferentes.

A revista norte-americana Chemical & Engineering News, em editorial de 25 de junho de 2001, intitulado"Ironia da era da informação", trata da paralisação de levantamentos estatísticos efetuados por órgãos governamentais norte-americanos e europeus sobre alguns produtos químicos. Assim, não mais serão levantados dados relativos à produção de químicos orgânicos sintéticos, à produção de borracha e de gases industriais. Quanto a esta última, a paralisação é, no mínimo, estranha, porque oxigênio e nitrogênio estão sempre entre os cinco produtos químicos de maior produção nos Estados Unidos.

O famoso artigo Facts & Figures preparado anualmente pela citada revista, fornecendo informações detalhadas sobre a indústria química mundial, não apresentou a produção da indústria química européia para o ano 2000, pelo fato de o Chemical Industry Council – CEFIC não ter recebido os dados das associações filiadas.

QUADRO 2.2.8 Classificação de produtos (SITC Rev. 3)

Seção 5 — Produtos químicos

Divisão 51 - Produtos químicos orgânicos
Divisão 52 - Produtos químicos inorgânicos
Divisão 53 - Materiais de tingimento, de coloração e tanantes
Divisão 54 - Produtos medicinais e farmacêuticos
Divisão 55 - Óleos essenciais e materiais de limpeza
Divisão 56 - Fertilizantes
Divisão 57 - Resinas plásticas
Divisão 58 - Plásticos transformados
Divisão 59 - Outros produtos químicos[*]

(*) Inclui pesticidas, amidos, adesivos, explosivos e produtos pirotécnicos, aditivos para óleos minerais, ceras, preparações químicas e outros.

Fonte: United Nations, 1986.

Com uma ironia, termina a articulista do editorial dizendo que talvez esta era deva ser chamada de "A era da informação faltante".

A classificação SITC, adotada pelas Nações Unidas, é também utilizada pelo Departamento de Comércio dos Estados Unidos para estatísticas relativas ao comércio exterior (importação e exportação); inclui fertilizantes, produtos farmacêuticos, sabões e cosméticos e transformados de plástico (tubos, chapas, filmes, entre outros); não inclui transformados de borracha e fibras artificiais e sintéticas (Quadro 2.2.8).

Por ser a classificação SIC (Standard Industrial Classification) ainda bastante citada em publicações sobre a indústria química, embora já tenha sido substituída pela classificação NAICS, fornece-se abaixo o Quadro 2.2.9 com as atividades relativas à manufatura de produtos químicos e assemelhados, em sua última revisão de 1987.

QUADRO 2.2.9 Classificação de atividades (SIC 1987)

28 — Manufatura de produtos químicos e assemelhados

281 - Produtos químicos inorgânicos
282 - Materiais plásticos, resinas sintéticas, borracha sintética, fibras artificiais e sintéticas
283 - Produtos farmacêuticos
284 - Sabões, detergentes, preparações de limpeza, perfume e cosméticos
285 - Tintas, vernizes e lacas
286 - Outros produtos químicos orgânicos
287 - Produtos agroquímicos, incluindo fertilizantes e pesticidas
288 - Outros produtos químicos[*]

(*) Inclui adesivos, selantes, explosivos, tintas de impressão, negro-de-fumo e preparações químicas.

Fonte: US Bureau of the Census, 1987.

O American Chemistry Council – ACC divide a indústria química em quatro grandes grupos:
- produtos químicos básicos;
- especialidades químicas;
- produtos das ciências da vida;
- produtos químicos ao consumidor.

INDÚSTRIA QUÍMICA MUNDIAL **43**

O European Chemical Industry Council – CEFIC, por sua vez, adota:

- produtos químicos inorgânicos;
- petroquímicos e derivados;
- plásticos e materiais poliméricos;
- especialidades químicas, produtos químicos de desempenho e ao consumidor, adesivos e tintas;
- tensoativos, oleoquímicos e produtos correlatos;
- produtos químicos para a agricultura (inclusive fertilizantes), cadeia alimentar e defensivos agrícolas (inclusive biocidas);
- produtos químicos farmacêuticos.

A Chemical Industry Association — CIA britânica adota como químicas as atividades definidas pelos itens 351 e 352 da classificação ISIC Rev. 2.

- produção de produtos químicos industriais:
  - produtos químicos industriais básicos (com exceção de fertilizantes);
  - fertilizantes e pesticidas;
  - resinas sintéticas, materiais plásticos e fibras artificiais (exceto vidro);
- produção de outros produtos químicos:
  - tintas, vernizes e esmaltes;
  - drogas e produtos medicinais;
  - sabões, agentes de limpeza, perfumes, cosméticos e outros produtos para toalete;
  - produtos químicos não classificados anteriormente.

A International Energy Agency — IEA adota como químicas as atividades da divisão 24 da classificação ISIC Rev. 3.

Por sua vez a Organization for Economic Co-operation and Development — OECD define indústria química como produtora de:

- produtos químicos básicos (exceto fertilizantes e compostos nitrogenados);
- feritilizantes e compostos nitrogenados;
- plásticos em formas primárias e borracha sintética;
- pesticidas e outros agroquímicos;
- tintas, vernizes e produtos correlatos, tintas de impressão e mastiques;
- produtos farmacêuticos, medicinais e fitoderivados;
- sabões, detergentes, agentes de limpeza, produtos para polimento, perfumes e produtos para toalete;
- outros produtos químicos não classificados anteriormente;
- fibras artificiais;
- pneumáticos e produtos para recauchutagem;
- outros produtos de borracha;
- produtos plásticos.

Borschiver(5) cita a classificação da World Intellectual Property Organization – WIPO, uma das 16 agências especializadas das Nações Unidas, como sendo a única verdadeiramente universal.

Esta classificação, a International Patent Classification – IPC, foi criada pela WIPO em 1971. O Quadro 2.2.10 mostra a seção C – Química, em termos de classes.

A Abiquim adota a Classificação Nacional de Atividades Econômicas (CNAE) desde 1998, enquadrando todos os produtos químicos na Divisão 24 (ver Quadro 2.2.3).

QUADRO 2.2.10 Classificação Internacional de Patentes (IPC 7)

Classe	Assunto
C01	Química inorgânica
C02	Tratamento de água, água residual, esgoto ou lama
C03	Vidro; mineral ou lã de escória
C04	Cimentos; concreto; pedra artificial; cerâmicas; refratários
C05	Fertilizantes; manufaturas respectivas
C06	Explosivos; fósforos
C07	Química orgânica
C08	Compostos orgânicos macromoleculares; suas preparações; suas composições
C09	Corantes; tintas; polidores; resinas naturais; adesivos; outras composições; outras aplicações de materiais
C10	Petróleo; indústrias de gás ou coque; gases técnicos contendo monóxido de carbono; combustíveis; lubrificantes; turfa
C11	Óleos animal ou vegetal, gorduras, substâncias graxas ou ceras; ácidos graxos; detergentes; velas
C12	Bioquímica; cerveja; bebidas alcoólicas; vinho; vinagre; microbiologia; enzimologia; engenharia genética
C13	Indústria do açúcar
C14	Peles cruas; peles curtidas; pelicas; couro

Fonte: WIPO.

Para poder incluir integralmente as atividades da divisão 24 da CNAE, a Abiquim adotou como representativos do setor químico os produtos cobertos pela Seção VI da Nomenclatura Comum do Mercosul (Capítulos 28 a 38 — Quadro 2.2.6) e, além disso partes da Seção III — Gorduras e óleos — animais ou vegetais (Capítulo 15), da Seção V – Produtos minerais (Capítulo 27), da Seção VII — Plásticos e suas obras; Borrachas e suas obras (Capítulo 39 e 40) e a Seção XI — Matérias têxteis e suas obras (Capítulos 54 e 55), como mostra o Quadro 2.2.11.

Borschiver (5) desenvolveu três planilhas eletrônicas, que permitem respectivamente:

i) correlacionar as atividades da divisão 24 da CNAE com os produtos da NCM;

ii) correlacionar as atividades químicas cobertas pelo Sistema de Contas Nacionais (SCN) com as atividades da divisão 24 da CNAE;

iii) correlacionar os 80 produtos químicos do SCN com os produtos da NCM.

Em conclusão, informações numéricas relativas à indústria química devem ser analisadas com a devida cautela, considerando sempre a classificação adotada por cada informante. A despeito da aparente confusão, exceto quanto à questão relativa à inclusão ou não de transformados plásticos e de borracha e de fibras artificiais e sintéticas, as classificações são muito semelhantes. Diferenças existem, mas não são, no agregado, estatisticamente relevantes.

QUADRO 2.2.11 Descrição na NCM, dos produtos químicos abrangidos pela divisão 24 da CNAE

Seção	Capítulo	Descrição
III	15 (parcial)	Lanolina; outras gorduras e óleos de animais e de vegetais e respectivas frações modificados quimicamente; misturas ou preparações não alimentícias, de gorduras ou de óleos animais ou vegetais não especificadas nem compreendidas em outras posições; glicerina.
V	27 (parcial)	Óleos e outros produtos provenientes da destilação dos alcatrões de hulha; produtos análogos em que os constituintes aromáticos predominem, em peso, relativamente aos constituintes não aromáticos; breu; coque de breu; misturas de alquilidenos; óleos minerais.
VI	28	Produtos químicos inorgânicos.
	29	Produtos químicos orgânicos.
	30	Produtos farmacêuticos.
	31	Adubos ou fertilizantes.
	32	Extratos tanantes e tintoriais; taninos e seus derivados; pigmentos e outras matérias corantes; tintas e vernizes; mástiques; tintas de escrever.
	33	Óleos essenciais e resinóides; produtos de perfumaria ou de toucador preparados e preparações cosméticas.
	34 (parcial)	Sabões (exceto de toucador); agentes orgânicos de superfície; preparações para lavagem; preparações lubrificantes; ceras artificiais; ceras preparadas; produtos de conservação e limpeza.
	35	Matérias albuminóides; produtos à base de amidos ou de féculas modificados; colas; enzimas.
	36 (parcial)	Pólvoras e explosivos.
	37 (parcial)	Produtos para fotografia e cinematografia (exceto os impressionados).
	38	Produtos diversos das indústrias químicas.
VII	39 (parcial)	Plásticos (em formas primárias).
	40 (parcial)	Borracha sintética e borracha artificial, em formas primárias; borracha misturada; não vulcanizada, em formas primárias.
XI	54 (parcial)	Fios de filamentos sintéticos e artificiais.
	55 (parcial)	Cabos de filamentos sintéticos e artificiais; fibras sintéticas e artificiais.

Fonte: Abiquim

PRODUTOS QUÍMICOS — CLASSIFICAÇÃO

São produzidos no mundo aproximadamente 70.000 produtos químicos. Sua classificação apresenta os mesmos problemas e dificuldades já indicadas para a definição de produtos químicos. Há assim várias classificações, cada uma tentando satisfazer finalidades específicas das entidades que as emitem.

Charles H. Kline propôs em 1976 uma classificação, bastante prática, ainda largamente adotada. Nela são definidos quatro grupos de produtos químicos: *commodities, pseudocommodities,* produtos de química fina e especialidades químicas (6). As características principais de cada grupo são:

i) commodities: são compostos químicos produzidos em larga escala, freqüentemente a partir de matérias-primas cativas, com especificações padronizadas para uma gama variada de usos. Normalmente as *commodities* têm suas vendas concentradas em um número relativamente pequeno de clientes. São exemplos de *commodities*: amônia, ácido sulfúrico, eteno, metanol e gases industriais;

ii) pseudocommodities: são produtos diferenciados, que têm em comum com as *commodities* serem produzidos em larga escala, a partir de matérias-primas em geral cativas, quase sempre compradas por poucos clientes que são grandes consumidores. Diferenciam-se das *commodities* por não serem vendidas a partir de especificações de sua composição química, mas, sim, por especificações de desempenho, para uma ou mais finalidades. Alguns exemplos de *pseudocommodities*: resinas termoplásticas, fibras artificiais e elastômeros;

iii) produtos de química fina: assemelham-se às *commodities* por serem não diferenciados e geralmente não patenteados. Entretanto, são produzidos em pequena escala, para um ou mais usos finais, de acordo com padrões geralmente aceitos, do tipo U.S. Pharmacopeia ou Food Chemical Codex dos Estados Unidos ou seus equivalentes em outros países. São geralmente vendidos para um pequeno número de clientes, em volumes pequenos. São exemplos: ácido acetilsalicílico, sacarina, aromatizantes e fármacos;

iv) especialidades químicas: são produtos diferenciados, fabricados em pequenas quantidades, geralmente com matérias-primas compradas de terceiros, projetados para finalidades específicas do cliente e freqüentemente vendidos para um grande número de clientes que compram pequenas quantidades. Alguns exemplos: catalisadores, corantes, enzimas e aditivos em geral.

Há também discrepâncias quanto a essas definições. Por exemplo, a ABIFINA –Associação Brasileira das Indústrias de Química Fina, Biotecnologia e suas Especialidades define os produtos de química fina como sendo"os produtos químicos conhecidos como intermediários de síntese e de usos (princípios ativos), bem como as especialidades químicas encontradas nos segmentos industriais farmacêutico humano, defensivos agrícolas e animais, catalisadores, produtos aromáticos e fragrâncias, reagentes analíticos e para testes, produtos de alta tecnologia destinados às diversas aplicações específicas, tais como antichamas, portadores de resistência a reagentes físicos, componentes para fotografia, etc.".

Na classificação do ACC os limites de cada grupo não são rígidos e existe uma certa sobreposição entre eles. Assim, tintas imobiliárias e adesivos para embalagens, que estão no grupo de especialidades químicas, também poderiam ser considerados produtos químicos ao consumidor. Da mesma forma, alguns produtos das ciências da vida são vendidos ao consumidor, uns diretamente (OTC drugs)[*], outros sob prescrição médica.

Segue-se a descrição sumária de cada grupo:

i) produtos químicos básicos: são produzidos em larga escala, segundo especificações de composição química, normalmente de natureza homogênea. Em geral são incorporados em outros produtos manufaturados ou introduzidos em outros processos químicos. São exemplos: produtos químicos inorgânicos, petroquímicos básicos, intermediários orgânicos, resinas plásticas, borracha sintética e fertilizantes. Os preços estão relacionados com os níveis de utilização da capacidade instalada e custos da matéria-prima, acarretando baixas margens e alto grau de ciclicidade, ao longo dos ciclos econômicos. Existem grandes barreiras à entrada no negócio, devido as elevadas necessidades de capital, escalas de produção e consumo de energia associadas a potenciais problemas ambientais. Acesso a fontes de

---

(*) OTC drugs — Over the counter drugs são medicamentos vendidos sem prescrição médica.

hidrocarbonetos também é importante. Recursos tecnológicos são moderadamente elevados, com operações, em geral, em regime contínuo. A tecnologia de processo é mais importante que a tecnologia de produto. O tamanho da unidade (escala de produção), em geral, ajuda a melhorar o desempenho econômico. Atualmente os hidrocarbonetos são a fonte de matéria-prima de boa parte desses produtos, mas pode-se antever, a médio prazo, com o avanço da biotecnologia, a substituição gradativa por matérias-primas de origem biológica. Já se dispõe de tecnologias para a produção de fibras artificiais e resinas a partir de matérias-primas vegetais. Tudo indica que, a longo prazo, a biologia e a química, convergirão para a obtenção de produtos químicos básicos;

ii) **especialidades**: são produtos fabricados em menor escala que os químicos básicos e considerados tecnologicamente mais avançados. Geralmente são vendidos por especificações de desempenho (e por isso também chamados de "performance chemicals") e não por sua composição química, permitindo aos clientes reduzir seus custos de produção, melhorar as características de seus produtos, fazendo uso de soluções particularizadas. Incluem adesivos e selantes, catalisadores, tintas, flavorizantes e fragrâncias, produtos químicos para a indústria eletrônica, aditivos para combustível e lubrificantes, entre outros. Uma característica marcante das especialidades é a necessidade do serviço de atendimento ao cliente, já que, geralmente, vende-se a solução de um problema e não um produto químico. As especialidades geralmente derivam de produtos químicos básicos que são processados para produtos de maior valor. Normalmente apresentam maiores margens de lucro que os químicos básicos e são menos sujeitas à ciclicidade. Têm maior preço por não serem copiadas facilmente ou estarem protegidas por patentes. Existem, portanto, grandes barreiras à entrada nesse negócio, em vista dos requisitos tecnológicos necessários. Para esse grupo de produtos a inovação é fundamental, e grandes somas são aplicadas em pesquisa e desenvolvimento. Em comparação com os produtos químicos básicos, as necessidades de capital para a implantação de uma unidade produtora são menos importantes, mas, ainda assim, podem ser relativamente elevadas. Embora muitas unidades sejam do tipo dedicadas e de operação contínua, há também unidades que operam por bateladas e do tipo multi-propósito. A maioria das especialidades é vendida em nichos de mercado e, a partir de uma certa quantidade, a escala de produção tem pouca influência sobre a rentabilidade da instalação;

iii) **produtos das ciências da vida**: são substâncias químicas e biológicas diferenciadas que interagem com o ser humano, animais, plantas e outras formas de seres vivos, para produzir resultados específicos. Trata-se de medicamentos, produtos biológicos, produtos para diagnósticos, produtos para a saúde animal, vitaminas e defensivos agrícolas (pesticidas, fungicidas, herbicidas, etc.). A biotecnologia também está aqui incluída, com suas aplicações em medicamentos, sementes melhoradas e sementes transgênicas, entre outras. De todos os grupos, é o de maior crescimento e de maior rentabilidade, sendo também o que mais investe em pesquisa e desenvolvimento. A proteção da propriedade intelectual por patentes é quase uma constante para os produtos deste grupo. A inovação acentuada é uma característica marcante e uma necessidade para a sobrevivência das empresas. Aqui, a convergência entre biologia e química é crescente, à medida que a biotecnologia avança em seu desenvolvimento. Os produtos das ciências da vida têm alto preço e são protegidos por patentes. A necessidade de capital para a implantação de uma unidade de produção é moderadamente alta. As unidades operam em geral por batelada e o controle da qualidade aliado aos cuidados ambientais são muito importantes. Também aqui, a partir de uma certa quantidade, a escala de produção tem pouca influência na rentabilidade da instalação. Há uma tendência, entre algumas empresas deste grupo, de encomendar a terceiros certas matérias-primas e produtos intermediários, para poder concentrar-se em pesquisa e desenvolvimento. Como os produtos das ciências da vida estão ligados aos consumidores, direta ou indiretamente (é o caso dos produtos vendidos sob prescrição médica), técnicas de marketing e canais de distribuição assumem papel importante nas vendas. O controle governamental é extremamente rigoroso, tanto quanto à composição química, como quanto à segurança e à saúde. Isso constitui, evidentemente, uma barreira extremamente alta à entrada de novos competidores, pois o processo de aprovação de um novo produto pode ser muito demorado. Ultimamente, nota-se em algumas empresas do ramo, a separação entre a área farmacêutica e a de agroquímicos. Há mesmo casos de vendas ou *spin-offs* da área de agroquímicos, o que contraria uma tendência verificada na década de 90, de reunir esses dois ramos.

iv) produtos químicos ao consumidor: constituem um dos mais velhos grupos do ramo da química. São produtos formulados, em geral, de química não complexa, mas com grande diferenciação entre as várias marcas. Entre os produtos representantes do grupo incluem-se os sabões, detergentes, pastas de dente, xampus, cosméticos, desodorantes e perfumes, entre outros. Uma característica importante dos produtos deste grupo é serem vendidos embalados. Por serem produtos ao consumidor, são necessários grandes investimentos em propaganda e marketing. Também é importante a logística, como canais de distribuição e pontos de venda. Em geral são produtos de vida curta e geralmente fabricados em pequena escala (quando comparados às dos demais grupos). São produzidos normalmente por batelada, envolvendo, nos processos de fabricação, mais operações físicas (misturas, dispersões, filtrações) do que reações químicas. As máquinas de embalagem costumam ser parte importante do processo produtivo. As necessidades de capital para a implantação de uma unidade industrial nesta área são moderadas, quando comparadas às unidades de produtos químicos básicos. Há algum controle governamental para alguns produtos, sobretudo sobre sua composição química e efeitos sobre a saúde do consumidor.

QUADRO 2.3.1 Características dos grupos de indústria química dos EUA

Característica	Grupo			
	Químicos básicos	Especialidades	Ciências da vida	Consumidor
Tamanho do negócio (US$ bilhões)	169	105	134	52
Preço típico do produto (US$/kg)	<1,0	>2,0	>20,0	—
Taxa de crescimento do mercado (% do PIB)	50-70	100-300	150-600	80-100
Taxa típica de retorno do capital (média de 10 anos) %	3,0	4,5	12,5	5,5
Despesas com P&D (% sobre as vendas)	4 - 5	5 - 8	10 - 25	2 - 3
Despesas com saúde, segurança e proteção ao meio ambiente (% sobre as vendas)	4 - 5	2 - 4	1 - 2	1 - 2

Fonte: American Chemistry Council.

FIGURA 2.3.1   Mudança do perfil da produção de químicos nos EUA

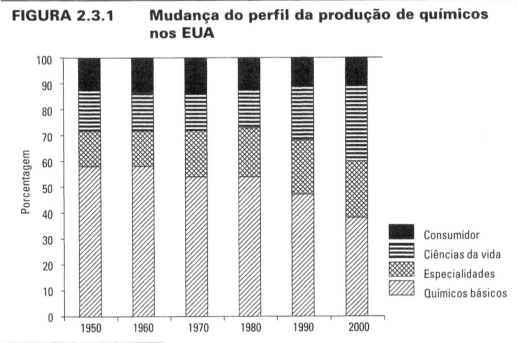

Fonte: American Chemistry Council.

O Quadro 2.3.1 mostra as características que individualizam cada grupo, no mercado norte-americano, para o ano de 2000.

A Figura 2.3.1, mostra a evolução de cada grupo, dentro da indústria química norte-americana, para os anos de 1950 a 2000.

A análise da figura indica que, a produção de produtos químicos básicos decresceu, relativamente aos demais grupos, a produção de especialidades cresceu, e a dos produtos das ciências da vida cresceu significativamente, permanecendo estável a produção de produtos químicos ao consumidor.

TENDÊNCIAS DA INDÚSTRIA QUÍMICA MUNDIAL

Produção e comércio químico mundial

O valor da produção química mundial foi de US$ 1.670 bilhões em 2000. A Figura 2.4.1 mostra a distribuição geográfica dessa produção, sendo a Europa Ocidental, o Japão e os Estados Unidos responsáveis por aproximadamente 68% da produção mundial de químicos.

A divisão das vendas por classes de produtos nos Estados Unidos e na Europa Ocidental, em 1999, é indicada nas Figuras 2.4.2 e 2.4.3. Observe-se que o setor farmacêutico representa um pouco mais de um quarto da produção química total, tanto da indústria química norte-americana quanto da européia, o setor de sabões, cosméticos e detergentes responde por aproximadamente 12% e o setor de produtos químicos de uso industrial representa pouco menos da metade da produção química total.

FIGURA 2.4.1   Produção química mundial

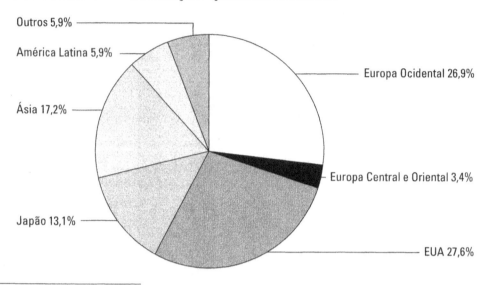

Fonte: American Chemistry Council.

Figura 2.4.2   Faturamento da indústria química dos EUA por classes de produtos

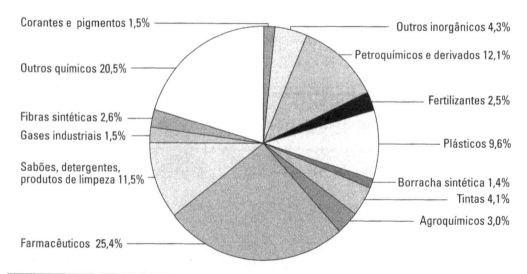

Fonte: American Chemistry Council.

Figura 2.4.3 Faturamento da indústria química européia por classes de produtos

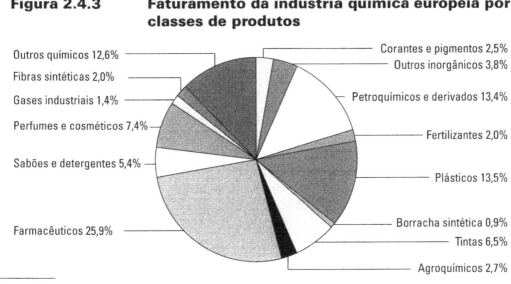

Fonte: Cefic.

De modo geral, a demanda de produtos químicos no mundo tem crescido a taxas anuais ligeiramente superiores ou iguais às do PIB nos países desenvolvidos e a taxas superiores às do PIB nos países ROW. O Quadro 2.4.1 mostra, para o período entre 1979 e 1996, o crescimento real do PIB e da demanda de químicos, para as várias regiões do mundo.

A queda do comunismo na antiga União Soviética e em países da Europa Oriental ocasionou a queda do PIB e a exposição das indústrias químicas à competição com o mercado mundial. O maior crescimento do PIB e da demanda de químicos deu-se na China e nos chamados "tigres asiáticos" (Taiwan, Tailândia, Coréia do Sul e Cingapura). Os países desenvolvidos foram particularmente afetados pela recessão do início da década de 90, apresentando taxas menores de crescimento. Foi no Oriente Médio que se deu o maior crescimento da demanda de químicos em relação ao crescimento do PIB, indicando forte industrialização da região no período.

Ainda com relação ao PIB, torna-se útil a análise da posição de um produto ou grupo de produtos ao longo de seu ciclo de vida. Para a fase de introdução não há um valor característico da razão crescimento da demanda sobre crescimento do PIB, mas em geral é inferior a 1. Já na fase de crescimento da produção, o valor da razão é nitidamente superior a 1. A fase de maturidade é caracterizada por valores da razão próximos de 1, enquanto que na fase de declínio o valor da razão é inferior a 1.

A Figura 2.4.4 mostra, para os grupos de produtos classificados pelo American Chemistry Council norte-americano, as taxas de crescimento da demanda sobre crescimento do PIB, nas décadas de 50, 60, 70, 80 e 90.

A análise da figura mostra fases de crescimento para todos os grupos, nas décadas de 50, 60 e 70 (com exceção do grupo dos produtos químicos ao consumidor, que está em fase de maturidade); declínio para os grupos de fertilizantes e produtos químicos ao consumidor, na década de 80, permanecendo o grupo de produtos químicos para as ciências da vida em crescimento e os grupos de especialidades e químicos básicos passando para a fase de maturidade. Na década de 90, só o grupo de produtos químicos para as ciências da vida permaneceu na fase de crescimento, os grupos de especialidades e fertilizantes estão na fase de maturidade e os grupos de químicos básicos e produtos químicos ao consumidor estão em fase de declínio.

QUADRO 2.4.1 Crescimento mundial do PIB e da demanda de químicos

País ou região	Demanda de químicos (% a.a.)	PIB (% a.a.)
Europa Ocidental	2,2	2,1
América do Norte	2,2	2,2
Australasia	1,6	2,9
Extremo Oriente	6,1	4,6
Japão	3,6	3,3
China	11,5	10,0
Outros — Extremo Oriente	8,4	7,0
Subcontinente indiano	7,4	5,7
Oriente Médio	6,9	2,6
África	1,6	1,3
América Central e do Sul	2,7	2,4
Europa Central e Oriental	(2,1)	(0,4)
Total Mundo	**2,6**	**2,5**
Países desenvolvidos	2,4	2,4
Países ROW, exceto Europa Central e Oriental	6,1	4,1

Fonte: Chemical Industries Association (UK).

Figura 2.4.4 Crescimento da demanda/Crescimento do PIB

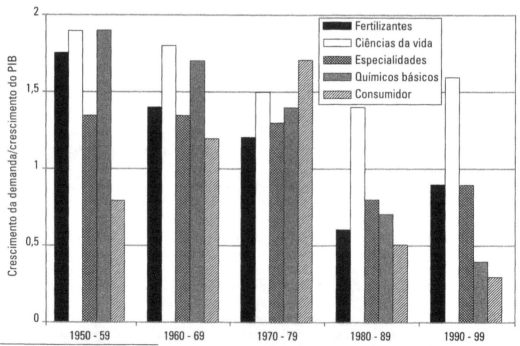

Fonte: American Chemistry Council.

A produção global da indústria química norte-americana cresceu a taxas similares às da totalidade da indústria, até 1992, decrescendo a partir dessa data, enquanto a produção da indústria química européia cresceu a taxas significativamente maiores que as da totalidade da indústria européia (Figuras 2.4.5 e 2.4.6).

Figura 2.4.5   Produção da indústria química e do total das indústrias nos EUA

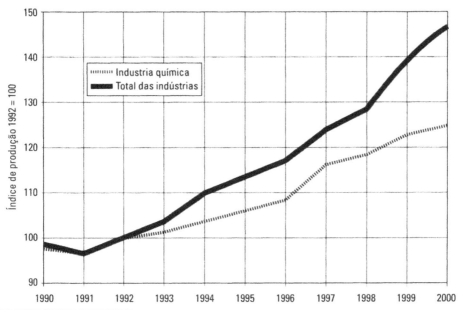

Fonte: American Chemistry Council.

Figura 2.4.6   Produção da indústria química e do total das indústrias na Europa Ocidental

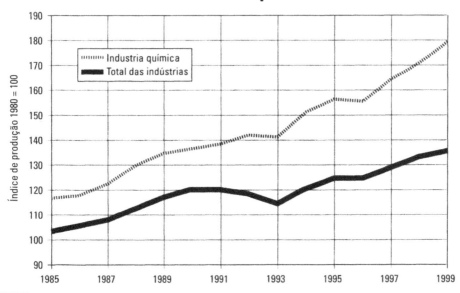

Fonte: Cefic.

54 PEDRO WONGTSCHOWSKI

As indústrias químicas americanas, européias e japonesas continuam a dominar o cenário químico mundial. O Quadro 2.4.2 apresenta as trinta maiores empresas mundiais, por faturamento de químicos, em 2000.

QUADRO 2.4.2	Maiores companhias mundiais por faturamento de químicos	
	Companhia	Faturamento (milhões de US$)
1	Basf	30.790
2	DuPont	28.406
3	Dow	23.008
4	ExxonMobil	21.503
5	Bayer	19.295
6	TotalFinaElf	19.203
7	Degussa	15.584
8	Shell	15.205
9	ICI	11.747
10	BP	11.247
11	Akzo Nobel	9.364
12	Sumitomo Chemical	9.354
13	Mitsubishi Chemical	8.977
14	Mitsui Chemicals	8.720
15	Huntsman	8.000
16	General Electric	7.776
17	Chevron Phillips	7.633
18	Dainippon Ink & Chemicals	7.513
19	Equistar	7.495
20	DSM	7.295
21	Henkel	7.216
22	Sabic	7.120
23	Syngenta	6.846
24	Rhodia	6.835
25	Sinopec	6.792
26	Air Liquide	6.590
27	Union Carbide	6.526
28	Toray	6.303
29	PPG	6.279
30	Clariant	6.267

Fonte: Chemical & Engineering News.

Os faturamentos indicados se referem apenas às vendas de produtos químicos. Essas trinta empresas representam cerca de 22% da produção química mundial. A Europa Ocidental é sede de 14 dessas empresas, os Estados Unidos de 9 e o Japão é sede de 5; a Arábia Saudita e a China são sede de 1 empresa cada uma.

A idéia de indústria química geralmente está associada a grandes parques fabris, com milhares de funcionários. Entretanto, para a análise do quadro completo, convém ressaltar que, nos Estados Unidos, no ano de 1997, empresas químicas com até 50 empregados representavam 76,5% do total de indústrias químicas, embora seus faturamentos correspondessem a apenas 9% do faturamento global do setor.

No Japão, em 1998, empresas com até 30 funcionários representavam 58% do total de indústrias químicas, faturando 6% do total produzido no país, naquele ano. A União Européia, por sua vez, em 1999, tinha 92% do total de indústrias químicas com até 99 funcionários, que faturaram 13% do total daquele ano.

Dos aproximadamente 70.000 produtos químicos produzidos no mundo, segundo estimativa do American Chemistry Council, nem todos são produzidos na mesma escala. Enquanto uns são produzidos em dezenas de milhões de toneladas por ano, outros são produzidos na escala de dezenas de quilogramas por ano. Dados do Outlook for the Chemical Industry, apresentados pela OCDE – Organização para a Cooperação e Desenvolvimento Econômico relativos à União Européia e ao Japão, no ano de 2000, fornecem, para as várias faixas de volumes de produção, as porcentagens do total anual produzido (Quadro 2.4.3).

QUADRO 2.4.3 Distribuição da quantidade de produção de químicos

Quantidade produzida em t/a	Porcentagem do total produzido	
	União Européia	Japão
Maior que 1 milhão	75,7	77,9
Entre 100.001 e 1 milhão	19,8	16,3
Entre 10.001 e 100.000	3,5	4,2
Entre 1.001 e 10.000	0,8	1,3
Menor que 1.000	0,2	0,3

Fonte: OCDE.

O comércio químico mundial tem crescido a taxas superiores às da produção química mundial. Em 1970 as exportações químicas mundiais representavam 13% da produção mundial; em 2000 as exportações mundiais representaram 34% da produção mundial (ver Figura 2.4.7).

O Quadro 2.4.4 mostra os saldos entre exportações e importações de produtos químicos, entre 1990 e 2000, de alguns países desenvolvidos e de alguns países ROW.

Nota-se que boa parte dos países desenvolvidos mostrados no quadro são superavitários em seu comércio químico (Estados Unidos, Alemanha, França, Holanda, Bélgica, Suíça, Japão) enquanto que os países em desenvolvimento são geralmente deficitários (México, Argentina, Brasil, Austrália, China, Taiwan). O superávit comercial químico dos Estados Unidos vem decrescendo nos últimos anos, sendo só de US$ 1,3 bilhões, no ano 2001. Por outro lado o déficit da Coréia vem diminuindo significativamente, tendo o comércio químico exterior coreano atingido o equilíbrio a partir de 1998.

Figura 2.4.7 — Exportações químicas/Produção química mundial

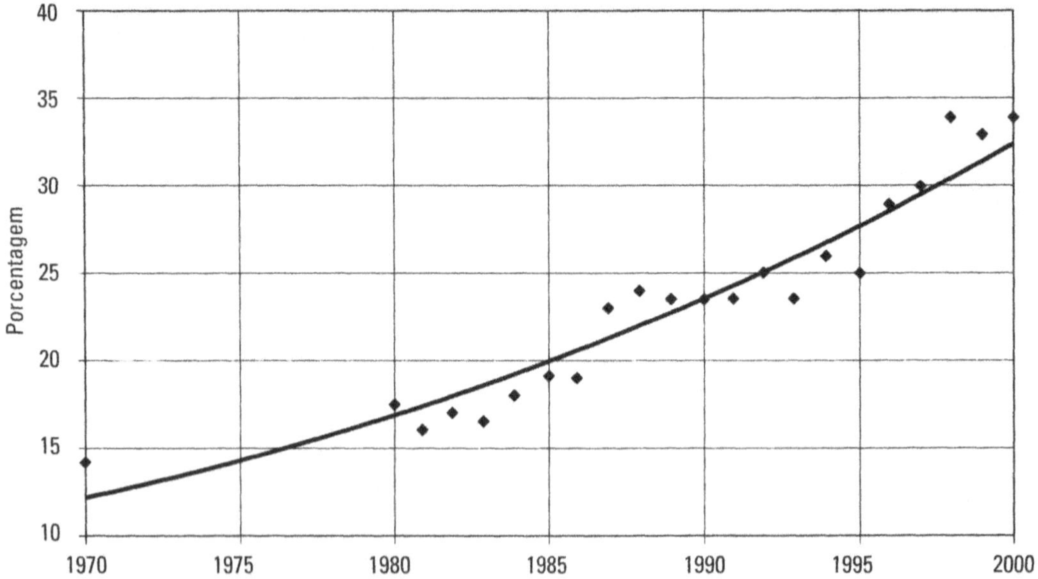

Fonte: American Chemistry Council.

QUADRO 2.4.4 Principais saldos comerciais químicos

País	Saldo (US$ bilhões)					
	1990	1992	1994	1996	1998	2000
EUA	16,5	16,3	17,7	16,9	13,4	6,3
Alemanha	19,5	19,3	23,5	27,5	24,3	22,8
França	3,2	4,7	6,8	9,1	8,8	8,3
Holanda	9,2	8,3	7,9	11,2	9,7	11,2
Bélgica	3,3	3,8	7,6	8,9	8,2	10,2
Suíça	5,6	7,0	8,0	10,1	9,3	8,3
Japão	-0,2	1,7	3,5	5,6	6,3	8,0
México	-0,7	-1,6	-2,3	-2,4	-4,2	-5,3
Argentina	-0,4	-1,0	-1,4	-1,9	-2,3	n.d.
Brasil	-1,2	-1,3	-2,0	-5,3	-6,4	-6,6
Austrália	-2,8	-2,6	-2,9	-5,6	-4,0	n.d.
China	-2,9	-6,8	-5,9	-9,2	-9,9	n.d.
Taiwan	-4,1	-4,8	-5,4	-5,9	-5,5	-1,2
Coréia	-4,9	-3,2	-3,4	-4,1	-1,0	0,3

n.d.: não disponível

Fonte: American Chemistry Council.

INDÚSTRIA QUÍMICA MUNDIAL **57**

O Quadro 2.4.5 indica percentualmente a participação dos Estados Unidos, União Européia, Japão e demais países (ROW) nas exportações e importações mundiais. Os países ROW foram responsáveis em 2000 por 42,2% das importações mundiais e por apenas 28,5% das exportações.

QUADRO 2.4.5   Exportações e importações mundiais de produtos químicos

Exportações (%)

Ano	1990	1992	1994	1996	1998	2000
EUA	13,2	13,5	13,7	13,7	13,3	14,1
União Européia	58,3	57,4	55,3	54,7	55,5	51,3
Japão	5,4	5,9	6,3	6,0	5,3	6,1
ROW	23,1	23,2	24,7	26,6	25,9	28,5

Importações (%)

Ano	1990	1992	1994	1996	1998	2000
EUA	7,6	8,5	9,0	9,3	10,7	13,0
União Européia	49,3	48,3	43,6	43,4	43,5	40,1
Japão	5,4	5,3	5,4	4,8	4,1	4,7
ROW	37,7	37,9	42,0	42,5	41,7	42,2

Fonte: American Chemistry Council.

O Quadro 2.4.6 apresenta os nove maiores países exportadores de produtos químicos e aponta, em bilhões de dólares, o valor dessas operações, no período compreendido entre 1990 e 2000.

QUADRO 2.4.6   Maiores países exportadores de produtos químicos

País	Exportações (US$ bilhões)					
	1990	1992	1994	1996	1998	2000
Alemanha	52,4	55,9	59,0	69,5	71,0	68,6
EUA	39,0	44,0	51,6	61,8	68,0	79,9
França	26,8	29,6	32,6	41,2	42,8	44,1
Inglaterra	24,8	27,4	30,0	36,2	37,8	37,1
Bélgica/Luxemburgo	20,7	22,8	28,1	38,2	40,7	43,3
Japão	15,9	19,1	23,8	28,9	27,2	34,5
Suíça	13,3	15,2	17,2	21,0	21,6	21,3
Itália	12,6	13,7	14,8	20,2	20,5	22,6

Fonte: American Chemistry Council.

A Figura 2.4.8 apresenta a evolução da balança comercial de produtos químicos da Europa Ocidental, Estados Unidos e Japão, indicando que os produtores desses países se beneficiaram do incremento do comércio mundial e, especialmente, da dramática redução das barreiras à importação dos países em desenvolvimento.

Figura 2.4.8   Balança comercial de químicos

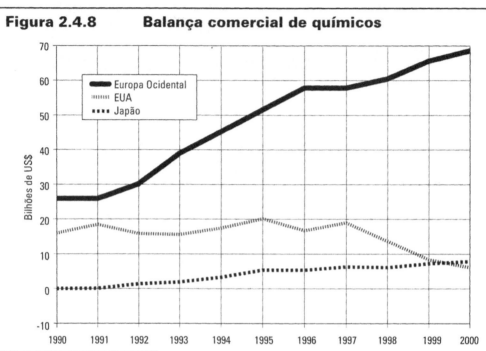

Fonte: American Chemistry Council.

Figura 2.4.9   Importação de produtos químicos

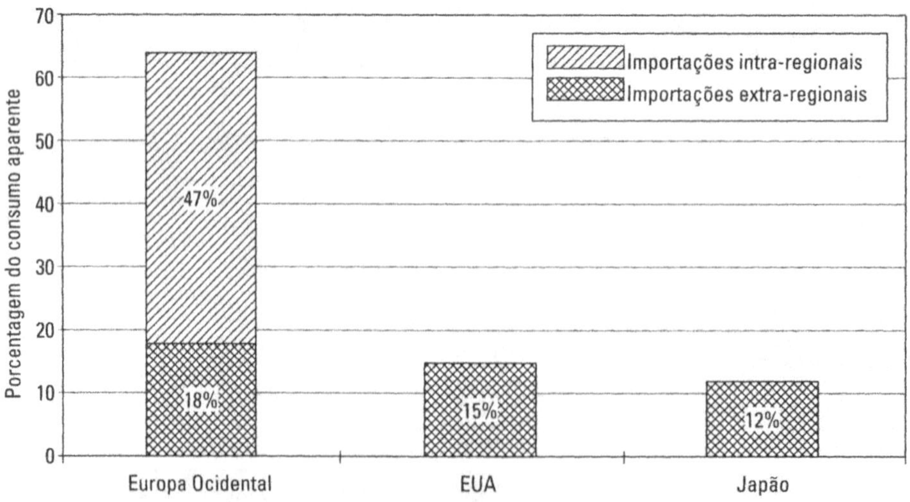

Fonte: Cefic.

As Figuras 2.4.9 e 2.4.10 mostram que, em 1999, a Europa Ocidental, os Estados Unidos e o Japão, a despeito do seu grande comércio de químicos em termos absolutos, têm de 82 a 88% do consumo doméstico atendido por produção local; por outro lado exportam entre 15 e 27% de sua produção. Para efeitos de comparação, anote-se que, em 2001, aproximadamente 24% do mercado brasileiro de químicos foi atendido por importações.

Figura 2.4.10   Exportação de produtos químicos

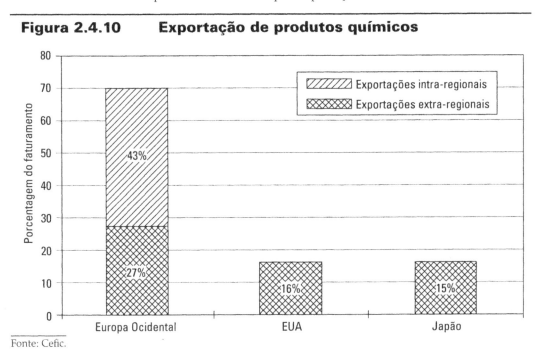

Fonte: Cefic.

Desenvolvimento químico mundial

O padrão de desenvolvimento industrial fora da região tradicionalmente produtora de químicos (Europa Ocidental, Estados Unidos e Japão) é ilustrado pela Figura 2.4.11. O crescimento da indústria na Ásia fez com que os produtos químicos lá fabricados passassem do patamar de US$ 1,00/kg ao de US$ 10,00/kg, indicando a típica transição de produtos químicos básicos para especialidades.

A indústria química passou na última década por um processo de substancial aumento de produtividade. A Figura 2.4.12 indica a evolução dos índices de produção e emprego, nos Estados Unidos, entre 1985 e 2000. A Figura 2.4.13 mostra os mesmos dados para a Europa Ocidental, entre 1985 e 1999. Os dados indicam um aumento de produtividade em relação ao uso de mão-de-obra de 48,8% nos Estados Unidos e de 67,0% na Europa Ocidental, no período. No caso europeu o aumento foi especialmente acentuado nos últimos dez anos (90 a 99), período no qual a produtividade cresceu 53,8%.

Analisando a evolução da relação vendas/funcionário para as principais empresas químicas mundiais, verifica-se uma evolução ainda mais dramática.

O Quadro 2.4.7 apresenta, baseado em relatórios 10K[*], as vendas por funcionário em 8 empresas químicas norte-americanas nos anos de 1986, 1991, 1996 e 1999. A evolução mais

---

[*] Relatório anual entregue pelas empresas norte-americanas de capital aberto à SEC — Securities and Exchange Comission. A SEC é o órgão americano equivalente à CVM — Comissão de Valores Mobiliários brasileira.

Figura 2.4.11   Padrão de desenvolvimento da indústria química asiática

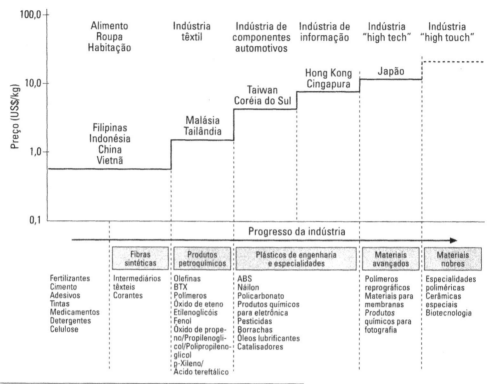

Fonte: Salomon Brothers, Oil & Chemicals Asia Pacific Equity Research.

Figura 2.4.12 Emprego e produção na indústria química dos EUA

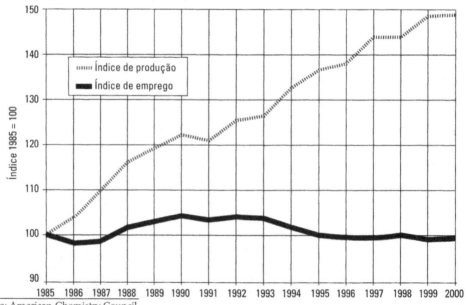

Fonte: American Chemistry Council.

Figura 2.4.13   Emprego e produção na indústria química da Europa Ocidental

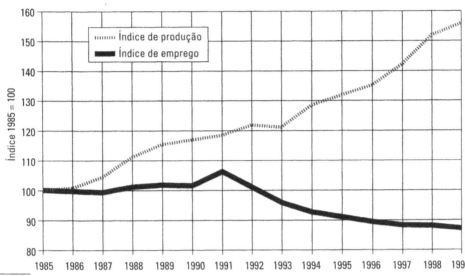

Fonte: Cefic.

dramática foi na Union Carbide, que reduziu drasticamente seus custos fixos no período, fazendo com que suas vendas por funcionário fossem multiplicadas por um fator superior a 4,0, no período de 1986 a 1996*. Em termos absolutos os índices mais altos pertencem a empresas que têm parcela significativa de suas vendas relacionada a petróleo e derivados, setor em que a relação vendas por funcionário é estruturalmente mais alta.

QUADRO 2.4.7   Vendas por funcionário em empresas norte-americanas

Empresa	US$ mil/funcionário			
	1986	1991	1996	1999
Amoco	433	494	866	*
Dow	217	302	498	483
DuPont	192	280	452	286
Eastman	n.d.	203	273	312
Exxon	735	1.139	1.665	1.705**
Mobil	701	937	1.884	***
Monsanto	133	226	331	373
Union Carbide	124	133	522	506

n.d.: não disponível. * Uniu-se à BP. ** Dados da ExxonMobil. *** Uniu-se à Exxon.

Fonte: Relatórios 10K das respectivas empresas.

(*) Observe que a comparação usa dólares correntes; em moeda constante a relação vendas/funcionário seria multiplicada por um fator de 2,8.

62 PEDRO WONGTSCHOWSKI

O Quadro 2.4.8, baseado em relatórios 20F[*] apresenta a relação vendas por funcionário em 8 empresas químicas européias. Para a maioria dessas empresas a relação vendas por funcionário foi multiplicada por um fator próximo a 2,0, no período de 1986 a 1999. Em termos absolutos os valores são mais do que os da indústria americana, dada a maior homogeneidade da carteira de negócios das empresas européias.

QUADRO 2.4.8 Vendas por funcionário em empresas européias

Empresa	US$ mil/funcionário			
	1986	1991	1996	1999
Akzo Nobel	93	138	188	226
Basf	157	210	289	300
Bayer	109	156	228	242
DSM	134	199	330	310
Hoechst	97	159	230	—
ICI	n.d.	167	257	293
Norsk Hydro	170	271	372	339
Rhône-Poulenc	337	473	571	—

n.d.: não disponível.

Fonte: Relatórios 20F das respectivas empresas.

O Quadro 2.4.9 aponta as vendas por funcionário em cinco empresas japonesas nos anos de 1986, 1991, 1996 e 1999. Observe-se o significativo aumento na produtividade das empresas japonesas após 1996.

QUADRO 2.4.9 Vendas por funcionário em empresas japonesas

Empresa	US$ mil/funcionário			
	1986	1991	1996	1999
Asahi Chemical	279	358	395	655
Dainippon Ink & Chemical	298	308	312	649
Sumitomo	399	537	521	845
Takeda	427	338	427	691
Toray	167	n.d.	263	474

n.d.: não disponível.

Fonte: Global Researcher — Worldscope Database; Chemical & Engineering News.

A eficiência do uso de energia na indústria também aumentou de forma significativa. A Figura 2.4.14 indica a evolução do consumo específico de energia na indústria química norte-americana entre 1974 e 2000. A Figura 2.4.15 mostra a evolução do mesmo índice para a indústria química européia entre 1960 e 1999.

(*) Relatório anual entregue pelas empresas não norte-americanas, com ações negociadas nos Estados Unidos, à SEC - Securities and Exchange Comission.

Figura 2.4.14   Eficiência energética da indústria química nos EUA

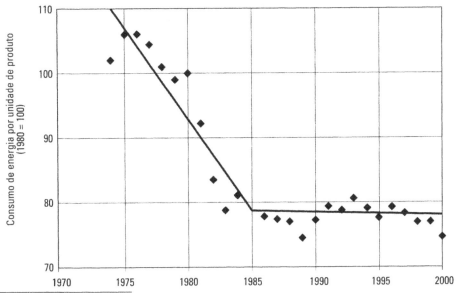

Fonte: American Chemistry Council.

Figura 2.4.15   Eficiência energética da indústria química na Europa Ocidental

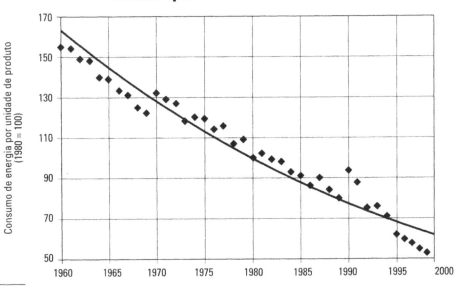

Fonte: Cefic.

Tecnologia

A questão tecnológica assume, na indústria química, especial relevância, por ser esta, além de capital-intensiva, também tecnológico-intensiva. As mudanças ocorridas em processos e produtos químicos nestas duas últimas décadas, e sobretudo nestes últimos anos, são de tal monta que podem fazer desaparecer grupos inteiros de indústrias químicas, por obsolência e custos não competitivos. O caso do metanol no Japão é emblemático: em 1970 existiam 11 empresas produzindo 1,5 milhão de toneladas anualmente e, em 1995, existia uma única empresa produzindo 200 mil t/ano. Em 1996 cessou a produção de metanol no Japão.

Uma empresa de grande porte, com competência tecnológica própria, ao decidir implantar uma fábrica de um produto químico que ela ainda não produz, tem três alternativas ao seu alcance: desenvolvê-lo internamente, adquiri-lo de terceiros por licenciamento, ou realizar algum tipo de associação com o detentor da tecnologia.

Para empresas que não tenham competência tecnológica própria, as opções são: comprar a licença de fabricação, caso existam empresas que queiram vendê-la, ou associar-se com o detentor da tecnologia.

O setor de licenciamento de tecnologia, nos Estados Unidos, foi muito influenciado pelas Lei Bayh-Dole, de 1980, e as Leis de Transferência de Tecnologia de 1986 e 1987. Pela primeira, as universidades ficavam autorizadas a patentear suas invenções, mesmo que as pesquisas tivessem sido custeadas pelo governo federal. As universidades poderiam ainda licenciar suas patentes para a indústria privada.

Outro fato motivador para que as empresas começassem a pensar em vender suas licenças foi a necessidade de gerar receitas a partir do ativo intangível. A direção das empresas, após se ocupar dos ativos fixos, voltou-se para os ativos intelectuais, tratando de extrair deles maior valor.

Há basicamente três modelos de cessão de tecnologia, no relacionamento entre governo, universidade e indústria. O modelo da biotecnologia consiste em pequenas empresas empreendedoras, dependendo fortemente das pesquisas realizadas nas universidades. Freqüentemente são os próprios pesquisadores das universidades que fundam empresas, para explorar o que eles descobriram. O segundo modelo, muito utilizado pela indústria eletrônica e de computadores, consiste na formação de consórcios, cujas pesquisas em universidades e laboratórios do governo, são custeadas por empresas privadas, que usufruem das descobertas feitas. O terceiro modelo, que é o mais usado pelas indústrias químicas e que está sofrendo grandes mudanças, consiste no desenvolvimento do processo por equipe própria, em geral cercado de grande segredo, protegido por grande número de patentes e quase nunca licenciado. As mudanças que estão ocorrendo nesse modelo são de uma maior abertura, seja no número de licenças vendidas, para gerar resultados a curto prazo, seja em um trabalho mais colaborativo entre empresas, ou com a universidade e os laboratórios do governo.

Existem três tipos de empresas que vendem licenças de fabricação:

i)   empresas produtoras;

ii) empresas de consultoria;

iii) fabricantes de equipamentos.

Apresentam-se a seguir algumas razões pelas quais empresas produtoras decidem colocar à venda licenças de produção:

i)   a empresa pretende deixar de fabricar o produto;

ii) a empresa já detém uma fatia do mercado substancial, e novos produtores pouco podem incomodá-la, ou, ainda, o mercado já está dividido entre grande número de participantes;

iii) os possíveis novos produtores estão localizados em áreas que não interessam à empresa cedente da licença;

iv) a empresa não dispõe de tempo ou de capital para tirar vantagem de todos os aspectos que a nova tecnologia desenvolvida apresenta, portanto é melhor licenciá-la, antes que outros o façam;

v) a venda da licença é uma fonte relevante de receita para a empresa.

As empresas de consultoria vendem suas licenças sem maiores restrições. Em alguns casos, as licenças são exclusivas para atuação em mercados, regionalmente bem delimitados.

Os fabricantes de equipamentos, para vendê-los, muitas vezes cedem implícita ou explicitamente as licenças de fabricação de produtos em que esses equipamentos (em geral reatores) ocupam papel principal na seqüência de processamento.

Normalmente as empresas licenciadoras têm três tipos de licenças para oferecer aos seus clientes: tecnologias únicas, tecnologias competitivas e tecnologias ainda não comercializadas. As primeiras são as mais valiosas porque garantem ao licenciado uma indiscutível vantagem competitiva. São entretanto, as mais difíceis de negociar, com uma série de restrições por parte do licenciador (como uso de marcas registradas, capacidades de produção limitada, restrição de mercado). No licenciamento de tecnologias competitivas, a venda diz respeito a licenças de fabricação de produtos que foram experimentadas com êxito na prática, mas que coexistem com outras licenças similares de outros licenciadores. No licenciamento de tecnologias ainda não comercializadas, procura-se vender tecnologias patenteadas defensivamente (na obtenção da patente principal) ou patentes obtidas de ensaios de pesquisa, em seus estágios iniciais, e que compõem o acervo intelectual do licenciador.

Há uma tendência cada vez maior de empresas licenciarem suas tecnologias, entre outras razões por visarem aos resultados financeiros daí advindos. Algumas empresas o fazem com equipe própria, mas, com a tendência atual de redução de pessoal, cada vez mais se recorre a empresas de consultoria, que têm pessoal especializado para a comercialização da licença e a preparação do respectivo projeto básico. Reforça essa tendência o fato de a venda da licença não ser, em geral, um negócio básico (*core business*) da empresa licenciadora, cuja finalidade principal é produzir e vender produtos químicos e não licenças.

As empresas que desejam implantar um determinado projeto têm tendência, cada vez maior, de comprar licenças (sobretudo de produtos não básicos para a empresa), em função da rapidez com que se consegue montar uma unidade de produção por meio de licenciamento, em nada comparável ao desgastante desenvolvimento de fase de laboratório, fase de bancada e instalação piloto.

O licenciamento de processos adquiriu tal importância que, mesmo empresas produtoras, com larga tradição nesse tipo de atividades, criaram um negócio separado (uma nova empresa) só para tratar de licenciamentos e atividades correlatas (como vendas de catalisador, por exemplo). É o caso da Union Carbide e da Exxon, que, em abril de 1997, criaram a Univation Technologies, com a finalidade exclusiva de vender as licenças de processamento de polietileno que ambas possuem.

Com a compra da Union Carbide, a Dow passou a participar da Univation, juntamente com a ExxonMobil. Entretanto a Dow já mantinha com a BP inglesa um acordo de tecnologia de produção da PELBD em fase gasosa: o processo Innovene da BP, utilizando catalisadores à base de metalocenos, desenvolvidos pela Dow. Ficava, assim, a Dow em uma posição de quase monopólio para o licenciamento de processos de produção de PELBD, em fase gasosa.

A FTC(*) norte-americana, na análise da aquisição da Union Carbide pela Dow, exigiu que a Dow se desfizesse da parceria com a BP, cedendo à BP a tecnologia de seus catalisadores à base de metalocenos, além de outras patentes.

A Univation passou então a fornecer as seguintes tecnologias para fábricas novas e existentes:
- processo Unipol para produção de polietileno em fase gasosa;
- tecnologias de aumento de capacidade de plantas existentes, incluindo a tecnologia Super Condensed Mode — SCM-T;
- catalisadores Ucat do tipo Ziegler-Natta e catalisadores à base de cromo, para produzir tanto polietilenos de larga faixa de peso molecular, como com faixa estreita de variação, importante para os mercados de filmes, moldagem e extrusão;
- tecnologia Exxpol de catalisadores à base de metalocenos, para produzir PELBD de alto desempenho, em filmes de alta resistência;
- tecnologia Exxpol de catalisadores à base de metalocenos, para produzir PELBD de fácil processamento, para o mercado de filmes, normalmente atendido pelo PEBD.

A Eastman Chemical formou em 1998 a Eastman Global Technology Ventures, com a finalidade de explorar comercialmente a propriedade intelectual da empresa. Essa atividade dar-se-ia por meio de parcerias, *joint ventures*, licenciamentos e outras alianças. Segundo a empresa, sua propriedade intelectual está sendo subaproveitada e sua expansão pode gerar significativo crescimento.

Em 2000 a Shell, a SmithKline Beecham e a GSE Systems, além de outros participantes, entre eles universidades da Holanda (Delft University of Technology, Eindhoven University of Technology e University of Twente), formaram a Avantium Tecnologies, em Amsterdã, Holanda. A finalidade dessa empresa é realizar pesquisas, sob contrato, para seus acionistas e para terceiros. Deverá utilizar tecnologias de alta velocidade para experimentos e simulações, no desenvolvimento de novos processos e produtos para petroquímica, química fina e produtos farmacêuticos.

A Figura 2.4.16 mostra o total de patentes concedidas no campo da química, nos Estados Unidos, no período de 1985 a 1999, estando os países depositantes divididos em quatro grupos:

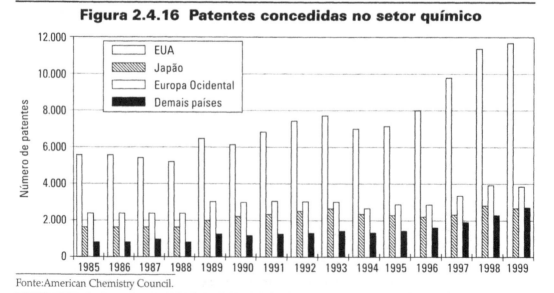

Figura 2.4.16 Patentes concedidas no setor químico

Fonte: American Chemistry Council.

(*) FTC — Federal Trade Comission: órgão governamental dos Estados Unidos que regula, entre outras atividades, as associações entre empresas.

Figura 2.4.17   Investimento em pesquisa e desenvolvimento no setor químico

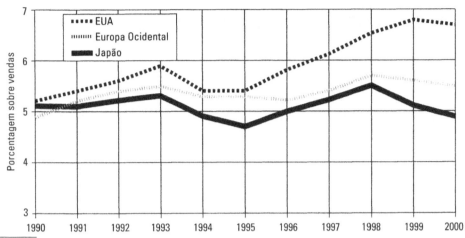

Fonte: Cefic.

Estados Unidos, Europa Ocidental (incluídas somente Alemanha, França, Inglaterra e Suíça), Japão e demais países do mundo.

Os investimentos em pesquisa e desenvolvimento (P&D) das empresas químicas são, em geral, representados, para fins comparativos, pela relação percentual do valor do investimento em P&D e valor total das vendas de cada empresa. Entretanto, só o valor em porcentagem não exprime em sua real grandeza as impressionantes somas gastas com pesquisa e desenvolvimento pelos países desenvolvidos. Só em 2000, os Estados Unidos investiram 31,1 bilhões de dólares, a Europa Ocidental 19,3 bilhões de dólares e o Japão 12,0 bilhões de dólares, em pesquisa e desenvolvimento no setor químico. Cabe lembrar que esse dispêndio em pesquisa e desenvolvimento é diferenciado segundo o tipo de produto químico. Assim, as empresas de produtos químicos básicos investem geralmente de 3 a 5% das vendas, as de especialidades químicas, entre 4 e 6% e as indústrias de produtos farmacêuticos, entre 10 e 25%. A Figura 2.4.17 mostra a relação percentual dos gastos em pesquisa e desenvolvimento sobre as vendas, em indústrias químicas dos Estados Unidos, Europa Ocidental e Japão, no período de 1990 a 2000.

Futuro da indústria química mundial

Ao longo da última década, as grandes empresas químicas mundiais aceleraram seus processos de internacionalização. O modelo inicial de produção e atendimento comercial ao resto do mundo por exportação a partir do país-sede da empresa foi, paulatinamente, sendo substituído por produção descentralizada.

O Quadro 2.4.10 apresenta, para uma série de grandes empresas químicas norte-americanas, as vendas totais na matriz (país-sede), as vendas mundiais e a porcentagem entre as vendas na matriz e as vendas mundiais, em 1999. Apresenta ainda os ativos na matriz, os ativos no mundo e a porcentagem entre os ativos na matriz e os ativos mundiais. A análise do quadro mostra que a Exxon e a Dow são empresas bastante internacionalizadas; menos da metade de suas vendas dá-se no país-sede. A Exxon é, entre as listadas, a empresa mais internacional, pois em 1999,

PEDRO WONGTSCHOWSKI

QUADRO 2.4.10 Vendas e ativos de empresas norte-americanas

Empresa	Vendas (US$ bilhões)			Ativos (US$ bilhões)		
	País sede	Mundo	País sede/ mundo (%)	País sede	Mundo	País sede/ mundo (%)
Dow	7,9	18,9	42	13,8	25,5	54
DuPont	13,6	26,9	51	18,2	30,3	60
Eastman	2,7	4,6	59	4,8	6,3	76
ExxonMobil	53,2	182,5	29	52,0	144,5	36
Monsanto*	2,9	5,2	56	8,4	11,1	76
Occid. Petroleum	6,0	7,8	77	12,0	14,2	85
Union Carbide	3,5	5,9	59	5,8	7,9	73

* Consideradas só as divisões de agroquímicos e sementes.

Fonte: Relatórios 10K das respectivas empresas; Chemical & Engineering News.

apenas 29% de suas vendas foram realizadas nos Estados Unidos, que abrigavam 36% dos seus ativos. No outro extremo a Occidental Petroleum é uma companhia que tem 77% de suas vendas concentradas nos Estados Unidos, onde estão localizados 85% de seus ativos.

O Quadro 2.4.11 indica para as mesmas empresas norte-americanas (com exceção da Eastman) a porcentagem de vendas no país-sede sobre vendas totais e ativos no país-sede sobre ativos totais, nos anos de 1986, 1991, 1996 e 1999.

Nota-se que, em especial, as empresas DuPont e Exxon, aceleraram sua internacionalização, mas que, em nenhum caso, houve mudanças significativas; as empresas fortemente americanas, como a Amoco, antes de ser comprada pela BP, a Union Carbide, a Monsanto e a Occidental Petroleum continuaram empresas americanas com negócios no exterior, mais do que verdadeiras

QUADRO 2.4.11 Vendas e ativos de empresas norte-americanas

Empresa	Vendas no país sede/ vendas totais (%)				Ativos no país sede/ ativos totais (%)			
	1986	1991	1996	1999	1986	1991	1996	1999
Amoco	78,2	81,1	75,9	*	70,8	60,2	64,8	*
Dow	46,5	48,3	43,8	41,8	49,3	56,0	42,9	54,1
DuPont	63,3	53,8	51,1	50,6	72,0	60,7	54,0	60,1
Exxon	23,3	21,9	20,9	29,2**	37,6	29,9	26,3	36,0**
Mobil	37,2	31,6	34,0	-	49,9	40,0	33,9	-
Monsanto	67,4	63,6	62,8	55,8	79,9	61,3	67,7	75,7
Occid. Petroleum	89,5	85,5	84,5	76,9	67,9	84,6	81,3	84,5
Union Carbide	71,4	72,4	71,0	59,3	66,8	54,4	80,9	73,4

* Uniou-se à BP em 1998. ** Dados da ExxonMobil, unidas desde 1999.

Fonte: Relatórios 10K das respectivas empresas.

INDÚSTRIA QUÍMICA MUNDIAL 69

QUADRO 2.4.12 Vendas e ativos de empresas européias

Empresa	Vendas (US$ bilhões)			Ativos (US$ bilhões)		
	País sede	Mundo	País sede/ mundo (%)	País sede	Mundo	País sede/ mundo (%)
Akzo Nobel	2,8	15,4	18	2,9	12,8	23
Aventis	3,0	21,8	14	10,8*	27,7*	39*
Basf	7,4	31,4	24	13,8	32,0	43
Bayer	4,9	29,1	17	18,1**	33,0**	55**
Clariant	3,2***	6,2	52***	2,1	3,8	55
ICI	1,4	13,7	10	1,6	6,9	23
Norsk Hydro	1,4	14,3	10	13,0	22,7	57
Solvay	0,4	8,4	5	n.d.	9,0	n.d.

n.d.: não disponível. * Dados para Rhône-Poulenc, de 1996. ** Dados de 1996. *** Dados para toda a Europa.
Fonte: Relatórios 20F das respectivas empresas; Chemical & Engineering News.

empresas químicas globais. Já a Exxon, a Mobil e crescentemente a Dow reforçaram seu processo de internacionalização.

A situação das empresas européias, em 1999, é indicada no Quadro 2.4.12, em que se vê que as empresas européias já são, em geral, mais internacionalizadas do que as empresas norte-americanas. A Solvay e a ICI, por exemplo, têm apenas 5% e 10% respectivamente de suas vendas no mercado de seu país-sede.

Uma outra forma de verificar o processo de internacionalização do setor químico é acompanhar o volume de investimentos que as empresas norte-americanas têm feito fora dos Estados Unidos e os investimentos que empresas não americanas têm feito nos Estados Unidos. A Figura 2.4.18 indica o volume desses investimentos em valores acumulados. Em 2000 as empresas químicas norte-americanas investiram cerca de US$ 2,6 bilhões no exterior, levando

Figura 2.4.18   Investimentos das indústrias químicas

Fonte: American Chemistry Council.

os investimentos acumulados ao expressivo valor de US$ 86,1 bilhões. No outro sentido as empresas químicas não americanas investiram, em 2000, US$ 24,7 bilhões nos Estados Unidos, lá acumulando investimentos de cerca de US$ 122,1 bilhões.

Nas últimas décadas as empresas químicas mundiais passaram por uma fase de crescimento, agregando aos seus negócios originais outros considerados afins, buscando a diluição de custos fixos (*overhead*) e sinergias tecnológicas, mercadológicas e geográficas. As sinergias tecnológicas, em tese, existem quando dois negócios distintos podem se beneficiar reciprocamente do conhecimento técnico ou científico que cada negócio domina. Dizia, por exemplo, a Rhône–Poulenc que as áreas de química fina e de especialidades farmacêuticas eram sinérgicas, indicando que o conhecimento em síntese orgânica, dominado pela área de química fina, alavancava o rápido desenvolvimento de novas drogas no setor farmacêutico. As sinergias mercadológicas eram colhidas quando se passava a vender produtos novos a setores de mercado já atendidos. Exemplificando, uma empresa que vendesse solventes para a área de tintas, agregava um negócio de espessantes para o qual o setor de tintas é cliente relevante.

O fenômeno de concentração ocorreu ainda em países como o Japão, onde a Mitsubishi Kasei fundiu-se com a Mitsubishi Petrochemical, criando a Mitsubishi Chemical, empresa que, em 1999, faturou em químicos o equivalente a US$ 7,4 bilhões. A Mitsui Petrochemical e a Mitsui Toatsu completaram em 1997 sua fusão, criando a Mitsui Chemicals com vendas químicas em 1999 de US$ 5,6 bilhões.

Em 1997, o governo chinês reestruturou toda a sua indústria de petróleo, petroquímica e química. O Ministério da Indústria Química foi extinto, surgindo em seu lugar o Escritório Estatal do Petróleo e Produtos Químicos, posteriormente rebatizado como Administração Estatal das Indústrias de Petróleo e Químicas. Esta por sua vez está subordinada à Comissão Estatal da Economia e Comércio, que responde diretamente ao Conselho de Estado. Originalmente o plano consistia em agrupar 55 empresas do setor químico em 5 novas companhias, seguindo o modelo coreano de chaebols, com faturamento mínimo de US$ 1,2 bilhão, cada uma.

Após o Congresso Nacional do Povo, em março de 1998, o Escritório Estatal de Petróleo e Produtos Químicos resolveu criar somente duas megaempresas; a China Petrochemical Corp. — Sinopec e a China National Petroleum Corp. — CNPC. A Sinopec ficou com todas as indústrias de petróleo (inclusive poços e jazidas) e químicas do leste e sul da China, adquirindo empresas que antes pertenciam à CNPC, e esta ficaria com as do norte e oeste da China, também adquirindo empresas anteriormente pertencentes à Sinopec. Essas megaempresas começaram a operar, a partir de 1º de junho de 1998, controlando mais de 90% dos ativos químicos e de petróleo da China.

A CNPC possui 13 companhias de petróleo e gás natural e 14 companhias petroquímicas, com ativos combinados de US$ 59,2 bilhões, representando 42% da capacidade total da China em processamento de petróleo e 33% da capacidade de produção de eteno, e vendas de US$ 40,0 bilhões em 1999.

A Sinopec possui 8 companhias de petróleo e gás natural e 28 companhias petroquímicas, com ativos de US$ 380,6 bilhões. Tem 52% da capacidade de produção de eteno da China e suas vendas em 1999 montaram a US$ 47,1 bilhões.

O Quadro 2.4.13 apresenta a porcentagem do faturamento das maiores empresas químicas mundiais sobre o faturamento químico mundial, para os anos de 1970, 1980, 1990 e 2000. Note-se que a participação relativa das maiores empresas decresceu na década de 90 em relação às décadas anteriores, diminuindo assim a concentração da indústria química mundial.

O processo de especialização seguiu-se, cronologicamente, ao processo de concentração. A partir do início da década de 90 as grandes empresas mundiais deixaram de dar prioridade ao crescimento em si (especialmente em termos de justaposição de negócios não afins) e passaram

QUADRO 2.4.13 Concentração da indústria química mundial

Número de indústrias	Porcentagem do faturamento das maiores indústrias químicas mundiais sobre o faturamento químico mundial			
	1970	1980	1990	2000
3	6	7	4	5
5	9	10	7	7
10	16	17	12	12
30	29	29	21	21
50	36	33	26	27

Fonte: Reuben; Burstall (7); Chemical Week.

a buscar a especialização. Nesse processo passaram a ser constituídas novas companhias de administração independente, congregando ativos afins de empresas distintas. Esse processo ocorreu no setor de termoplásticos, na área farmacêutica, no setor de fertilizantes, em tintas e no setor de detergentes. O Quadro 2.4.14 mostra a situação vigente em 2002, resultante do processo de concentração em polipropileno, na Europa Ocidental, nos últimos dez anos. O Quadro 2.4.15 indica a evolução da concentração no setor de agroquímicos, nos anos de 1983, 1999, 2000 e 2001.

QUADRO 2.4.14 Concentração em polipropileno na Europa Ocidental

Empresa atual	Empresas participantes	Empresa atual	Empresas participantes
Atofina	Appryl Atofina Fina Montefina	BP	Amoco Appryl BP Solvay
Basell	Basf Himont (Hercules Montedison) Hoechst ICI Montell Shell Targor	Dow	Dow Union Carbide
Borealis	Borealis Neste North Sea PCD Polymere Statoil	DSM	DSM Hüls Vestolen
		ExxonMobil	Exxon Mobil

Fonte: European Chemical News.

QUADRO 2.4.15 Concentração em agroquímicos

1983	1999	2000	2001
Ciba Dr. Maag Sandoz Diamond Shamrock Velsicol	Novartis	Syngenta	Syngenta
Zeneca Stauffer ISK Fermenta	Zeneca		
Shell Celamerck Cyanamid	American Home Products	American Home Products	Basf
Basf	Basf	Basf	
Rohm & Haas	Rohm & Haas	Rohm & Haas	Dow AgroSciences
Dow Eli Lilly	Dow AgroSciences	Dow AgroSciences	
Rhône-Poulenc Union Carbide Hoechst Schering FBC	Aventis CropScience	Aventis CropScience	Bayer CropScience
Bayer	Bayer	Bayer	
Sumitomo Chevron	Sumitomo	Sumitomo	Sumitomo
Monsanto	Monsanto	Monsanto	Monsanto
DuPont	DuPont	DuPont	DuPont
FMC	FMC	FMC	FMC

Fonte: OCDE; Chemical Week.

A Figura 2.4.19, mostra a complexidade das alianças, associações e fusões, na formação de uma nova empresa, a Basell, no caso[*].

Casos individuais mais dramáticos incluem os da ICI, Monsanto, Rhône-Poulenc, Hoechst e Degussa.

Até 1996 a ICI atuava em dez áreas de negócios, atualmente passou a atuar apenas em quatro: flavorizantes e fragrâncias (por meio da Quest International); amidos especiais, adesivos, polímeros especiais (através da National Starch); tintas e revestimentos (pelas divisões Dulux e Glidden) e especialidades químicas, que incluem oleoquímicos (pela Uniqema) e catalisadores

---

(*) O processo de fusões gera situações como a da Dow e a da Phillips. que herdaram uma associação em polipropileno, que ambas não desejam. Na realidade a associação foi feita entre a Union Carbide (adquirida pela Dow) e a Tosco (adquirida pela Phillips).

Figura 2.4.19   Formação da Basell em polietileno e polipropileno

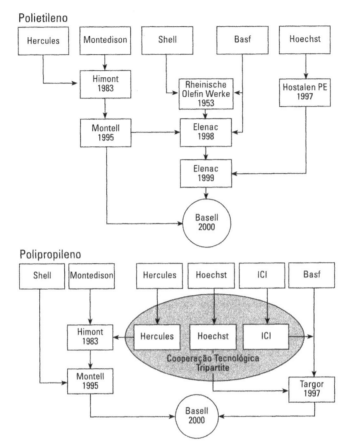

Fonte: Basell.

(pela Synetix). A mudança foi gigantesca e rápida; a ICI comprou por US$ 8 bilhões as atividades de especialidades químicas da Unilever, incluindo os ativos das empresas National Starch, Quest, Unichema (depois Uniqema) e Crosfield. Na seqüência vendeu para a DuPont por US$ 3 bilhões os setores de poliéster e intermediários. Posteriormente vendeu a divisão australiana da ICI por US$ 1,7 bilhão e o setor de fertilizantes para a Terra. Em 1999 vendeu seus negócios de acrílicos para a Ineos inglesa; seus fluorpolímeros para a Asahi Glass japonesa; seu dióxido de titânio, uretanas e aromáticos para a Huntsman; seus negócios de pintura automotiva para a PPG Industries; suas divisões de explosivos nos Estados Unidos para a Copperhead Chemical.

Em 2000 continuou suas vendas: cloro/soda, as zeólitas da Crosfield e os fluorocarbonos da Klea para a Ineos; seus negócios de metanol para a canadense Methanex; a sua participação na *joint venture* Phillips-Imperial Petroleum para a Petroplus holandesa; preservativos para madeira e retardadores de chama para a Rütgers e seu negócio de catalisadores (Crosfield) para a W.R. Grace.

A Monsanto adquiriu em 1985 a G.D. Searle, empresa farmacêutica. A partir daí aumentou o seu envolvimento com as "ciências da vida" e em 1997 fez um *spin-off* de suas atividades químicas, com a criação da Solutia. Tornou-se então uma empresa com foco no setor farmacêutico,

74 PEDRO WONGTSCHOWSKI

agroquímico (defensivos agrícolas e sementes) e de nutrição (adoçantes, substitutos de gorduras e gomas). Posteriormente vendeu o setor de adoçantes na Europa para a Ajinomoto, nos Estados Unidos para a Pegasus Capital Advisors, MDS Capital e J.W. Childs Equity Partners, e o negócio de gomas (Kelco) para a Hercules e Lehmann Brothers.

Em 2000 uniu-se à Pharmacia & Upjohn, que depois de absorver o setor farmacêutico, fez um *spin-off* do setor agroquímico, chamando-o de Monsanto.

A Rhône-Poulenc e a Hoechst também passaram por uma verdadeira revolução, ao desfazerem-se de seus negócios químicos e juntando suas atividades de produtos para as "ciências da vida", em 1999, na nova empresa Aventis, abandonando nomes com mais de um século de tradição na indústria química mundial.

A Rhône-Poulenc, em 1998, fez um *spin-off* de suas atividades químicas, criando a Rhodia (áreas de produtos químicos, fibras e polímeros).

A Hoechst Roussel Vet foi vendida à Akzo Nobel, em 1999. As demais unidades da Rhône-Poulenc foram assim desmembradas: a Rhône-Poulenc Animal Nutrition foi incorporada à Aventis Animal Nutrition, a Rhône-Poulenc Agro à Aventis Crop Science, a Centeon à Aventis Behring, a Pasteur Mérieux Connaught à Aventis Pasteur, a Rhône-Poulenc Rorer, à Aventis Pharma. A Merial permaneceu uma *joint venture* com a Merck, em que a participação de 50% da Rhône-Poulenc passou para a Aventis.

A Hoechst, após julho de 1997, transformou-se em uma *holding*, tendo em vista sua união futura com a Rhône-Poulenc para criar a Aventis, o que efetivamente ocorreu em 1999. Formou-se assim uma série de empresas coligadas ou subsidiárias. A Celanese concentra os produtos químicos básicos e acetato de celulose. As especialidades químicas foram agregadas à Clariant, da qual a Hoechst era sócia minoritária (em 1999 a Hoechst vendeu suas ações em oferta pública). A parte de corantes ficou com a DyStar, uma *joint venture* com a Bayer, formada em 1995. Em 1999 a Basf passou também a participar da *joint venture*. A linha de polipropileno ficou com a Targor, uma *joint venture* com a Basf, formada em 1997. Com a formação da Celanese, a Targor passou para a Celanese, que vendeu em 1999, sua participação para a Basf[*]. A parte de fibras ficou com a Trevira, que nos Estados Unidos foi vendida para a Kosa[**] (junção da Koch dos EUA com a Isaac Saba & Sons, do México) e, na Europa, foi vendida para a Multikarsa, da Turquia. Em 2000 o Deutsche Bank Investor comprou a Trevira, da Multikarsa. A divisão de gases industriais ficou para a coligada Messer Griesheim, com participação de 66,7% da Hoechst, que em 2001 vendeu sua participação para a Allianz Capital Partners e Goldman Sachs Funds, e a divisão de plásticos de engenharia ficou para a Ticona, que foi anexada à Celanese. Com a formação da Aventis, a AgrEvo, uma *joint venture* entre a Hoechst e a Schering, formada em 1995, foi incorporada à Aventis Crop Science e a Hoechst Marion Roussel à Aventis Pharma. Em 2000 a Aventis anunciou a decisão de sair da área de agroquímicos. Em 2001 foi anunciada a venda da Aventis CropScience à Bayer, sendo que a Aventis concentrou-se só nos negócios farmacêuticos.

A empresa química alemã Degussa, fundada em 1873 como Deutsche Gold und Silber Scheideanstalt, também sofreu importantes transformações nesses últimos anos. Em 1997 a empresa alemã da energia Veba comprou 36% do controle acionário da Degussa, pertencente a uma *holding* alemã e à Henkel. Como a Veba já possuía uma empresa química, a Chemische Werke Hüls (adquirida da Bayer em 1978), começaram em 1998 as discussões para a fusão das duas empresas, que acabou ocorrendo nesse mesmo ano. A empresa resultante chamou-se

---

(*) Em 2000 a Targor, a Elenac e a Montell juntaram-se para formar a Basell. Como já existia uma Basell, *joint venture* entre a Basf e a Shell para fabricação de óxido de propeno e estireno, formada em 1996, esta foi rebatizada com o nome de Ellba.

(**) Ao final e 2001 a Koch adquiriu a participação da Saba na Kosa.

Degussa-Hüls e passou a figurar, a partir de 1999, entre as dez maiores empresas químicas do mundo. A Veba aumentou o seu controle acionário para 64%.

Por outro lado, a empresa alemã de energia Viag, promoveu, em 1999, a fusão de duas empresas químicas de sua propriedade: a SKW Trostberg e a Th. Goldschmidt, sob o nome SKW.

Quando em 2000 a Veba e a Viag decidiram fundir-se, para formar a gigante E.On, começaram as tratativas para a junção de todas as empresas químicas do grupo. Isso de fato ocorreu em 2001, sendo adotado o nome Degussa para a nova empresa, que passou a ser uma das maiores do mundo em especialidades químicas e a 7ª em faturamento de químicos. Seu campo de atuação abrange revestimentos, produtos da química fina, produtos químicos para a construção civil, polímeros especiais, produtos químicos para a indústria alimentícia e aditivos para ração animal.

Para que a formação da nova Degussa se efetivasse, a Comissão Européia (que regula, entre outras atividades, as associações entre empresas) exigiu a venda da Degussa Metals Catalysts Cerdec — DMC[2] (vendida para o grupo OM norte-americano), da Phenolchemie, a maior fábrica de fenol do mundo, vendida para a britânica Ineos, da Astra Medica, da Degussa Dental, da Metallchemie, da SKW Piesteritz e de várias outras empresas menores do grupo.

A Dow saiu do campo farmacêutico e da área de produtos de consumo, concentrando-se na área de produtos químicos básicos e termoplásticos (33% de seu faturamento), polímeros especiais e especialidades químicas (40% de seu faturamento) e na área de defensivos agrícolas (Dow AgroSciences, ex-Dow Elanco representando 10% de seu faturamento). A Dow é o maior produtor mundial de cloro e soda cáustica, monômero de cloreto de vinila, borracha estireno-butadieno, poliestireno e poliéter-polióis.

A trajetória da Union Carbide teve motivação distinta. No início da década de 80 a Union Carbide vendeu uma série de operações na área farmacêutica, de metais, sementes e petroquímica. Mas foi a partir do desastre de Bhopal (em dezembro de 1984) que a Union Carbide iniciou defensivamente um processo de desfazer-se de seus negócios fora do *core business*, por venda (ou *spin-off*) das atividades remanescentes na área de metais, produtos de consumo e gases industriais. Em 1983 a companhia faturou US$ 9 bilhões (equivalentes em 1999 a US$ 15 bilhões). Para comparação, observe-se que em 1999 a empresa faturou US$ 5,9 bilhões, cerca de 40% do total vendido 16 anos antes. Em 1999 a Dow comprou a Union Carbide, tornando-se a terceira maior empresa de produtos químicos do mundo.

Analisados os casos de grandes empresas que alteraram dramaticamente sua estratégia nos últimos anos, vale lembrar que algumas grandes empresas como a Basf, a DuPont e a Bayer, respectivamente 1ª, 2ª e 3ª companhias químicas mundiais (ver Quadro 2.4.1), continuam com suas estratégias inalteradas, crescendo continuamente e mantendo basicamente a mesma carteira de produtos, com exceção da área farmacêutica, da qual já saíram ou pretendem sair. Em dezembro de 2000 a Basf decidiu vender sua divisão farmacêutica (Knoll Pharmaceuticals) para a Abbott Laboratories norte-americana. Com isso, o nome de uma empresa fundada na Alemanha em 1886 e pertencente à Basf desde 1976 deixa de existir no cenário farmacêutico mundial. Também a DuPont vendeu, em 2001, seus negócios farmacêuticos para a Bristol-Meyers Squibb, permanecendo entretanto com os agroquímicos. A Bayer considera também a venda de sua área farmacêutica.

Como já visto, a indústria química nasceu na Europa; com o início da petroquímica estendeu-se aos Estados Unidos e, com o desenvolvimento japonês, estabeleceu-se fortemente naquele país. O fenômeno da descentralização industrial química é relativamente recente. Em um primeiro momento a descentralização implicou o estabelecimento, pelas grandes empresas químicas mundiais, de filiais em países fora do eixo Estados Unidos/Europa Ocidental/Japão. A própria história da indústria química brasileira é indicativa desse processo. Em um segundo momento os países ROW iniciaram o estabelecimento de suas próprias empresas. Em grande parte essas empresas eram e, ainda são, empresas estatais. É o caso da Pemex no México, Pequiven na Venezuela, Sinopec na China, Sabic na Arábia Saudita, Qatar Fertilizers em Qatar, Kuwait Petrochemical no Kuwait e Iran National Petrochemical Company no Irã. Das 148 empresas mundiais com faturamento em químicos superior a US$ 1 bilhão em 2000, excluídos os produtos farmacêuticos, listadas pela revista Chemical Week, 15 têm sede em países ROW (Quadro 2.4.16).

QUADRO 2.4.16 Maiores empresas químicas de países ROW

Empresa	Sede	Faturamento (US$ milhões)
Pemex	México	11.912
Formosa	Taiwan	8.348
Sinopec	China	7.249
Sabic	Arábia Saudita	7.109
Reliance	Índia	6.008
Pequiven	Venezuela	3.585
Sasol	África do Sul	2.920
Shangai Petrochemical	China	2.470
Israel Chemical	Israel	1.839
Grupo Alfa	México	1.754
Jilin Chemical	China	1.640
Copene	Brasil	1.470
Hyundai	Coréia do Sul	1.427
AECI	África do Sul	1.210
Hanwha Chemical	Coréia do Sul	1.137

Fonte: Chemical Week.

As vendas dessas 15 empresas representam 8,6% das vendas químicas somadas das 148 empresas da lista. A maior empresa de país ROW está em 10º lugar, a Pemex do México, com vendas químicas de US$ 11,9 bilhões em 2000. Há discrepâncias entre os resultados dos faturamentos em produtos químicos apresentados pelas revistas Chemical & Engineering News (Quadro 2.4.2) e Chemical Week (Quadro 2.4.16).

Na relação das 50 maiores companhias químicas mundiais de 1970, classificadas por seus faturamentos em químicos, não havia nenhuma empresa de país ROW(7).

Há exemplos recentes do aumento da importância das empresas ROW:

i) a Sasol sul-africana comprou a empresa Condea, o braço químico da empresa alemã RWE, por US$ 1,15 bilhão, em 2000. A Condea era, entre outros produtos químicos, grande produtora de tensoativos, solventes oxigenados e aluminas de alta pureza;

INDÚSTRIA QUÍMICA MUNDIAL **77**

ii) a DuPont e a Sabanci *holding* turca fizeram uma *joint venture* para produzir e vender fios industriais de filamentos contínuos de náilon 6-6, nas Américas, em 2000. Em 1998 já haviam formado a Dusa, para a produção e venda de cordonéis de náilon para pneus, no Brasil e Argentina. Esta aliança foi, em 1999, estendida à Europa e ao Oriente Médio, agindo sob o nome de Kordsa. A DuPont e a Sabanci têm ainda uma outra *joint venture*, a DuPontSa, que atua no ramo de poliéster, com fábricas na Europa, Oriente Médio e África;

iii) a DuPont vendeu em 2001 os seus negócios de ácido tereftálico purificado (PTA) e resinas de tereftalato de polietileno (PET) nos Estados Unidos, para a Alpek, empresa petroquímica do conglomerado mexicano Alfa. A DuPont concordou também em vender, em 2002, sua participação, na *joint venture* que ambas as empresas possuíam em fibra cortada de poliéster, formada em 1999. Além das fábricas de PTA, a Alpek comprou também as fábricas de polimerização de poliéster, obtendo as licenças para a tecnologia de produção das resinas PET e para o uso das marcas "Melinar" e "Laser+", da DuPont, nas Américas. Na *joint venture* Fielmex entre ambas as empresas, para a produção e venda de lycra, a DuPont aumentou a sua participação de 40% para 50%, dando possibilidade, à Fielmex, de deter a tecnologia do fio expansível;

iv) a Sabic — Saudi Basic Industries Corporation, criada em 1976 para adicionar valor aos volumosos recursos de hidrocarbonetos da Arábia Saudita, transformou-se em 25 anos num dos maiores produtores mundiais de petroquímicos. Em termos de capacidade de produção de olefinas, ocupa a quarta posição mundial, vindo atrás apenas da Dow, ExxonMobil e Shell. Seu grande sucesso deriva dos preços extremamente baixos pagos pelo gás natural, à Aramco, outra empresa estatal da Arábia Saudita. Enquanto os produtores norte-americanos da Costa do Golfo pagam entre US$ 2,50 e US$ 5,00 por milhão de BTU (em tempos normais), a Sabic paga US$ 0,75 por milhão de BTU. Sua capacidade de produção (ao final de 2000) era de 35 milhões de toneladas de petroquímicos básicos intermediários e polímeros, sendo 80% dessa produção destinada à exportação, sobretudo para a Europa e o Sudeste Asiático. Em 2001 a Sabic iniciou tratativas para adquirir a Enichem. Um dos objetivos de longo prazo da Sabic é manter sua participação de 5% no mercado petroquímico mundial;

v) a Reliance Industries de Bombay, na Índia é outro exemplo de empresa de país ROW que, pelo seu porte, merece ser citada entre as grandes empresas químicas mundiais. Fundada em 1966, como uma empresa têxtil, foi no começo da década de 80 que ela transformou-se em empresa química, com a produção de poliéster. Atualmente é a terceira maior produtora mundial de p-xileno, vindo atrás somente da ExxonMobil e da BP, e a quinta maior produtora de polipropileno, sendo suplantada pela Basell, BP, TotalFina e Borealis. Possui a maior fábrica de p-xileno do mundo e é integrada, desde refinarias de petróleo até polímeros e fibras. A comparação entre a Reliance e a Sabic é muito curiosa, porque são absolutamente antagônicas: enquanto a Sabic é governamental, a Reliance é privada; a Sabic, a partir da matéria-prima, foi integrando-se a jusante, a Reliance, a partir do produto têxtil, foi integrando-se a montante; a Sabic destina aproximadamente 80% de sua produção à exportação, a Reliance exportou aproximadamente 5% de sua produção em 1999 e 10% em 2000, destinando o grosso de sua produção ao mercado doméstico; a Sabic tem uma série de *joint ventures* com empresas estrangeiras, a Reliance, tem poucas associações com empresas estrangeiras. A Reliance, além de pretender integrar-se ainda mais a montante para a área de exploração e produção de petróleo, também deseja entrar na área de produtos químicos para as ciências da vida.

Outra forma de mostrar o aumento da importância das empresas químicas de países ROW é a apresentada na Figura 2.4.20, em que aparecem as relações entre as exportações dos países desenvolvidos e as exportações dos países ROW, entre os anos de 1989 e 2000.

Figura 2.4.20   Relação entre exportações de países desenvolvidos e de países ROW

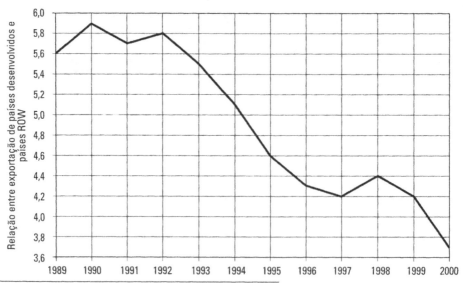

Fonte: American Chemistry Council; Chemical & Engineering News.

Também na produção de fibras sintéticas pode-se demonstrar o significativo avanço dos países ROW em relação aos países desenvolvidos. O Quadro 2.4.17 mostra a produção de fibras sintéticas nos Estados Unidos, Europa Ocidental, Japão e países ROW no período de 1970 a 1998; indica que a participação dos países ROW na produção total de fibras sintéticas passou de 15%, em 1970, para 68%, em 1998, mesmo com uma produção mundial 4,5 vezes maior neste período.

Os movimentos indicados — a globalização, a concentração, a especialização e a descentralização — são mecanismos para o aumento da competitividade das empresas químicas mundiais. O acirramento da competição e o progressivo desmonte das barreiras ao comércio

QUADRO 2.4.17 Produção mundial de fibras sintéticas

Ano	Produção de fibras sintéticas (milhões de toneladas)					
	EUA	Europa Ocidental	Japão	ROW	Total
1970	1,5	1,5	1,0	0,7	4,7
1975	2,4	1,8	1,0	2,1	7,3
1980	3,2	2,0	1,3	3,9	10,4
1985	2,9	2,4	1,3	5,7	12,3
1990	2,9	2,2	1,4	8,3	14,9
1995	3,2	2,4	1,4	11,0	18,0
1998	3,2	2,3	1,3	14,6	21,4

Fonte: SRI International.

têm forçado as empresas a se posicionarem de forma a aumentar a probabilidade de sua sobrevivência a longo prazo. Mais ainda espalha-se pelo mundo o conceito de *shareholder value*. O mercado acionário determina o valor de cada empresa em função de sua rentabilidade, sua solidez financeira, sua competitividade presente e sua viabilidade a longo prazo. O mercado acionário conhece o setor químico e aprendeu a avaliar, com razoável precisão, o valor das empresas.

São as seguintes as estratégias tradicionais (8) disponíveis hoje com relação às empresas químicas:

i)   crescimento — as opções de crescimento incluem a agregação de negócios na mesma área de atuação corrente e de negócios que tenham comportamento cíclico distinto dos negócios presentes;

ii) balanceamento de *commodities* e especialidades — aquisição de negócios que permitam um equilíbrio entre *commodities* e especialidades, dado que o mercado financeiro valoriza mais as especialidades por sua natureza menos cíclica;

iii) liderança de custo — todas as empresas têm usado técnicas de *benchmarking* para reduzir seus custos de produção;

iv) ocupação de nichos — essa estratégia implica a concentração em áreas protegidas, de tecnologia diferenciada e menor concorrência;

v)   integração vertical — redução de riscos do negócio por integração rumo às matérias-primas ou a produtos finais de maior valor agregado.

Entre as estratégias inovadoras (8) ressaltam-se a globalização (estender a ação da empresa ao nível mundial), a construção de associações ou alianças, a transformação do comércio eletrônico (e-business) em componente relevante da estratégia da empresa, o uso de instrumentos de redução de risco financeiro e, especialmente, a "reinvenção" de cada companhia, como nos casos já citados, da Hoechst, da ICI, da Monsanto e da Rhône-Poulenc.

O Quadro 2.4.18 indica as empresas químicas líderes em globalização, em 1997.

Para mostrar o que foi o movimento de fusões e aquisições realizado pela indústria química mundial nos últimos anos, apresenta-se a Figura 2.4.21 mostrando os valores globais de fusões e aquisições, representados em bilhões de dólares norte-americanos correntes, para o período 1995-2000.

Um conhecimento mais detalhado das transações, por faixas de valores, é mostrado no Quadro 2.4.19, abrangendo o período de 1997 a 2000.

Essas transações ocorreram sobretudo nos Estados Unidos e Europa, tendo as empresas japonesas pouco participado (concentraram-se na formação de *joint ventures*). Curiosamente, para o período 1997-2000, o volume de transações em dólares por empresas norte-americanas nos Estados Unidos foi muito semelhante ao volume de transações de empresas européias na Europa Ocidental. Também o volume de transações de empresas norte-americanas comprando empresas européias foi muito semelhante ao de empresas européias comprando empresas norte-americanas. O Quadro 2.4.20 atesta o exposto.

A biotecnologia, por seu impacto na indústria química, merece uma menção especial.

Duas razões básicas dão sustentação ao desenvolvimento da biotecnologia: a compreensão cada vez maior dos organismos vivos, para saber controlá-los, e a busca por recursos renováveis.

Em 2000 o faturamento mundial de produtos químicos obtidos por processos biotecnológicos correspondeu a US$ 25 bilhões, aproximadamente, 1,5% do faturamento global mundial. Há campos da indústria química, em que a biotecnologia está assumindo um papel preponderante, como o da produção de enzimas, certos ácidos orgânicos e certas vitaminas. A riboflavina

Quadro 2.4.18 Empresas líderes em globalização

Empresa	País	Vendas anuais (US$ bilhões)	% vendas fora do mercado doméstico	Nº de funcion. (milhares)	% funcion. fora do mercado doméstico
Unilever	Inglaterra	52,07	90	290	90
DuPont	EUA	43,81	50	97	33
Hoechst	Alemanha	32,75	82	148	76
Novartis	Suíça	26,85	60	116	50
Johnson & Johnson	EUA	21,62	50	89	53
Dow	EUA	20,00	56	40	55
Glaxo Welcome	Inglaterra	14,11	92	53	n.d.
Zeneca	Inglaterra	9,06	93	31	61
Solvay	Bélgica	8,81	93	35	89
Colgate-Palmolive	EUA	8,70	72	38	80
Warner-Lambert	EUA	7,20	55	40	67
Air Liquide	França	6,70	73	28	71
Avon	EUA	4,81	65	34	76
Rohm & Haas	EUA	3,98	47	12	33
Praxair	EUA	2,24	51	25	40

n.d.: não disponível.
Fonte: Global Finance.

Figura 2.4.21   **Fusões e aquisições de indústrias químicas**

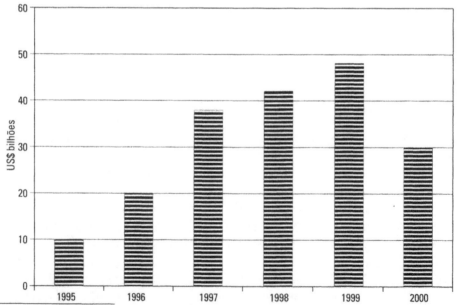

Fonte: European Chemical News.

INDÚSTRIA QUÍMICA MUNDIAL **81**

QUADRO 2.4.19 Fusões e aquisições por faixa de valores (US$ bilhões)

Faixa (US$ milhões)	1997		1998		1999		2000		Total		Distrbuição porcentual %	
	Nº	Valor	Nº	Valor	Nº	Valor	Nº	Valor	Nº	Valor	Nº	Valor
> 1.000	10	24,5	10	24,0	8	28,7	4	9,4	32	86,6	9,1	54,9
500 - 999	6	4,8	8	5,0	11	7,5	11	8,3	36	25,6	10,3	16,2
200 - 499	13	4,1	25	8,1	22	6,2	23	6,8	83	25,2	23,6	16,0
50 - 199	43	4,2	55	5,3	51	5,3	51	5,5	200	20,3	57,0	12,9
TOTAIS	72	37,6	98	42,4	92	47,7	89	30,0	351	157,7	100,0	100,0

Fonte: European Chemical News.

QUADRO 2.4.20 Fusões e aquisições por regiões

Vendedor/ Comprador	Número	Valor (US$ bilhões)	Distribuição porcentual	
			Número	Valor
EUA/EUA	72	49,0	20,5	31,1
Europa/EUA	68	20,5	19,4	13,0
Europa/Europa	92	49,1	26,2	31,1
EUA/Europa	43	22,1	12,2	14,0
Outros	76	17,0	21,7	10,8
Total	351	157,7	100,0	100,0

Fonte: European Chemical News.

(vitamina B2), por exemplo, em 1994 era quase toda produzida por processo químico convencional. Atualmente 95% da riboflavina é produzida mundialmente por processo fermentativo, com microorganismos melhorados geneticamente, a custos 50% mais baixos que o processo convencional e exigindo investimento 40% menor. Estima-se que, em 2010, 30% do total de produtos químicos fabricados utilizará processos biotecnológicos.

A Figura 2.4.22 mostra a previsão até 2015 dos produtos químicos que poderão ser fabricados por processos biotecnológicos.

A Cargill Dow, uma *joint venture* entre a Cargill e a Dow, iniciou em abril de 2002 a operação de uma fábrica para produzir 140.000 t/a de polímeros biodegradáveis derivados do ácido poliláctico. Este é produzido por via fermentativa a partir da dextrose, um açúcar obtido da industrialização do milho. Estão em fase adiantada, variantes do processo, que podem usar como matéria-prima, sacarose ou biomassa, ao invés de dextrose. No futuro poder-se-á utilizar farelo de milho, um material celulósico que pode ser decomposto em pentoses (xilose) e hexoses (dextrose).

Figura 2.4.22 Desenvolvimento de processos biotecnológicos

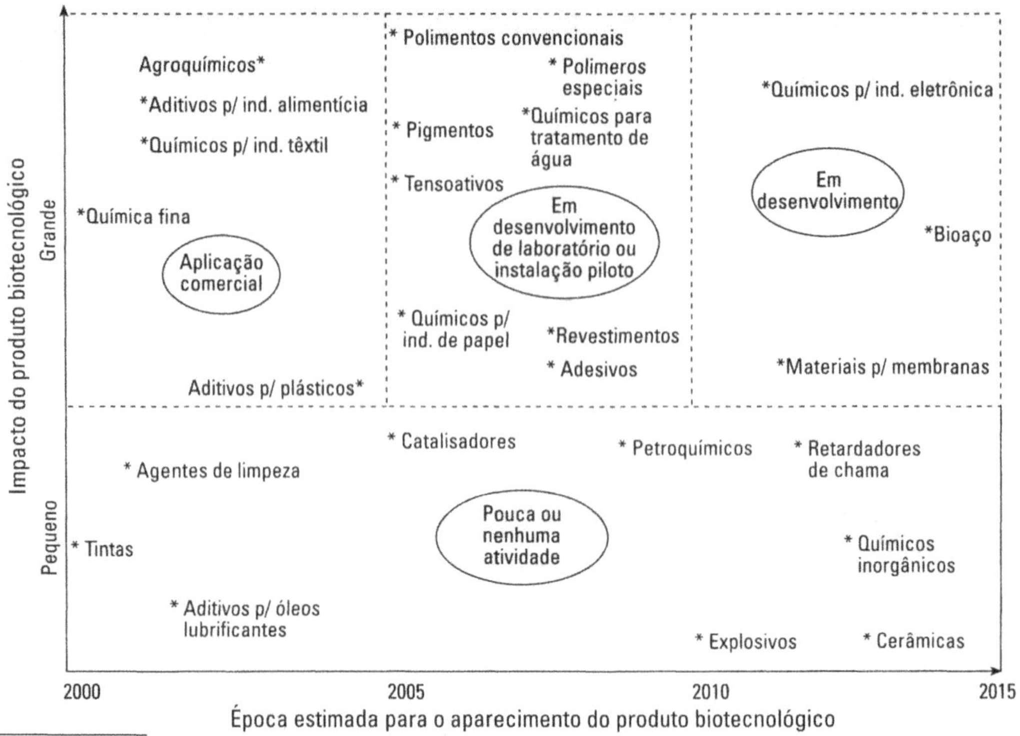

Fonte: McKinsey.

Também a Du Pont fez uma *joint venture* com a Tate & Lyle Citric Acid, para produzir o 1,3-propanodiol (PDO) por via fermentativa. O propanodiol é matéria-prima para produção do politrimetilenotereftalato (PTT). Já está operando uma unidade piloto de PDO, por via fermentativa, de capacidade 90 t/ano em Decatur, no estado de Illinois, Estados Unidos. O processo fermentativo de produção do propanodiol só foi possível graças ao desenvolvimento da técnica de "evolução direta", na qual uma série de mutações genéticas permite que um microorganismo tenha as capacidades metabólicas de uma bactéria e de um fermento. A unidade industrial para a produção de PDO deverá entrar em operação em 2003. A unidade industrial para a produção de PTT já entrou em operação em fevereiro de 2001, utilizando PDO obtido por via química tradicional.

Os biopolímeros, além de competirem em custo com os polímeros obtidos por via petroquímica, têm ainda propriedades adicionais, como sua biodegradabilidade. Alguns tipos apresentam compatibilidade com tecidos vivos, ensejando a possibilidade de construírem-se válvulas sintéticas do coração. Também aplicações revolucionárias poderão ser feitas, como o bioaço, um cabo de aminoácidos mais forte que o aço, mas com propriedades elásticas, que poderão, por exemplo, sustentar pontes suspensas, resistindo a terremotos.

Ressalta-se, finalmente, que o cenário químico futuro não exclui as empresas de pequeno e médio portes. O setor químico é extremamente dinâmico, com novas tecnologias, novos produtos e novas aplicações surgindo continuamente; mais ainda, novas demandas aparecem a cada dia.

Essas novas necessidades não são sempre atendidas por empresas de grande porte, que, a despeito de sua estrutura (ou por causa dela), não se movem, às vezes, na velocidade demandada. Novas empresas surgem como resultado da ação de empreendedores, ocupando (ou criando) novos nichos de mercado.

INDÚSTRIA QUÍMICA MUNDIAL **83**

Uma relação típica dessas empresas é apresentada no Quadro 2.4.21 relativa ao ano 2000. As"hot prospects", empresas pequenas com especial potencial de crescimento, atuam em áreas de fronteira (pesquisa e desenvolvimento de novas drogas, peptídeos, fotoresists) e também em áreas maduras (organometálicos, fosfatos).

Uma pergunta de resposta difícil é sobre o futuro dessas empresas. As alternativas mais prováveis são:

i)   que elas desapareçam, por não serem capazes de viabilizar-se economicamente;

ii) que elas se transformem, diretamente ou por fusões sucessivas, em empresas globais, ainda que especializadas;

iii) que elas sejam absorvidas pelas grandes empresas existentes.

Na visão da DSM, apresentada em 2001, em Madrid, a estrutura da indústria química mundial, no ano 2005, ficará agrupada como mostrada na Figura 2.4.23.

Em qualquer caso, o setor industrial químico é um organismo vivo; em decorrência, novas empresas surgirão continuamente, garantindo a renovação tecnológica, comercial e empresarial do setor.

QUADRO 2.4.21 Empresas químicas promissoras "hot prospects"

Empresa	Área de atividade	Vendas anuais(US$ milhões)	País
Albany Molecular	P&D de produtos farmacêuticos	63,0	EUA
American Soda	Carbonato de sódio	*	EUA
Bachem	Peptídeos	65,5	Suíça
Color Resolutions	Tintas para embalagens	42,0	EUA
Divi's Laboratories	Química fina	50,0	Índia
Gelest	Compostos organometálicos	10,0	Inglaterra
Haas Corp.	Serviços de gerenciamento químico	38,0	EUA
KMG Chemicals	Produtos químicos para tratamento de madeira	36,5	EUA
Medichem Life Sciences	Pesquisas de novas drogas	22,0	EUA
Microchem	Fotoresists	7,0	EUA
Orgamol	Produção de intermediários para fármacos	130,4	Suíça
Peak Chemicals	Fosfatos para aditivos de lubrificantes	25,0	EUA
Poly Carbon	Produção de produtos farmacêuticos sob encomenda	1,8	EUA

* Não iniciou ainda a comercialização dos seus produtos.

Fonte: Chemical Week.

Figura 2.4.23   Visão da estrutura da indústria química mundial em 2005

Fonte: DSM.

A QUESTÃO AMBIENTAL

Histórico

A conscientização mundial de que havia uma questão ambiental a ser respondida pelas indústrias químicas surgiu somente na segunda metade do século XX, mais propriamente nestas últimas três décadas. Entretanto o problema é bem mais antigo e surgiu com o primeiro processo químico a ter repercussão mundial, o processo Leblanc de produção de barrilha. O sulfeto de cálcio gerado como resíduo nesse processo era um produto mal cheiroso, que poluía fortemente as imediações das fábricas e, por ser inevitável, procuravam-se instalar essas fábricas longe dos centros urbanos, como medida preventiva. Parte do sucesso do processo Solvay, que veio substituir o processo Leblanc na produção de barrilha, deveu-se à sua menor geração de poluentes.

O pequeno porte das indústrias químicas dessa primeira fase de industrialização do setor, o relativo afastamento entre si e dos centros urbanos, contribuíam para que a questão ambiental fosse sendo adiada.

Entretanto com o desenvolvimento do setor, o número e o porte das indústrias aumentou muito, diminuindo ou desaparecendo a distância que as separavam dos centros urbanos, que também cresciam. O meio ambiente não conseguia mais neutralizar a carga poluidora crescente nele lançada, evidenciando uma questão ambiental, que precisava ser enfrentada de forma diversa da até então utilizada. A poluição causada por uma fábrica poderia afetar não só a cidade mais próxima ou a região, mas todo um país, e mesmo estender-se aos países vizinhos.

Eventos marcantes vieram reforçar a questão, já levantada pelo livro Silent Spring de Rachel Carson, que em 1962 alertava para o perigo do uso indiscriminado de inseticidas e defensivos agrícolas, e também pelo relatório "Limits to Growth" preparado pelos cientistas do Clube de Roma, na década de 60, e publicado em 1972. Os desastres ecológicos mais significativos foram:

i) poluição por mercúrio da Baía de Minamata, Japão, em 1956;
ii) contaminação por cádmio do Rio Jintsu, na Baía de Toyama, Japão, em 1964;
iii) poluição do Rio Cuyahoga no estado de Ohio, EUA, em 1969;
iv) vazamento acidental de dioxina em Seveso, na Itália, em 1976;

v) lançamento de resíduos clorados na região do Love Canal, no estado de Nova York, EUA, em 1978;

vi) vazamento de isocianato de metila em Bophal, na Índia, em 1984, que matou 2.800 pessoas e feriu aproximadamente 200.000.

vii) incêndio na fábrica da Sandoz na Basiléia, Suíça, em 1986, contaminando o Rio Reno com uma série de produtos tóxicos;

O Quadro 2.5.1 mostra, para certos ramos da indústria de transformação dos países da OCDE, alguns valores indicativos da poluição, quantificados em quilogramas por US$ 1 milhão de produção, em 1994.

QUADRO 2.5.1 Poluição na indústria de transformação

Ramo	Ar				Água		Produtos químicos tóxicos		
	SO_2	NO_x	CO	Partícu-las em suspen-são	BOD	Sólidos em sus-pensão	Ar	Aterro	Água
Prod. químicos industriais	2.179	1.779	217	517	15	201	369	410	0
Fertilizantes e pesticidas	42	443	2	114	4	94	110	63	0
Resinas sintéticas	672	690	64	197	34	79	628	239	0
Ferro e aço	156	253	1.947	692	0	140	179	660	0
Celulose, papel e papelão	9.625	4.655	2.224	986	2.911	3.501	467	21	17
Tecelagem	3.394	1.799	169	239	266	498	160	71	0
Indústria automotiva	2	18	3	5	0	5	211	70	0
Indústria eletrônica	0	34	0	1	0	5	290	238	0

Fonte: OCDE.

A ação governamental

Começando de forma moderada nos anos 50 e 60, os governos e entidades governamentais criadas para tal fim, na década de 70, emitem um grande número de normas sobre o combate à poluição do ar, das águas, do solo, sobre o manuseio, transporte e armazenagem de produtos tóxicos, recuperação de áreas contaminadas e responsabilidades sobre danos causados ao meio ambiente.

Os Quadros 2.5.2 a 2.5.4 mostram algumas leis e atos governamentais emitidos pelos Estados Unidos, Comunidade Européia, Alemanha, Inglaterra, Japão e Brasil, nos períodos de 1947 a 1995, 1976 a 1988 e 1989 a1997, respectivamente.

A interação indústria química–governo na emissão dessas leis e regulamentos foi, entretanto, bastante diversa, em cada país.

Os governos do Japão, da Inglaterra e de certo modo o da Alemanha mantiveram uma atitude de cooperação com as indústrias químicas. O relacionamento entre as partes foi em

QUADRO 2.5.2   Legislação sobre poluição — 1947 a 1975

Ano	EUA	Comunidade Européia	Alemanha
1947	Regulamentação federal sobre inseticidas, fungicidas e rodenticidas (FIFRA).		
1950			
1953	Regulamentação sobre embalagens contaminadas com tóxicos (PPPA).		
1955	Regulamentação sobre a pureza do ar (CAA).		
1956			
1957			
1960			
1961			Lei sobre detergentes.
1967		Regulamentação sobre substâncias perigosas.	
1968			Lei sobre pesticidas.
1970	Regulamentação sobre a inflamabilidade de tecidos (FFA).		
1971			Programa ambiental.
1972	Regulamentação sobre a pureza das águas (CWA) Regulamentação sobre a preservação da vida marinha e santuários.		Lei sobre a disposição de resíduos em aterrros.
1973			
1974	Regulamentação sobre a água potável (SDWA).		
1975	Regulamentação sobre o transporte de resíduos perigosos (HMTA).	Regulamentação sobre resíduos, tratamentos, reciclagem e práticas de gerenciamento.	

Fonte: Landau (3); Valle (9); SRI International.

INDÚSTRIA QUÍMICA MUNDIAL

Inglaterra	Japão	Brasil
	Lei sobre segurança industrial e saúde.	
Regulamentação sobre a pureza do ar.		
Precauções de segurança com pesticidas.		
	Lei sobre o abastecimento de água.	
	Lei básica sobre o controle da poluição ambiental.	
Emendas da regulamentação sobre a pureza do ar.	Lei sobre o controle da poluição do ar.	
	Emendas na lei básica sobre o controle da poluição ambiental. Lei sobre o controle da poluição das águas. Lei sobre a disposição de resíduos e limpeza pública.	
Declaração de princípios ambientais.	Emendas na lei sobre controle de odores nocivos.	
Regulamentação sobre o depósito de resíduos tóxicos.		
	Lei sobre o controle de substâncias químicas.	
Regulamentação sobre o controle de poluição.	Emendas na lei sobre o controle da poluição do ar.	
		Decreto-Lei 1413- Controle de poluição provocada pelas atividades industriais.

QUADRO 2.5.3 Legislação sobre poluição — 1976 a 1988

Ano	EUA	Comunidade Européia	Alemanha
1976	Regulamentação sobre o controle de substâncias tóxicas (TSCA). Regulamentação sobre a conservação de recursos e recuperação de áreas contaminadas (RCRA).	Regulamentação sobre bifenilas policloradas.	
1977	Emendas à CWA. Emendas à SDWA.		
1978		Controle dos resíduos da produção de dióxido de titânio. Regulamentação sobre resíduos tóxicos e perigosos (revisão da regulamentação de 1975).	
1979	Emendas à CAA.		
1980	Regulamentação sobre a responsabilidade e compensação da resposta ambiental (CERCLA). Regulamentação sobre resíduos radioativos de baixo nível.		Lei sobre produtos químicos.
1981	Emendas à CWA.		
1983	Emendas à FFA.		
1984	Emendas à RCRA.	Regulamentação dos transportes de resíduos na Comunidade Européia.	
1985	Emendas à regulamentação sobre resíduos radioativos de baixo nível.		
1986	Regulamentação sobre reautorização e emendas do Superfundo (SARA). Regulamentação sobre planejamento de emergência e direitos à informação da comunidade (EPCRA). Regulamentação sobre os perigos do amianto (AHA). Emendas à SDWA.		Regulamentação sobre minimização de geração e gerenciamento de resíduos.
1987	Emendas à CWA.		
1988	Emendas à FIFRA. Regulamentação sobre o desvio e tráfego ilegal de produtos químicos (CDTA).		

Fonte: Landau (3); Valle (9); SRI International.

Inglaterra	Japão	Brasil
		Lei 6938- Define a política nacional de meio ambiente.
Controle de riscos de grandes acidentes industriais.		
		Lei 7347- Define as ações civis públicas por danos causados ao meio ambiente.
	Emendas à lei sobre o controle de substâncias químicas.	Resolução CONAMA nº 20- Classifica os rios do Brasil e estabelece limites para o lançamento de efluentes.
Controle de substâncias que apresentam riscos à saúde.	Lei de proteção da camada de ozônio.	

QUADRO 2.5.4 Legislação sobre poluição — 1989 a 1997

Ano	EUA	Comunidade Européia	Alemanha
1989			
1990	Regras para caracterizar a toxicidade dos resíduos. Emendas à CAA. Emendas à PPPA.	Emendas à regulamentação dos transportes de resíduos na Comunidade Européia.	Regulamentação sobre resíduos industriais que devem ser tratados como resíduos perigosos. Regulamentação sobre incineradores para resíduos e outros materiais combustíveis.
1991	Regras para caldeiras e fornalhas industriais.	Substituição da regulamentação sobre resíduos tóxicos e perigosos de 1978.	Regulamentação sobre a estocagem, tratamentos químico, físico e biológico e incineração de resíduos perigosos.
1992		Definição de três categorias de resíduos exportáveis para recuperação, tratamento e disposição (verde, âmbar e vermelho) e "princípios da proximidade".	
1993		Descrição da hierarquia de tratamento de resíduos.	
1994			Lei sobre o ciclo de produção.
1995		Definição da lista de resíduos perigosos.	
1996	Regulamentação sobre a proteção da qualidade dos alimentos (FQPA).		
1997			

Fonte: Landau (3); Valle (9); SRI International.

Inglaterra	Japão	Brasil
Regulamentação sobre as águas.	Emendas à lei básica sobre o controle da poluição ambiental.	Lei 7802- Disciplina o uso de agrotóxicos. Lei 7804- Disciplina o crime ecológico.
Regulamentação sobre a proteção ambiental.		
Regulamentação sobre os recursos hídricos.	Lei sobre a utilização de produtos reciclados. Lei sobre a disposição de resíduos e limpeza pública.	
	Lei básica sobre o meio ambiente.	
	Revisão e emendas à lei sobre a disposição de resíduos e a limpeza pública.	

geral baseado na confiança mútua, com autoridades governamentais e peritos profissionais agindo como mediadores. No Japão, indústria e governo trabalharam sempre em cooperação direta.

Na Inglaterra, a legislação emitida foi fruto de reuniões informais, particulares, com a participação de peritos industriais e agentes do governo. Na Alemanha, o processo foi similar ao da Inglaterra, mas com reuniões mais formais e enfrentando desafios de grupos políticos e grupos de proteção ambiental, que tentavam interferir na legislação em elaboração.

Entretanto, foi nos Estados Unidos que esse relacionamento apresentou um comportamento totalmente diferente, ficando os participantes em posições antagônicas. A maior parte da legislação norte-americana sobre o assunto foi feita por membros do governo e tribunais, com pequena influência da indústria. As relações entre o governo e as indústrias químicas são, nos Estados Unidos, marcadas por grande envolvimento de legisladores e advogados e pequena participação de técnicos e consultores industriais. Em geral as normas são menos flexíveis e com padrões dificilmente atingíveis com a tecnologia corrente.

Reação da indústria à ação governamental

De modo geral essa ação governamental causou, nas indústrias químicas, reações que afetaram seu crescimento econômico, o comércio, a inovação, a movimentação de capital e a própria estrutura dessas empresas.

Por exemplo, com a necessidade de novo registro dos ingredientes ativos de biocidas nos Estados Unidos, cujo custo poderia chegar a US\$ 5 milhões por ingrediente, o número de ingredientes ativos caiu de 1.600, em 1976, para 400 em 1993.

A legislação ambiental alemã no setor de biotecnologia é muito rígida. A Hoechst esperou dez anos, para ter aprovada na Alemanha sua fábrica de insulina para uso humano.

Como conseqüência, tanto a Hoechst como a Bayer foram instalar esse setor nos Estados Unidos e no Japão, onde a legislação ambiental é menos rígida. Recentemente a Alemanha reviu sua legislação a esse respeito, conseguindo trazer de volta a Bayer.

Lieberman (10) publicou um estudo, em 1990, sobre o declínio da produção nos Estados Unidos de certos produtos químicos, das décadas de 60 e 70 até 1987, por razões ambientais. O Quadro 2.5.5 mostra, para cada produto estudado, o número máximo de produtores e o ano da produção máxima, a diminuição da produção em porcentagem (com relação a 1987) e o número de produtores em 1987.

Algumas empresas valeram-se da questão ambiental para obter vantagens econômicas em relação às suas concorrentes. As empresas alemãs Henkel e Degussa, após desenvolverem o produto zeólita A para substituir os fosfatos nos detergentes, incentivaram o governo a restringir o uso de fosfatos em detergentes, o que de fato ocorreu em 1977, beneficiando aquelas empresas.

O deslocamento de empresas ou de fábricas de certos produtos químicos para países de legislação ambiental menos rígida é outra conseqüência ocorrida na indústria química. Um estudo conduzido por Lucas, Wheeler e Hettige sobre 15.000 fábricas, em 80 países, no período de 1960 a 1988, concluiu que houve um deslocamento significativo das indústrias de poluição intensivas, dos países desenvolvidos para os países ROW, com o agravante de os países mais pobres terem recebido as indústrias com maiores riscos.

Hilary French, em um estudo para o Worldwatch Institute, de Washington, Estados Unidos, em 1993, relata que só 35% das indústrias norte-americanas, situadas no México, cumpriam a legislação ambiental mexicana, teoricamente comparável à norte-americana. Cita ainda o caso da Mitsubishi Kasei, na Malásia, que foi obrigada judicialmente a fechar sua fábrica, após ter

QUADRO 2.5.5 Declínio de produção por razões ambientais

Produto	Ano de produção máxima	Nº máximo de produtores	Diminuição da produção (%)	Nº de produtores em 1987
Acetaldeído	1969	9	–61	2
Dissulfeto de carbono	1969	4	–60	3
Monoclorobenzeno	1969	8	–58	3
Cloreto de etila	1976	6	–76	5
Ácido fluorídrico	1974	9	– 2	4
Chumbo-tetraetila	1970	4	–62	1
Fósforo elementar	1969	8	–42	4
Sódio elementar	1973	3	–60	2
Fosfato de sódio	1970	5	–48	5
Sulfito de sódio	1967	5	–51	5

Fonte: Lieberman (10).

descartado, por anos, resíduo contendo tório radioativo, que causava índice alarmante de casos de leucemia na população local (3).

Com a geração de resíduos e sua necessidade de tratamento, surgiram muitas empresas dispostas a fazer esse serviço, seja na forma de reciclagem, em geral de solventes e metais, seja por tratamento propriamente dito ou por disposição em aterros, em cavernas ou minas exauridas e injeção em poços profundos. O Quadro 2.5.6 mostra o número de empresas que atuavam, nessa área, nos Estados Unidos, Europa Ocidental e Japão, em 1997, excluída a reciclagem de plásticos.

A necessidade da reciclagem de termoplásticos nasceu da constatação de sua baixíssima biodegradabilidade, associada ao enorme volume ocupado em aterros e lixões. A reciclagem é aqui definida como sendo a transformação de materiais já previamente utilizados, em matérias-primas para novos usos.

QUADRO 2.5.6 Instalações para reciclagem, tratamento e disposição de resíduos industriais por terceiros

País	Reciclagem			Tratamento	Disposição		
	Metais	Solventes	Recuperação de energia em fornos de cimento	Incineração destrutiva	Aterro	Caverna de sal	Injeção em poço profundo
EUA	42	52	22	21	19	-	4
Europa Ocidental	14	71	39	45	46	1	-
Japão	37	18	-	6	4	-	-

Fonte: SRI International.

Para os termoplásticos, são empregados três tipos de reciclagem: a mecânica, a química e a energética. Na primeira, após a coleta, há uma separação por tipo de plástico, moagem, lavagem, secagem (em geral por centrifugação), aglutinação e extrusão, voltando o plástico a ter sua forma original de pellets.

Na reciclagem química, o plástico é transformado em monômeros ou misturas de hidrocarbonetos, que são utilizados como matéria-prima em refinarias ou centrais petroquímicas. O processamento pode ser por hidrogenação, gaseificação ou pirólise. É pouco utilizado, atualmente.

A reciclagem energética aproveita a energia contida nos plásticos para gerar energia elétrica e/ou calor, distinguindo-se da incineração, que é uma simples queima do plástico, sem qualquer aproveitamento. A energia contida em 1 kg de plásticos equivale praticamente à energia de 1 kg de óleo combustível.

A economicidade da reciclagem é assunto controverso e geralmente abordado com forte componente emocional. Nos países desenvolvidos, se obedecidas as leis de livre mercado, a reciclagem apresenta rentabilidade muito baixa (às vezes nula, ou mesmo negativa), só se justificando por meio de incentivos ou subsídios governamentais.

O SRI International (11) aponta alguns obstáculos que impedem o sucesso da reciclagem de termoplásticos, em países desenvolvidos.

Os obstáculos na coleta mais significativos são:

- a coleta feita pela municipalidade é cara e vai permanecer cara; além disso há uma resistência pública crescente em pagar mais pela coleta seletiva;
- as infra-estruturas de coleta são lentas para acompanhar as variações da demanda, o que explica maior utilização de plástico virgem pelos fabricantes quando a procura supera a demanda no mercado;
- os coletores de materiais recicláveis não estão conseguindo resultados econômicos satisfatórios, porque os catadores vão aos pontos de coleta e retiram os recicláveis mais valiosos;
- para as garrafas de PET, dependendo da fonte de coleta (lixo municipal ou postos de coleta), do tipo de garrafas coletadas e do modo de coleta (depósitos de coleta nas calçadas, coletor particular, depósitos centralizados), pode haver grande variação na qualidade do material, o que afeta diretamente a processabilidade.

Entre os obstáculos técnicos distinguem-se:

- a sensibilidade dos polímeros de condensação e de adição aos ciclos repetidos de aquecimento e oxidação, implicando uma degradação, conhecida como "heat history" ou história dos aquecimentos passados. Teoricamente, todos os seis termoplásticos mais conhecidos, podem ser usados muitas vezes, sem degradação;
- os plásticos são muito sensíveis à contaminação por outros tipos da mesma resina e à contaminação cruzada por outros tipos de resina. A falta de compatibilidade de tipos de resinas na formação de um polímero geralmente tem uma influência maior na performance desse produto, que o fato de ele ter sido reciclado;
- a diversidade de tipos de resinas usadas em uma mesma aplicação está prejudicando a reciclagem. Por exemplo, uma garrafa de plástico, feita com diferentes tipos de resina, estará especificada apenas pela resina da camada externa;
- muitos plásticos reciclados de um mesmo tipo de resina, apresentam significativas variações do índice de fluidez, de lote para lote. Isso ocasiona freqüentemente problemas de processamento e baixas produções;

- a separação de plásticos, por cores, torna-se muito difícil quando o objeto é composto por múltiplas camadas, porque as cores das camadas mais internas podem ser muito diferentes da cor da camada externa, que é a única que o selecionador pode ver;
- o comportamento do polietileno de alta densidade, na reciclagem, depende do catalisador usado na sua produção. O catalisador tipo Ziegler-Natta acarreta, na reciclagem, uma degradação do peso molecular e um abaixamento no índice de fluidez. O catalisador à base de cromo, tipo Phillips, favorece a formação de ligações cruzadas, aumenta o peso molecular e abaixa o índice de fluidez;
- o homopolímero polietileno de alta densidade reciclado apresenta baixa quebra por tensão ambiental (environmental stress crack) e baixa resistência ao impacto de dardo (drop impact), quando comparado com o produto virgem, e por isso teve seu uso reduzido na confecção de contêineres de alto impacto;
- a reciclagem de plásticos de bens duráveis extraídos do lixo pós-consumo, devido à diversidade de tipos, é muito complicada. Se, para efetuar a reciclagem, o bem deverá ser desmontado e os vários tipos de plásticos, separados à mão, sua reciclagem, além de levar muito tempo, torna-se também bastante dispendiosa.

Quanto aos obstáculos de marketing, têm-se:
- os consumidores dão pouca atenção à embalagem, ao comprar um produto. A despeito disto, preferem comprar um produto que venha com a menor embalagem possível e que não apresente problemas ambientais;
- o uso de resinas recicladas na produção de garrafas tende a diminuir, à medida que aumente a restrição para uso de plásticos reciclados em produtos alimentícios;
- a costumeira falta de diálogo entre compradores e vendedores de resina reciclada acarreta uma diminuição do comércio e a introdução do intermediário;
- o fornecimento de resinas virgens "fora de especificação" ou de "especificação mais ampla" é significativo e substitui o uso de resinas recicladas, quando este uso não é compulsório;
- a FDA (Food and Drug Administration) norte-americana continua a se mostrar restritiva com relação ao uso de plásticos reciclados em produtos alimentícios. A obtenção de uma carta de aprovação (nonobjection letter) da FDA, para uso de um plástico reciclado em alimentos, requer um estudo ambiental e pode levar mais de seis meses, além de custar centenas de milhares de dólares norte-americanos;
- o uso de plástico reciclado na construção ficou prejudicado, porque praticamente só existem normas voluntárias, emitidas pelas próprias empresas que o fabricam, em vez de normas baseadas em desempenho, emitidas pelos órgãos governamentais. Por exemplo, a "madeira plástica" (peças de plástico reciclado que substituem a madeira) teve seu uso muito restringido nos Estados Unidos, porque a American Society for Testing and Materials — ASTM levou muito tempo para emitir normas que permitissem seu uso.

Os obstáculos financeiros mais significativos são:
- os preços das resinas recicladas acompanham diretamente os preços das resinas virgens. O abaixamento do preço da resina virgem não só faz cair o preço da resina reciclada, como faz diminuir também o número de empresas que queiram fornecer o produto reciclado;
- a volatilidade dos mercados de exportação de resinas recicladas continuará a influenciar os preços domésticos e a disponibilidade de resinas recicladas;

- em áreas de menor densidade demográfica, onde não existe um consumo sustentável de resinas recicladas, a reciclagem torna-se antieconômica, sendo mais barato lançar os resíduos plásticos em aterros do que reciclá-los;
- a capacidade de reciclagem de resinas termoplásticas está além da disponibilidade de resina a reciclar, que pode ser adquirida a preços econômicos.

No Brasil são definidos dois tipos de descartes de plásticos que podem ser aproveitados para a reciclagem: os pós-industriais, que são provenientes de refugos de processo de produção e transformação, aparas, rebarbas, etc., e os pós-consumo, que são descartados pelos consumidores, a maioria proveniente de embalagens. O tipo pós-comercial, que consiste no descarte de plásticos efetuado pelos estabelecimentos comerciais ao desembalar as mercadorias vindas das indústrias, praticamente inexiste no Brasil.

Enquanto os resíduos plásticos pós-industriais, que tanto podem ser reciclados na própria indústria que os gerou como por recicladores, são negociados pela economia formal, os pós-consumo, em cuja cadeia de coleta entram os lixeiros, os catadores de rua, os sucateiros e, finalmente, os recicladores, são negociados pela economia informal.

Pesquisas realizadas pela Plastivida (comissão da Abiquim que representa um grupo de empresas comprometidas com a relação entre os plásticos manufaturados e o meio ambiente), em São Paulo, em 1999, mostrou que, dos 180 recicladores, instalados na Grande São Paulo, cada um reciclava 73,7 t/mês, em média, dando um total de 13.266 t/mês de plásticos reciclados. Deste total, aproximadamente 50% corresponde a descartes pós-consumo.

Outra reação da indústria química foi a criação do movimento Responsible Care, originado no Canadá, em 1985, por iniciativa da Canadian Chemical Producers Association. Atendendo a esse movimento voluntário, chamado no Brasil de Atuação Responsável, a empresa se compromete publicamente a melhorar sua atuação nos campos de proteção ao meio ambiente, à saúde e à segurança. Tímido, no início, o programa deslanchou em âmbito mundial, podendo-se afirmar que, em 1996, de cada três empresas importantes no ramo da química, duas aderiram ao movimento.

No Brasil, a Abiquim fez as primeiras apresentações desse movimento em 1990. Em reunião de diretoria de 8 de abril de 1992, foi oficialmente instituído no Brasil, com o nome de programa Atuação Responsável, tendo recebido na época adesão de 92 empresas químicas. Em 31 de agosto de 2001, 141 empresas já haviam aderido ao programa.

Uma das características principais do programa Atuação Responsável é a transparência para com o público (autoridades e comunidades vizinhas), incentivando o diálogo e a troca de informações. O Quadro 2.5.7 dá uma idéia dos elementos constitutivos do programa. Parte ainda não abrangida pelo programa Atuação Responsável são as avaliações do produto quanto ao seu desempenho ambiental e análises dos ciclos de vida dos artigos que contenham o produto químico em questão.

Os princípios diretivos, por constituírem os padrões éticos que orientam a política de ação da indústria química em termos de saúde, segurança e meio ambiente, são abaixo enunciados:

- assumir o gerenciamento ambiental como expressão de alta prioridade empresarial, mediante um processo de melhoria contínua em busca da excelência;
- promover, em todos os níveis hierárquicos, o senso de responsabilidade individual com relação ao meio ambiente, segurança e saúde ocupacional e o senso de prevenção de todas as fontes potenciais de risco associadas às suas operações, produtos e locais de trabalho;
- ouvir e responder às preocupações da comunidade sobre seus produtos e suas operações;

- colaborar com órgãos governamentais e não-governamentais na elaboração e aperfeiçoamento de legislação adequada à salvaguarda da comunidade, locais de trabalho e meio ambiente;
- promover a pesquisa e o desenvolvimento de novos processos e produtos ambientalmente compatíveis;
- avaliar previamente o impacto ambiental de novas atividades, processos e produtos e monitorar os efeitos ambientais das suas operações;
- buscar continuamente a redução dos resíduos, efluentes e emissões para o ambiente oriundos das suas operações;
- cooperar para a solução dos impactos negativos no meio ambiente decorrentes do descarte de produtos ocorrido no passado;
- transmitir às autoridades, aos funcionários, aos clientes e à comunidade, informações adequadas quanto aos riscos à saúde, à segurança e ao meio ambiente de seus produtos e operações, e recomendar medidas de proteção e de emergência;
- orientar fornecedores, transportadores, distribuidores, consumidores e o público para que transportem, armazenem, usem, reciclem e descartem os seus produtos com segurança;
- exigir que os contratados, trabalhando nas instalações da empresa, obedeçam aos padrões adotados pela contratante, em segurança, saúde ocupacional e meio ambiente;
- promover os princípios e práticas do Atuação Responsável, compartilhando experiências e oferecendo assistência a outras empresas para produção, manuseio, transporte, uso e disposição de produtos.

QUADRO 2.5.7 Estrutura do programa Atuação Responsável

Elemento	Subelemento
Princípios diretivos	
Códigos de práticas gerenciais	Segurança de processo
	Saúde e segurança do trabalhador
	Proteção ambiental
	Transporte e distribuição
	Diálogo com a comunidade e preparação e atendimento a emergências
	Gerenciamento de produto
Comissões de liderança empresariais	
Conselhos comunitários consultivos	
Avaliação de progresso	
Difusão na cadeia produtiva	

Fonte: Manual de Implantação – Atuação Responsável, Abiquim.

98 PEDRO WONGTSCHOWSKI

Em 1999 o American Chemistry Council, o European Chemical Industry Council e a Japan Chemical Industry Association, através do International Council of Chemical Associations — ICCA, comprometeram-se a contribuir conjuntamente com até US$ 25 milhões por ano, em um programa voluntário de cinco anos, para efetuar pesquisas sobre os riscos reais e potenciais que os produtos químicos podem ocasionar à saúde humana, à vida selvagem e ao meio ambiente. O programa recebeu o nome de Long-range Research Iniciative — LRI.

O LRI tem três objetivos:
- conduzir pesquisas por meio de instituições científicas de renome mundial;
- desenvolver novas ferramentas para a avaliação de riscos;
- apoiar as recomendações advindas de estudos efetuados pelo governo, indústria e organizações não-governamentais.

As pesquisas a realizar são selecionadas através de métodos abertos e competitivos. Os trabalhos são julgados segundo o seu mérito científico e publicados independentemente de serem ou não favoráveis à indústria química.

A maior parte das pesquisas é realizada nos Centers of Health Research — CIIT criados em 2.000, a partir do Chemical Industry Research Institute, fundado em 1976, em Research Triangle Park, estado da Carolina do Norte, EUA.

Nos Estados Unidos, enquanto a produção de produtos químicos aumentou 33% de 1988 a 2000, a emissão de poluentes diminuiu 65%. Os investimentos das indústrias químicas em instalações de tratamento e controle da poluição, em 2000, foram de US$ 3,4 bilhões, e os custos operacionais montaram a US$ 6,0 bilhões. Na União Européia, para o ano de 1998, esses valores foram US$ 3,0 bilhões em equipamentos e US$ 10,3 bilhões em custo operacional.

A Figura 2.5.1 mostra a ação do grupo Basf, uma das maiores companhias químicas do mundo, no combate à poluição.

O cumprimento da legislação ambiental nem sempre é fácil. O American Chemistry Council, dos Estados Unidos, queixa-se de que a legislação ambiental aumenta anualmente de forma assustadora. No ano de 1996 foram publicadas 69.366 páginas de leis e regulamentos federais no Federal Register. Queixa-se também da enorme carga de informações e relatórios que devem ser apresentados às autoridades governamentais. Só no atendimento a oito regulamentos federais[*], até 1º de agosto de 1997, a indústria química norte-americana produziu 26,7 milhões de relatórios anuais, envolvendo 66,6 milhões de homens-hora, a um custo estimado de US$ 3,5 bilhões.

Por vezes, a pressa em banir certos compostos químicos de seu uso corrente pode acarretar enganos lamentáveis. O caso do DDT é emblemático. Quando o químico suíço Paul Hermann Mueller descobriu o DDT em 1939, sua descoberta foi muito louvada, sendo o DDT considerado como o primeiro inseticida moderno no século XX. Ganhou o prêmio Nobel, por essa descoberta, em 1948. Seu uso, entretanto, mostrou uma persistência residual na natureza, prejudicial aos homens e animais, ocasionando o seu banimento quase total.

Acontece que o DDT ainda é o melhor inseticida para o combate à malária, e vários países em desenvolvimento, sobretudo na África, ainda padecem desse mal, com um número de óbitos por ano, superior a um milhão.

Os países desenvolvidos, ao oferecerem ajuda aos países em desenvolvimento, para o combate à malária, vinham sistematicamente negando o fornecimento de DDT, oferecendo

---

[*] CAA, TSCA, FIFRA, RCRA, CERCLA, SARA, CWA, SDWA (Quadros 2.5.2, 2.5.3 e 2.5.4).

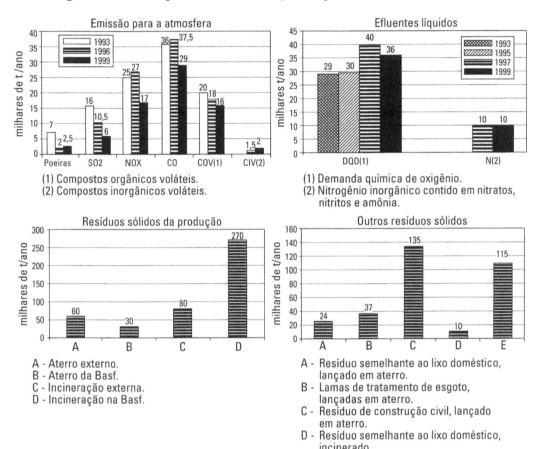

Figura 2.5.1 Ação da Basf na proteção ao meio ambiente

Fonte: Basf.

outros inseticidas, mais caros e menos eficientes, esquecendo-se de que foi o DDT que eliminou a malária de seus países, nas décadas de 40, 50 e 60. As Nações Unidas vinham aprovando esse comportamento até que, em 10 de dezembro de 2000, em histórica reunião, em Johanesburgo, na África do Sul, os 120 delegados concordaram em permitir o uso do DDT para o combate à malária.

Quando a África do Sul, em 1996, havia interrompido o uso do DDT para combate à malária, o número de casos da doença aumentou 150%. Recentemente a África do Sul recomeçou a usar o DDT e o número de casos já está diminuindo. Em Moçambique, que não usa DDT, o número de casos de infecção pelo mosquito é de 20 a 40 vezes maior do que na vizinha Suazilândia, que sempre usou DDT.

Conclusão

A questão ambiental veio para ficar. Ela é hoje assunto que envolve as indústrias, os governos e as comunidades. Seu alcance ultrapassa mesmo as fronteiras nacionais, como atestam a Conferência de Estocolmo, de 1972, o Protocolo de Montreal, de 1987, o relatório da Comissão Mundial sobre Meio Ambiente e Desenvolvimento instituída pela Assembléia Geral das Nações

Unidas, também conhecido como Relatório Brundtland, de 1987, a Convenção da Basiléia, de 1989, a Conferência das Nações Unidas sobre o Meio Ambiente e o Desenvolvimento realizada no Rio de Janeiro em 1992, também conhecida como Cúpula da Terra ou Rio 92 e a Convenção de Kyoto sobre a Prevenção do Aquecimento Global, realizada em 1997.

Com o cumprimento da legislação ambiental em vigor, a indústria química apresentou um progresso notável, não só no combate à poluição e preservação do meio ambiente, mas também na preservação da saúde de seus funcionários e diminuição de riscos no manuseio e transporte de substâncias tóxicas. Paradoxalmente, a opinião pública está atualmente mais preocupada com o desempenho das indústrias químicas em relação à questão ambiental do que estava trinta anos atrás, quando a situação era bem pior.

De modo geral, a humanidade tende a ser pessimista, e os meios de divulgação influem decisivamente nesse sentido. Em se tratando de meio ambiente, as notícias ficam ainda mais distorcidas. Entretanto, quando se procede à análise dos fatos, com serenidade e fundamento em estudos técnicos e científicos, as conclusões podem ser opostas às apregoadas pelos ambientalistas radicais.

O crescimento da população mundial está diminuindo, devendo atingir um patamar inferior a 11 bilhões de habitantes, por volta do ano 2200, e a produção agrícola por habitante nos países do terceiro mundo cresceu 52%, desde 1961. Ainda esses estudos mostram que a porcentagem de pessoas do terceiro mundo que passavam fome em 1949 era de 45%, caiu para 18% em 2001 e deverá cair para 12% em 2010 e 6% em 2030. Não se deve esquecer o papel da indústria química na obtenção desses índices, graças aos fertilizantes e agroquímicos por ela produzidos.

Contrariamente à crença de que a poluição no mundo está aumentando, muitos estudos mostram que o aumento do enriquecimento de uma população faz com que a poluição diminua. Estudos do ar da cidade de Londres, para a qual há bons registros desde 1585, mostram que a qualidade do ar vem melhorando desde o início do século XX. A Figura 2.5.2 mostra os teores de dióxido de enxofre e particulados, no período de 1585 a 2000, em Londres.

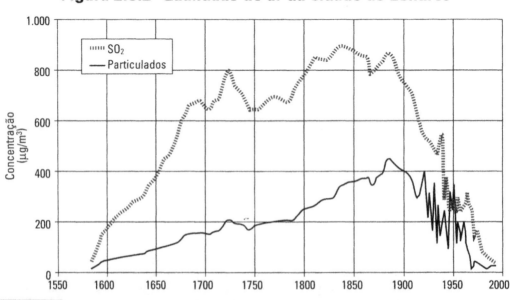

Figura 2.5.2 Qualidade do ar da cidade de Londres

Fonte: Fortune.

Há todo um caminho a percorrer, por parte das indústrias químicas, no sentido de informar a opinião pública de seus procedimentos e ações, para que esta possa mudar sua posição e, tenha uma opinião mais favorável e positiva. O programa Atuação Responsável acertadamente prevê o cumprimento dessa tarefa.

Os executivos das indústrias químicas certamente têm de despender, atualmente, muito mais do seu tempo em atividades ligadas à questão ambiental que seus predecessores, tanto no nível interno de suas empresas, como no externo. O foco de suas atenções deslocou-se de máquinas e equipamentos para meio ambiente e qualidade.

Investimentos em proteção são necessários, para garantir a sobrevivência das empresas e o bem-estar não só de seus funcionários, mas de toda a comunidade em suas áreas de influência.

A INDÚSTRIA FARMACÊUTICA

Introdução

A indústria farmacêutica, por suas características e particularidades, merece uma descrição de seu histórico, à parte da indústria química clássica, para melhor entendimento dos esforços dispendidos no desenvolvimento desse ramo tão dinâmico da indústria química. A indústria farmacêutica, a partir do início do século XIX, seguiu um caminho paralelo ao da indústria química clássica, nos seus primeiros cento e cinqüenta anos de vida. Começou a divergir ao fim da Segunda Guerra Mundial, quando uma vertente biotecnológica passou a ter papel mais significativo na produção de fármacos.

A indústria farmacêutica pode ser considerada como duplamente intensiva em pesquisa. Um determinado composto químico, candidato potencial para ser uma nova droga, é pesquisado em animais e *in vitro* quanto à sua atividade e toxicidade, antes de ser pesquisado em seres humanos. Uma vez comprovada sua eficácia farmacológica, é pesquisado quanto à sua síntese química, nos aspectos de viabilidade técnica e econômica.

A descoberta de uma nova droga é tarefa complexa na qual, além da própria empresa, participam outras entidades como laboratórios, institutos de pesquisa, universidades e hospitais e pode durar de dois a dez anos. Essa tarefa envolve a química, a farmacologia, a medicina e a biologia.

Histórico

O desenvolvimento da indústria farmacêutica está intimamente associado ao desenvolvimento da farmacologia, reconhecida como ciência distinta da fisiologia e da biologia, a partir de 1846, e ministrada pela primeira vez como disciplina independente por Rudolf Buchheim no curso de medicina da Universidade de Dorpat (hoje Tartu, na Estônia). Em 1860, ele criou o primeiro laboratório de farmacologia experimental e em conjunto com Oscar Liebreich, descobriu em 1869 as propriedades anestésicas e sedativas do hidrato de cloral[(*)]. Seu discípulo e sucessor na cadeira de farmacologia, Oswald Schmiedeberg, é considerado o pai da farmacologia moderna. Os trabalhos de Buchheim e Schmiedeberg transferiram da França para a Alemanha o eixo das pesquisas em farmacologia, da mesma forma que Justus von Liebig havia feito com a química orgânica, quarenta anos antes.

Pode-se dividir o desenvolvimento da indústria farmacêutica moderna em cinco períodos: 1820—1880; 1880—1930; 1930—1960; 1960—1980 e pós-1980 (11).

(*) 2,2,2 Tricloro-1,1 Etanodiol.

Período 1820-1880

No primeiro período (1820 – 1880) assiste-se à descoberta e isolamento dos princípios ativos de várias plantas e remédios conhecidos.

O isolamento da quinina pura, da casca da cinchona (quina) em 1820, pelos cientistas franceses Pierre Joseph Pelletier e Joseph Caventou, é considerado o marco do início da indústria farmacêutica moderna. Em 1826, esses mesmos cientistas e professores da Escola Superior de Farmácia de Paris instalam uma fábrica de quinina pura, a partir da casca da cinchona importada. A quinina era um medicamento útil no tratamento dos casos de malária e de outras doenças que causavam febre.

Em 1848 o farmacêutico Georg Merck isola o alcalóide papaverina, medicamento então muito utilizado. Transforma assim a Farmácia do Anjo, fundada pelo seu antepassado Emmanuel Merck, no século XVII, na cidade de Darmstadt, Alemanha, em uma "farmácia-fábrica", produzindo alcalóides e produtos químicos medicinais.

O desenvolvimento da farmacologia, como ciência independente, ocorreu também nesse período, contribuindo ainda para o aparecimento de estabelecimentos que deram origem a indústrias farmacêuticas. Os princípios ativos descobertos eram, em geral, compostos orgânicos razoavelmente complexos, mas semelhantes aos corantes, que as indústrias químicas (sobretudo as alemãs) vinham pesquisando e produzindo, a partir do alcatrão de hulha. Essas indústrias, como já possuíam as matérias-primas e departamentos de pesquisa qualificados, tiveram, na passagem para o campo dos fármacos, um caminho natural.

Observe-se que a Bayer, a Basf e a Hoechst[*], pioneiras no campo dos corantes, já não os produzem mais. A Dystar, da qual as três empresas participam acionariamente, é hoje a maior produtora mundial de corantes.

Também a Revolução Industrial, que se realizou exatamente nessa época, indiretamente contribuiu para o avanço da indústria farmacêutica. O aumento da concentração populacional nas cidades maiores, com os trabalhadores vivendo sem condições mínimas de higiene (água, esgoto, higiene pessoal) e muitas vezes mal alimentados, deu origem a vários surtos de doenças, que se espalhavam rapidamente gerando epidemias, por encontrar nesses centros urbanos as condições ideais para sua proliferação. Entre 1816 e 1819, uma epidemia de tifo na Irlanda matou 12% de sua população.

Tais fatos implicaram a criação, pelos governos de diversos países, de órgãos estatais para cuidar da saúde pública. O Decreto Britânico sobre a Saúde Pública, emitido em 1848, criou o Conselho Geral de Saúde. Outros países industrializados seguiram o exemplo da Inglaterra, criando órgãos semelhantes. Esses órgãos contavam com médicos e cientistas para efetuar pesquisas e descobrir drogas, que, após terem sua eficácia comprovada, deveriam ser fabricadas em grande quantidade. Normalmente esses laboratórios e institutos de pesquisa não tinham condições de efetuar produções em larga escala, dando origem ao surgimento de laboratórios especializados ou indústrias farmacêuticas, para fazê-las. É dessa época, a descoberta e o desenvolvimento de vacinas e soros. Tiveram papel predominante nesses eventos o químico francês Louis Pasteur e o cientista alemão Robert Koch, que muito foram ajudados em seus trabalhos pelo aperfeiçoamento do microscópio acromático, que permitiu a visão de um microcosmo até então desconhecido. Um grande número de germes causadores de doenças foi descoberto, isolado e estudado, permitindo aos cientistas a descoberta de meios eficazes para seu combate.

Também, para a produção de vacinas e soros, foi necessária a criação de laboratórios e indústrias farmacêuticas capazes de produzi-los nas quantidades requeridas. O Instituto Pas-

---

(*) Em 1999 a Hoechst e a Rhône—Poulenc fundiram suas atividades nas ciências da vida, dando origem à Aventis.

teur, por exemplo, foi construído em Paris em 1888, por meio de subscrição pública. É dessa mesma época, a construção do Instituto Lister em Londres, do Conselho Estadual de Saúde em Nova York, do Instituto de Pesquisa para a Higiene Pública em Berlim, do Instituto de Doenças Infecciosas de Berlim, este chefiado pelo próprio Robert Koch, do Instituto Kitasato em Tóquio, do Instituto Butantã em São Paulo, do Instituto Soroterápico Federal (hoje Fundação Oswaldo Cruz) no Rio de Janeiro, entre outros.

Período 1880–1930

O segundo período (1880–1930) assiste à formação das verdadeiras indústrias farmacêuticas intensivas em pesquisa. Estas, em conjunto com cientistas acadêmicos e institutos de saúde pública, desenvolveram os fármacos de segunda geração.

A Indústria Alemã

O grande avanço da indústria química alemã nesse período, em relação às suas congêneres de outros países, e sua atividade no ramo farmacêutico leva esse país a uma posição de liderança, que só viria a perder para os Estados Unidos na década de 20. O Quadro 2.6.1, mostra o número de descobertas de drogas importantes, tanto feitas por via acadêmica quanto pela própria indústria farmacêutica, nos países mais desenvolvidos da época.

Na Alemanha, as empresas que mais se distinguiram na descoberta de novas drogas foram a Hoechst e a Bayer. Em 1884 a Hoechst lançou no mercado um antipirético sintético, a fenazona, com o nome de Antipyrin. Essa droga permaneceu como a mais vendida no mundo até 1899, data do lançamento da Aspirin, pela Bayer. Em 1896 a Hoechst lançou no mercado um novo antipirético, três vezes mais potente que a Antipyrin, uma aminopirina chamada Pyramidon, que se tornou a droga mais vendida da Europa, até 1934.

A Hoechst foi também a primeira empresa a produzir comercialmente vacinas, soros e antitoxinas. Convidou para trabalhar nesse campo, dois dos maiores cientistas alemães da época: Emil Adolf von Behring e Paul Ehrlich. Com o primeiro, desenvolveu o processo de produção da antitoxina para a difteria (usando cavalos, em vez de pequenos animais, pela primeira vez em escala industrial), antitoxina para tétano e soros contra várias doenças, entre elas a febre aftosa, a disenteria e o antraz. Paul Ehrlich desenvolveu o primeiro anti-sifilítico inteiramente sintético,

QUADRO 2.6.1 Descobertas de drogas importantes													
Período	**Alemanha**		**França**		**Suíça**		**Inglaterra**		**EUA**		**Outros**		**Total**
	Acad.	**Ind.**	**Acad.**	**Ind.**	**Acad.**	**Ind.**	**Acad.**	**Ind.**	**Acad.**	**Ind.**	**Acad.**	**Ind.**	
1881-1890	8	9	4	-	1	-	-	-	-	-	1	-	23
1891-1900	2	9	-	-	-	2	-	1	-	1	-	-	15
1901-1910	2	5	1	1	-	-	-	1	-	1	-	-	11
1911-1920	-	11	-	1	-	2	2	-	3	2	2	-	23
1921-1930	-	9	1	1	-	2	-	1	1	11	3	-	29
TOTAIS	**12**	**43**	**6**	**3**	**1**	**6**	**2**	**3**	**4**	**15**	**6**	**-**	**101**
Porcentagem	54		9		7		5		19		6		100

Fonte: Landau(12).

a arsfenamina, que a Hoechst em 1910 começou a produzir com o nome de Salvarsan. Esse desenvolvimento implicou, primeiro, a identificação de um composto químico que fosse letal para a espiroqueta da sífilis e não prejudicasse o ser humano e, depois, a definição do complicado processo de síntese química do composto.

A Hoechst produziu ainda a epinefrina sintética (Adrenalin), um dos primeiros hormônios isolados pelo homem em sua forma pura, utilizado como vaso constritor e agente hemostático em intervenções cirúrgicas. Muito sucesso fez seu anestésico local, a procaína (Novocain), lançado em 1903 e que dominou o mercado até os anos 50.

Com a formação da IG Farben em 1925 e a escolha do laboratório da Bayer, em Elberfeld, como o laboratório principal do grupo para a pesquisa de novas drogas, a atividade da Hoechst nesse campo diminuiu sensivelmente.

A Bayer, por sua vez, procurou descobrir antipiréticos de cadeias mais simples que os alcalóides, lançando em 1888 a acetofenatidina (Phenacetin), que foi um sucesso. Seu maior êxito nesse campo dos antipiréticos e analgésicos veio, entretanto, em 1899, com o lançamento do ácido acetilsalicílico (Aspirin), que é uma das drogas de maior consumo no mundo até nossos dias.

No campo dos anestésicos, a Bayer lançou em 1888 o Sulfonal, que substituiu o clorofórmio e o hidrato de cloral, pois não irritava o trato gastrointestinal nem alterava o sistema cardiovascular. Em 1903 lançou o barbital (Veronal), que, por suas propriedades, tornou obsoletos todos os demais anestésicos, e em 1911, o fenobarbital (Luminal), que não só era anestésico, mas também anticonvulsivante, e que teve grande êxito de mercado.

A Bayer levou mais de 15 anos para descobrir uma droga efetiva ao combate da doença do sono, o Suramin (Germanin, Bayer 205), lançado em 1920 e utilizado até a década de 80. Seu maior sucesso no combate à tripanossomíase, entretanto, veio só em 1935 com o lançamento do Prontosil, a primeira sulfonamida antibacteriana do mercado, que garantiu ao seu descobridor, o médico Gerhard Domagk, o prêmio Nobel de medicina em 1932.

A Indústria Suíça

Das quatro empresas suíças, Ciba, Geigy, Sandoz e Hoffmann–La Roche, as três primeiras eram fabricantes de corantes, fundadas na década de 1880 e somente a Hoffmann–La Roche, fundada em 1894, destinava-se exclusivamente à produção de produtos farmacêuticos.

Os produtos químicos suíços eram muito conceituados, perdendo somente para os alemães, que detinham a primazia do mercado. Da mesma forma que as empresas alemãs, essas empresas de corantes também enveredaram para o caminho dos fármacos.

Em 1896 a Hoffmann–La Roche lançou um expectorante, o ácido guaiacol-sulfônico (Thiocol), que teve grande sucesso comercial até a Segunda Guerra Mundial. A Ciba, na virada do século, lançou o Viofórmio e o Entero-Viofórmio, anti-sépticos para uso tópico e administração oral no combate a desarranjos intestinais, respectivamente. A Sandoz baseou suas pesquisas em produtos naturais, principalmente alcalóides. Em 1918 lançou no mercado a ergotamina (Gynergen), o primeiro alcalóide a ser isolado do esporão do centeio, com ação estimulante da circulação venosa e arterial. Esse fármaco teve grande sucesso até os anos 80, quando foi substituído por alcalóides sintéticos, desenvolvidos pela Sandoz, para o combate à doença de Parkinson. A Geigy entrou mais tarde no campo dos fármacos, só o fazendo a partir de 1938.

A contribuição das indústrias químicas suíças para a inovação em fármacos, nesse período, foi pequena, por várias razões: os negócios com corantes estavam em ótima fase; de modo geral, em nível mundial, a inovação em fármacos estava decrescendo, e não houve nenhuma contribuição suíça relevante no ramo de soros, vacinas e antiprotozoários.

A indústria inglesa

Na Inglaterra, as indústrias químicas de corantes, tendo perdido a competição para a indústria alemã, pouco se interessaram em investir em fármacos. Também as farmácias, muitas delas fundadas no século XV e que de certa forma detinham o monopólio do comércio mundial de plantas e ervas medicinais, pouco evoluíram para as "farmácias-fábricas", produtoras de extratos e matérias-primas para a indústria farmacêutica.

Uma indústria, entretanto, distinguiu-se, nesse período na Inglaterra, a Burroughs Wellcome. Fundada em 1880, em Londres, pelos farmacêuticos norte-americanos Silas M. Burroughs e Henry S. Wellcome, a Burroughs Wellcome era uma "farmácia-fábrica" destinada a desenvolver produtos formulados, principalmente, na forma de pílulas. Henry S. Wellcome foi um dos industriais que percebeu que o futuro da indústria farmacêutica residia na pesquisa científica fundamental. Criou assim em 1894 o Laboratório de Pesquisa Fisiológica, o primeiro da Inglaterra. Em 1900 a Burroughs Wellcome começou a fazer vacinas antidiftéricas. Foi, entretanto, a contratação do farmacologista Henry Dale, em 1904, que deu o verdadeiro impulso ao Laboratório de Pesquisa, com seus estudos dos alcalóides derivados do esporão do centeio, já conhecidos desde a metade do século XIX, para estimular as contrações do útero durante o parto. Chegou a receber o prêmio Nobel de medicina por seus estudos sobre a transmissão química dos impulsos nervosos. Posteriormente, em 1914, Henry Dale foi convidado pelo governo britânico para chefiar o Instituto Nacional de Pesquisa Médica.

Nesse período a Burroughs Wellcome desenvolveu os produtos tiramina (em 1908, para evitar repentinas quedas de pressão sangüínea), histamina (reconhecida por seu papel nos choques anafiláticos) e a acetilcolina (que influencia os transmissores químicos para o sistema nervoso autônomo). Esses estudos e os inter-relacionamentos com laboratórios governamentais e a universidade criaram uma tradição que levou a Inglaterra a lançar, no fim da década de 40, as primeiras drogas anticolinérgicas e os primeiros anti-hipertensivos e, em 1964, os bloqueadores β, pela ICI.

Outros produtos significativos da Burroughs Wellcome foram, em 1923, a insulina, em 1930, a digoxina (componente mais ativo da dedaleira) e, em 1935, a ergometrina (alcalóide extraído do esporão do centeio).

Em 1935 morria Henry S. Wellcome e, como Silas M. Burroughs já havia morrido em 1895, a empresa, por desejo de Wellcome, seria administrada por um colegiado, tendo seus lucros distribuídos entre universidades, laboratórios e hospitais-escola de todo o mundo. Como a empresa prosperou muito, a Wellcome Foundation tornou-se uma das maiores patrocinadoras de pesquisa médica do mundo. Em 1992 o colegiado que chefiava a empresa resolveu abrir seu capital, com a venda de ações ao público.

A Glaxo, outra firma inglesa, produtora de leite em pó e produtos para nutrição infantil, entrou no mercado farmacêutico no fim dos anos 20, com hormônios para tireóide e vitamina D. Em 1995 uniu-se à Burroughs Wellcome. A Glaxo Wellcome assim formada tornou-se, na época, a maior indústria farmacêutica do mundo.

A Imperial Chemical Industries (ICI) entrou para o campo farmacêutico, somente nos fins dos anos 30, inovando em sulfonamidas e drogas antimaláricas.

A indústria francesa

Na França, apenas uma empresa destaca-se como indústria farmacêutica, a Rhône-Poulenc. Fundada em 1858 pelo farmacêutico Etienne Poulenc, produziu no seu início produtos químicos para a indústria fotográfica. Por volta de 1900 mudou de nome para Les Établissements Poulenc e começou também a produzir alguns fármacos como sais de bismuto, citratos e fosfatos.

Em 1906, Etienne Poulenc contratou o químico Ernest Fourneau, que acreditava num desenvolvimento autóctone da indústria farmacêutica francesa. Este convenceu Poulenc a formar um laboratório de pesquisas. Conseguiu sintetizar a primeira droga francesa de importância no mercado, um anestésico tópico, a amilocaína (Stovaine). O papel de Fourneau na indústria farmacêutica francesa foi muito semelhante ao de Henry Dale na Inglaterra; Fourneau se tornou diretor do Instituto Pasteur. Com essa posição, garantia o intercâmbio de informações que a Rhône-Poulenc necessitava para o desenvolvimento de seus fármacos.

Em 1928, Les Établissements Poulenc fundiram-se com a Société Chimique des Usines du Rhône, uma grande indústria química fundada no século XIX e produtora de corantes, formando a Rhône-Poulenc. Em face da forte concorrência alemã no campo dos corantes, as Usines du Rhône abandonaram o ramo de corantes, dedicando-se à produção de produtos químicos para fotografia e produtos farmacêuticos. Após a fusão, foi criada a firma Specia, exclusiva para a produção de produtos farmacêuticos.

A indústria norte-americana

A indústria farmacêutica norte-americana começou a ter uma presença significativa em nível mundial, na década de 1920, quando, além de aprofundar suas bases científicas, foram estabelecidos muitos contatos com cientistas acadêmicos, notadamente das universidades Johns Hopkins, Harvard, Colúmbia, Wisconsin e a Washington University of Saint Louis. Também certas leis federais como o Licensing Act de 1902, Pure Food and Drug Act de 1906 e o Trading with the Enemy Act de 1917, que revogava os direitos das patentes alemãs, deram às empresas farmacêuticas norte-americanas a oportunidade de desenvolver processos de fabricação de drogas que já marcavam significativa presença no mercado.

Como os Estados Unidos não possuíam indústrias de corantes, a origem da indústria farmacêutica norte-americana deriva primordialmente de antigas farmácias estabelecidas no início do século XIX. O advento da máquina de fazer comprimidos, cuja idéia se deve ao médico belga Adolphe Burggreave, transformou as primitivas farmácias manipuladoras em"farmácias-fábricas".

Surgiram assim a Smith Kline and French em 1891, na Filadélfia, resultado da fusão da farmácia fundada em 1835 por John K. Smith e John Gilbert, com a French and Richard Company; a E.R. Squibb, em Nova York em 1859, para a produção de éter de alta pureza, para anestesia; a Parke-Davis em Detroit, em 1866; a Eli Lilly em Indianápolis, em 1876; a Upjohn em Kalamazoo, em 1885; a Abbott e a G.D. Searle, ambas em Chicago, em 1888; a H.K. Mulford, na Filadélfia, em 1891.

As primeiras empresas farmacêuticas com ênfase em pesquisa científica intensiva foram a H.K. Mulford e a Parke-Davis. Ambas protestaram quando o Philadelphia Board of Health (organização estatal) começou a produzir a antitoxina para combater a difteria, acusando-o de fazer o papel da indústria privada. A empresa H.K. Mulford contratou o professor Joseph McFarland, do Colégio Médico-Cirúrgico da Filadélfia, que havia estudado bacteriologia na Alemanha, para desenvolver a antitoxina. Pouco tempo depois Mulford instalou a unidade industrial para a produção de antitoxina, com base no processo criado por McFarland. O próprio McFarland convidou depois dois colegas da Universidade da Pensilvânia, para colaborar com a Mulford: Leonard Pearson, professor do curso de veterinária daquela universidade, que havia estudado com Robert Koch em Berlim, e John Adams, também professor daquele curso de veterinária. Nasceu assim um intenso intercâmbio entre a Mulford e a Universidade da Pensilvânia, que levou à descoberta de muitas drogas e grande progresso à Mulford. Esta fez uma fusão com a Sharp and Dohme, nos anos 20, unindo-se posteriormente à Merck em 1952, originando a Merck, Sharp and Dohme.

INDÚSTRIA QUÍMICA MUNDIAL **107**

A Parke-Davis seguiu caminho semelhante com relação à produção da antitoxina para combater a difteria, contratando em 1895 o professor E.M. Houghton, do curso de botânica da Universidade de Michigan. Houghton conseguiu produzir a antitoxina nesse mesmo ano. Nascia assim uma colaboração entre a Parke-Davis e a universidade, o que traria muitos frutos à empresa.

Em 1902 a Parke-Davis formava seu laboratório próprio de pesquisas, sendo a primeira indústria farmacêutica norte-americana a fazê-lo. Nesse mesmo ano começou a produzir o hormônio epinefrina (Adrenalin) a partir da extração das glândulas supra-renais, o que se tornou a primeira grande contribuição norte-americana à produção de fármacos com repercussão mundial.

A Parke-Davis continuou sua atividade em hormônios, produzindo a tiroxina, a partir da extração das glândulas tireóides, baseada em pesquisas de Edward Kendall, que, trabalhando na Clínica Mayo, isolou esse hormônio, em sua forma pura, em 1914. Os trabalhos de Oliver Kamm, da Universidade de Wisconsin, para o isolamento dos hormônios vasopressina e ocitocina, da glândula pituitária (hipófise), em 1928, levaram a Parke-Davis a fabricá-los comercialmente, por processos de extração. A empresa também apoiou os trabalhos de Edward Doisy, na Washington University of Saint Louis, sobre hormônios sexuais e os de Russel Marker, da Universidade da Pensilvânia, sobre esteróides.

Os Laboratórios Abbott, por volta de 1910, percebendo que sua linha de produtos farmacêuticos vinha perdendo terreno para outros fármacos mais modernos, resolveram investir em pesquisa, desenvolvendo o desinfetante halazone (Aseptamide), que originalmente era uma descoberta britânica. O grande desenvolvimento da Abbott veio, entretanto, com o Trading with the Enemy Act. A Abbott contratou o professor de química Roger Adams, da Universidade de Illinois, para sintetizar uma série de fármacos alemães de sucesso, tais como o sedativo barbital (Veronal), o anestésico tópico procaína (Novocaína), o agente antigota Atophan e os anti-sifilíticos Salvarsan e Neosalvarsan, esses dois últimos, após a compra do Dermatological Research Laboratory, entidade fundada em 1912 pelos professores da Universidade da Pensilvânia Frank Schamberg, John A. Kolmer e George W. Raiziss. Esse laboratório conseguiu sintetizar o Salvarsan e o Neosalvarsan em 1917, sendo a primeira entidade norte-americana a receber a autorização para produzir fármacos alemães sem respeitar as respectivas patentes. Com o embargo feito pelos ingleses aos produtos de exportação da Alemanha, os preços dos medicamentos alemães elevaram-se sobremaneira, disso beneficiando-se o Dermatological Research Laboratory.

Os contatos com a Universidade de Illinois foram aumentando e muitos químicos dessa universidade vieram a ocupar importantes posições dentro da Abbott. Ernest Vorwiler, por exemplo, começou como assistente do professor Adams e acabou sendo presidente da empresa. Sob a direção de Vorwiler, a Abbott, nas décadas de 20 e 30, desenvolveu uma série de anestésicos: a butacaína (Butyn) em 1920, um anestésico tópico, o sedativo Neonal em 1926, o anestésico e sedativo pentobarbital (Nembutal) em 1930, de grande sucesso comercial, e o tiopental (Pentothal) em 1936, um anestésico para ser administrado por via intravenosa, de ação transitória e sem efeitos colaterais.

A Eli Lilly é outra empresa farmacêutica que logo percebeu que, sem uma pesquisa eficiente, não conseguiria sobreviver. O primeiro farmacêutico diplomado a ser contratado pela empresa foi o filho do dono, J.K. Lilly, formado em 1882 pela Escola de Farmácia da Filadélfia. Em 1886 foram contratados ainda outro farmacêutico, um botânico e um farmacologista, para constituírem um núcleo de pesquisas. Em 1911 foi construído o laboratório de pesquisa, desenvolvimento e padronização.

A Lilly desenvolveu nesse período um tipo de cápsula de gelatina que permitia a dosagem de medicamentos em pó e que foi um sucesso comercial, tanto que a Lilly vendia as cápsulas vazias até para os seus concorrentes.

108 PEDRO WONGTSCHOWSKI

O primeiro sucesso da Lilly em fármacos foi a obtenção da quinidina (Duraquin), um alcalóide extraído da quinina, com ação efetiva no combate às arritmias cardíacas, em 1918.

O grande sucesso da Lilly, entretanto, foi a produção da insulina, a partir de pâncreas bovino, em 1923. Baseada nas informações dos pesquisadores da Universidade de Toronto, Frederick Banting e Charles Best, que em 1921 descobriram a insulina, a Lilly desenvolveu o método de precipitação isoelétrica da insulina, a partir do extrato cru. Em 1982, a Lilly trabalhando em conjunto com a Genentech, lançou a insulina humana (Humulin), fabricada por processo biotecnológico.

Produziu também vacinas e especializou-se em sedativos hipnóticos[*]. Em 1923 lançou um sedativo, o amobarbital (Amytal), que podia ser administrado por via oral ou intravenosa, que teve grande sucesso comercial. Em 1929 lançou o secobarbital (Seconal), que também foi um sucesso. Outro produto de grande êxito da Lilly foi a efedrina, lançada em 1926, extraída da planta chinesa Ma-huang (*Ephedra equisetina*), que é um estimulante do sistema nervoso central, um estimulante cardíaco e um broncodilatador, usada com êxito no tratamento da asma. Foi descoberta em 1898 na Universidade de Tóquio e redescoberta em 1920 por K.K. Chen, que foi contratado pela Lilly para desenvolver o processo de extração e produção.

Outras empresas farmacêuticas norte-americanas também investiram em pesquisa e tecnologia, mas seus frutos vieram no próximo período a ser abordado, o de 1930 a 1960. Cabe citar aqui o êxito da Pfizer na produção de ácido cítrico, mais um produto químico do que um fármaco, mas que, por sua tecnologia, permitiu a seguir a produção de vitamina C (ácido ascórbico) e penicilina, dois sucessos da Pfizer, do próximo período. A Merck especializou-se na produção de produtos químicos muito puros, para serem usados na indústria farmacêutica.

Muitas indústrias químicas norte-americanas de grande porte, mesmo atravessando períodos de grande crescimento e progresso, não quiseram investir em indústria farmacêutica, como suas congêneres na Europa. A única a fazê-lo foi a American Cyanamid, que comprou os Laboratórios Lederle, em 1927.

Período 1930–1960

Foi nesse período, marcado pela Segunda Guerra Mundial, que a indústria farmacêutica mundial sofreu uma grande transformação. As grandes indústrias químicas alemãs cedem lugar às indústrias farmacêuticas norte-americanas. Estas passaram a dominar o mercado mundial com os fármacos de terceira geração: vitaminas, corticóides e hormônios sexuais, sulfonamidas, anti-histamínicos e antibióticos.

A indústria norte-americana

O crescimento da indústria norte-americana deveu-se entre outras razões ao forte incentivo dado pelo governo à pesquisa e à produção de bactericidas, antimaláricos e antiinflamatórios, nas décadas de 30 e 40. Curiosamente, tentativas semelhantes empreendidas pelos governos alemão e britânico não tiveram a mesma resposta, pouco contribuindo para o desenvolvimento da indústria farmacêutica daqueles países.

Outro fator foi a decisão da indústria farmacêutica de desenvolver novos fármacos a partir de pesquisas em laboratórios próprios, que, por demandarem grandes investimentos, eram

---

(*) Termo usado em farmacologia para indicar medicamentos que produzem torpor e facilitam a instalação e a manutenção de um estado de sono, que se assemelha ao sono natural quanto às suas características eletroencefalográficas, e do qual o paciente pode ser facilmente despertado.

INDÚSTRIA QUÍMICA MUNDIAL **109**

bastante raros antes da década de 30. A situação prevalecente antes da década de 30 era a de um círculo vicioso em que fármacos, por serem muito específicos para cada tipo de doença, eram vendidos em pequena quantidade, não geravam resultados significativos, o que desestimulava investimentos em pesquisa e desenvolvimento, conseqüentemente não permitindo a descoberta de novos fármacos. O governo norte-americano, na década de 30, rompeu esse círculo vicioso, financiando, para as indústrias farmacêuticas, a criação de laboratórios próprios de pesquisa e desenvolvimento. Os fármacos, assim descobertos, eram de utilização mais ampla, abrangendo um mercado maior e gerando resultados mais significativos, o que permitia o investimento em pesquisa e desenvolvimento.

Para atingir esse mercado maior, também as técnicas de marketing tiveram de ser alteradas, assumindo as indústrias farmacêuticas norte-americanas papel líder nesse campo. Como a maioria dessas drogas destinava-se à venda sob prescrição médica, não era mais o público o grande alvo a ser atingido, mas, sim, os médicos e os hospitais.

Um último e decisivo fator para essa transformação foi a própria derrota da Alemanha e as conseqüências da guerra nos demais países europeus, que, com suas economias em frangalhos, permitiram a ascensão e liderança inconteste da indústria farmacêutica norte-americana.

O caso da penicilina representa exemplo do papel do governo no desenvolvimento de fármacos e da indústria farmacêutica.

Em 1941 o governo norte-americano criou o Office of Scientific Research and Development — OSRD, com a finalidade de dirigir as atividades de pesquisa e desenvolvimento das forças armadas e outras agências federais. Possuía seis divisões, das quais o National Defense Research Committee ficou encarregado de desenvolver a primeira bomba atômica, projeto que ficou conhecido com o codinome de Projeto Manhattan. Outra divisão era o Committee for Medical Research — CMR, encarregado da área de pesquisas no campo da medicina militar.

O CMR, em 1941, colocou cientistas ingleses, liderados por Howard Florey da Universidade de Oxford (Inglaterra), que haviam estudado a ação da penicilina como bactericida, em contato com os cientistas do Northern Regional Research Laboratory do Departamento de Agricultura, e que tinham experiência em pesquisas com fungos. Esses cientistas logo isolaram uma nova cepa de fungos produtores de penicilina e descobriram também um meio de cultura altamente favorável para essa produção: a água de maceração da industrialização do milho pelo processo a úmido.

O CMR contratou então 58 laboratórios de pesquisa, tanto acadêmicos quanto industriais, para estudar a ação da penicilina no combate às infecções. Ao mesmo tempo, contratou 4 empresas farmacêuticas – Pfizer, Lederle, Merck e Squibb – para desenvolverem um processo de produção industrial. O CMR coordenava todo esse esforço, mantendo reuniões regulares com os institutos de pesquisa e as empresas e divulgando a todos os participantes os resultados alcançados.

Um dos primeiros problemas encontrados na produção industrial era o do baixo rendimento de penicilina, uma vez que se estava utilizando a fermentação superficial. A Pfizer, que tinha grande experiência em fermentação submersa (usada na produção de ácido cítrico), desenvolveu um processo de fermentação submersa que garantia rendimentos aceitáveis.

O CMR, com as informações da Pfizer, contratou 22 empresas para produzir penicilina. Construiu 6 fábricas, e contratou o serviço de outras 16, oriundas da iniciativa privada. A estas últimas, foi permitido fazer uma depreciação acelerada de seus investimentos. Deu prioridade de produção à própria Pfizer, à Merck, que também havia desenvolvido seu próprio processo de fermentação submersa, e também a uma série de outras: Squibb, Winthrop, Abbott, Hoffmann–La Roche, Upjohn, Lederle, Parke–Davis, Lilly, Cheplin Laboratories, Cutter Laboratories e Sharp & Dohme.

O CMR estimou em 200 bilhões de U.I.[*] o consumo mensal de penicilina, tanto para uso militar, como civil. Em 1943 os Estados Unidos produziam 21 bilhões de U.I. mensalmente. Em 1944 a produção aumentou para 138 bilhões de U.I. mensais e em 1945, para 570 bilhões de U.I. mensais.

Ao fim da guerra, as unidades de produção construídas pelo governo foram vendidas às empresas que as operavam. Durante a guerra, a produção de penicilina foi um negócio muito rentável, pois o governo comprava toda a produção. Na segunda metade da década de 40, ainda foi um bom negócio, pois o mercado estava desabastecido, devido ao crescimento explosivo da demanda.

Já na década de 50, sobretudo no seu final, a situação modificou-se em vista da rápida difusão da tecnologia de produção, o que gerou superprodução e preços em queda. Em 1956, das 22 fábricas produtoras de penicilina inicialmente existentes, só 12 ainda permaneciam produzindo a droga.

O esforço do governo norte-americano no desenvolvimento da penicilina foi mais do que recompensado, pois a experiência e o *know-how* adquiridos pelas empresas que participaram do projeto garantiram às mesmas o desenvolvimento de outros antibióticos mais avançados e específicos, dando à indústria farmacêutica norte-americana o quase monopólio do mercado de antibióticos naturais, que representava, no fim da década de 60, 25% do mercado mundial de medicamentos.

Uma empresa que conseguiu grande destaque nesse período de 1930–1960 foi a Merck & Co., fundada em 1891, em Nova York, como uma filial da E. Merck, de Darmstadt, na Alemanha, para a venda de produtos importados da química fina. Na virada desse século, começou também a produzir alguns produtos químicos e, por volta de 1910, já produzia mais do que importava. Dependia, entretanto, inteiramente de matriz alemã, para o fornecimento de tecnologia.

Durante a Primeira Guerra Mundial, o governo norte-americano inicialmente apropriou-se e depois alienou a participação alemã na empresa, tornando-a uma empresa genuinamente norte-americana. Em 1932 houve um acordo com a E. Merck da Alemanha, para a troca de informações técnicas e para regular o uso da marca Merck.

Em 1926, com a nomeação de George W. Merck Jr. para a chefia da empresa, sucedendo a seu pai, a Merck & Co. transformou-se em empresa intensiva em pesquisa. Em 1927 a Merck & Co. fundiu-se com a Powers, Weightman Rosengarten, empresa de Filadélfia que produzia intermediários farmacêuticos e produtos de química fina e que era maior do que a própria Merck & Co. Em 1933, por iniciativa de George W. Merck Jr., a empresa fundou dois laboratórios de pesquisa, o Central Research Laboratory e o Merck Institute for Therapeutic Research.

Dos cinco fármacos de terceira geração — vitaminas, corticóides, sulfonamidas, anti-histamínicos e antibióticos — a Merck & Co. foi bem sucedida em três: vitaminas, sulfonamidas e antibióticos.

Seu maior sucesso foi no campo das vitaminas, que atualmente são consideradas complementos alimentares. O caminho escolhido pela Merck & Co. foi o da síntese das vitaminas, o que demandava descobrir primeiro suas estruturas químicas, para depois desenvolver seus processos de fabricação. Como possuem estruturas complexas, só com o avanço da química analítica instrumental (cromatografia em fase vapor, cristalografia por raios-X e espectroscopia por ressonância magnética nuclear) foi possível elucidar tais estruturas. Assim Max Tishler desenvolveu um novo processo de síntese da riboflavina (vitamina B_2) e Karl Folkers descobriu

---

(*) A U.I. (unidade internacional) é a atividade do antibiótico, contida em 0,6 μg do sal sódico cristalino da penicilina G; portanto 1 mg de sal sódico da penicilina G contém 1,667 U.I.

as estruturas de muitas vitaminas, em particular da piridoxina (vitamina B_6) e da cianocobalamina (vitamina B_{12}). Em 1934 o químico Robert R. Williams, dos Laboratórios Bell e professor da Universidade de Colúmbia, pediu apoio à Merck & Co. para desenvolver um processo industrial de fabricação da tiamina (vitamina B_1) que ele havia isolado e caracterizado. O trabalho foi terminado com êxito em 1935 e licenciado à Merck & Co. em 1937. Ainda em 1937 a Merck & Co. desenvolveu processos para a produção industrial da riboflavina (vitamina B_2), do ácido nicotínico e do ácido ascórbico (vitamina C); em 1940, para a piridoxina (vitamina B_6) e para o pantotenato de cálcio. Em 1949, alcançou seu maior êxito, desenvolvendo um processo de produção da cianocobalamina (vitamina B_{12}) por extração. Tornou-se assim a maior produtora de vitaminas dos Estados Unidos.

No campo dos antibióticos destaca-se o lançamento da estreptomicina (Streptase), um antibiótico natural, de grande êxito comercial.

Max Tishler também pesquisou as sulfonamidas, sintetizando a sulfaquinoxalina, que não encontrou grande aplicação como medicamento para o homem. Por acaso, descobriu-se que era um remédio extremamente eficaz no combate à coccidiose, uma doença virulenta entre as galinhas.

A quinoxalina marca a entrada bem sucedida da Merck & Co. no campo da veterinária e de complemento de rações.

Além da Pfizer e da Merck, a Syntex é outra empresa farmacêutica que se desenvolveu nesse período e que pôde ser considerada como intensiva em pesquisa. Trabalhou sobretudo com hormônios e em particular com anticoncepcionais. Foi fundada no México, em 1943, pelo professor de química da Universidade Estadual da Pensilvânia, Russel Marker, e mais dois químicos europeus, Emeric Somlo e Federico Lehman.

Nas décadas de 30 e 40 o maior problema da produção de hormônios era a escassez de matéria-prima. O hormônio era obtido, por extração, a partir de órgãos de animais ou produtos fisiológicos (urina, por exemplo). Nos anos 40, tanto a Ciba quanto a Merck desenvolveram processos a partir de ácidos biliares, mas eram processos muito complicados e de baixo rendimento.

Russel Marker descobriu um processo para a síntese parcial da progesterona (um dos principais hormônios humanos) a partir da diosgenina, um produto natural encontrado nos tubérculos de um inhame chamado cabeça-de-negro, existente no México. Em menos de um ano após o início desse processo de produção de progesterona, o preço do hormônio caiu de US$ 80,00/grama para US$ 15,00/grama, e em 1950 para US$ 3,00/grama, permitindo que muitas indústrias farmacêuticas começassem a produzir corticóides a partir da progesterona.

Em 1946 Russel Marker vendeu sua participação na empresa, que então contratou George Rosenkrantz para diretor de pesquisa. Rosenkrantz havia estudado com Leopold Ruzicka, ganhador do prêmio Nobel, em química de produtos naturais. Foram desenvolvidos por Rosenkrantz processos de produção industrial dos hormônios testosterona e deoxicorticosterona, a partir da diosgenina. Foram contratados também outros cientistas, entre os quais Carl Djerassi, que desenvolveu várias rotas sintéticas de produção de estrogênios, esteróides e corticóides, entre eles a noretindrona, o principal componente dos anticoncepcionais. Novamente, o preço dos estrogênios caiu de centenas de dólares o grama para US$ 10,00/grama, no início da década de 50.

A Syntex era uma empresa *sui generis*, pois não possuía departamento de marketing, tinha uma equipe de produção pequena e bem treinada e licenciava, para terceiros, processos de produção por ela desenvolvidos. Vendia a granel intermediários para corticóides para outras indústrias farmacêuticas. Somente no fim da década de 50, quando ficou evidente que a pílula

112 PEDRO WONGTSCHOWSKI

anticoncepcional seria um sucesso, é que a empresa mudou-se do México para os Estados Unidos, produzindo e comercializando seus próprios produtos. Foi comprada pela Hoffmann–La Roche em 1994.

Além dessas indústrias farmacêuticas que tiveram seu desenvolvimento associado a um grande esforço de pesquisa, tanto em laboratórios próprios como em associações com universidades, hospitais e outras entidades da área de saúde, surgiram nesse período outras bem-sucedidas empresas farmacêuticas, cujo desenvolvimento pode ser atribuído não à pesquisa intensiva em laboratórios próprios, mas, sim, a aquisições de outras indústrias farmacêuticas que dispunham de laboratórios de pesquisa próprios. É o caso, por exemplo, da American Home Products, Bristol–Myers, Warner–Lambert e Johnson & Johnson. O mérito dessas empresas foi o de não dificultar o trabalho de pesquisa das empresas recém-adquiridas.

A American Home Products foi fundada em 1926, resultante da união de uma série de pequenas empresas de utensílios domésticos. Em 1932, comprou a Wyeth Corporation, da Universidade de Harvard (o último membro da família Wyeth, John Wyeth, havia doado os ativos da empresa à universidade). A Wyeth, por sua vez, teve como origem uma "farmácia-fábrica" de grande porte, que vendia centenas de medicamentos e havia se especializado em máquinas para fazer comprimidos, mas não era particularmente forte em inovações.

Nos anos 40, a Wyeth participou do programa de penicilina do governo norte-americano, produzindo penicilina, estreptomicina e outros tipos patenteáveis de antibióticos, a Bucillin e a Amphocillin, além de sulfonamidas, vitaminas, antiácidos, soros e vacinas, fungicidas e laxantes.

A American Home Products, vendo o progresso de sua divisão Wyeth nos anos 40, resolveu investir significativamente na indústria farmacêutica, comprando a Whitehall-Pharmacall, que, entre outros, produzia o analgésico Anacin e o dentifrício Kolynos, a International Vitamin Corp. em 1941, o Reichel Labs. em 1942. Em 1943 comprou a Ayerst, McKenna and Harrison Co. Ltd., empresa do Canadá que produzia vitaminas, soros e vacinas e hormônios corticóides, incluindo o Premarin, que é uma mistura de estrogênios, ainda hoje um negócio de US$ 500 milhões por ano. Em 1945 adquiriu a Fort Dodge Serum Co., uma indústria de produtos veterinários.

A American Home Products incentivava as empresas adquiridas a ampliarem seus departamentos de pesquisa e laboratórios, com o intuito de descobrir novas drogas e melhorar os produtos e processos já existentes. A Wyeth, por exemplo, fundou o Wyeth Institute for Applied Biochemistry, que nos anos 40 e 50 introduziu diversas inovações em antibióticos, analgésicos, sulfonamidas e drogas para doenças cardiovasculares e do sistema nervoso central.

Nos anos 50 a American Home Products começou a se desfazer de fábricas de produtos domésticos e continuou investindo no ramo farmacêutico. Comprou a Ives Pharmaceuticals, que era especializada em produtos para doenças cardiovasculares, e negociou a licença para a produção de uma série de drogas de indústrias farmacêuticas inglesas e francesas. No fim da década de 50 era ainda uma indústria diversificada, mas 69% de seu faturamento provinha da venda de produtos farmacêuticos, 17% de produtos domésticos e 14% de alimentos.

A Bristol–Myers é outra empresa cujo desenvolvimento tecnológico foi reforçado pela compra de outras indústrias farmacêuticas que eram intensivas em pesquisa. Fundada em 1887, em Clinton, no estado de Nova York, como uma farmácia comum, produzia os medicamentos usuais de sua época. Teve algum sucesso, com um laxante, Sal Hepática, e com uma pasta dentifrícia, Ipana. Na virada do século mudou-se para a cidade de Nova York. Nos anos 20 resolveu abandonar toda a parte de medicamentos, dedicando-se a artigos de toucador. Valendo-se de um marketing agressivo, nos anos 30, passou a fabricar escovas de dente, escovas para cabelos e pincéis.

Quando o governo norte-americano lançou o programa de produção de penicilina, a Bristol–Myers achou que a ocasião era propícia para uma volta aos medicamentos e comprou o Cheplin

Biological Research Laboratories, que estava qualificado pelo Committee for Medical Research para aquele programa, pois produzia drogas injetáveis e leite fermentado.

Com a troca de informações promovidas pelo CMR e o suporte financeiro do governo norte-americano, a Bristol–Myers aprofundou-se no campo de antibióticos, a ponto de comprar do governo, em 1945, a fábrica que havia operado durante a guerra. Contratou então os melhores cientistas em antibióticos que pôde encontrar e os êxitos foram se sucedendo. Primeiro as tetraciclinas, em parte com a cooperação da Pfizer, e depois as penicilinas semi-sintéticas, sucesso que persiste até a data atual.

Nos anos 50 juntou-se à Mead and Johnson, uma indústria farmacêutica, especializada em drogas antineoplásicas. Comprou também a Westwood Pharmaceuticals, especializada em drogas dermatológicas. Em 1989 juntou-se à Squibb, para formar a Bristol–Myers Squibb.

O desenvolvimento da Bristol–Myers é outro exemplo marcante de como um programa de incentivo governamental, como foi o caso da penicilina nos Estados Unidos, pode alavancar o avanço técnico e o progresso econômico de uma empresa.

A Warner-Lambert só alcançou um progresso significativo na década de 50, em contraste com a American Home Products e a Bristol-Myers, que já nos anos 40 despontavam como grandes empresas farmacêuticas. Foi fundada no início da década de 40, quando Warner, um fabricante de produtos de toucador, uniu-se à Gustavus Pfeiffer, de Saint Louis, Missouri, uma "farmácia-fábrica" típica de sua época. Nos anos 50 começou então uma série de aquisições e fusões, das quais as mais importantes foram Chilcot Labs. em 1952, que produzia drogas para venda sob prescrição médica, Lambert em 1956, produtora de medicamentos com sua própria marca registrada. No fim da década, já era a quarta maior indústria farmacêutica dos Estados Unidos, após Merck, Lilly e Pfizer. Do total de seu faturamento, nessa época, os medicamentos representavam 71%, sendo 15% o faturamento em cosméticos e 14% em embalagens plásticas e vidro. Em 1959 inaugurou seu laboratório central de pesquisa, o Warner–Lambert Research Institute, para agilizar suas pesquisas em novos produtos e processos. Entretanto só se tornou uma empresa intensiva em pesquisa em 1969, na fusão com a Parke–Davis. Em 2000 a Pfizer comprou a Warner–Lambert.

A Johnson & Johnson foi fundada em 1874, para fazer produtos anti-sépticos, desinfetantes e ataduras, a maioria descobertos pelo médico inglês Joseph Lister, na década de 1860. Desenvolveu posteriormente sua linha de produtos para alimentos infantis e primeiros socorros. Em 1940 comprou sua primeira indústria farmacêutica, a Ortho Pharmaceuticals, especializada em produtos ginecológicos. Só no fim dos anos 50 é que a Johnson & Johnson veio a se tornar uma verdadeira indústria farmacêutica, com a aquisição em 1958 da McNeil Laboratories, em 1959 da companhia suíça Cilag Chemie e da companhia belga Janssen em 1961. Essa última tornou-se a responsável pela maior parte das inovações introduzidas pela Johnson & Johnson no campo farmacêutico.

A indústria suíça

A indústria farmacêutica suíça foi a que menos sofreu os efeitos da Segunda Guerra Mundial, não só pela neutralidade mantida durante o conflito, mas também pela existência de suas filiais, instaladas nos Estados Unidos, por medo de uma invasão alemã em seu país, e que operavam como empresas norte-americanas, inclusive no campo de pesquisa e desenvolvimento.

Dos fármacos de terceira geração – vitaminas, corticóides, hormônios sexuais, sulfonamidas, anti-histamínicos e antibióticos – as indústrias farmacêuticas suíças só não se distinguiram no campo dos antibióticos. Como todas eram empresas de pesquisa intensiva, muito se beneficiaram dos avanços feitos pelas universidades e instituições acadêmicas.

Assim, os trabalhos de Leopold Ruzicka (prêmio Nobel de química), no Departamento de Química Orgânica da Eidgenössische Technische Hochschule de Zürich, e de Tadeus Reichstein, na Escola de Química Farmacêutica de Basel, no campo dos hormônios sexuais e corticóides, levaram a Ciba a ter papel destacado nesse campo. Da mesma forma, os trabalhos de Paul Karrer e Richard Kuhn, no campo das vitaminas, fizeram da Hoffmann–La Roche, a líder européia na produção de vitaminas.

A indústria farmacêutica suíça beneficiou-se também com a imigração de cientistas, de origem judaica, que saíram da Alemanha e países da Europa Central, por causa do nazismo. Assim, os trabalhos de Leo Sternbach, descobrindo os benzodiazepínicos, no laboratório de pesquisa da Roche, em Nutley, estado de New Jersey, levou a Roche a lançar a benzodiazepina (Librium) e o diazepam (Valium), fármacos de grande sucesso mundial. No campo das sulfonamidas a Geigy lançou a sulfadicramida (Irgamida) em 1938 e a Ciba, o sulfatiazol (Cibazol) em 1940, um grande sucesso comercial. Logo após a descoberta dos anti-histamínicos, a Ciba lançou a tripelanamina (Pyribenzamine) e a antazolina (Antistine), enquanto a Geigy lançou a halopiramina (Synpen), todas na década de 40.

A Ciba foi uma das primeiras indústrias farmacêuticas a desenvolver drogas anti-hipertensivas. Acompanhando de perto as pesquisas inglesas sobre essas drogas, lançou o vasodilatador tolazolina (Priscol) em 1940 e o anti-hipertensivo de uso oral hidralazina (Apresoline) em 1949, outro sucesso comercial, sendo usado ainda na década de 90.

Logo após a Segunda Guerra Mundial, duas indústrias farmacêuticas suíças destacaram-se no desenvolvimento de drogas para o sistema nervoso central, a Geigy lançando a imipramina (Tofranil) em 1959 e a Roche, a iproniazida (Marsilid) em 1958.

A Sandoz nesse período continuou a desenvolver os alcalóides derivados do esporão de centeio, lançando um estimulante uterino de uso oral, a ergometrina, em 1934, e sintetizando a dietilamida do ácido lisérgico (LSD), que tinha ação mais eficiente que a ergometrina, mas teve seu uso prejudicado por sua ação alucinógena. Suas pesquisas, nesse campo, levaram-na a desenvolver fármacos eficientes no combate à doença de Parkinson, nos anos 80.

A indústria inglesa

A indústria farmacêutica inglesa não teve um papel de destaque nos fármacos de terceira geração. A Burroughs Wellcome não participou do projeto penicilina e contribuiu modestamente para o desenvolvimento das sulfonamidas. Insistiu, entretanto, em pesquisa básica, que muito lhe valeu para os fármacos de sucesso lançados na década de 60 e além dela. A colaboração com o Medical Research Council Laboratory da Inglaterra, chefiado na época por Henry Dale, levou a Burroughs Wellcome a desenvolver o anti-hipertensivo bretílio (Darenthin) em 1959, que ainda estava em uso na década de 90 e que abriu todo um novo setor para a empresa. A cooperação com o Chester Beatty Institute resultou no lançamento dos antineoplásicos bussulfan (Myleran) em 1950 e clorambucil (Leukeran) em 1952.

Os maiores sucessos da Burroughs Wellcome vieram, todavia, do seu laboratório de pesquisa dos Estados Unidos. Após os trabalhos de Donald Woods, da Universidade de Oxford, mostrando que as sulfanilamidas interferiam no processo de reprodução dos parasitas, sejam eles bactérias, protozoários ou vírus, os pesquisadores George Hitchings e Gertrude Elion procuravam encontrar compostos químicos similares, trabalhando no laboratório da empresa, em Tuckahoe, no estado de Nova York. Em 1942 conseguiram sintetizar compostos análogos à purina e à pirimidina, dando origem a uma série de fármacos de grande sucesso comercial: o bactericida pirimetamina (Daraprim) em 1949 e o antineoplásico 6-mercaptopurina (Purinethol) em 1953.

INDÚSTRIA QUÍMICA MUNDIAL **115**

A penicilina, apesar de ter sido descoberta pelo cientista inglês Alexander Fleming em 1928 e ter suas propriedades e estrutura estudadas por Howard Florey e seus colaboradores da Universidade de Oxford em 1940, também da Inglaterra, foi produzida em caráter industrial inicialmente nos Estados Unidos. Com efeito, oferecida primeiramente às indústrias britânicas, foi rejeitada pela Burroughs Wellcome e pela Boots. A Glaxo e a ICI demonstraram algum interesse, mas Florey resolveu convencer o Committee for Medical Research dos Estados Unidos dos méritos da penicilina.

Em 1942, a Inglaterra, vendo os avanços que a penicilina proporcionara aos Estados Unidos, criou a Therapeutic Research Corporation of Great Britain, Ltd., para coordenar e divulgar os resultados de projetos específicos, o mais importante dos quais era a produção de penicilina para as forças armadas. As indústrias farmacêuticas inglesas mais representativas passaram então a trabalhar com a Therapeutic Research Corporation, produzindo penicilina por fermentação superficial. A Glaxo construiu quatro fábricas e produziu 7,5 bilhões de U.I. em 1944, correspondendo aproximadamente a 80% da produção inglesa. Em 1945, a Merck norte-americana transferiu a licença de produção de penicilina por fermentação submersa para a Glaxo e Distillers Company, por meio de sua subsidiária Commercial Solvents. Ao fim da guerra, a produção inglesa já era da ordem de 120 bilhões de U.I. mensais. Como resultado da experiência vivida pelo governo inglês no desenvolvimento da penicilina durante a guerra, foi criada em 1948 a National Research and Development Corporation, com a finalidade de "assegurar, em caso de interesse público, o desenvolvimento ou exploração de invenções resultantes de pesquisa pública ou de qualquer outra invenção não desenvolvida ou explorada suficientemente". Os frutos dessa corporação começaram a surgir em 1958, quando os trabalhos realizados em conjunto com a equipe de Howard Florey, da Universidade de Oxford, tiveram papel relevante no desenvolvimento das cefalosporinas pela Glaxo e das penicilinas semi-sintéticas, pela Beecham. A Imperial Chemical Industries — ICI, fundada em 1926, criou um grupo de pesquisas farmacêuticas, dentro do seu famoso Dyestuffs Research Laboratory. Este grupo trabalhou sobretudo com sulfonamidas, desenvolvendo uma droga antimalárica, a cloroguamida (ou proguanil) (Paludrine), em 1944.

Como visto, a contribuição da indústria farmacêutica inglesa para o desenvolvimento dos fármacos de terceira geração foi modesta, se comparada à ação de indústrias de outros países, ou mesmo à produção das indústrias inglesas, em épocas posteriores a 1960. A força da indústria farmacêutica inglesa residia no ótimo relacionamento com as instituições acadêmicas de pesquisa e na ação do Medical Research Council Laboratory, que participou de praticamente todos os desenvolvimentos de fármacos realizados na Inglaterra, a partir dessa época. Esse relacionamento foi reconhecido por muitas indústrias farmacêuticas norte-americanas, que instalaram laboratórios de pesquisa, na Inglaterra, nos anos 50 e 60.

A indústria francesa

A Rhône-Poulenc, como indústria farmacêutica, viveu sua melhor fase nas décadas de 30 e 40. Além de inovações no campo das sulfonamidas, a Rhône-Poulenc introduziu os anti-histamínicos, em 1942, em cooperação com o Instituto Pasteur, representados pela fenoxibenzamina (Antergan). Produziu, também nesse período, vitaminas, aminoácidos e antibióticos. Em 1952, lançou outro fármaco de grande sucesso, a clorpromazina (Largactil), o primeiro agente neuroléptico do mercado. Esse produto, que surgiu como conseqüência dos trabalhos da Rhône-Poulenc com anti-histamínicos, servia para doenças do sistema nervoso central e para a terapia com doentes psiquiátricos. Seu sucesso foi tal que, em poucos anos, o número de pacientes em hospitais psiquiátricos franceses caiu à metade.

116 PEDRO WONGTSCHOWSKI

Nos anos do pós-guerra, a Rhône-Poulenc tornou-se uma das maiores indústrias farmacêuticas e químicas do mundo. Entre 1956 e 1966, comprou a Theraplix e a participação majoritária nos Laboratórios Roger Bellon e nos Laboratórios Mérieux. Este último havia sido fundado por um discípulo de Pasteur, em Lyon, na virada do século e produzia vacinas e drogas para veterinária. Os Laboratórios Mérieux, já sob a propriedade da Rhône-Poulenc, vieram a tornar-se grandes produtores de vacinas para uso humano e quando se uniram aos Laboratórios Connaught, do Canadá, em 1994, transformaram-se no maior produtor mundial de vacinas e soros.

Apesar de seu porte e de suas boas ligações com o Instituto Pasteur, a Rhône-Poulenc não teve destaque no lançamento de novos produtos a partir dos anos 60.

A indústria alemã

A Segunda Guerra Mundial, da mesma forma que promoveu a indústria farmacêutica norte-americana, destruiu a indústria farmacêutica alemã. De fato, a destruição física das fábricas, a liberação do uso das patentes alemãs, a interrupção das atividades industriais e o caos econômico que se seguiu ao fim da guerra contribuíram notavelmente para o declínio das indústrias farmacêuticas alemãs.

Um estudo comparativo entre as atividades químicas e as atividades farmacêuticas das grandes indústrias alemãs mostra que outro fator importante determinou o declínio das indústrias farmacêuticas alemãs, nesse período. Se após a guerra, no início da década de 70, as indústrias químicas, notadamente a Bayer, a Basf e a Hoechst, já apareciam como empresas líderes em nível mundial, por que suas divisões farmacêuticas (da Bayer e da Hoechst) não mostravam o mesmo vigor? A explicação está na formação da IG Farben em 1925, que uniu essas e outras grandes empresas químicas e farmacêuticas alemãs em uma grande empresa. Durante o período de união, as indústrias químicas continuaram suas pesquisas, embora setorizadas, mas a parte farmacêutica foi toda reunida no laboratório central da Bayer. Com isso desapareceu a emulação saudável que a livre concorrência exercia entre os cientistas das empresas farmacêuticas, para lançamento de novos produtos no mercado. A indústria farmacêutica alemã concentrou-se nesse período em fármacos que aliviassem os sintomas das doenças – analgésicos e antipiréticos e drogas antimicrobianas, em vez de combater as causas (exceção feita aos trabalhos de Gerhard Domagk com as sulfonamidas e às pesquisas da Schering com hormônios sexuais). O próprio chefe do Departamento de Pesquisas Farmacêuticas da IG Farben, Heinrich Hörlein, em 1932, reconhecia os avanços feitos por ingleses e norte-americanos na química fisiológica, essencial para a descoberta da ação dos hormônios, vitaminas e drogas para o sistema cardiovascular, sistema nervoso central e para o combate às inflamações.

Entretanto, pela sua larga tradição em química orgânica sintética, alguns avanços isolados foram feitos, como o lançamento da droga antidiabética tolbutamida (Rastinon) pela Hoechst, em 1956, do vasodilatador coronário prenilamina (Segontin), também pela Hoechst em 1958, e do anti-hipertensivo etilefrina (Effortil), em 1950, pela Boehringer. A recuperação da indústria farmacêutica alemã virá somente no próximo período, com os fármacos da quarta geração.

Período 1960–1980

O mundo ocidental atravessou, na década de 60, uma de suas fases de maior prosperidade, com muitos ramos da indústria, inclusive o da indústria farmacêutica, conhecendo progressos notáveis. Não só o poder aquisitivo da população aumentou significativamente, mas também vários governos empreenderam programas de saúde pública, nos quais o custo dos medicamentos era, pelo menos parcialmente, ressarcido.

Eram tais as taxas de crescimento que indústrias farmacêuticas perguntavam-se se seriam capazes de acompanhar a explosão da demanda. A existência dessas dúvidas tinha razão de ser: primeiramente o ambiente competitivo existente entre as indústrias farmacêuticas nos anos 60 era muito diferente do vigente nos anos 40. Cada novo fármaco lançado no mercado era protegido por um grande número de patentes, cobrindo não só o produto propriamente dito, mas também vários compostos de estrutura semelhante, além do processo de fabricação, o que praticamente impedia sua cópia. Na década de 40 essa divulgação era livre e até estimulada por órgãos do governo. Estes, por seu lado, não mais patrocinavam a fabricação de drogas de uso imediato, mas, sim, participavam conjuntamente com entidades acadêmicas em pesquisas de longo prazo, como drogas antineoplásicas (para combate ao câncer) e contra doenças cardiovasculares. Outra fonte de dúvidas provinha de novas regulamentações para aprovação e lançamento de novas drogas, muito mais rigorosas e exigentes que as predecessoras, a partir da tragédia da talidomida.

A situação econômica mundial reinante na década de 70 não foi tão brilhante como a da década anterior, devido à recessão econômica ocorrida em 1973 (1ª crise mundial do petróleo). Entretanto, as indústrias farmacêuticas, devido ao progresso alcançado nos anos 60, não só atravessaram incólumes a década de 70, como mostraram progressos sensíveis.

Algumas indústrias farmacêuticas norte-americanas, que não estavam entre as mais avançadas em pesquisas, conseguiram licenciar vários fármacos desenvolvidos por indústrias européias.

Foi nesse período que houve lançamento dos "genéricos" – fármacos vendidos pelo seu nome químico, sem uma marca, em geral originados de fármacos da terceira geração, cujas patentes já haviam expirado.

Os fármacos de quarta geração

As drogas anti-hipertensivas, descobertas nesse período, tiveram como origem as pesquisas de Raymond P. Ahlquist, que, trabalhando com a epinefrina, descobriu, em 1948, os dois tipos de receptores adrenérgicos, o α e o β, trabalho esse que revolucionou a pesquisa médica. Em 1964, James Black, da ICI, descobriu o propranolol (Inderal), um bloqueador β-adrenérgico de grande importância no tratamento da hipertensão, distúrbios cardiovasculares, *angina pectoris* e arritmias cardíacas. Ainda nessa linha de fármacos, cabe a citação da Merck, que em 1962, lançou a metildopa (Aldomet) no mercado. O entendimento da ação dos neurotransmissores químicos no sistema nervoso central, a serotonina, a dopamina e o ácido gama–aminobutírico (GABA) levaram à descoberta de drogas que permitiam o combate à esquizofrenia, depressão, ansiedade e doença de Parkinson. A Ciba–Geigy, em 1959, lançou a imipramina (Tofranil) e os Laboratórios Hoffmann–La Roche, nos Estados Unidos, a partir dos trabalhos de Leo Sternbach, lançaram a benzodiazepina (Librium), em 1960.

O avanço dos estudos sobre as ciências da vida permitiu descobrir, nesse período, vários novos fármacos, de certa forma relacionados com pesquisas já efetuadas nas décadas de 30 e 40.

Assim, os diuréticos à base de tiazidas estão relacionados às sulfonamidas, mas só puderam ser lançados após exaustivos estudos sobre o funcionamento dos rins, efetuados pela Merck e pela Sharp and Dohme. A Merck lançou em 1959 a clorotiazida (Diuril), e a Smith Kline and French o triantereno (Dyrenium), em 1964.

Também as penicilinas semi-sintéticas estão relacionadas aos antibióticos do período anterior, mas só puderam ser fabricadas após a caracterização química e farmacológica das diversas partes das moléculas das penicilinas e cefalosporinas, dando origem a uma grande família de fármacos, que podiam combater uma gama bem maior de bactérias, incluindo bactérias que já tinham criado resistência contra as penicilinas normais. A Beecham lançou em 1959 a feneticilina

(Broxil), a Glaxo lançou a cefaloridina (Ceporin) em 1964; também nesse ano a Upjohn lançou a clindamicina (Cleocin) e em 1966 a Schering lançou a gentamicina (Garamycin).

Ainda as pílulas anticoncepcionais, também compostas de hormônios sintetizados na década de 40, só puderam vir ao mercado após longos estudos das mudanças hormonais e químicas que ocorrem durante o ciclo da fertilidade feminina. A Searle lançou o Enovid em 1961.

Nos processos clássicos de pesquisa e síntese de novos fármacos, mudança de estruturas químicas de drogas conhecidas permite melhorar suas propriedades terapêuticas e eliminar seus efeitos colaterais. Assim as drogas antiinflamatórias não esteroidais[*] mais representativas que surgiram nesse período foram a indometacina (Indocin), introduzida pela Merck em 1963, o ácido nalidíxico (NegGram) da Sterling, também em 1963, e o ibuprofeno (Brufen) da Boots, em 1964.

Algum progresso, no período, também foi conseguido para as drogas antineoplásicas, específicas para alguns tipos de câncer. A Farmitalia lançou a doxorubicina (Adriamycin) em 1974, a ICI, o tamoxifeno (Nolvadex), em 1977, e a Bristol, a cisplatina (Platinol) em 1978.

Certas drogas desenvolvidas nesse período podem ser consideradas como as precursoras das drogas de quinta geração. A primeira delas é a nifedipina (Adalat), lançada pela Bayer, em 1974, um bloqueador dos canais de cálcio, para combater a hipertensão e a *angina pectoris*. Em 1976, a Pfizer lançou um anti-hipertensivo de grande sucesso no mercado, o bloqueador α-adrenérgico prazosin (Minipress), e a Smith Kline and French lançou, em 1977, um bloqueador da histamina H_2, a cimetidina (Tagamet), que se destinava ao tratamento de úlceras pépticas e que pode ser considerado o primeiro medicamento blockbuster do mercado, isto é, com vendas anuais superiores a US$ 500 milhões.

Adquiriram importância, nesse período, os processos que utilizam a técnica do DNA recombinante. Nessa técnica, segmentos do DNA de um primeiro organismo são inseridos no DNA de um segundo organismo, fazendo com que este último produza as proteínas que o primeiro produzia. O estudo dos processos biológicos, em nível molecular, levou as possibilidades de diagnósticos e tratamento de doenças a limites inimagináveis. Estava criada a biotecnologia, que, na definição da European Federation of Biotechnology, é "a integração das ciências naturais e ciências da engenharia, para obter, por meio da aplicação de organismos, células, partes das mesmas e análogos moleculares, produtos, co-produtos e serviços".

Os sucessos obtidos pela biotecnologia criaram as condições para a introdução de inovações radicais em fármacos, originando boa parte dos fármacos de quinta geração. Essas técnicas, demandando equipamentos e pessoal altamente qualificados, surgiram inicialmente em laboratórios de pesquisas acadêmicas, mas logo foram reconhecidas pela indústria farmacêutica como tendo um elevado potencial, sendo adotadas em seguida.

A entrada de novos competidores

Atraídas pelo enorme sucesso financeiro que os produtos farmacêuticos traziam para suas empresas, e tendo em vista uma situação econômica mundial muito favorável, muitas empresas resolveram entrar no campo farmacêutico. No início dos anos 70, a maior parte dos fármacos de terceira geração já estava em sua fase de maturidade, permitindo a cópia dos mesmos por imitação. Muitas empresas japonesas, italianas e francesas resolveram entrar para o campo farmacêutico, bem como empresas da Suécia, da Dinamarca e da Bélgica.

(*) As drogas antiinflamatórias não esteroidais são conhecidas em inglês por nonsteroidal anti-inflamatory drugs—NSAIDS e em português também são chamadas "drogas tipo aspirina".

No campo dos analgésicos e antiinflamatórios, só nos anos 70, foram introduzidos 30 novos medicamentos, sendo que 12 foram desenvolvidos por meio de pesquisa em laboratório próprio, de empresas que estavam entrando nesse mercado pela primeira vez. Para os medicamentos do sistema nervoso central, foram introduzidas 55 novas drogas, e 21 empresas entrarem nesse setor pela primeira vez. Nesse período foram desenvolvidos 38 novos bactericidas, e houve entrada de 9 empresas no setor.

Para as drogas que estavam em fase de declínio, o número de novos competidores foi muito menor. Assim para as drogas antimicrobianas foram introduzidas 17 drogas (a maioria para uso veterinário) e registrou-se a entrada de somente 4 novas empresas no setor; no campo dos anti-histamínicos foram lançados 7 novos fármacos com só 2 empresas recém-criadas e finalmente surgiram 27 novos corticóides (12 para uso tópico), com apenas 5 novos competidores entrando nesse setor.

O papel regulador do governo dos Estados Unidos

A regulamentação nos Estados Unidos sobre novos medicamentos lançados no mercado, entre 1938 e 1962, era emitida pela Food and Drug Administration – FDA, que baseava suas decisões na toxicidade da nova droga. Não havia qualquer solicitação de informação sobre a eficácia do novo medicamento, os testes clínicos executados e a diferenciação em relação aos medicamentos já existentes.

Com o enorme desenvolvimento da indústria farmacêutica nesse período, foi lançado um grande número de novos medicamentos no mercado. Só entre 1953 e 1962 foram lançados mais de 564 novos produtos, dos quais 462 foram considerados como novas entidades químicas pela FDA. Muitos deles, entretanto, eram similares às drogas existentes, sem qualquer vantagem terapêutica em relação ao que já existia.

Em 1958, o governo dos Estados Unidos, estimando que as margens obtidas com a venda de remédios estavam exageradas, criou uma comissão, chefiada pelo senador Kefauver, que ficou conhecida pelo nome de Kefauver Committee, com o objetivo de investigar esse assunto. A comissão chegou à conclusão de que os custos totais de fabricação eram da ordem de 32% das vendas e que as margens, após os impostos, eram de 21 a 22% das vendas, o dobro da média das margens de todo o setor das indústrias de transformação. A comissão atribuiu essa alta lucratividade à introdução, no mercado, de novos remédios, mais caros, mas não necessariamente mais eficientes, e começou a investigar as empresas farmacêuticas. As indústrias farmacêuticas reagiram, afirmando que os custos de pesquisa e desenvolvimento de uma nova droga eram muito elevados e que, para cada droga bem sucedida, há um número muito grande de drogas cujas pesquisas resultam em fracassos. Além disso, com o grande número de novas drogas que é lançado no mercado, mesmo uma droga bem sucedida tem uma vida relativamente curta, pois logo será substituída por outra, mais recente e mais eficiente, que deverá, portanto, apresentar alta margem de lucro, enquanto perdurar seu sucesso. As indústrias farmacêuticas chegaram mesmo a afirmar que um controle sobre os preços dos medicamentos diminuiria muito o investimento em pesquisa e desenvolvimento, com inevitável prejuízo para a saúde pública.

As discussões estavam nesse ponto quando ocorreu a tragédia mundial da talidomida. Uma pequena indústria farmacêutica alemã, a Gruenenthal Chemie, descobriu e lançou no mercado, em 1957, um sedativo chamado talidomida (Pantosediv), que foi vendido sem prescrição médica na Alemanha, de 1957 a 1961. Era também produzido sob licença na França, na Inglaterra e outros países europeus. Foi também licenciado para produção nos Estados Unidos, mas a FDA achou inadequadas as informações fornecidas e não deu sua aprovação. Os testes clínicos efetuados com a droga não incluíram mulheres grávidas, e só depois do nascimento de milhares de crianças com os membros terrivelmente deformados é que se descobriu o efeito teratogênico da droga, o que a levou então a ser proibida.

A comissão que vinha tratando do problema de preços, existência de monopólios e regulamentação antitruste, duração das patentes e licenciamento obrigatório dos concorrentes abandonou essas tratativas, para ocupar-se de uma nova regulamentação que a FDA pudesse aplicar às indústrias farmacêuticas, para evitar uma tragédia similar à da talidomida. Em outubro de 1962 o congresso norte-americano emitiu as Kefauver-Harris Drug Amendments, atribuindo nova regulamentação à FDA, que entraram em vigor a partir de fevereiro de 1963.

Por essa nova regulamentação, as indústrias farmacêuticas teriam que submeter à FDA informações sobre testes pré-clínicos de toxicidade (as características quanto a ser carcinógeno, teratogênico, mutagênico foram introduzidas posteriormente), testes clínicos propostos e qualificação dos pesquisadores. Para os testes clínicos, as empresas teriam que provar que os participantes dos testes conheciam os riscos a que estavam sujeitos. Também teriam que ser submetidos à FDA, regularmente, relatórios de progresso dos testes. Para conseguir a aprovação de uma nova droga, o fabricante teria de apresentar à FDA evidência substancial, por investigações bem controladas, de que a nova droga era efetiva e segura para as condições propostas.

A nova regulamentação teve conseqüências para as indústrias farmacêuticas:
- o prazo entre o pedido de aprovação e a aprovação pela FDA passou de alguns meses para até 8 anos; atualmente, esse prazo é de aproximadamente 2 anos;
- a vida efetiva nominal da patente, que era de 17 anos, caiu para aproximadamente 13 anos, por causa do aumento da duração dos testes pré-clínicos e clínicos e do tempo maior para conseguir a aprovação da FDA;
- o número de novas entidades químicas que chegam até o estágio de testes clínicos caiu aproximadamente 60%;
- a introdução de novas drogas nos Estados Unidos caiu 70%, de 564, na década de 1953 a 1962, para 166, na década de 1963 a 1972.

A indústria farmacêutica norte-americana reclamou muito da nova regulamentação, acusando a FDA de querer parar o seu progresso. Na realidade as acusações foram exageradas, pois, após um período em que de fato houve uma diminuição do número de novas entidades químicas introduzidas no mercado, entre a metade dos anos 70 e metade dos anos 80, esse número voltou a crescer.

Além do grande desenvolvimento econômico verificado na Europa Ocidental nesse período, também as indústrias farmacêuticas européias começaram a lançar produtos no mercado, contribuindo significativamente para o avanço dos fármacos de quarta geração: a Beecham nas penicilinas semi-sintéticas, a Glaxo em cefalosporinas, a ICI nos anti-hipertensivos do tipo bloqueadores β, a Boots e a Ciba nas drogas antiinflamatórias não-esteroidais e a Janssen, Ciba, Hoffmann–La Roche e Rhône–Poulenc nas drogas para o sistema nervoso central. Com isso o mercado europeu de medicamentos começou a ficar muito atraente e as indústrias farmacêuticas norte-americanas começaram a valer-se de suas filiais européias para lançar novas drogas, contornando os prazos maiores resultantes das exigências da FDA. Além disso, as regulamentações para o lançamento de novas drogas nos países europeus eram menos rigorosas que as norte-americanas. Na metade dos anos 70, as indústrias farmacêuticas norte-americanas lançaram aproximadamente 60% de suas novas drogas primeiro na Europa, antes mesmo que elas tivessem sido aprovadas pela FDA. Na metade dos anos 80, quando os países europeus adotaram regulamentações semelhantes às da FDA, esse número caiu para 25%.

INDÚSTRIA QUÍMICA MUNDIAL **121**

O lado positivo da nova regulamentação da FDA foi a criação pela indústria farmacêutica de métodos de laboratório para os testes de novas drogas, *in vitro*, em tecidos e orgãos isolados e também em animais, muito mais eficientes, diminuindo muito o número de drogas a serem testadas em ensaios clínicos, bem mais custosos e demorados. E, finalmente, o mais importante: nenhuma tragédia do tipo da talidomida se repetiu.

As estratégias dos anos 60 e 70

As indústrias farmacêuticas norte-americanas do início dos anos 60 (as mais desenvolvidas em termos mundiais), embora bastante inovadoras do ponto de vista científico, eram firmas de porte médio e pareciam não poder competir com outros setores manufatureiros como ferro e aço, alumínio, refinarias de petróleo ou mesmo com certos setores da indústria química como petroquímicos, plásticos, fibras e fertilizantes, que investiam pesadamente em unidades de grande porte, formando grandes empresas.

Para poder competir e crescer, as indústrias farmacêuticas norte-americanas adotaram, nos anos 60, duas estratégias: expansão internacional, sobretudo na Europa Ocidental, e diversificação horizontal, pela aquisição ou fusão com empresas de produtos relacionados com a medicina.

Na década de 80, as indústrias farmacêuticas desfizeram-se da maioria das empresas adquiridas nas duas décadas anteriores, revertendo a estratégia de diversificação horizontal.

Com a formação da Comunidade Econômica Européia, em 1958, as indústrias farmacêuticas norte-americanas temiam a criação de barreiras alfandegárias pesadas para seus produtos, em função de uma possível política de proteção à nascente indústria farmacêutica européia.

A expansão internacional das empresas americanas é indicada, no Quadro 2.6.2, pela porcentagem entre as vendas no exterior e as vendas totais, nos anos 1960, 1969 e 1979.

Dado o bom nível das instituições acadêmicas de pesquisa existentes na Inglaterra, a maioria das indústrias farmacêuticas norte-americanas estabeleceu-se na Inglaterra, embora houvesse empresas que foram para a Bélgica, a França, a Alemanha, a Itália e a Suíça. A expansão internacional, entretanto, não ficou limitada somente à Europa Ocidental: foram criadas filiais na América Latina, Canadá e Austrália, além de escritórios de vendas em outros países da Europa, Ásia e África.

A necessidade de diversificação horizontal em produtos outros que não medicamentos, para garantir o crescimento das indústrias farmacêuticas, deriva de o sucesso de uma indústria farmacêutica depender de sua capacidade de inovação, e inovar é uma atitude de risco. Mesmo em caso de sucesso, a duração desse resultado pode ser efêmera, pois outra empresa pode vir a lançar outro medicamento, com melhores propriedades, pouco tempo depois, ofuscando o êxito e as vendas daquele primeiro. Para reduzir o risco, as empresas farmacêuticas passaram a buscar produtos que não demandassem pesquisa intensiva e cujas vendas fossem compatíveis com a experiência e estrutura de vendas e marketing das indústrias farmacêuticas. Produtos veterinários, ataduras e bandagens, seringas e agulhas de injeção, soluções intravenosas, desinfetantes, cosméticos e artigos de toucador, lentes para óculos, lentes de contato e equipamentos para diagnósticos atendiam a esses requisitos. Algumas indústrias farmacêuticas diversificaram ainda mais, adquirindo empresas que produziam utensílios domésticos, alimentos, equipamentos esportivos e produtos químicos.

O fim dos anos 70 marcou a maturidade dos fármacos de quarta geração, com a expiração do prazo de validade das patentes de grande parte deles. Para os fármacos que não tiveram os prazos de suas patentes vencidos, as empresas farmacêuticas utilizaram-se de expedientes para prolongá-los ainda mais. Foram lançados no período novos diuréticos, anti-hipertensivos, redutores de colesterol, tranqüilizantes, ansiolíticos, antidepressivos, penicilinas semi-sintéticas,

QUADRO 2.6.2 — Expansão internacional das indústrias farmacêuticas norte-americanas (% de vendas no exterior sobre vendas totais)

Empresa	1960	1969	1979
Abbott	27	28	40*
American Home Products	17	22	33
Bristol–Myers	21	16	n.d.
Johnson & Johnson	26	39	46
Lilly	16*	25	40
Merck	28	39	47
Pfizer	38	48	52*
Schering–Plough	22	45	47
Searle	17	28	40
Smith Kline and French	14	19	35
Sterling	38	38	46
Upjohn	13	30	40
Warner-Lambert	27	22	44*

* Estimado. n.d.: não disponível.

Fonte: Landau (12).

cefalosporinas, analgésicos e drogas antiinflamatórias não-esteroidais. Como essas drogas são todas de escopo terapêutico amplo, o consumo de fármacos cresceu substancialmente, assim como também a oferta, obrigando as indústrias farmacêuticas a intensificarem seus esforços em marketing e vendas.

O Quadro 2.6.3 mostra, para os anos de 1970 e 1979, para várias indústrias farmacêuticas norte-americanas, o número de funcionários, o faturamento total e a porcentagem do faturamento em drogas com venda sob prescrição médica em relação ao faturamento total, o que dá uma idéia de quão "farmacêuticas" são essas indústrias. Os faturamentos estão indicados em US$ milhões constantes de 1995.

Período pós-1980

As duas décadas finais do século XX apresentaram características distintas para as indústrias farmacêuticas. Enquanto a década de 80 foi positiva, tanto do ponto de vista tecnológico como do ponto de vista econômico, a década de 90 mostrou-se cheia de incógnitas e caracterizou-se por uma forte reestruturação.

Embora já estivessem no mercado na década de 70, foi na década de 80 que alguns medicamentos tiveram vendas excepcionais, recebendo a alcunha de blockbusters. Alguns chegaram a superar vendas anuais de US$ 1 bilhão (Tagamet, da SmithKline Beecham) e mesmo US$ 2 bilhões (Zantac, da Glaxo). Pela primeira vez na história da indústria farmacêutica, algumas empresas tiveram mais de 50% de seus lucros anuais provenientes da venda de um só medicamento. O medicamento Prozac, da Eli Lilly, vendeu, desde seu lançamento em 1988 até julho de 2001, US$ 21 bilhões.

QUADRO 2.6.3 — Crescimento da indústria farmacêutica norte-americana nos anos 70

Empresa	1970			1979		
	Funcion. (milhares)	Fat.total (US$ milhões)	%	Funcion. (milhares)	Fat.total (US$ milhões)	%
Abbott	18,3	1.970	34	29,2	4.180	24
American Home Products	41,8	5.940	37	50,2	7.785	41
Bristol-Myers	24,0	4.260	23	34,0	6.330	34
Johnson & Johnson	38,2	4.310	19	71,8	9.990	19
Lilly	26,4	2.545	72	37,2	5.250	50
Merck	22,3	3.210	75	30,8	5.100	76
Pfizer	35,0	4.010	51	41,0	6.315	52
Schering-Plough	11,6	1.730	65	26,0	3.565	52
Searle	8,2	865	66	17,5	2.215	55
Smith Kline and French	10,2	1.500	56	25,3	4.135	53
Squibb*	35,0	3.370	43	27,0	3.395	59
Sterling	23,5	2.770	35	27,0	3.485	26
Upjohn	28,2	1.710	70	32,4	3.610	65
Warner-Lambert*	55,5	5.405	37	58,0	7.130	34

(*) Inclui a venda de produtos farmacêuticos proprietários.

Fonte: Landau (12).

O fato mais marcante desse período foi o surgimento da biotecnologia, com a procura não mais de moléculas com estruturas interessantes, provindas da química orgânica, mas de moléculas geradas por processos derivados da fisiologia, biologia, bioquímica, biofísica, enzimologia e biologia molecular. Foi entre 1973 e 1975 que Herbert Boyer e Stanley Cohen, em trabalhos realizados na Universidade da Califórnia, em São Francisco, descobriram a ação recombinante do DNA, quando introduziram genes estranhos no DNA de uma bactéria, ocasionando a produção das correspondentes proteínas. Estava aberto o caminho para a fabricação de proteínas com propriedades interessantes, utilizando-se como "fábricas" as bactérias; mas , sobretudo, poder-se-ia estudar a relação entre a estrutura individual dos genes e as proteínas por eles produzidas.

Outra descoberta importante ocorreu em 1985, quando cientistas britânicos desenvolveram a técnica de fusão de células, produzindo anticorpos monoclonais. Estes anticorpos são usados para localizar alvos específicos, como tumores, carregando compostos químicos para os mesmos e podendo destruí-los. Os avanços de biologia molecular, caracterizando o câncer e as doenças virais como ligados ao DNA, levaram um grande número de cientistas, sobretudo da área acadêmica, a aprofundar-se nesse assunto, surgindo assim centenas de pequenas empresas para a pesquisa de novos medicamentos. O próprio Herbert Boyer fundou em 1976 a Genentech, empresa de grande expressão na área de biotecnologia.

O Boston Consulting Group, em seu levantamento de 1980, constatava que só 2% do total das pesquisas efetuadas pelas indústrias farmacêuticas norte-americanas situava-se na área de biotecnologia, enquanto que em 1993, esse percentual elevou-se para 34%.

124 PEDRO WONGTSCHOWSKI

As grandes indústrias farmacêuticas esperavam que as pequenas empresas que estavam desenvolvendo medicamentos por processos biotecnológicos, em geral fundadas por professores e cientistas da área acadêmica e associados a investidores financeiros, viessem a elas, pedindo ajuda para o desenvolvimento e lançamento dos medicamentos descobertos. E assim foi, no início dos anos 80, quando a Genentech licenciou o Humulin, o primeiro hormônio humano (insulina) produzido por biotecnologia, à Lilly, em 1983, e o antineoplásico interferon A (Roferon-A) à Roche, em 1986.

Por volta da metade da década de 80, entretanto, as empresas de biotecnologia começaram a lançar no mercado seus próprios produtos, sem qualquer ajuda de uma grande indústria farmacêutica. Assim a Genentech lançou em 1985 o hormônio de crescimento humano (Protropin) e em 1987 o ativador do plasminogênio do tipo tecidual–tPA (Activase), e a Amgen lançou em 1989 o produtor de glóbulos vermelhos eritropoietina (Epogen), medicamentos esses todos com vendas anuais superiores a US$ 100 milhões, o que fez com que as indústrias farmacêuticas tradicionais percebessem que as drogas produzidas por biotecnologia poderiam ser muito rentáveis e que as empresas que produziam essas drogas poderiam tornar-se grandes concorrentes.

Trataram, então, as empresas farmacêuticas tradicionais, de fazer acordos bilaterais, *joint ventures* e até aquisições dessas empresas de biotecnologia, com o intuito de assimilar seu *know-how*.

As estratégias dos anos 80 e 90

Com a diminuição do ritmo de crescimento econômico do mundo ocidental (duas crises de petróleo) nesse período, as indústrias farmacêuticas conheceram duas fases bastante distintas: a década de 80, em que continuaram a brilhar, parecendo estar imunes ao decréscimo da produção industrial dos países desenvolvidos, e a década de 90, quando também as indústrias farmacêuticas sentiram os efeitos da diminuição do crescimento econômico, sendo obrigadas a se ajustar à nova situação por meio de demissões de pessoal, reestruturações, fusões, aquisições e verticalizações, e a entrar no campo dos genéricos e drogas para venda sem prescrição médica[*].

De fato, nos anos 80, assistiu-se a uma mudança significativa do eixo de fabricação de produtos de baixo valor adicionado (ferro, aço, petroquímicos) dos países desenvolvidos para os países em desenvolvimento, sobretudo Sudeste Asiático e América Latina.

A indústria farmacêutica, no caso, além de não sofrer ciclicidades, beneficiou-se da situação, pois os planos de saúde e previdência, tanto governamentais quanto privados desses países, financiavam a compra de medicamentos. Com o sucesso dos medicamentos blockbuster, que sozinhos garantiam altos retornos para financiar novas pesquisas, e com o enfraquecimento do mercado de bens de consumo, as indústrias farmacêuticas desfizeram-se da maioria de suas fábricas de produtos não farmacêuticos, adquiridas nas décadas de 60 e 70.

Ocorreu, também nos anos 80, uma nova onda de fusões, aquisições e *joint ventures* entre as indústrias farmacêuticas, muitas delas européias, que queriam entrar no mercado norte-americano, sem ter que licenciar seus produtos. Assim a Bayer alemã comprou a Miles em 1978; a Dow comprou a Merrell Drug da Richardson Vick em 1981; a Monsanto comprou a G.D. Searle em 1985; a Smith Kline and French e a Beecham (inglesa) fundiram suas empresas em 1988; a Dow comprou a Marion Labs. em 1989, formando a Marion Merrell Dow. A Squibb e a Bristol–Myers fundiram suas empresas, formando a Bristol-Myers Squibb em 1989.

(*) Os norte-americanos chamam estas drogas de OTC—Over the counter drugs.

Se as indústrias farmacêuticas puderam resistir, nos anos 80, à diminuição do crescimento econômico mundial, passaram a sofrer, na década de 90, os efeitos dessa diminuição, como as demais indústrias de transformação. As entidades de saúde pública, bem como as privadas, passaram a exercer um rigoroso controle sobre os remédios receitados por seus médicos, diminuindo ou eliminando o financiamento para compra de remédios e incentivando grandemente o uso de genéricos. Em 1988, os genéricos correspondiam a aproximadamente 30% do total de remédios receitados nos Estados Unidos; esse total passou para 42%, em 2000.

A Figura 2.6.1 mostra a penetração dos medicamentos genéricos no mercado de medicamentos vendidos sob prescrição médica nos Estados Unidos, no período entre 1991 e 2000.

A curto prazo, a estratégia para restabelecer o crescimento foi a consolidação das organizações com a concentração em negócios afins. A Pfizer vendeu 14 negócios entre 1988 e 1993 e reduziu sua mão-de-obra, eliminando 3.000 empregos; a Lilly vendeu sua Divisão de Equipamentos Médicos, fez um *spin-off* de seu negócio de pesticidas, criando a Dow-Elanco, uma *joint venture* com a Dow, e despediu 4.000 funcionários. Da mesma forma a Warner–Lambert vendeu seus negócios de polímeros e de confeitaria, fechou sete fábricas e despediu 2.800 empregados. A Upjohn despediu 1.500 funcionários, racionalizando a força de trabalho em suas 14 fábricas; a Bristol–Myers Squibb vendeu seu negócio de utilidades domésticas, reestruturou-se na Europa, eliminando 4.000 empregos; a Johnson & Johnson fundiu as operações de suas duas companhias farmacêuticas Ortho e McNeil, despedindo 3.300 funcionários.

A longo prazo, as estratégias escolhidas implicaram entrar no campo dos genéricos, das drogas para venda sem prescrição médica – OTC, além de adotar medidas como reestruturações, aquisições e expansões geográficas em mercados ainda não atingidos.

Figura 2.6.1 Penetração dos genéricos no mercado dos EUA

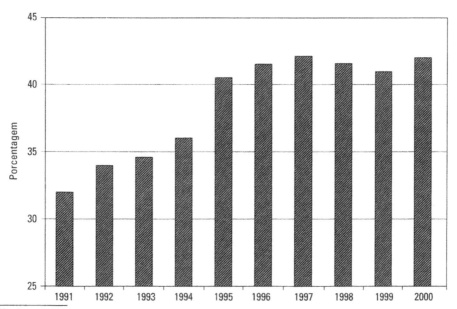

Fonte: The Economist.

PEDRO WONGTSCHOWSKI

No Brasil, a Lei 9.787 de 10 de fevereiro de 1999 define:

- Denominação Comum Brasileira (DCB) — denominação do fármaco ou princípio farmacologicamente ativo aprovada pelo órgão federal responsável pela vigilância sanitária;
- Denominação Comum Internacional (DCI) — denominação do fármaco ou princípio farmacologicamente ativo recomendada pela Organização Mundial de Saúde;
- Medicamento Similar — aquele que contém o mesmo ou os mesmos princípios ativos, apresenta a mesma concentração, forma farmacêutica, via de administração, posologia e indicação terapêutica, preventiva ou diagnóstica, do medicamento de referência registrado no órgão federal responsável pela vigilância sanitária, podendo diferir somente em características relativas ao tamanho e forma do produto, prazo de validade, embalagem, rotulagem, excipientes e veículos, devendo sempre ser identificado por nome comercial ou marca;
- Medicamento Genérico — medicamento similar a um produto de referência ou produto inovador, que pretende ser com esse intercambiável, geralmente produzido após a expiração ou renúncia da proteção patentária ou de outros direitos de exclusividade, comprovada a sua eficácia, segurança e qualidade, e designado pela DCB ou, na sua ausência, pela DCI;
- Medicamento de Referência — produto inovador registrado no órgão federal responsável pela vigilância sanitária e comercializado no País, cuja eficácia, segurança e qualidade foram comprovadas cientificamente junto ao órgão federal competente, por ocasião do registro;
- Produto Farmacêutico Intercambiável — equivalente terapêutico de um medicamento de referência, comprovados, essencialmente, os mesmos efeitos de eficácia e segurança;
- Bioequivalência — consiste na demonstração de equivalência farmacêutica entre produtos apresentados sob a mesma forma farmacêutica, contendo idêntica composição qualitativa e quantitativa de princípio(s) ativo(s), e que tenham comparável biodisponibilidade, quando estudados sob um mesmo desenho experimental;
- Biodisponibilidade – indica a velocidade e a extensão de absorção de um princípio ativo em uma forma de dosagem, a partir de sua curva concentração/tempo na circulação sistêmica ou sua excreção na urina.

Inicialmente, as indústrias farmacêuticas que faziam pesquisa intensiva de novos medicamentos não se interessaram em genéricos, porque só novos medicamentos, de preferência blockbusters, poderiam garantir as vendas e a lucratividade para financiar novas pesquisas. Além disso, em muitos países, a legislação de patentes garantia a exclusividade de fabricação do remédio à empresa que o desenvolvia, mesmo depois de expirado o prazo da patente. Essa política de patentes foi sendo modificada, e muitas indústrias começaram a interessar-se pelos genéricos, sobretudo a partir do momento em que começaram a ser incentivados pelas entidades de assistência médica, tanto privadas quanto governamentais. A própria FDA norte-americana tinha procedimentos simplificados para aprovação de genéricos (até meados da década de 80, já tinha aprovado 8.000 genéricos, derivados de 170 medicamentos de marca).

A Bristol–Myers Squibb criou, em 1989, a fábrica de genéricos Apothecon, cujo volume de vendas, nos anos 90, a colocaria em sétimo lugar dentre as maiores indústrias farmacêuticas norte-americanas. A Merck implantou em 1992 a West Point Pharma e começou a vender versões genéricas de onze de suas drogas, que já estavam com suas patentes vencidas. A Upjohn, da mesma forma, adquiriu em 1992 a Greenstone para produzir seus medicamentos mais importantes dos anos 70 e 80; a comercialização dava-se pela Geneva Pharms, que era a produtora de genéricos da Ciba.

INDÚSTRIA QUÍMICA MUNDIAL **127**

Outra estratégia adotada pelas grandes indústrias farmacêuticas foi a de entrar no mercado das drogas para venda sem prescrição médica – OTC, um mercado de medicamentos de baixo preço, mas grande volume. Uma das maneiras encontradas foi a de procurar aprovação na FDA para drogas em vias de ter seus prazos de validade de patente extintos, em dosagens mais baixas, para serem vendidas sem prescrição médica. Assim a SmithKline Beecham lançou uma versão OTC do Tagamet, a Merck do Pepsid, a Glaxo do Zantac e a American Home Products, do Axid. Outra forma para entrar nesse mercado foi por meio de *joint ventures* e aquisições. A Schering comprou a White Labs. nos anos 70 e em 1993 já tinha conseguido várias versões OTC de seus medicamentos: o descongestionante Afrin, o anti-histamínico Trimeton e o antifúngico Lotrimin. A Glaxo e a Wellcome, que se uniram em 1995, fizeram uma *joint venture* com a Warner–Lambert para vender versões OTC de seu antiulceroso Zantac, de seu antiviral Zovirax e de seu redutor de lipoproteínas Lopid. A American Home Products instalou uma fábrica na Irlanda só para abastecer o mercado europeu com drogas OTC, e sua Divisão Whitehall–Robins especializou-se em desenvolver drogas OTC, a partir de genéricos. A Johnson & Johnson e a Merck fizeram uma *joint venture*, a J&J–Merck Consumer Pharmaceuticals, para produzir suas drogas OTC e adquiriram fábricas na França, na Alemanha e na Espanha, para abastecer o mercado europeu. A Roerig, uma subsidiária da Pfizer, introduziu versões OTC do antifúngico tópico Diflucan e do seu anti-histamínico Zyrtec, muito antes de expirar o prazo de validade das patentes dessas drogas.

Mas foi no campo das reestruturações, fusões e aquisições que o mundo farmacêutico moveu-se para garantir sua sobrevivência. Os Quadros 2.6.4, 2.6.5 e 2.6.6 mostram esses movimentos, na última década do século XX.

QUADRO 2.6.4 Fusões e *joint ventures* da indústria farmacêutica mundial

Ano	Empresas participantes	Novo nome	Observações
1991	SmithKline e Beecham	SmithKline Beecham	
1994	DuPont e Merck	DuPont Merck	Em 1998 a DuPont comprou a participação da Merck na *joint venture* e ficou a única proprietária. Em 2001 vendeu a empresa para a Bristol – Myers Squibb, saindo do ramo farmacêutico.
1994	Merck (EUA), Pasteur Mérieux (França), Connaught (Canadá) e Chemo-Sero Therapeutic Institute (Japão)	Pasteur Mérieux Connaught	Em 1999, com a fusão da Hoechst e da Rhône-Poulenc, para formar a Aventis, mudou de nome para Aventis Pasteur.
1995	Pharmacia e Upjohn	Pharmacia & Upjohn	
1996	Ciba-Geigy e Sandoz	Novartis	
1996	Armour (Rhône–Poulenc Rorer) e Behringwerke (Hoechst)	Centeon	Em 1999, com a formação da Aventis, mudou de nome para Aventis Behring.
1998	Sanofi e Synthélabo	Sanofi–Synthélabo	
1999	Hoechst Marion Roussel e Rhône-Poulenc Rorer	Aventis Pharma	
2000	Pharmacia & Upjohn e Monsanto	Pharmacia Corp.	
2000	Glaxo Wellcome e SmithKline Beecham	GlaxoSmithKline	

Fonte: Landau (12); Gazeta Mercantil.

QUADRO 2.6.5 Aquisições da indústria farmacêutica mundial

Ano	Empresa compradora	Empresa comprada
1990	Rhône–Poulenc	Rorer
1994	Hoffmann–La Roche	Syntex
1994	Eli Lilly	Sphinx Pharmaceuticals
1994	American Home Products	American Cyanamid
1995	Rhône–Poulenc Rorer	Fisons
1995	Glaxo	Burroughs Wellcome
1995	Knoll (Basf)	Boots
1995	Hoechst	Marion Merrell Dow
1996	American Home Products	Genetics Institute
1997	Hoffmann–La Roche	Boehringer Mannheim
1998	Bayer	Chiron
1998	Merck	CN Biosciences
1998	Zeneca	Astra
1998	Biocor	Div. de vacinas da Bayer
1998	Bayer	Genomics
1998	Alpharma	Genéricos da Hoechst
1999	Roche	Genentech
1999	Warner-Lambert	Agouron
1999	Pharmacia & Upjohn	Sugen
1999	Johnson & Johnson	Centocor
1999	Henkel	Laboratoires Sérobiologiques
1999	Basf	Svaloff (produtos biotecnológicos)
2000	Pfizer	Warner-Lambert
2000	Pharmacia	Searle (Monsanto)
2000	Abbott	Knoll Pharmaceutical (Basf)
2000	Schering	Mitsui Pharmaceuticals
2000	Solutia	CarboGen Labs.
2000	Basf	American Cyanamid
2000	Dow	The Collaborative Group*
2000	Mitsubishi Chemical	Tokyo Tanabe Pharmaceutical

* Note-se que, com essa aquisição, a Dow não entrou no campo farmacêutico, apenas faz pesquisa, desenvolvimento de processos e produção, sob encomenda, de produtos biofarmacêuticos para terceiros.

Fonte: Landau (12); Gazeta Mercantil.

QUADRO 2.6.6 *Spin-offs* na indústria farmacêutica mundial

Ano	Empresa original	Empresa ou divisão gerada	Novo nome
1993	ICI	Divisão farmacêutica	Zeneca
1994	American Cyanamid	Divisão química	Cytec
2000	Idemitsu Petrochemical	Divisão de produtos bioquímicos	Idemitsu Technofine

Fonte: Landau (3).

A expansão geográfica foi outra estratégia adotada pelas indústrias farmacêuticas, pois os mercados dos Estados Unidos, Europa Ocidental e Japão pareciam ter atingido sua saturação. A redução do ritmo de crescimento da economia mundial e a política de contenção de gastos em remédios adotada por esses países fizeram com que a venda de remédios na Inglaterra estacionasse e mesmo diminuísse em países como a Alemanha e a Itália, no início dos anos 90.

Para os mercados em expansão dos países em desenvolvimento eram necessárias drogas baratas que, para serem lucrativas, teriam de ser vendidas em grandes quantidades. Essas condições são plenamente satisfeitas pelos genéricos e drogas OTC. As indústrias farmacêuticas passaram então a investir em fábricas próprias nesses países, comprando fábricas locais e adaptando-as aos seus produtos ou fazendo *joint ventures* com empresas locais. Foram abordados os mercados da China, Sudeste Asiático, América Latina e países do Leste Europeu, que, embora atravessem percalços políticos e econômicos, representam um mercado potencial significativo. O mercado chinês, com um crescimento anual do PIB de dois dígitos, foi o mais atraente, sendo avaliado em US$ 4,2 bilhões por ano. Assim a Upjohn implantou na China uma fábrica para a produção da pílula anticoncepcional Depo-Provera. Construiu fábricas também na Índia, Polônia e Cingapura. A Bristol–Myers Squibb formou a Sino-American Shangai/Squibb Company, para produção de seus remédios na China. A Johnson & Johnson formou a Johnson & Johnson–China Ltd., a primeira empresa de produtos ao consumidor inteiramente sob controle estrangeiro na China, e formou também a Xian-Janssen Company, para a produção de boa parte de seus medicamentos, na China.

BIBLIOGRAFIA DO CAPÍTULO 2

1   SPITZ, P.H., "Petrochemicals – the Rise of an Industry". John Wiley & Sons, Nova York (1988).

2   FENICHELL, S.,"Plastics –The Making of a Synthetic Century". Harper Business, Nova York (1996).

3   LANDAU, R.; ARORA, A; ROSENBERG, N.,"Chemicals and Long-Term Economic Growth". John Wiley & Sons, Nova York (1998).

4   LANDAU, R., "Chemical Engineering: Key to the Growth of the Chemical Process Industries", From: Competitiveness of the U.S. Chemical Industry in International Markets, AICHE Symposium Series, **86**, 274, p .9 (1991).

5   BORSCHIVER, S.,"O Estudo do Impacto da Indústria Química na Economia através do Sistema de Contas Nacionais do IBGE". Tese de Doutorado, Escola de Química da Universidade Federal do Rio de Janeiro (2002).

6   KLINE, C.,"Maximizing Profits in Chemicals". Chemtec, p. 110 , fev. 1976.

7   REUBEN, B.J.; BURSTALL, M.L.,"The Chemical Economy – A Guide to the Technology and Economics of the Chemical Industry". Longman, Londres (1978).

8   SPITZ, P.H.; SWANSON, A.,"Evolving Strategies in the Petrochemical Landscape". World Chemical Congress, New Port Beach (1997).

9   VALLE, C.E.,"Qualidade Ambiental". Livraria Pioneira Editora, São Paulo (1995).

10 LIEBERMAN, M.B.,"Exit from Declining Industries: "Shakeout"or"Stakeout"?"RAND Journal of Economics, **21**, 4 , p. 538 (1990).

11 SRI INTERNATIONAL,"Chemical Economics Handbook". Menlo Park, CA, EUA.

12 LANDAU, R; ACHILLADELIS, B; SCRIABINE, A.,"Pharmaceutical Innovation". Chemical Heritage Press, Filadélfia (1999).

CAPÍTULO

3 INDÚSTRIA QUÍMICA NO BRASIL

HISTÓRICO

A fabricação de açúcar foi a primeira experiência industrial brasileira. Já em 1520 se instalava o primeiro engenho de açúcar no país. No final do século XVI a produção anual de açúcar na colônia chegava a 4.500 t, geradas em 117 engenhos, localizados principalmente em Pernambuco e na Bahia. Associada à fabricação de açúcar ocorria a produção de aguardente, tanto em instalações anexas aos engenhos, quanto em estabelecimentos exclusivos, as "engenhocas" (1)[*].

O sabão (produzido a partir de cinzas e de sebo de boi ou carneiro), o óxido de cálcio (obtido de sambaquis) e o hidróxido de cálcio foram produtos químicos fabricados desde cedo no país. Corantes de origem vegetal (como pau-brasil, anil, urucu) eram exportados desde 1500 em volumes crescentes. Já a partir de 1662 produziu-se sal em escala comercial; a partir de 1702 iniciou-se a produção de salitre e, mais adiante, de pólvora.

Em 1808, quando da chegada de D. João VI ao Brasil, aqui se produzia açúcar, aguardente, sabão, medicamentos, potassa (carbonato de potássio), barrilha (carbonato de sódio), salitre (nitrato de potássio), cloreto de amônio e cal (óxido de cálcio). Produziam-se, por extração, sal, drogas medicinais e resinas vegetais.

Entre 1808 e 1844 foram fundadas no país 5 fábricas de pólvora, 30 fábricas de sabões e velas e 10 fábricas de produtos químicos diversos (medicamentos, potassa, hipoclorito de sódio, tintas e vernizes, graxas de lustro, tintas de escrever e água-de-colônia).

(*) Os engenheiros químicos Ernesto Carrara Jr. e Hélio Meirelles trabalharam por longo período no extinto Conselho de Desenvolvimento Industrial (CDI) do Ministério da Indústria e Comércio. De lá coordenaram o processo de planejamento da indústria química brasileira, especialmente a partir da metade da década de 70 até 1990. Entre 1981 e 1996 estudaram a história da indústria química brasileira, o que resultou, em 1996, na publicação do livro"A Indústria Química e o Desenvolvimento do Brasil". O livro resgata a história da química no Brasil entre 1500 e 1889.

INDÚSTRIA QUÍMICA NO BRASIL **133**

Desempenhou papel relevante no desenvolvimento industrial do Brasil, durante o império, a Sociedade Auxiliadora da Indústria Nacional. Foi criada em 31/10/1825 sob os auspícios de D. Pedro I, por Provisão da Real Junta do Comércio, Agricultura, Fábricas e Navegação. O objetivo central dessa sociedade, segundo seus estatutos, era a promoção, da forma mais intensiva possível, do aprimoramento e da prosperidade da indústria no Brasil. Foi oficialmente instalada em 19/10/1827, mas a primeira reunião ocorreu somente em 28/2/1828 (1).

Em 1881 foi fundada em Sorocaba, São Paulo, a empresa F . Matarazzo, inicialmente operando no ramo alimentício. Em 1911, já sob o nome S.A. Indústrias Reunidas F . Matarazzo, muda-se para São Paulo, onde implanta uma moagem de trigo. Essa empresa foi responsável, posteriormente, pela implantação de um grande parque industrial em que se destacam as seguintes fábricas químicas: óleos e gorduras em 1920, raiom-viscose em 1924, pequena refinaria de petróleo em 1936, ácido cítrico em 1942 e a Geon do Brasil, em associação com a BF Goodrich norte-americana, em 1951, para a produção de PVC.

A primeira fábrica de ácido sulfúrico do país estabeleceu-se em Tremembé, São Paulo, tendo iniciado suas operações em 2/9/1883 (Cia. de Gás e Óleos Minerais).

A segunda fábrica de ácido sulfúrico foi implantada na Bahia. Sua origem data do decreto imperial nº 4.386 de junho de 1869, que concedia, ao inglês Eduard Pellew Wilson, o direito de explorar turfa, carvão e outros minerais nas margens do Rio Maraú.

Após várias tentativas, a concessão foi transferida a outro inglês, John Grant, que a partir de 1884 começou a produzir um "petróleo nacional inexplosivo", denominado "brasolina" (devia tratar-se de um querosene), óleos lubrificantes, velas de parafina, sabão, além de ácido sulfúrico. A extensa notícia que apareceu na publicação O Auxiliador da Indústria Nacional de 1886 relata que trabalhavam no local 350 a 400 operários, na montagem de cerca de 3.500 t de máquinas e equipamentos, 30 caldeiras de 25 a 50 cv e uma máquina "resfriadeira" capaz de produzir 4 t de gelo por dia.

A fábrica John Grant & Co. funcionou até 1893, sendo controversa a causa de seu fechamento. Algumas notícias apontam para motivos técnicos, enquanto que outras falam de greves de pessoal e até de crimes: teria John Grant assassinado um operário com um tiro.

A terceira fábrica de ácido sulfúrico do Brasil foi instalada em 1887, no Rio de Janeiro, e chamava-se Fábrica de Ácido Sulfúrico Concentrado em Platina. Em 6 de junho de 1890 foi constituída a Cia. de Fabricação de Ácidos, Barrilha e Chlorureto de Cal, que incorporou a fábrica de ácido instalada em 1887. Em 1895 mudou de nome para Cia. de Ácidos e por volta de 1927 deslocou-se para Belford Roxo, constituindo-se no embrião da primeira fábrica da Bayer alemã no Brasil.

Em 1893 João Dierberger fundava a Dierberger Óleos Essenciais S.A., para a produção de produtos químicos e essências, em São Paulo. A empresa continua operando até a presente data.

Em 1894 foi fundada em São Paulo a firma Queiroz, Moura e Cia., que em 1910 montou uma fábrica de ácidos e produtos químicos, da qual fazia parte o farmacêutico Luiz M. Pinto de Queiroz. Em 1912 essa empresa passa a chamar-se Sociedade de Produtos Químicos L. Queiroz e em 1918 já possuía quatro estabelecimentos industriais: fábrica de pólvora na estação de Sabaúna, fábrica de sulfeto de carbono na estação de São Caetano, fábricas de ácido sulfúrico, ácido clorídrico, salitre, sulfeto de carbono, amoníaco, adubos Polysu e superfosfatos e sulfato de sódio na estação da Barra Funda e Drogaria Americana na Alameda Cleveland, onde a empresa havia se originado. Essa empresa ainda está em plena atividade, sob a denominação de Elekeiroz S.A., com fábrica na cidade de Várzea Paulista, São Paulo.

134 PEDRO WONGTSCHOWSKI

Em 1888 foi iniciada a montagem, em Sorocaba, da primeira fábrica de cimento do estado de São Paulo. A produção propriamente dita só começou em 1897, vindo a fábrica a ser fechada em 1918.

Em 1889, quando da Proclamação da República, o Brasil possuía indústrias na área de extração mineral, extração vegetal, extração animal, indústria siderúrgica, de papel, de vidro, de cimento, de sabões e velas e de adubos e inseticidas. Em termos de fabricação de produtos químicos, existiam indústrias de fermentação (produzindo álcool etílico e álcool iluminante), produtos químicos inorgânicos de síntese (hipoclorito de sódio, carbonato de potássio, cloro, ácidos clorídrico, sulfúrico e nítrico, iodeto de potássio, iodeto de ferro, cloreto mercuroso, bissulfato de cálcio, hipofosfito de cálcio, nitrato de prata, iodeto de chumbo, carbonato básico de chumbo e sulfato de magnésio) e produtos químicos orgânicos (clorofórmio, éter dietílico, nitrato de etila, ácido tartárico e tartaratos, ácido acético e acetatos, ácido cítrico e citratos, ácido láctico e lactatos, iodofórmio, nitrocelulose e glicerina).

A Cia. Melhoramentos de São Paulo, existente até a presente data, foi constituída, em 1890, para a implantação de uma fábrica de papel em Caieiras, São Paulo, por um grupo de brasileiros progressistas, do qual fazia parte Antônio Proost Rodovalho, que havia já participado da instalação da primeira fábrica de cimento em Sorocaba.

Em 1891 constituiu-se a Cia. Antarctica Paulista, na cidade de São Paulo, para a produção de cervejas e outras bebidas.

Em 1898 foi fundada em São Paulo a S.A. Fábricas Orion, para a produção de artefatos de borracha. Também nessa data foi formada a Cia. Química Duas Âncoras, para a produção de ceras para assoalho, pastas para calçado e saponáceos, e que ficou conhecida posteriormente pelo seu agressivo marketing de "Cito, Pox e Parquetina", em São Paulo.

Em 1905 fundava-se em Santos, São Paulo, a Moinho Santista, empresa pertencente ao grupo multinacional argentino Bunge[*] que, posteriormente, também implantou um respeitável conjunto de indústrias químicas no país: Sanbra (1934), Quimbrasil (1936), Serrana (1938) e Tintas Coral (1954)[**].

A fábrica do Ministério da Guerra, em Piquete, São Paulo, inaugurada em 1909, destinava-se à produção de ácido sulfúrico, ácido nítrico, pólvora e explosivos.

Algumas empresas multinacionais também se instalaram no país nessa época, a saber: Cia. Vidraria Sta. Marina, em 1903, pertencente ao grupo francês St. Gobain; Bayer do Brasil, em 1911, sob o nome Frederico Bayer & Cia., pertencente à Bayer da Alemanha; Cia. Brasileira de Carbureto de Cálcio, em 1912, pertencente ao grupo belga Solvay; S.A. White Martins, também em 1912, posteriormente pertencente à Union Carbide dos Estados Unidos[***]; e a Cia. Química Rhodia Brasileira, em 1919, pertencente ao grupo francês Rhône–Poulenc (atualmente Rhodia).

Durante o período da Primeira Guerra Mundial (1914-1918), a incipiente indústria química brasileira ressentiu-se muito da ausência de matérias-primas, quase todas importadas. Várias indústrias surgiram nesse período, sendo interessante ressaltar a S.A. Indústrias Votorantim, fundada em 1918, em Sorocaba, para a produção de cerâmica e que deu origem a um grupo nacional (Grupo Votorantim – Ermírio de Moraes) bastante forte no campo das indústrias químicas, entre as quais destaca-se a Nitro Química em São Miguel Paulista, São Paulo (1935). Data de 1915 a fundação da Cia. Aga de Gás Acumulado, no Rio de Janeiro, para a produção de

---

(*) Charles Bunge fundou a Bunge na Holanda. Em 1876 seu filho Ernesto Bunge emigrou para a Argentina, juntamente com seu cunhado Jorge Born. Na virada do século as operações argentinas do grupo eram maiores do que as operações da matriz holandesa. Em 1905 a Bunge y Born argentina estendeu suas operações para o Brasil.
(**) A Tintas Coral foi vendida à ICI em 1996.
(***) Atualmente pertence à Praxair.

INDÚSTRIA QUÍMICA NO BRASIL **135**

acetileno. Essa empresa perdura até a presente data, com várias fábricas de gases industriais no território nacional, e pertence ao grupo sueco Aga, que foi comprado recentemente pela empresa alemã Linde.

Pelo Decreto Legislativo nº 3.216 de 16/8/1917 o governo oferecia vantagens a quem em concorrência pública se propusesse a estabelecer a indústria de fabricação, em larga escala, de soda cáustica, a fim de atender às necessidades das fábricas de tecidos, de sabão e outros artigos (2). Essa fábrica veio a surgir só em 1945, quando a multinacional Solvay iniciou a implantação, no Alto da Serra do Mar, na parada Elclor, município de Santo André, de uma fábrica de cloro e soda.

No período compreendido entre as duas Grandes Guerras Mundiais, o Brasil assistiu a um crescimento contínuo de sua indústria química, condizente com o desenvolvimento dos outros ramos da indústria, tentando substituir produtos químicos até então importados. Também empresas originárias de grupos multinacionais vieram a se instalar no país nessa época.

O Quadro 3.1.1 apresenta algumas indústrias, instaladas entre 1911 e 1939, cuja maioria continua operando até a presente data.

Com a deflagração da Segunda Grande Guerra Mundial, a indústria química brasileira viu-se destituída de sua fonte de matérias-primas importadas. Essas eram, até então, abundantes e relativamente baratas, graças à enorme concorrência que faziam entre si, pela conquista de novos mercados, a Alemanha por meio da IG Farben, e a Inglaterra, com a Imperial Chemical Industries (ICI).

Santa Rosa (2) conta que se criou nessa época uma mentalidade "improvisadora", tentando suprir a ausência das matérias-primas importadas por substitutas nacionais, com resultados econômicos, muitas vezes, duvidosos. São exemplos dessa época as tentativas de substituir o enxofre importado por piritas brasileiras, de substituir o carvão combustível por torta de algodão, de extrair sais de potássio das cinzas da torta de algodão. Uma convicção, entretanto, ganhava corpo entre o empresariado e os técnicos do setor: era preciso estabelecer as bases definitivas da indústria química brasileira e não só promover a substituição das matérias-primas em situações emergenciais.

O Quadro 3.1.2 exprime bem as poucas iniciativas de vulto, no campo das indústrias químicas, que ocorreram entre 1940 e 1945.

Em relação ao período posterior ao término da Segunda Grande Guerra Mundial, merece destaque a instalação pela Petrobras de uma unidade de recuperação e purificação de eteno contido nos gases residuais, anexa à Refinaria de Cubatão, São Paulo, em 1955. Essa unidade iniciou sua produção, em 1957, abastecendo de eteno as unidades de estireno da Cia. Brasileira de Estireno e de polietileno de baixa densidade da Union Carbide, ambas em Cubatão e próximas à refinaria. O Quadro 3.1.3, sem pretender ser exaustivo, mostra indústrias químicas que se instalaram no período.

QUADRO 3.1.1 Indústrias químicas instaladas no Brasil - 1911 a 1939

Ano de fundação	Nome da empresa	Município da unidade fabril	Produtos
1911	Bayer	Rio de Janeiro (RJ)	Produtos químicos e farmacêuticos
1913	Minancora	Joinville (SC)	Produtos farmacêuticos
1919	Rhodia	Santo André (SP)	Produtos químicos e farmacêuticos
1919	Laboratório Catarinense	Joinville (SC)	Produtos farmacêuticos
1920	Kodak Brasileira	São Paulo (SP)	Produtos para fotografia
1921	Usina Colombina	São Caetano (SP)	Ácido sulfúrico e produtos químicos
1921	S.A. Cortume Carioca Divisão Química	Rio de Janeiro (RJ)	Produtos químicos para curtume
1921	Esso Química	Rio de Janeiro (RJ)	Produtos derivados de petróleo
1922	Hélios S.A. Indústria e Comércio	São Paulo (SP)	Tintas p/escrever, papel carbono, fitas p/maq. de escrever
1923	Cia. Cerâmica Mauá	Mauá (SP)	Cerâmica
1923	Pirelli	Santo André (SP)	Cabos e condutores elétricos, pneus e artigos de borracha
1923	Merck S.A.	Rio de Janeiro (RJ)	Prod. quim. e farmacêuticos
1923	Schering do Brasil	São Paulo (SP)	Produtos farmacêuticos
1924	Estabelecimento Nacional Indústria de Anilinas ENIA	São Paulo (SP)	Anilinas
1925	Canonne	Rio de Janeiro (RJ)	Produtos farmacêuticos
1925	Cia. Brasileira de Cimento Portland Perus	Caieiras (SP)	Cimento
1926	Comércio e Indústria João Jorge Figueiredo	São Paulo (SP)	Cerâmica
1926	Knoll	Rio de Janeiro (RJ)	Produtos farmacêuticos
1928	ICI do Brasil	São Paulo (SP)	Produtos químicos

INDÚSTRIA QUÍMICA NO BRASIL **137**

Observações

Inicialmente estabeleceu um escritório de representação comercial, no Rio de Janeiro, com o nome de Frederico Bayer & Cia. Em 1921 instalou uma fábrica, com o nome de Fábrica de Medicamentos Chimica Industrial Bayer Weskott & Cia. De 1939 a 1952 esteve sob intervenção militar. Em 1954 a Bayer alemã recuperou o controle da empresa.

Fundada pelo imigrante português Eduardo Augusto Gonçalves.

Implantou-se no Brasil, quando ainda pertencia somente à Société Chimique des Usines du Rhône, francesa. Em 1928, com a junção dos Établissements Poulenc à Société Chimique des Usines du Rhône, ficou pertencente à Rhône-Poulenc. Em 1998 fêz o *spin-off* de suas divisões química e têxtil, originando a Rhodia, na preparação para a fusão de suas divisões de produtos químicos para as ciências da vida com as da Hoechst, para formar a Aventis. Pertence ao grupo Rhodia francês.

Teve como origem a Farmácia Minerva, de Curitiba, PR, que tinha uma filial em Joinville, SC. Em 1927, um dos sócios comprou a filial de Santa Catarina. Em 1942 mudou de nome para Farmácia Catarinense e em 1945 para Laboratório Catarinense.

Pertence ao grupo norte-americano Eastman Kodak.

Foi recentemente desativada.

Pertence ao grupo suíço Bally.

Pertence ao grupo norte-americano Exxon.

Pertence ao grupo italiano Pirelli.

Pertence ao grupo alemão Merck.

Iniciou no Brasil com um escritório de representação comercial. Em 1939 instalou uma fábrica no Rio de Janeiro, que foi desapropriada em 1944, por causa da Segunda Guerra Mundial. Foi comprada pelos Diários Associados, que a vendeu para a Schering norte-americana, em 1960. Depois da guerra, a Schering alemã não pôde mais usar seu nome, adotando o nome Berlimed. Só em 1991 pôde voltar a usar seu nome original. É filial da Schering alemã.

Foi fundada como Conti Reviglio e Cia. Em 1942 mudou o nome para ENIA. Atualmente contitui a ENIA Indústrias Químicas e é controlada pela Norquisa.

Iniciou no Brasil com um escritório de representação comercial. Instalou uma fábrica em 1936. É fabricante das famosas Pastilhas Valda. É filial da Canonne francesa.

Posteriormente mudou o nome para Nadir Figueiredo.

Iniciou no Brasil com um escritório de representação comercial. Instalou um fábrica no Rio de Janeiro, em 1963. Em 1975 a Basf alemã incorporou a Knoll na Alemanha e, em 1976, no Brasil. Em 1995 a Basf criou a Basf Generix, para a produção de genéricos. É a filial da Knoll alemã, empresa da Basf Pharma. Em 2000 a Abbott norte-americana comprou a Knoll alemã e suas filiais no mundo.

Em 1942 uniu-se a DuPont, no Brasil, para formar a Duperial, que existiu até 1953. Após essa data separaram-se novamente. Pertence à ICI britânica.

QUADRO 3.1.1 Indústrias químicas instaladas no Brasil - 1911 a 1939

Ano de fundação	Nome da empresa	Município da unidade fabril	Produtos
1928	Cia. Fiat Lux de Fósforos de Segurança	São Paulo (SP)	Fósforos
1929	Industrial Irmãos Lever	São Paulo (SP)	Sabões e sabonetes
1929	Refinações de Milho Brasil	São Paulo (SP)	Amidos, óleos, dextrinas, glicose, outros produtos derivados do milho
1929	Cia. Brasileira Rhodiaceta Fábrica de Raion	Santo André (SP)	Ácido acético, anidrido acético, raiom acetato
1930	Laboratórios Aché	Guarulhos (SP)	Produtos farmacêuticos
1931	Roche	São Paulo (SP)	Produtos farmacêuticos
1932	Destilaria Sul Riograndense	Uruguaiana (RS)	Refinaria de petróleo
1934	Ciba	São Paulo (SP)	Produtos farmacêuticos
1935	Globo S.A. Tintas e Vernizes	Mauá (SP)	Pigmentos e óxidos de ferro
1935	Cia. Nitro Química Brasileira	São Paulo (SP)	Ácidos sulfúrico e nítrico, fios de raiom
1936	Refinaria Ipiranga	Rio Grande (RS)	Refinaria de petróleo
1936	Cia Electro-Chímica Fluminense	Alcântara (RJ)	Soda cáustica e cloro
1936	Inds. Matarazzo de Energia	São Caetano (SP)	Refinaria de petróleo
1936	União Química Farmacêutica	Uberlândia (MG)	Produtos farmacêuticos
1936	Farmasa	São Paulo (SP)	Produtos farmacêuticos
1937	DuPont do Brasil	Barra Mansa (RJ)	Produtos químicos
1937	Johnson & Johnson	São José dos Campos (SP)	Produtos farmacêuticos
1939	Inbra S.A. Indústrias Químicas	Diadema (SP)	Produtos químicos
1939	Cia Goodyear do Brasil Produtos de Borracha	São Paulo (SP)	Pneus, câmaras de ar, artigos de borracha
1939	Cia. Firestone do Brasil	Santo André (SP)	Pneus, câmaras de ar, artigos de borracha

Fonte: Santa Rosa (2); Estudos Econômicos, C.N.I.; Gazeta Mercantil.

INDÚSTRIA QUÍMICA NO BRASIL **139**

(continuação)

Observações

Atualmente é controlada pelo grupo sueco Eka Chemicals.

Posteriormente mudou de nome para Indústrias Gessy Lever. Pertence ao grupo anglo-holandês Unilever.

Pertence ao grupo anglo-holandês Unilever.

Posteriormente mudou de nome para Rhodia Inds. Químicas e Têxteis S.A. Pertence ao grupo francês Rhodia.

Foi fundado em 1930, mas adquiriu grande desenvolvimento em 1965, quando a Distribuidora de Medicamentos Prodoctor comprou a empresa. Em 1978 comprou a filial brasileira do Laboratório Bracco Novotherapica italiano. Em 1982 fez um acordo com a Warner-Lambert norte-americana, para produzir e distribuir seus medicamentos no Brasil. Ainda nesse ano comprou a filial brasileira da Parke-Davis norte-americana. Em 1988 formou a Prodome, da qual detém 51%, com a Merck Sharp & Dohme dos Estados Unidos. Em 1989 adquiriu 70% da Schering-Plough do Brasil, quando a Schering-Plough norte-americana saiu deste país. Atualmente detém 42% dessa empresa.

Iniciou no Brasil com um escritório de representação comercial. Implantou uma fábrica em 1974. É uma filial da F. Hoffmann-La Roche suíça.

Capacidade incial de refino 375 barrís/dia. Concessão negociada com a Petrobras e desativada em 1972.

Iniciou no Brasil com um escritório de representação comercial. Fundiu-se com a Geigy, também da suíça, em 1969 e com a Sandoz em 1996, para formar a Novartis. É filial da Novartis suíça.

Atualmente pertence à Bayer alemã.

Pertence ao grupo Votorantim. A fábrica de fio de raiom foi desativada em janeiro de 1998.

Capacidade inicial de refino 1.000 barrís/dia. Capacidade atual: 10.000 barrís/dia.

Foi posteriormente desativada.

Capacidade inicial 875 barrís/dia. Concessão negociada com a Petrobras e desativada em 1972.

Fundada em 1936, é um dos mais importantes produtores de genéricos do Brasil.

Fundada em 1936, com sede e fábrica em São Paulo.

Pertence à DuPont norte-americana (v. ICI do Brasil).

Iniciou suas atividades no Brasil em 1937. Sua atuação mais destacada no campo de medicamentos dá-se por meio da subsidiária Janssen-Cilag. A Cilag, de origem suíça, foi incorporada à Johnson & Johnson norte-americana em 1959 e, no Brasil, como subsidiária, em 1984. A Janssen, de origem belga, foi incorporada à Johnson & Johnson em 1961 e, como subsidiária independente no Brasil, em 1982. A união dessas duas subsidiárias, como uma unidade de negócios no Brasil, deu-se em 1997. É filial da Johnson & Johnson norte-americana.

Pertence à Goodyear norte-americana.

Posteriormente o grupo norte-americano Firestone foi comprado pelo grupo japonês Bridgestone.

QUADRO 3.1.2 Indústrias químicas instaladas no Brasil - 1940 a 1945

Ano de fundação	Nome da empresa	Município da unidade fabril	Produtos
1940	Akzo Nobel Divisão Organon	São Paulo (SP)	Produtos químicos e farmacêuticos
1941	Laboratórios Biosintética	São Paulo (SP)	Produtos farmacêuticos
1941	Sandoz	Rezende (RJ)	Produtos farmacêuticos
1941	Indústria Química Anastácio	São Paulo (SP)	Ácidos graxos, estearina, glicerina
1941	Cia. Brasileira de Alumínio	Sorocaba (SP)	Ácido sulfúrico, sulfato de alumínio
1941	Fábrica de Pólvora do Ministério da Guerra	Piquete (SP)	Ácido sulfúrico, ácido nítrico pólvoras, explosivos
1942	Indústria de Produtos Químicos Alca	Itapira(SP)	Ácido láctico, lactato de cálcio, lactato de etila
1942	S.A. Indústrias Reunidas F. Matarazzo	Comendador Ermelino (SP)	Película transparente de viscose (papel celofane)
1942	S.A. Indústrias Reunidas F. Matarazzo	Santa Rosa de Viterbo (SP)	Ácido cítrico
1943	Société Anonyme du Gaz de Rio de Janeiro	Rio de Janeiro (RJ)	Benzeno, tolueno, xileno
1943	Indústrias Andrade Latorre	Jundiaí (SP)	Fósforos e clorato de potássio
1944	E.R. Squibb e Sons do Brasil	São Paulo (SP)	Produtos farmacêuticos e penicilina
1944	Bristol—Myers Squibb Brasil	São Paulo (SP)	Produtos farmacêuticos
1944	Eli Lilly do Brasil	Cosmópolis (SP)	Produtos farmacêuticos
1945	Ind. de Tintas e Vernizes Super	São Paulo (SP)	Tintas e vernizes
1945	Indústrias Químicas Eletrocloro S.A. Elclor	Santo André (SP)	Soda cáustica, ácido clorídrico, hipoclorito de sódio
1945	Ind. Química Mantiqueira	Lorena (SP)	Explosivos, peróxido de hidrogênio (água oxigenada), ácido oxálico

Fonte: Santa Rosa (2); Gazeta Mercantil.

INDÚSTRIA QUÍMICA NO BRASIL 141

Observações

Iniciou suas atividades no Brasil em 1940. Posteriormente estendeu sua produção a produtos químicos. É filial da Akzo Nobel holandesa.

Fundado em 1941. Em 1979 foi adquirido por um grupo francês ligado à Nestlé suíça. Permaneceu como uma divisão da Alcon do Brasil até 1984, quando foi comprada da Alcon pela família Visconde. Em 1998 adquiriu o controle da Glicolabor Indústria Farmacêutica.

Iniciou suas atividades no Brasil em 1941. Em 1996 fundiu-se com a Ciba-Geigy, para formar a Novartis. É filial da Novartis suíça.

Pertence ao grupo Votorantim.

Sofreu posteriormente ampliações significativas em todas as linhas.

A fábrica foi desativada em 1966. A empresa mudou-se para São Paulo onde produz tintas, vernizes e solventes.

Em 1994 a fábrica passou a ser administrada por uma cooperativa de funcionários.

Atualmente constitui a Mercocítrico Fermentações, pertencente ao grupo britânico Tate & Lyle.

Aqui trata-se da unidade de extração de aromáticos dos óleos de alcatrão, atualmente desativada. De origem belga, em operação desde 1853, foi posteriormente estatizada, transformando-se na CEG - Cia. Estadual de Gás, distribuindo gás natural. Foi recentemente privatizada.

Posteriomente uniu-se ao grupo sueco Swedish Match e atualmente chama-se Eka Chemicals.

Posteriormente uniu-se à Laborterápica Bristol constituindo a Bristol-Myers Squibb do Brasil S.A.

A E.R. Squibb & Sons norte-americana iniciou suas atividades no Brasil em 1944. Em 1989 a Squibb uniu-se à Bristol-Myers norte-americana. É filial da Bristol-Myers Squibb norte-americana.

Instalou uma fábrica no Rio de Janeiro, em 1944. Transferiu essa fábrica para São Paulo em 1953. Criou a Elanco, em 1964, para a produção de produtos para a saúde animal e matérias-primas farmacêuticas, instalou uma fábrica em Cosmópolis, S.P., em 1977. É filial da Eli Lilly norte-americana.

Posteriormente mudou de nome para Combilaca, foi depois adquirida pela Glasurit e atualmente pertence à Basf-Divisão Glasurit.

Pertence ao grupo belga Solvay.

Posteriormente uniu-se à Rupturita para formar a Explo. Em 1998 cessou a produção de matérias-primas para explosivos.

QUADRO 3.1.3 Indústrias químicas instaladas no Brasil - 1946 a 1960

Ano de fundação	Nome da empresa	Município da unidade fabril	Produtos
1946	De La Rue Plásticos do Brasil	Rio de Janeiro (RJ)	Moldados de resina fenol-formaldeído
1946	Cia Siderúrgica Nacional	Volta Redonda(RJ)	Alcatrões, amônia, BTX, naftalenos, antraceno, óleo de creosoto, piche
1947	Nitro Química	São Paulo (SP)	Colódio (dinitro-celulose) nitro-celulose indl. e nitrocelulose p/ pólvora (trinitrocelulose)
1947	Alba S.A. Adesivos e Laticínios Brasil America	Curitiba (PR)	Formol e hexametilenotetra-mina
1947	Ceralit	São Paulo (SP)	Ácidos graxos, sais de ácidos graxos, óleos
1947	Laboratório Teuto Brasileiro	Anápolis (GO)	Produtos farmacêuticos
1948	Laboratórios Sintofarma	São Paulo (SP)	Produtos farmacêuticos
1948	Marion		Produtos farmacêuticos
1948	Resana	São Bernardo (SP)	Resinas alquídicas, maléicas e fenólicas, anidrido maléico e resina de poliéster
1948	Indústrias Químicas Brasileiras Duperial	Barra Mansa (RJ)	Ácido sulfúrico, ácido nítrico, nitrocelulose para explosivos
1948	Union Carbide do Brasil	Cubatão (SP)	Polietileno de baixa densidade
1948	S.A. Indústrias Votorantim	Sorocaba (SP)	Película transparente de viscose (papel celofane)
1948	Glaxo	Rio de Janeiro (RJ)	Produtos farmacêuticos
1949	Hoechst (divisão farmacêutica)	Suzano (SP)	Produtos farmacêuticos
1949	Bristol-Myers	São Paulo (SP)	Produtos farmacêuticos
1949	Elekeiroz	Várzea Paulista (SP)	Ácido sulfúrico e superfosfatos

INDÚSTRIA QUÍMICA NO BRASIL **143**

Observações

Foi a maior fábrica de moldagem da América do Sul, na época. Pertencia ao grupo inglês Thomas de La Rue. Em 1994 passou a ser controlada pela American Bank Note.

Mudança de produção de nitrocelulose destinada à fabricação de raiom, para fabricação de nitroceluloses especiais.

A empresa é controlada pelo grupo Borden norte-americano.

Posteriormente montou uma fábrica em Campinas.

Foi fundado pelo imigrante alemão Adolfo Krumeir. Em 1966 passou a ser controlado pela Rical de Belo Horizonte. Em 1986 foi adquirido por Walterci de Melo. Em 1993 a sede da empresa é transferida pela Anápolis, GO. É grande produtor de genéricos.

Iniciou suas atividades em 1948, com uma fábrica em Taboão da Serra, SP. Em 2000 foi comprada pelo grupo belga Solvay.

Iniciou suas atividades no Brasil em 1948. Em 1995 a Hoechst alemã comprou a Marion Merrell Dow norte-americana e, em 1996, a Roussel Uclaf, formando o Hoechst Marion Roussel, a quem foi integrada.

Em 1953 a sociedade cinde-se em duas: a DuPont do Brasil e Cia. Imperial de Indústrias Químicas do Brasil.

Originalmente o eteno era obtido a partir do álcool etílico. Pertence à Dow norte-americana.

Empresa pertencente ao grupo Votorantim.

A Glaxo britânica inicialmente instalou um escritório de representação comercial no Brasil, em 1948. Instalou uma fábrica em 1970. A Smithkline Beecham está no Brasil desde 1982. Em 1995 a Glaxo uniu-se à Wellcome, tornando-se Glaxo Wellcome. Em 2000 surgiu a GlaxoSmithKline do Brasil, como resultado da fusão das empresas britânicas SmithKline Beecham e Glaxo Wellcome. É filial da GlaxoSmithKline britânica.

Iniciou suas atividades no Brasil em 1949. Em 1999 uniu-se à Rhône-Poulenc para formar a Aventis. É filial da Aventis Pharma francesa.

Iniciou suas atividades no Brasil pela Laborterápica, que distribuía seus medicamentos. Posteriormente formou a Laborterápica-Bristol. Em 1990 uniu-se à Squibb brasileira, como fruto da fusão ocorrida em 1989 entre a Squibb e a Bristol-Myers norte-americanas.

QUADRO 3.1.3 Indústrias químicas instaladas no Brasil - 1946 a 1960

Ano de fundação	Nome da empresa	Município da unidade fabril	Produtos
1949	Cia Brasileira Givaudan	São Paulo (SP)	Essências e aromas
1949	Inds. Farmacêuticas Fontoura-Wyeth	São Paulo (SP)	Produtos farmacêuticos
1949	Bakol	São Paulo (SP)	Poliestireno
1949	Plásticos Plavinil	São Paulo (SP)	Filmes de material vinílico
1949	Fongra Produtos Químicos	Suzano (SP)	Produtos químicos
1950	S.A. Ind. Reunidas F. Matarazzo	São Caetano (SP)	Soda Cáustica e cloro
1950	Bristol-Labor S.A.	São Paulo (SP)	Produtos farmacêuticos
1950	S.A. Ind. Reunidas F. Matarazzo	São Caetano (SP)	Pesticida benzeno hexaclorado
1950	Refinaria Nacional de Petróleo S.A.	Mataripe (BA)	Refinaria de petróleo
1950	Alba S.A. Inds. Químicas	Cubatão (SP)	Metanol
1951	Laboratórios Baldacci	São Paulo (SP)	Produtos farmacêuticos
1951	Laboratório Neo-Química	Anápolis (GO)	Produtos farmacêuticos
1951	Cia. Química Industrial CIL	São Paulo (SP)	Ácido sulfúrico e dióxido de titânio
1951	Cia. de Superfosfatos e Produtos Químicos	Capuava (SP)	Ácido sulfúrico e superfosfatos
1951	Pan-Americana S.A. Indústrias Químicas	Rio e Janeiro (RJ)	Soda cáustica e cloro
1951	Elekeiroz	Várzea Pauista (SP)	Anidrido ftálico e ftalatos
1951	Rhodia	Santo André (SP)	Ácido acético, anidrido acético e acetatos
1951	Rilsan Brasileira	Osasco (SP)	Rilsan (fibra de poliamida da classe do náilon)
1952	Merck Sharp & Dohme	Campinas (SP)	Produtos farmacêuticos
1952	Pfizer	Guarulhos (SP)	Produtos farmacêuticos
1952	Rhodia	Santo André (SP)	Amônia
1953	Quimbrasil	Santo André (SP)	Ácido sulfúrico e superfosfatos

INDÚSTRIA QUÍMICA NO BRASIL **145**

(continuação)

Observações

Pertence ao grupo suíço Givaudan-Roure.

União do tradicional grupo Fontoura à firma Wyeth norte-americana.

Fabricado a partir de estireno importado. Unidade desativada, pertencia ao grupo Cevekol (Rosemberg).

Pertencia ao grupo Solvay e foi vendida à Vulcan em 1997.

Originalmente formada pela Fontoura e pela Grace norte-americana. Posteriormente adquirida pelo grupo alemão Hoechst. Hoje integra a Clariant.

Foi posteriormente desativada

Em 1957 uniu-se à Laborterápica Ind. Química e Farmacêutica, constituindo a Laborterápica-Bristol S.A.

Foi posteriormente desativada.

Capacidade inicial de refino 2.500 barrís/dia. Em 1953 foi dobrada a capacidade de refino. Pertencia ao CNP e passou para a Petrobras em 1953.

Unidade desativada. Síntese a partir de óleo combustível.

Iniciou suas atividades no Brasil em 1951. É filial da Baldacci italiana.

Fundado em 1951, na cidade do Rio de Janeiro. Sua atual sede é em Anápolis, GO. É produtor de genéricos.

Fábrica desativada em 1958.

A maior unidade de ácido sulfúrico do país na época, com capacidade de 100 t/dia.

Pertence ao grupo Capelini.

Produção a partir de álcool etílico. Produção paralisada após a entrada das unidades de Campinas.

Produção a partir do óleo de rícino extraído da mamona. Posteriormente foi comprada pela Hoechst, em seguida controlada pela Fairway e, pela dissolução dessa, pertence à Rhodia francesa.

Iniciou com um escritório de representação comercial em 1952, Instalou um fábrica em 1956. Tem uma *joint venture* com o grupo Aché, a Prodome. É filial da Merck & Co., Inc., norte-americana.

Iniciou com um escritório de representação comercial, em 1952. Instalou uma fábrica em São Paulo, em 1960. Em 2000 comprou a Warner-Lambert norte-americana. É filial da Pfizer norte-americana.

Primeira unidade de amônia sintética no país. Foi posteriormente desativada.

Destinada à produção de fertilizantes com fosfato proveniente da mina da Serrana (mesmo grupo). Em 1991 foi incorporada pela Serrana, que pertence ao grupo Bunge.

QUADRO 3.1.3 Indústrias químicas instaladas no Brasil - 1946 a 1960

Ano de fundação	Nome da empresa	Município da unidade fabril	Produtos
1953	Inds. Químicas Eletro Cloro	Santo André (SP)	Pesticida benzeno hexaclorado
1953	Cia. Bras. de Plást. Koppers	São Bernardo do Campo (SP)	Poliestireno
1953	Cia Brasileira de Estireno	Cubatão (SP)	Estireno
1953	Usina Victor Sence	Conceição de Macabu (RJ)	Butanol por via fermentativa, acetato de butila, ácido acético, acetona
1953	Cia de Tintas e Vernizes R. Montesano	São Paulo (SP)	Resinas fenólicas maléicas, alquídicas, copais
1953	Fiação Bras. de Raion Fibra	Americana (SP)	Raiom-viscose
1953	Brascola	São Bernardo do Campo (SP)	Adesivos, colas
1954	Nitro Química	São Paulo (SP)	Soda cáustica, cloro
1954	Matarazzo	São Caetano (SP)	Sulfeto de sódio
1954	Orquima Indústrias Químicas Reunidas	São Paulo (SP)	Cloreto de cério, silicato de zircônio, compostos de tório e urânio
1954	Dunlop do Brasil	Campinas (SP)	Pneus, câmaras, artefatos de borracha
1954	Refinaria de Petróleo Manguinhos	Rio de Janeiro (RJ)	Refinaria de petróleo
1954	Refinaria e Exploração de Petróleo União	Capuava (SP)	Refinaria de petróleo
1954	Byk Química e Farmacêutica	São Paulo (SP)	Produtos farmacêuticos
1955	Nitro Química	São Paulo (SP)	Ácido sulfúrico
1955	Quimbrasil	Santo André (SP)	Pigmentos inorgânicos
1955	Ind. Brasileira de Pigmentos	Mauá (SP)	Óxido de zinco
1955	S.A. Indústrias Reunidas F. Matarazzo	São Caetano (SP)	Carbeto de cálcio
1955	Rhodia	Campinas (SP)	Ácido acético, acetatos, anidrido acético, álcool isopropílico

Fonte: Santa Rosa (2); Estudos Econômicos, C.N.I. Rio de Janeiro; Gazeta Mercantil.

(continuação)

Observações

Unidade desativada com o banimento do BHC.

Foi posteriormente desativada.

A partida da unidade deu-se em 1957, tendo como matéria-prima o eteno vindo da RPBC e o benzeno de origem carboquímica. Pertence ao grupo Unigel.

Foi posteriormente desativada.

Posteriormente foi adquirida pelo grupo holandês Akzo.

Originalmente tinha uma associação com a Snia Viscosa da Itália. Pertence atualmente ao grupo Vicunha.

Foi posteriormente desativada.

Foi posteriormente desativada.

Os compostos de tório e de urânio eram vendidos ao governo federal (CNEN). Unidade atualmente paralisada. Foi incorporada à Nuclemon, atualmente Inds. Nucleares do Brasil - INB.

Inicialmente de origem inglesa, atualmente pertence ao grupo japonês Sumitomo.

Capacidade de refino: 10.000 barrís/dia. Pertence ao grupo Peixoto de Castro.

Capacidade inicial de refino: 20.000 barrís/dia. Pertencia ao grupo Soares Sampaio e foi incorporada à Petrobras em 1974. Capacidade atual de refino: 35.000 barrís/dia.

Iniciou com um escritório de representação comercial em 1954, no Rio de Janeiro, com o nome de Bikofarma. Em 1955 mudou para São Paulo e em 1957 implantou uma fábrica em São Paulo. Em 1970 adquiriu o conceituado Laboratório Procienx, nacional, e em 1984, o Instituto Lorenzini, mudando para o nome atual. É filial da Byk alemã.

Pertence ao grupo Votorantim.

Foi vendida à ICI em 1996 mudando o nome para Syntechrom-Heubach do Brasil. Foi desativada em 1997.

Em 1973 uniu-se à Uniroyal para formar a Uniroyal Pigmentos. Posteriormente foi comprada pelo grupo Mercantil e Industrial Ingá e constitui atualmente a Unimauá.

Fornecia acetileno para a sua associada Geon produzir o cloreto de vinila. Foi posteriormente desativada.

Pertence ao grupo francês Rhodia.

QUADRO 3.1.3 Indústrias químicas instaladas no Brasil - 1946 a 1960

Ano de fundação	Nome da empresa	Município da unidade fabril	Produtos
1955	Quimbrasil	São Caetano (SP)	Fenotiazina
1955	Cia. Petroquímica Brasileira-Copebrás	Cubatão (SP)	Negro-de-fumo
1955	Brasitex-Polimer	São Caetano (SP)	Resinas acrílicas
1955	Petrobras	Cubatão (SP)	Refinaria de petróleo
1955	Cia de Produtos Químicos Idrongal	Guaratinguetá (SP)	Produtos químicos
1955	Anilinas Holandesas do Brasil	Rio Claro (SP)	Anilina, ácido fórmico, formiatos
1956	Cia Rhodosá de Raion	São José dos Campos (SP)	Raiom-viscose
1956	Fongra (Hoechst)	Suzano (SP)	Inseticida DDT
1956	Coral Fábrica de Tintas e Esmaltes, Lacas e Vernizes	Santo André (SP)	Resinas sintéticas em geral, tintas e vernizes
1956	Cia de Petróleos da Amazônia	Manaus (AM)	Refinaria de petróleo
1957	Petrobras	Cubatão (SP)	Refinaria de petróleo
1957	Antoine Chiris Ltda.	São Paulo (SP)	Essências e aromas
1957	Searle	São Paulo (SP)	Produtos farmacêuticos
1957	Mead Johnson Brasil	São Paulo (SP)	Produtos farmacêuticos
1957	Rhodia	Campinas (SP)	Acetato de polivinila
1958	Fábrica de Fertilizantes de Cubatão (FAFER) Petrobras	Cubatão (SP)	Amônia, ácido nítrico, fertilizantes nitrogenados
1958	Libbs Farmacêutica	São Paulo (SP)	Produtos farmacêuticos
1958	Zambom	São Paulo (SP)	Produtos farmacêuticos
1959	Quimbrasil	Santo André (SP)	Fenol
1960	Schering-Plough	Rio de Janeiro (RJ)	Produtos farmacêuticos

Fonte: Santa Rosa (2); Estudos Econômicos, C.N.I. Rio de Janeiro; Gazeta Mercantil.

INDÚSTRIA QUÍMICA NO BRASIL **149**

(continuação)

Observações

Unidade desativada.

Utiliza frações pesadas do refino de petróleo, vindas da RPBC. Pertence ao grupo Columbian Chemicals. Na década de 60 a Copebrás instalou uma fábrica de fertilizantes, que pertence à Anglo American sul-africana.

Posteriormente mudou o nome para Basf Brasileira S.A. Inds. Químicas. Pertence à Basf alemã.

Capacidade inicial de refino de 45.000 barrís/dia. Capacidade atual de refino: 170.000 barris/dia.

Compõe atualmente o complexo químico da Basf em Guaratinguetá.

A empresa posteriormente mudou de nome para Quimanil Inds. Químicas S.A. Foi absorvida pela ICI inglesa, posteriormente.

Pertence ao grupo francês Rhodia.

Unidade desativada com o banimento do DDT.

Pertencia ao grupo Bunge e foi vendida a ICI inglesa em 1996.

Capacidade inicial de refino: 5.000 barris/dia. Pertence ao grupo Isaac Sabbá e foi incorporada à Petrobras em 1974. Posteriormente sua capacidade foi aumentada para 10.000 barris/dia.

Unidade de recuperação e purificação de eteno contido no gás residual da Refinaria Presidente Bernardes.

Iniciou suas atividades no Brasil em 1957. Foi adquirida pela Monsanto, na década de 80. Em 1997 comprou da Carlo Erba, italiana, a filial brasileira instalada no Rio de Janeiro. Com a recente fusão da Pharmacia & Upjohn e Monsanto, para formar a Pharmacia Corp., a Searle ficou como filial da Pharmacia Corp. norte-americana/ sueca.

Iniciou sua atividades no Brasil em 1957. Em 1960 comprou a Endochimica. Em 1964 passou a integrar o grupo Bristol-Myers.

Pertence ao grupo francês Rhodia.

Unidade desativada em 1989.

Iniciou suas atividades no Brasil em 1958. É filial da Zambom italiana.

Fábrica desativada com a entrada em operação da unidade da Rhodia, em Paulínia, em 1970.

Instalou-se no Brasil com a compra da fábrica da Schering alemã, em posse dos Diários Associados, antes ainda de associar-se à Plough norte-americana, o que ocorreu só em 1971. Em 1989 a Schering-Plough decide dispor da maior parte de seu capital no Brasil, vendendo para os Laboratórios Aché 70% da empresa. Atualmente os Laboratórios Aché detêm 42% da empresa.

A INDÚSTRIA QUÍMICA PÓS-60

A indústria petroquímica

A grande arrancada e consolidação da indústria química brasileira deu-se nesse período. O fato mais marcante foi o estabelecimento dos três pólos petroquímicos, o de São Paulo em 1972, o do Nordeste em 1978 e o do Sul em 1982. O primeiro nasceu de uma iniciativa do grupo nacional privado Capuava (família Soares Sampaio), que já era proprietário da Refinaria União, em Capuava. Além da unidade de primeira geração (central de matérias-primas), o investimento previa algumas unidades de segunda geração (monômero de cloreto de vinila, cloreto de polivinila, polietileno, tetrâmero de propeno e cumeno). Dado o grande volume de capital necessário para tal empreendimento, o grupo Capuava procurou associar-se com uma empresa multinacional de grande porte. Associou-se primeiramente à Gulf Oil Corporation, norte-americana, e com a desistência desta, associou-se a Phillips Petroleum, também norte-americana, que já participava do projeto Ultrafértil, em associação com o grupo Ultra. Compôs-se também com dois grupos nacionais, o grupo financeiro Moreira Salles e o grupo Ultra. Com a posterior desistência da Phillips Petroleum, em 1968, o projeto só teve andamento com a entrada da recém-criada Petroquisa.

Por essa ocasião o grupo Capuava, em conjunto com o grupo Moreira Salles, uniu-se à Hanna Mining norte-americana, para formar a *holding* Unipar, que passou a deter as participações do grupo Capuava na Petroquímica União em empreendimentos de segunda geração.

A Petroquisa foi criada, pelo Decreto 61.891 de 28/12/67, para desenvolver e consolidar a indústria química e petroquímica no Brasil, por participações societárias em empresas do setor, mesmo minoritariamente, o que era impedido à Petrobras, por força da Lei 2.004[*] que a criou.

Simultaneamente ao projeto de implantação do pólo petroquímico de São Paulo, a Union Carbide instalava em Cubatão uma unidade com capacidade de 120 mil t/ano de eteno, com base no processo de pirólise Wulff da própria Union Carbide. Com o fracasso desse processo, a Union Carbide viu-se obrigada a desativar a unidade.

Foram essenciais, nessa fase, as iniciativas governamentais de criação da Comissão de Desenvolvimento Industrial (Decreto 53.898 de 29/4/64), do Grupo Executivo da Indústria Química – Geiquim (Decreto 53.975 de 19/6/64) e da Comissão Especial de Petroquímica, dentro do Conselho Nacional do Petróleo — CNP em 13/10/64. Pelo Decreto 65.016 de 18/8/69, a Comissão de Desenvolvimento Industrial é transformada em Conselho de Desenvolvimento Industrial – CDI.

O Quadro 3.2.1 mostra as unidades instaladas no pólo petroquímico de São Paulo, na fase inicial de sua operação.

Com o início das operações do pólo paulista e o enorme desenvolvimento industrial do país, logo ficou patente a necessidade de expansão da produção brasileira de petroquímicos. Começaram então as negociações, entre a indústria privada nacional e os diversos órgãos e empresas federais, sobre a possível ampliação do pólo paulista ou a instalação de um segundo pólo em algum outro estado do Brasil.

Os fatos que acabaram por consolidar o segundo pólo petroquímico em Camaçari, na Bahia, desenrolaram-se na seguinte seqüência:

- em 1967 a Companhia de Desenvolvimento do Recôncavo — Conder, do governo do estado da Bahia, encomenda à Clan — Consultoria e Planejamento um estudo das

---

(*) A Lei 2.004 foi revogada pela Lei 9.478 de 6/8/97, que criou a Agência Nacional de Petróleo (ANP). A Lei 9.478/97 foi regulamentada pelo Decreto 2.455 de 15/1/98.

QUADRO 3.2.1 Pólo petroquímico de São Paulo

Nome da empresa	Município da unidade fabril	Produtos	Observações
Petroquímica União	Mauá (SP)	Eteno, propeno butadieno, benzeno, tolueno, o-xileno, p-xileno, mistura de xilenos, resíduo aromático	Originalmente tinha a participação dos grupos Unipar (controlador), Phillips Petroleum norte-americano, Ultra e Moreira Salles. Com a saída da Phillips Petroleum, a Petroquisa adquiriu o controle do empreendimento. Em 1994, a empresa foi privatizada, sendo hoje a Unipar a principal acionista.
Copamo Consórcio Paulista de Monômeros	Santo André (SP)	Monômero de cloreto de vinila	Originalmente tinha a participação dos grupos Unipar, Hüls e Bayer, estes dois últimos de origem alemã, e Solvay belga. Posteriormente foi absorvido pelo grupo belga Solvay.
Poliolefinas	Mauá (SP)	Polietileno de baixa densidade	Originalmente tinha a participação dos grupos Unipar, Petroquisa, National Distillers norte-americano e IFC - International Finance Corporation. Atualmente é controlada pelo grupo Unipar e constitui a Polietilenos União.
Brasivil Resinas Vinílicas	Santo André (SP)	Cloreto de polivilina (PVC)	Originalmente tinha a participação dos grupos Unipar, Hüls e Bayer, estes dois últimos de origem alemã. Posteriormente foi absorvida pelo grupo controlador belga Solvay.
Rhodia Inds. Quím. e Têxteis	Paulínia (SP)	Fenol	Pertence ao grupo francês Rhodia.
Oxiteno	Mauá (SP)	Óxido de eteno	É controlada pelo grupo Ultra.
Emp. Bras. de Tetrâmero (atualmente divisão química da Unipar)	Mauá (SP)	Tetrâmero de propeno e cumeno	Posteriormente mudou de nome para Unipar União de Indústrias Petroquímicas S.A. Pertence ao grupo Unipar.
Cia. Bras. de Estireno	Cubatão (SP)	Estireno (nova unidade)	Atualmente pertence ao grupo Unigel. A unidade de poliestireno foi adquirida pela Basf.
Union Carbide do Brasil	Cubatão (SP)	Expansão de unidade de polietileno de baixa densidade	Pertence ao grupo norte-americano Dow.
Eletroteno Inds. Plásticas	Santo André (SP)	Polietileno de alta densidade	Posteriormente foi absorvida pelo grupo controlador belga Solvay.

Fonte: Abiquim (exceto "Observações").

possibilidades de instalação de indústrias petroquímicas na Bahia e, em particular, das oportunidades da Petrobras naquele estado;

- em 1968 a Petrobras informou ao Geiquim a disponibilidade de 60 mil t/ano de propeno, tendo o Geiquim aprovado os seguintes projetos: acrilonitrila para a Fisiba, octanol para a Ciquine, óxidos de propeno e polióis para a Dow e polipropileno para a Polibrasil;

- em 1969 fica pronto o estudo da Clan, coordenado por Rômulo Almeida, do qual participaram funcionários da Petrobras, Petroquisa, BNDE e Geiquim, destacando-se as atuações de Paulo Vieira Belloti (BNDE) e Otto Vicente Perrone (Petrobras); o estudo recomendava fortemente a instalação do segundo pólo naquele estado;

- em 1970, a Resolução 2/70 do CDI dispunha:
  - à Secretaria Geral do CDI, que tomasse as medidas que se fizessem necessárias à implantação do pólo petroquímico no estado da Bahia;
  - à Sudene, o reconhecimento de prioridade "A" aos projetos aprovados pelo Geiquim;
  - à Petrobras, que exercesse, pela Petroquisa, a liderança na implantação dos projetos;
  - da criação de um grupo de trabalho, a fim de definir as medidas indispensáveis à implantação do pólo petroquímico do Nordeste;

- em 1971, a resolução presidencial de 16 de setembro de 1971 estabelecia a localização do segundo pólo petroquímico brasileiro em Camaçari, no estado da Bahia;

- em 1972, a Petroquisa cria a Companhia Petroquímica do Nordeste – Copene, para liderar a implantação da central de matérias-primas e, ao mesmo tempo, estimular a implantação das unidades de segunda geração.

Foi nesse pólo que se consolidou o sistema dos terços ou tripartite, já adotado pela Petroquisa com êxito no pólo paulista, segundo o qual cada empresa teria um terço do seu capital nas mãos da iniciativa privada nacional, um terço de uma empresa estatal nacional (em geral a própria Petroquisa) e um terço de uma empresa privada estrangeira, em geral a fornecedora do *know-how* do processo. Ficavam assim resguardados dois aspectos importantes, no entender do governo federal:

i) maioria do capital nas mãos da iniciativa privada (sócio privado nacional mais sócio privado estrangeiro);

ii) maioria do capital nacional (sócio privado nacional mais sócio estatal nacional).

Cabe lembrar o fato histórico da tentativa da Dow de instalar uma central de matérias-primas no Nordeste, conhecido na época como "projetão", que acabou não se concretizando.

O Quadro 3.2.2 mostra as empresas instaladas em Camaçari, por ocasião da operação inicial da Copene.

Em 1975, com o pólo petroquímico de São Paulo em plena atividade e o pólo do Nordeste em construção, órgãos federais estimavam que em 1981/82 já haveria falta de produtos petroquímicos que justificasse a criação de um novo pólo. É definida sua localização no Rio Grande do Sul, no município de Triunfo, próximo à Refinaria Alberto Pasqualini, que forneceria a nafta necessária ao pólo. Foi criada a Petroquímica do Sul Ltda. – Copesul, em 1976, que deveria exercer no pólo do Sul as mesmas funções que a Copene exerceu no pólo do Nordeste.

O Quadro 3.2.3 mostra as empresas instaladas no pólo petroquímico do Sul, nos seus primeiros anos de vida.

As empresas do sistema Petroquisa foram incluídas no Programa Nacional de Desestatização pelos Decretos 99.464/90 e 99.523/90; Decreto (sem número) de 5/3/91; Decretos 480/92 e 522/92.

O Quadro 3.2.4 mostra a participação acionária da Petroquisa nas empresas petroquímicas ao final de 1988 e de 2001.

O modelo tripartite de participação acionária, adotado pelas indústrias petroquímicas já no pólo paulista, mas de maneira mais completa no pólo baiano, veio a ser desfeito na década de 80 por um grande número de empresas que o adotaram. Parte das empresas multinacionais, em geral detentoras de um terço do capital votante e fornecedoras do *know-how* de processo às empresas a que pertenciam, resolveu vender sua participação aos acionistas brasileiros.

O Quadro 3.2.5 mostra a participação acionária estrangeira em algumas empresas petroquímicas, na época de suas fundações e ao final de 2001. O quadro mostra que, das 27 empresas apresentadas, 8 permaneceram com a mesma composição acionária estrangeira, das quais 3 trocaram de sócio estrangeiro; 7 tiveram essa participação aumentada, e, dessas, 3 trocaram de sócio estrangeiro; 1 teve a participação estrangeira diminuída; 1 teve participação estrangeira em uma fase intermediária da sua existência, e, finalmente, em 10 empresas os sócios estrangeiros saíram de forma definitiva.

Note-se que os japoneses (Mitsubishi , Nissho Iwai, Sumitomo e Itochu) foram os sócios de maior resistência, pouco abandonando os seus empreendimentos.

INDÚSTRIA QUÍMICA NO BRASIL

QUADRO 3.2.2 — Pólo petroquímico do Nordeste

Nome da empresa	Composição acionária original (ações ordinárias)		Produtos	Composição acionária em 31/12/01 (ações ordinárias)		Observações
Copene	Petroquisa	54,09%	Eteno, propeno, buta-dieno, o-xileno, p-xile-no, mistura de xilenos, benzeno, tolueno	Norquisa	58,41%	Atualmente é controlada pela Odebrecht/Mariani
	Usuários	45,91%		Fundações	5,82%	
				Petroquisa	15,40%	
				Outros	20,37%	
Ciquine Petroquímica	Petroquisa	33,33%	Octanol, butanol, isobutanol	Conepar	87,89%	Atualmente é controlada pela Conepar.
	G. Camargo Correa	33,33%		Mitsubishi	10,04%	
	Mitsubishi e Nissho Iwai	33,33%		Nissho Iwai	1,94%	
				Outros	0,13%	
Ciquine Química	Ciquine Petroquímica	97,11%	Anidrido ftálico, anidrido maléico, plastificantes ftálicos			Foi incorporada pela Ciquine Petroquímica.
	Outros	2,89%				
Fisiba	BNDE	43.10%	Fibras acrílicas	Sudamericana de Fibras	100,00%	Posteriormente mudou de nome para Polifiatex Fibras Têxteis Ltda.
	Mitsubishi Rayon	29,32%				
	Outros	27,58%				
Melamina Ultra	Grupo Ultra	98,0%	Melamina			Unidade desativada.
	Outros	2,0%				
Metanor	Petroquisa	33,22%	Metanol	G. Peixoto de Castro	49,5%	Atualmente é controla-da pelo Grupo Peixoto de Castro e Petroquisa.
	Paskin	33,22%		Petroquisa	49,5%	
	G. Peixoto de Castro	33,22%				
	Desenbanco	0,33%				
Nitro-carbono	Petroquisa	26,5%	Caprolactama, sulfato de amônio	Pronor	95,48%	Atualmente é controla-da pelo Grupo Mariani.
	Rocha Miranda	26,5%		Outros	4,52%	
	Petroquímica da Bahia	26,5%				
	DSM	20,5%				
Pronor	Petroquisa	33,16%	DMT	Petroquímica da Bahia	57,7%	Posteriormente produziu TDI. e depois transferiu essa pro-dução para a Isopol, criada em associação com a Dow. Atualmente é uma *holding*.
	Petroquímica da Bahia	33,16%		Outros	42,3%	
	Dynamit Nobel	33,16%				
Deten	Petroquisa	42,5%	Alquibenzeno linear	Petresa	71,4%	
	G. Una	42,5%		Petroquisa	28,6%	
	Luciplan	15,0%				
Acrinor	Petroquisa	50,0%	Acrilonitrila ácido cianídrico	Unigel	100%	Atualmente é controla-lada pela Unigel.
	Rhodia NE	50,0%				
Cobafi	BNDE-Fibase	45,0%	Tecido de cordonéis de náilon e de	DuPont do Brasil	50,0%	Em 1997 vendeu a divisão náylon para a DuPont. Atual-mente constitui a DUSA - DuPont Sabanci Brasil.
	Akzo	45,0%		Sabanci	50,0%	
Copenor	Metanor	75,0%	Formaldeído, hexametile-notetramina, pentaeritri-tol, formiato de sódio	Metanor	100%	
	Mitsubishi Gas	12,5%				
	Grupo Marubeni	12,5%				
Isocianatos	Petroquisa	40,0%	Diisocianato de tolueno			Teve seus ativos incorpo-rados pela Isopol, que é con-trolada pela Dow.
	DuPont	40,0%				
	Petroquímica da Bahia	20,0%				
Oxiteno do Nordeste	Oxiteno	99,9%	Óxido de eteno, etileno-glicóis, etanolaminas, éteres glicólicos	Oxiteno	100%	
	Outros	0,1%				
Polialden	Petroquisa	33,33%	Polietileno de alta densidade	Copene	66,66%	
	Banco Econômico	33,33%		Mitsubishi	16,67%	
	Mitsubishi e Nissho Iwai	33,33%		Nissho Iwai	16,67%	
Polipro-pileno	Petroquisa	30,0%	Polipropileno			Atualmente é uma das unidades industriais da Polibrasil.
	ICI	30,0%				
	Suzano	20,0%				
	Grupo Cevekol	20,0%				
Politeno	Petroquisa	30,0%	Polietileno de baixa densidade	Suzano	35,0%	
	Sumitomo	20,0%		Copene	35,0%	
	Itap	13,3%		Sumitomo	20,0%	
	Suzano	13,3%		Itochu	10,0%	
	Nordesquim	13,3%				
	C.Itoh	10,0%				

Fonte: Suarez (3); Abiquim (exceto "Observações").

QUADRO 3.2.3 Pólo petroquímico do Sul

Nome da empresa	Composição acionária original (ações ordinárias)		Produtos	Observações
Copesul	Petroquisa	51,0%	Eteno, propeno, butadieno, benzeno, xilenos	É atualmente controlada pelos Grupos Ipiranga e Odebrecht.
	Fibase	49,0%		
Poliolefinas	Petroquisa	28,1%	Politileno de baixa densidade	Posteriormente passou a chamar-se OPP Química e pertence ao Grupo Odebrecht.
	Unipar	23,7%		
	National Distillers	23,1%		
	Outros	25,1%		
Petroquímica Triunfo	Petroquisa	24,0%	Polietileno de baixa densidade	Acionistas:
	Petroaplub	27,0%		Petroquisa: 45,22%
	AtoChimie	25,0%		Petroplastic: 28,83%
	Petroplastic	24,0%		Dow: 25,23%
Polisul	Ipiranga	40,0%	Polietileno de alta densidade	Posteriormente passou a chamar-se Ipiranga Petroquímica e pertence ao Grupo Ipiranga.
	Hoechst	40,0%		
	Petroquisa	20,0%		
PPH	Petropar	40,0%	Polipropileno	Posteriormente passou a chamar-OPP Química e pertence ao Grupo Odebrecht.
	Hercules	40,0%		
	Petroquisa	20,0%		
Petroflex	Petroflex	100,0%	Etilbenzeno, borracha estireno butadieno (SBR)	A unidade de etilbenzeno foi alienada à Innova. Atualmente a Petroflex é controlada pela Suzano, Copene e Unipar.

Fonte: Abiquim (exceto "Observações").

QUADRO 3.2.4 Participação acionária da Petroquisa

Empresa	Participação porcentual no capital votante		Empresa	Participação porcentual no capital votante	
	1988	2001		1988	2001
Acrinor	35,00	-	Oxiteno	27,75	-
Alclor*	25,00	25,00	Petrocoque	35,00	35,00
Cia. Alcoolquímica Nacional	92,52	-	Petroflex	100,0	-
Cia. Brasileira de Estireno	23,04	-	Petroquímica Triunfo	45,22	45,22
Cia. Petroquímica de Camaçari	33,33	-	Petroquímia União	67,79	17,48
Cinal	19,00	16,62	Petrorio - Petroq. do Rio de Janeiro**	-	48,96
Ciquine	33,31	-	Polialden	33,33	-
Copene	48,16	15,40	Polibrasil	47,90	-
Coperbo	29,83	-	Poliderivados	47,90	-
Copesul	62,85	15,63	Poliolefinas	28,85	-
Deten	35,63	28,56	Polipropileno	41,86	-
Estireno do Nordeste	33,33	-	Polisul	33,33	-
Fábrica Carioca de Catalisadores	40,00	40,00	Politeno	30,00	-
Fenol Rio Química**	-	33,33	PPH	20,00	-
Metanor	47,50	49,50	Pronor	49,27	-
Nitriflex	40,00	-	Rio Polímeros	-	16,67
Nitrocarbono	24,63	-	Salgema	23,21	-
Nitroclor*	19,00	38,89			

* Fora de operação; ** Projeto paralisado.

Fonte: Petroquisa.

QUADRO 3.2.5 — Participação acionária estrangeira nas empresas petroquimicas do Brasil

Empresa	Situação original		Situação em 31/12/2001		Observações
	Sócio	Participação no capital votante (%)	Sócio	Participação no capital votante (%)	
Central de Polímeros da Bahia CPB	-	-	Bayer	100,0	A unidade mudou de nome para Bayer Polímeros, com a compra pela Bayer.
Carbocloro	Diamond Shamrock	50,0	Oxychem	50,0	A Carbocloro pertence atualmente 50% à Unipar e 50% à Oxychem.
Cia. Alcoolquímica Nacional	-	-	Dow	100,0	A Rhodia adquiriu o controle da CAN em 1991 e vendeu-a à Union Carbide em 1996.
Deten	-	-	Petresa	71,4	É controlada pela Petresa.
Ciquine	Mitsubishi e Nissho Iwai	33,3	Mitsubishi e Nissho Iwai	12,0	É controlada pela Elekeiroz.
Cobafi	Akzo	45,0	DUSA	100,0	Atualmente é controlada pela DUSA-DuPont Sabancí Brasil.
Copenor	Mitsubishi e Marubeni	25,0	-	-	É controlada pela Metanor.
Estireno do Nordeste EDN	Foster Grant (Hoechst)	33,3	Dow	98,4	É controlada pela Dow.
Fisiba	Mitsubishi	29,3	Sudamericana de Fibras	99,9	Posteriormente mudou de nome para Polifiatex. É controlada pela Sudamericana de Fibras.
Ipiranga Petroquímica	Hoechst	40,0	-	-	Originalmente tinha o nome de Polisul.
Isocianatos	DuPont	40,0	-	-	Em 1982 a Pronor comprou a participação da DuPont e incorporou a Isocianatos.
Metanor	-	-	-	-	Em 1982, a Celanese norte-americana comprou 32,2% do capital votante e vendeu-o em 1986. Atualmente é controlada pela Petroquisa e Peixoto de Castro.
Nitrocarbono	DSM	20,5	-	-	É controlada pela Pronor.
Oxiteno	Halcon	10,0	-	-	É controlada pelo Grupo Ultra.
Petrocoque	Alcan	25,0	Alcan	25,0	Sócios atuais: Petroquisa, Alcan, Universal e Cia Brasileira de Alumínio.
Petroquímica Triunfo	Ato Chemie	25,0	Dow	25,2	Sócios atuais: Petroquisa, Dow, e Petroplastic.
Petroquímica União	-	-	Dow	13,0	Sócios atuais: Petroquisa, Unipar, Dow e outros.
Polialden	Mitsubishi e Nissho Iwai	33,3	Mitsubishi e Nissho Iwai	33,3	É controlada pela Copene.
Polibrasil	Shell	47,9	Basell	50,0	É controlada pela Basell e Suzano.
Poliolefinas	National Distillers	23,1	-	-	Integra atualmente a Polietilenos União.
Polipropileno	ICI	30,0	Basell	50,0	A unidade industrial integra atualmente a Polibrasil.
Politeno	Sumitomo Itochu	20,0 10,0	Sumitomo Itochu	20,0 10,0	É controlada pela Copene, Suzano e Sumitomo/Itochu.
PPH	Hercules	40,0	-	-	Integra atualmente a OPP Química.
Pronor	Dynamit Nobel	33,2	-	-	É controlada pela Petroq. da Bahia.

QUADRO 3.2.5 — Participação acionária estrangeira nas empresas petroquimicas do Brasil (*continuação*)

Empresa	Situação original		Situação em 31/12/2001		Observações
	Sócio	Participação no capital votante (%)	Sócio	Participação no capital votante (%)	
Rhodiaco	Rhodia	71,0	Rhodia-ster	51,0	É controlada pela Rhodia-ster
	Amoco	29,0	Amoco	49,0	
Salgema	DuPont	45,0	-	-	Em 1981 a Copene comprou a participação da DuPont. Posteriormente foi vendida à Odebrecht.
Cia. Petroquímica de Camaçari-CPC	Mitsubishi e Nissho Iwai	33,3	-	-	Em agosto de 1996 a CPC mudou de nome p/ Trikem. Em novembro de 1996 a Salgema foi incorporada à Trikem. Em 2000 a CQR foi incorporada à Trikem.
Trikem	Mitsubishi e Nissho Iwai	23,5	Mitsubishi e Nissho Iwai	23,5	É controlada pela Odebrecht.

Fonte: Suarez (3); Abiquim.

A indústria de fertilizantes

A indústria de fertilizantes desenvolveu-se no Brasil, em face do aumento da demanda desses produtos, motivado pela modernização das técnicas agrícolas e pelo interesse e oportunidade de substituir as importações de fertilizantes por produtos fabricados no país.

O Programa Nacional de Fertilizantes e Calcário Agrícola, definido pelo governo federal visando à expansão da exportação de produtos agrícolas e geração de divisas para o país, determinava como prioridade o aumento da capacidade de produção de amônia e fertilizantes nitrogenados, de ácido fosfórico e fertilizantes fosfatados e de sais potássicos. Eram também relevantes os empreendimentos destinados à pesquisa e à exploração de minérios fosfatados e potássicos, além de calcário para uso agrícola.

O primeiro grande complexo industrial de fertilizantes do Brasil surgiu em 1965, pela união do grupo Ultra (56,5% do capital) com a Phillips Petroleum (43,5%) norte-americana. Sua linha de produção constava de amônia, ácido nítrico, nitrato de amônio, ácido sulfúrico, ácido fosfórico, fosfato de diamônio (DAP) e mistura de fertilizantes NPK. Em 1970, quando começou a produção propriamente dita, a composição acionária da empresa havia se modificado: passou a Phillips Petroleum a ser majoritária (60,1%), o grupo Ultra tinha 30,0% e outros acionistas 9,9%. Tendo manifestado o seu desinteresse, em 1974, de consolidar o empreendimento, a Phillips Petroleum saiu da empresa; assumiu o controle da Ultrafértil a Petroquisa, que ficou com 79,8% do capital, passou o grupo Ultra a deter 13,0% e outros acionistas, 7,2%. Finalmente em 1977 a Fafer (Fábrica de Fertilizantes de Cubatão) foi incorporada à Ultrafértil, que teve seu controle acionário transferido à recém-criada Petrofértil (93,5% do capital), ficando o grupo Ultra com 4,2% e outros acionistas com 2,3%.

A Petrofértil (Petrobras Fertilizantes S.A.) foi constituída em 23 de março de 1976, como uma subsidiária da Petrobras e destinada a representar, para a indústria de fertilizantes, o que a Petroquisa representava para a indústria petroquímica. Nesse mesmo ano, a Petrofértil assumiu o controle da Nitrofértil (criada como Petrobras Química Fertilizantes em 1973) em Camaçari, produtora de amônia e uréia. Em 1978, as novas unidades de amônia e uréia de Camaçari também passavam para o controle da Petrofértil, bem como as unidades de amônia e uréia de Laranjeiras

INDÚSTRIA QUÍMICA NO BRASIL **157**

(Sergipe), em 1982. Já a Fábrica de Fertilizantes Nitrogenados do Paraná (Fafen), construída junto à Refinaria de Araucária para a produção de amônia e uréia, implantada pela Petrofértil em 1979, foi incorporada à Ultrafértil em 1981.

Por determinação do governo federal, em 1977, a Petrofértil associou-se à Fibase, subsidiária do BNDES, e à Camig - Cia. Agrícola de Minas Gerais, para a exploração das jazidas de fosfatos de Patos de Minas, constituindo a Fosfértil - Fertilizantes Fosfatados S.A.

Também a Cia. Vale do Rio Doce - CVRD entrou na área de fertilizantes, criando, em 1978, a Mineração Vale do Paranaíba - Valep, para a extração de apatita e produção do concentrado fosfático, e a Fertilizantes Vale do Rio Grande - Valefértil, em Uberaba, para produção de ácido sulfúrico, ácido fosfórico, fertilizantes fosfatados de alta e baixa concentração, fosfato de monoamônio e fertilizantes granulados. Em dezembro de 1980, pelo Decreto 85.842, o governo federal autorizou a Fosfértil a assumir o controle da Valep e da Valefértil. Em dezembro de 1983, a Petrofértil assumiu o controle da Fosfértil.

A Petrofértil, a Fibase e a Metais de Goiás S.A. - Metago firmaram, em 1977, um acordo para a realização de um empreendimento visando ao aproveitamento econômico das reservas de fosfatos de Catalão e Ouvidor (Goiás). Em 1978 foi constituída a Goiás Fertilizantes S.A. - Goiasfértil, que passou para o controle da Petrofértil, em 1982.

O Brasil é particularmente pobre em minérios de enxofre e, para aproveitar o enxofre contido no rejeito piritoso do beneficiamento do carvão do sul do país, o governo federal, pelo Decreto-lei nº 631, de 16/6/69, criou a Indústria Carboquímica Catarinense S.A. - ICC, em Imbituba (estado de Santa Catarina), para a produção de ácido sulfúrico e ácido fosfórico. Em 1978 a Petrofértil assumiu o controle da ICC, até aquela data pertencente à União Federal.

Em 1972 fica pronto um estudo da Clan - Consultoria e Planejamento, encomendado pelo governo do estado de Sergipe, sobre o aproveitamento das jazidas de silvinita (minério composto de cloreto de potássio e cloreto de sódio) do estado. A demanda brasileira de cloreto de potássio era totalmente atendida por importação. O grupo Lume detinha a concessão de lavra das minas de potássio de Sergipe, mas nada fazia para sua exploração. Assim a Petromisa, criada em 1977 pela Petrobras para estudar o aproveitamento das reservas minerais (potássio, enxofre) descobertas pelas sondagens à procura de petróleo, por intervenção do governo federal, adquiriu os direitos de lavra e exploração das jazidas de potássio de Sergipe.

A Petromisa implantou o projeto e, por ocasião de sua dissolução em 1990, arrendou os direitos de lavra à Cia. Vale do Rio Doce por 25 anos, mediante pagamento de *royalties* de 2,5% do valor da receita líquida.

Para integrar a atuação das empresas controladas, foi constituído em 1984, o grupo Petrofértil, em que a Petrofértil entrou como *holding* das empresas Ultrafértil, Nitrofértil, Fosfértil, Goiasfértil e ICC.

O crescimento da produção de fertilizantes, no período 1960 a 1999, foi de 7,4% ao ano.

A indústria de cloro e soda

A indústria de cloro e soda cáustica caracteriza-se pela produção simultânea desses dois produtos, já que é resultante da eletrólise de uma salmoura de cloreto de sódio. O sal para a elaboração da salmoura tanto pode provir de minas subterrâneas (sal-gema), como de salinas, em que há evaporação da água do mar (sal marinho). O estágio de desenvolvimento de um país pode fazer com que só a soda cáustica apresente interesse comercial, não havendo uma utilização razoável para o cloro (caso do Brasil na primeira metade do século XX), ou então só o cloro (e seus derivados) apresenta interesse, devendo a soda cáustica ser vendida a preço marginal. Em

Figura 3.2.1 Produção nacional e importação de soda cáustica

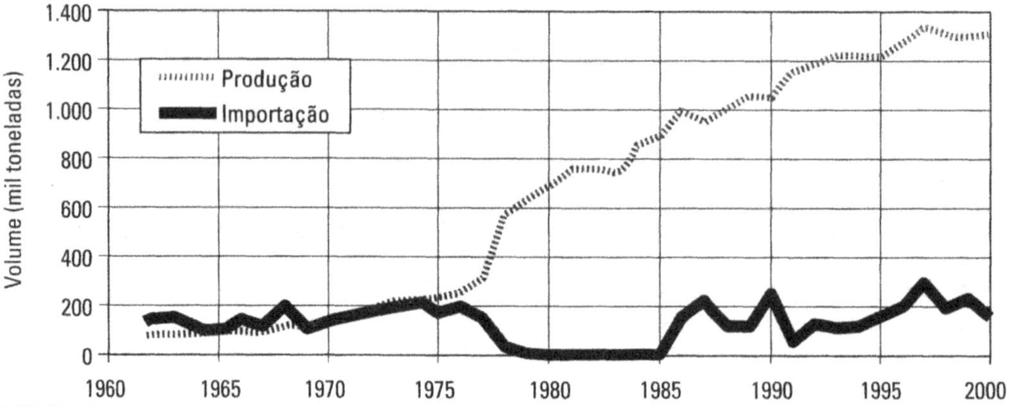

Fonte: Abiquim.

ambos os casos a indústria de cloro e soda é prejudicada, pois gera um produto quase sem valor comercial e de difícil "descarte", em termos ecologicamente aceitáveis.

Felizmente, nos estágios mais avançados de desenvolvimento, há mercado para ambos os produtos. O Brasil teve quase sempre que importar soda cáustica para complementar a produção local.

A produção de soda cáustica cresceu de 85 mil t/ano em 1962 para 1,11 milhão de t/ano em 1990 com um crescimento anual de 9,3%. As importações mantiveram- se na maior parte do período, entre 100 mil e 250 mil t/ano.

A Figura 3.2.1 mostra a produção nacional de soda cáustica e também a importação desse mesmo produto, para o período 1962 a 2000.

Os grandes problemas que afetam o setor, e que já se tornaram crônicos, são os elevados custos do sal marinho e da energia elétrica.

Certamente uma das soluções para a redução do custo do sal é a proximidade da empresa a uma jazida de sal-gema, o que foi feito pela Salgema, em Maceió, Alagoas, com jazida a 8 km da fábrica, e pela Dow Química, em Candeias, Bahia, servindo-se da jazida de sal-gema da Ilha de Matarandiba, próxima ao porto da Dow.

O Quadro 3.2.6 mostra as indústrias de cloro e soda mais representativas instaladas no Brasil, excluídas as unidades de cloro e soda cativas das indústrias de papel e celulose.

A indústria de química fina

Com o desenvolvimento da indústria química no país, uma das lacunas em termos de disponibilidade de produtos fabricados no Brasil passou a ser representada pelos produtos da química fina. Especialmente faltantes eram os intermediários para defensivos agrícolas, fármacos, corantes, pigmentos, catalisadores, aromatizantes e flavorizantes e aditivos.

Na linha de produtos farmacêuticos, as empresas multinacionais detentoras do *know-how* da fabricação destes produtos já haviam ocupado os seus lugares. Suarez (3) cita que, dos 600 laboratórios produzindo fármacos e intermediários para a indústria farmacêutica existentes no Brasil em 1982, 520 eram nacionais e 80 eram estrangeiros. O faturamento dos 50 maiores, entretanto, com 45 estrangeiras e 5 nacionais, correspondeu a 80% do total de vendas.

QUADRO 3.2.6 Indústrias de cloro e soda no Brasil

Nome da empresa	Município da unidade fabril	Ano de início das operações	Capacidade de produção de soda cáustica (t/ano)		
			Inicial	1990	2000
Eletrocloro (Solvay)	Santo André (SP)	1948	12.600	99.000	130.000
Pan-Americana	Rio de Janeiro (RJ)	1951	2.720	28.000	28.000
Carbocloro	Cubatão (SP)	1963	34.000	264.000	284.000
Cia. Química do Recôncavo	Camaçari (BA)*	1972	8.400	52.000	Incluída na Trikem
Dow Química	Candeias (BA)	1977	150.000	290.000	415.000
Trikem	Maceió (AL) Camaçari (BA)	1977	250.000	270.000	522.000

* A CQR, originalmente localizada em Lobato (BA), mudou-se para Camaçari em 1979.

Fonte: Santa Rosa (2); Abiquim.

Um estudo conjunto da Secretaria de Tecnologia Industrial, CDI, Ceme, Secretaria de Minas e Energia da Bahia, Fibase, Ceped e Petroquisa, efetuado em 1978, apontou para uma série de intermediários que poderiam ser produzidos no país.

Em 1980 foi criada, por algumas empresas do Pólo Petroquímico da Bahia, a Nordeste Química S.A. – Norquisa, que viria a desempenhar, para as indústrias de química fina, o mesmo papel que a Petroquisa desempenhou para as indústrias de 2ª geração do pólo baiano. Seu primeiro presidente foi o ex-Presidente da República, General Ernesto Geisel.

A Figura 3.2.2 mostra as controladas e coligadas da Norquisa, em 1985, com indicação percentual da participação no capital votante.

O Quadro 3.2.7 apresenta algumas empresas de química fina que se instalaram nesse período.

A alcoolquímica

A alcoolquímica, ou química derivada de álcool etílico, precedeu a petroquímica em quarenta anos. Com efeito, já na década de 1920, a Rhodia produzia o cloreto de etila (para o lança-perfume), o éter dietílico e o ácido acético a partir do etanol.

A década de 1960 encontra o país produzindo derivados acéticos a partir do etanol, na Rhodia e na Fongra (posteriormente adquirida pela Hoechst), butanol e acetona na Usina Victor Sence e eteno na Eletroteno (Solvay) e Union Carbide.

Entre 1965 e 1971 a Coperbo, em Cabo, Pernambuco, produziu polibutadieno com butadieno obtido a partir do etanol. A unidade de butadieno permaneceu desativada até o início da década de 80, quando foi modificada para permitir a produção de aldeído acético e eteno a partir do etanol. Esses produtos foram utilizados pela Companhia Alcoolquímica Nacional, localizada ao lado da Coperbo, para a produção de acetato de vinila monômero .

Em 1969 a Elekeiroz do Nordeste iniciou a produção de 2-etil-hexanol, a partir do etanol, em Igarassu, Pernambuco.

Figura 3.2.2 Empresas controladas e coligadas da Norquisa

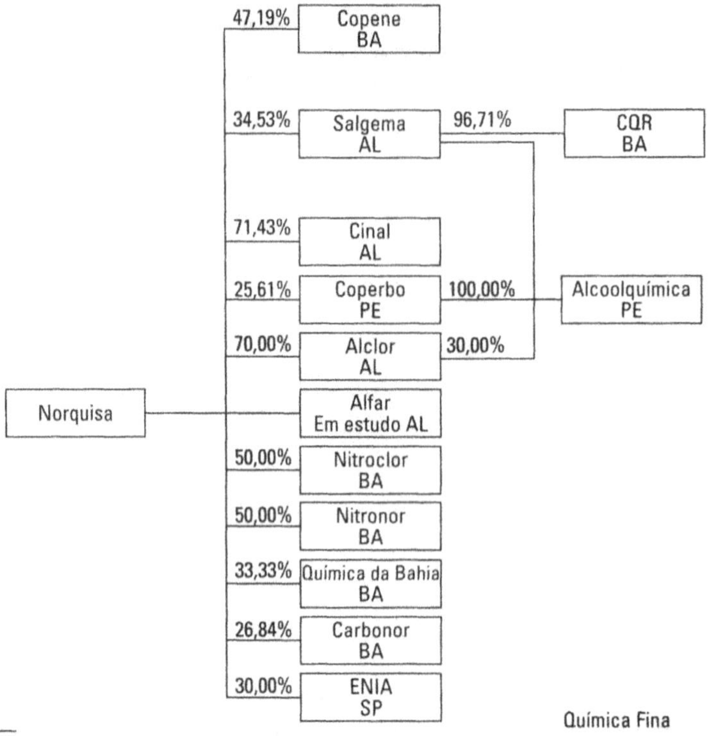

	Participação	Empresa
	47,19%	Copene BA
	34,53%	Salgema AL → 96,71% → CQR BA
	71,43%	Cinal AL
	25,61%	Coperbo PE → 100,00% → Alcoolquímica PE
	70,00%	Alclor AL → 30,00%
Norquisa		Alfar Em estudo AL
	50,00%	Nitroclor BA
	50,00%	Nitronor BA
	33,33%	Química da Bahia BA
	26,84%	Carbonor BA
	30,00%	ENIA SP

Química Fina

Fonte: Suarez (3).

QUADRO 3.2.7 Empresas "pioneiras" de química fina no Brasil

Nome da empresa	Composição acionária original (ações ordinárias)		Município da unid. fabril	Produtos	Observações
Norquisa	Pronor	11,91%			Empresa *holding*
	CPC	11,91%			
	EDN	9,26%			
	Politeno	9,26%			
	Ciquine Petroq.	7,93%			
	Oxiteno NE	7,03%			
	Polialden	7,03%			
	Acrinor	6,61%			
	Nitrocarbono	6,61%			
	Polipropileno	6,61%			
	Outros	15,84%			
Basf Química da Bahia	Basf Brasil	49,90%	Camaçari (BA)	Monometilamina, dimetilamina, trimetilamina, dimetilformamida, cloridrato de trimetilamina	Atualmente integra a Basf S.A.
	Basf AG	25,10%			
	Outros	25,00%			
Ciba-Geigy do Brasil	Ciba-Geigy	100%	Camaçari (BA)	EDTA, ametrin, atrazina, clorobenzilato, simazina, triazinas	Em 1993 foi desativada a unidade de triazinas. Pertence ao grupo suíço Ciba-Geigy, que em 1996 uniu-se à Sandoz, para formar a Novartis.

INDÚSTRIA QUÍMICA NO BRASIL **161**

QUADRO 3.2.7 Empresas "pioneiras" de química fina no Brasil (*continuação*)

Nome da empresa	Composição acionária original (ações ordinárias)		Município da unid. fabril	Produtos	Observações
ENIA	Norquisa Falzoni	30,00% 70,00%	Itupeva (SP)	Corantes diversos	A empresa já existia desde 1924, mas a associação com a Norquisa para essa unidade de corantes data de 1982. Atualmente a empresa é controlada pela Norquisa.
Ciquine Química	Ciquine Petroq. Outros	98,16% 1,84%	Camaçari (BA)	Ácido fumárico	A Ciquine Química já operava desde 1973; a unida de ácido fumárico data de 1983. Posteriormente foi incorporada pela Ciquine Petroq.
Isocianatos	Petroquisa DuPont Petroq. da Bahia	40,00% 40,00% 20,00%	Camaçari (BA)	Anilinas	Foi incorporada pela Pronor.
Policarbonatos	Pronor Central Polím. Bahia Idemitsu	33,33% 33,33% 33,33%	Camaçari (BA)	Policarbonatos	
Carbonor	Norquisa Cabo Branco Eletrocloro Copebrás Outros	26,84% 16,16% 10,66% 7,62% 38,72%	Camaçari (BA)	Ácido acetilsalicílico, ácido salicílico, bicarbonato de sódio, metabissulfito de sódio, sulfito neutro de sódio	Desativadas em 1993 as unidades de ácido acetilsalicílico e ácido salicílico. Atualmente chama-se Química Geral do Nordeste e é controlada pela empresa Church & Dwight norte-americana.
SmithKline do Nordeste	SmithKline Enila SmithKline (EUA)	99,60% 0,40%	Camaçari (BA)	Abendazol, cimetidina, outros prod. farmac.	Posteriormente foi vendida para a Italfarmaco (Itália).
Unirhodia	Unipar Rhodia	50,00% 50,00%	Camaçari (BA)	Metionina, sulfato de sódio anidro	Posteriormente mudou de nome para Rhodia Nutrição Animal S.A. e é controlada pelo grupo francês Aventis. Está atualmente desativada
Química da Bahia	Norquisa Grupo Cevekol Virgínia Química	33,33% 33,33% 33,33%	Camaçari (BA)	Monoetilamina, monoisopropilamina, di-n-propilamina, diisobutilamina, ciclohexilamina	Os ativos operacionais foram vendidos à Air Products.
Alclor	Norquisa Salgema	70,00% 30,00%	Marechal Deodoro (AL)	Epicloridrina, cloreto de alila	Foi posteriormente desativada.
Nitronor	Norquisa Chemicon	50,00% 50,00%	Camaçari (BA)	Ciclohexilamina, dissulfeto de carbono, difenilamina estirenada, difenilguanidina, etileno-tiouréia, índigo, hidrato de hidrazina, outros produtos.	Foi posteriormente vendida para a empresa Triaquímica e atualmente está desativada.
Nitroclor	Norquisa Petroquisa Liquipar (G. ENI)	50,00% 20,00% 30,00%	Camaçari (BA)	Monoclorobenzenos, diclorobenzenos, nitroclorobenzenos, p-nitrofenol, p-acetaminofenol, dicloroanilina, diclorofeniliso-cianato, outros prod.	Em 1993 desativou as unidades de diclorobenzenos e nitroclorobenzenos. Foi posteriormente adquirida pela Prochrom, seu atual nome e é controlada pela Griffin norte-americana.
Silinor	Ipiranga Dow Corning bras. Dow Corning (EUA)	55,00% 13,00% 32,00%	Camaçari (BA)	Silanos, siloxanos	Foi posteriormente desativada.

Fonte: Química e Derivados; Abiquim (exceto "Observações").

Na década de 1970, com a entrada em operação da Petroquímica União (1972) e da Copene (1978), o eteno petroquímico tornou-se disponível, iniciando-se uma competição entre o eteno derivado do etanol e o derivado da nafta.

Em 1973, com a crise do petróleo, o Brasil passou a buscar fontes alternativas de matérias-primas que reduzissem sua dependência do petróleo importado. Em 1975 foi criado o Programa Nacional do Álcool–Proálcool, que seria gerido pela Comissão Nacional do Álcool, presidida pelo Secretário Geral do Ministério da Indústria e do Comércio. Para a indústria química, o governo resolveu subsidiar a produção de álcool daqueles derivados orgânicos que pudessem ser produzidos alternativamente por rota petroquímica[*]. O preço do metro cúbico de álcool anidro, para insumo da indústria química, é fixado em 35% do preço da tonelada de eteno petroquímico. As cotas de matéria-prima subsidiada a serem destinadas às indústrias eram estabelecidas pelo Conselho Nacional de Petróleo. A partir de 1982, o preço do etanol destinado às indústrias alcoolquímicas passou a ser equiparado ao preço da nafta petroquímica.

O Decreto-lei 87.813 de 16/11/82 define a sistemática para a fixação do preço do álcool destinado à indústria química: para os produtos que alternativamente também podem ser produzidos por rota petroquímica (eteno, dicloroetano, óxido de eteno, acetato de vinila), o preço do litro de álcool seria correspondente a 100% do preço FOB do litro de nafta; para os produtos sem rota petroquímica alternativa (éteres glicólicos, ácido acético, aldeído acético, etilaminas), o preço do litro de álcool seria correspondente a 170% do preço FOB do litro de nafta.

A Figura 3.2.3 mostra o consumo de álcool pelas indústrias alcoolquímicas, no período de 1967 a 1997, e também a produção nacional de álcool no mesmo período.

Como se pode observar da figura, o Proálcool, instituído em 1975, foi muito bem-sucedido, ultrapassando a meta de 10,7 bilhões de litros para 1985, estabelecida em 1979. Entretanto as indústrias alcoolquímicas mantiveram-se à margem desse sucesso, como mostrado na figura, merecendo a alcunha de "primo pobre do Proálcool", com a qual Thomas Unger, então diretor da Rhodia, as batizou[**].

Figura 3.2.3 Consumo de álcool pelas indústrias alcoolquímicas

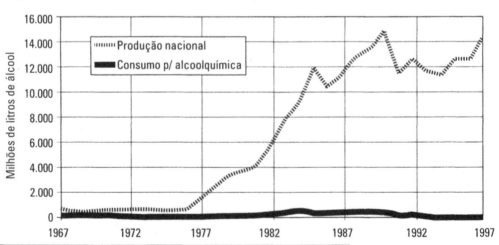

Fonte: Abiquim; Química e Derivados; ÚNICA; Empresas consumidoras.

[*] Na realidade o conceito utilizado na prática era mais amplo. Todo o derivado químico do álcool era subsidiado. O entendimento estrito restringiria o subsídio à produção de eteno, de acetaldeído, de butanol e de butadieno.
[**] Em 1981, por ocasião do 1º Congresso Brasileiro de Alcoolquímica, Thomas Unger chamou a alcoolquímica de "subsidioquímica".

INDÚSTRIA QUÍMICA NO BRASIL **163**

Em 1983 o Conselho Monetário Nacional reduziu a zero a taxa de contribuição ao IAA incidente sobre o preço do álcool destinado à fabricação de produtos alcoolquímicos a serem exportados, o que, em alguns casos, chegava a representar 12% do preço do álcool. Isso trouxe novo alento à indústria alcoolquímica, mas essa vantagem no preço do álcool durou pouco e voltou a ser retirada em novembro de 1984.

O Quadro 3.2.8 mostra as indústrias alcoolquímicas mais representativas que operavam nos anos de 1977, 1986 e 1999.

QUADRO 3.2.8   Indústrias alcoolquímicas

Empresa	Município da unid. fabril	Produtos			Observações
		1977	**1986**	**1999**	
Elekeiroz do Nordeste	Igarassu (PE)	Butanol, octanol, acetato de etila	Butanol, octanol, acetato de etila, ácido acético, aldeído acético, ácido 2-etil-hexanóico	-	Foi desativada em 1993.
Hoechst do Brasil	Suzano (SP)	Solventes acéticos, intermediários para resinas	-	-	Unidades de ácido acético e aldeído acético desativadas em 1980.
Eletrocloro (Solvay)	Santo André (SP)	Polietileno de alta densidade	-	-	Unidade de PEAD operando com eteno petroquímico a partir de 1981.
Oxiteno	Mauá (SP)	Éteres glicólicos	Éteres glicólicos	Éteres glicólicos	
Rhodia	Paulínia (SP)	Solventes acéticos e outros	Ácido acético, aldeído acético, acetato de etila, éter dietílico		Unidade de acetato de etila operando com ácido acético importado.
Union Carbide	Cubatão (SP)	Polietileno de baixa densidade	-	-	Unidade de PEBD operando com eteno petroquímico a partir de 1986.
Butilamil	Piracicaba (SP)	-	Ácido acético, acetato de etila	Ácido acético, acetato de etila	
Cia. Brasileira de Estireno	Cubatão (SP)	Cloreto de etila	Estireno, cloreto de etila	-	Utilizou etanol para produção de estireno de 1978 a 1986. Descontinuou a produção de cloreto de etila em 1996.
Cloroetil	Mogi-Mirim (SP)	-	Ácido acético, aldeído acético, acetato de etila	Ácido acético, aldeído acético, acetato de etila	
Coperbo	Cabo (PE)	-	Aldeído acético	-	Unidade de aldeído acético operando com ácido acético importado. Atualmente pertence à Petroflex.
Imbel	Piquete (SP)	-	Éter dietílico	Éter dietílico	
Química da Bahia	Camaçari (BA)	-	Etilaminas	Etilaminas	Atualmente é uma divisão da Air Products.
Salgema	Maceió (AL)	-	Dicloroetano (DCE)	-	Unidade de DCE operando com eteno fornecido pela Copene. Em 1996 foi incorporada pela Trikem e atualmente pertence ao grupo Odebrecht.
Usina Victor Sence	Conceição de Macabu (RJ)	Ácido acético, aldeído acético, butanol	Ácido acético, aldeído acético, butanol.		Unidade parada desde 1993 e desativada em 1998.

Fonte: Abiquim (exceto "Observações").

A INDÚSTRIA QUÍMICA PÓS-90

Com o início do governo Collor, alterações significativas ocorreram no cenário econômico nacional. O governo iniciou, determinadamente, um processo de desestatização e de integração do país à economia internacional.

A indústria química viu-se afetada, simultaneamente:

i)   por um processo recessivo – que afetou a dimensão do mercado interno;

ii) por uma redução da proteção aduaneira e pela remoção das barreiras não tarifárias às importações;

iii) por uma redução dos preços no mercado internacional.

O efeito negativo da redução da dimensão do mercado (pela recessão) foi amplificado pela diminuição de sua participação no mercado interno; ou seja, a indústria nacional passou a ocupar uma parcela menor de um mercado que também se havia reduzido. Ainda mais, o mercado que restara às empresas sediadas no país exigia um preço duplamente menor: o preço externo e os custos de internação[*] do produto haviam ambos sido reduzidos. O período que se seguiu a esse processo de abertura encontrou a indústria química com baixa rentabilidade.

A indústria não assistiu passiva à redução de sua participação no mercado, à queda de seus preços e ao desaparecimento de seus lucros; ao longo dos anos a reação do setor industrial mais transacionável foi radical:

- pela compressão de custos fixos, indicados pela redução de 58% dos postos de trabalho entre 1990 e 2001;

- pelo incremento das exportações, que, do patamar de 2,5 milhões de toneladas em 1988, passou para 3,8 milhões de toneladas em 1993 e 4,9 milhões de toneladas em 2001;

- pela paralisação de unidades ou linhas de produção não competitivas;

- pela criação de empresas de maior porte e escala econômica, graças a fusão de negócios.

O Quadro 3.3.1 indica a evolução da rentabilidade do patrimônio líquido da indústria química brasileira. Foram consideradas, no estudo, 93 empresas do setor químico.

A abrupta redução das alíquotas de importação e a remoção de barreiras não tarifárias, implicaram a inviabilização da fabricação, no país, de uma série de produtos químicos. Não era possível, para unidades cujos produtos tinham alíquota de importação da ordem de 60%, conviver, após breve transição, com alíquotas de 20%.

Sob estímulo do governo federal, projetos foram implantados no país nas décadas de 70 e 80 para garantir a auto-suficiência nacional ("importar é pecado", dizia-se). Esses projetos muitas vezes não tinham escala econômica para competir com produtores mais fortes, maiores e com tecnologia diferenciada.

Além disso, muitas empresas multinacionais aqui instaladas, com a abertura das importações, resolveram paralisar certas produções, preferindo importar esses produtos de suas matrizes ou de unidades de outros países, de custos mais baixos. Também projetos de instalações para novos produtos não foram implementados. Levantamento feito pela Coordenação dos Complexos Químicos da Secretaria de Política Industrial do Ministério do Desenvolvimento, Indústria e Comércio, abarcando o período entre 1989 e 1999, mostrou que 182 empresas paralisaram a

---

(*) Os custos de internação consistem do frete, do seguro de transporte, do imposto de importação e das taxas e custos ligados à importação e à descarga dos produtos no país.

INDÚSTRIA QUÍMICA NO BRASIL **165**

QUADRO 3.3.1	Rentabilidade do patrimônio líquido das empresas químicas brasileiras (%)										
Categorias	1990	1991	1992	1993	1994	1995	1996	1997	1998	1999	2000
Centrais petroquímicas	7,49	–2,27	–0,39	–2,94	3,38	4,33	1,40	4,84	4,10	10,62	12,24
Resinas termoplásticas	–30,42	–10,78	–7,48	–12,22	6,08	7,62	–3,35	–4,47	2,33	–4,29	10,99
Intermediários diversos	–12,15	–8,72	–4,76	–2,30	–0,03	1,62	–12,06	–3,29	–2,76	6,59	7,34
Multidivisionais	–18,16	–3,82	0,67	4,98	16,14	2,40	–0,93	–8,74	1,91	2,72	8,07
Produtos inorgânicos	–4,17	–1,48	1,27	6,98	6,34	1,55	5,75	–0,78	–0,51	9,24	10,08
Intermediários para fertilizantes	–13,93	–6,96	14,91	2,02	23,58	4,71	19,29	10,19	8,82	10,21	13,81
Elastômeros	–21,57	–42,57	1,43	–1,06	4,03	–0,13	–12,90	–13,25	–24,07	–4,80	–44,84
Química fina/ especialidades	–32,69	–19,82	–5,54	–9,57	6,01	–6,05	–5,13	–5,46	8,87	21,02	7,66
Outros	–2,26	–10,44	–3,20	–7,15	5,15	3,00	–0,85	0,17	–4,32	9,57	–4,29
Índice geral (exc. *holdings*)	**–9,26**	**–6,67**	**–0,40**	**–1,04**	**8,24**	**3,39**	**0,00**	**–0,86**	**2,22**	**6,24**	**9,59**

Fonte: Abiquim.

produção de 1.104 produtos químicos e não implementaram a fabricação de outros 355 produtos nesse período. A maioria dos produtos, como mostra o Quadro 3.3.2, está na área de produtos da química fina (segmento amplamente dominado por empresas multinacionais).

Nessa época, o Brasil ainda não dispunha do arsenal jurídico e da capacidade executiva para contrapor-se ao *dumping* externo .

A indústria química brasileira, de maneira crescente após 1990, passou a sofrer os mesmos desafios de viabilizar-se em um mercado cíclico. Até 1990 a indústria brasileira vivia seu próprio mundo, isolada dos efeitos de variações na situação global da indústria. A integração da indústria à rede de produção e comercialização mundial deu-se de maneira acelerada a partir dessa época. As Figuras 3.3.1 e 3.3.2, respectivamente Índice de preços das vendas internas e Índice de quantum das vendas internas desse período, mostram o comportamento cíclico, em consonância com a indústria química mundial e com as turbulências da economia brasileira.

O suporte do Estado à indústria química refluiu. Na verdade, a maioria dos mecanismos que estavam à disposição do governo federal simplesmente desapareceu. O governo perdeu o poder de aumentar alíquotas de importação, impor barreiras não tarifárias, conceder empréstimos favorecidos e subsidiar matérias-primas ou energia. O poder do Estado de praticar política industrial foi grandemente prejudicado, por obra e decisão do próprio Estado. É evidente que a um desejo político do governo Collor somou-se uma pressão internacional e a impossibilidade prática de manter privilégios e distorções que contrariavam toda a lógica econômica.

QUADRO 3.3.2 — Paralisação da produção de químicos

Produto	Paralisados	Não implementados	Total
Fármacos	408	109	517
Intermediários para fármacos	180	138	318
Produtos aromáticos	158	4	162
Aditivos em geral	129	16	145
Intermediários em geral	23	41	64
Herbicidas	34	5	39
Aditivos para plásticos	31	6	37
Matérias corantes	35	1	36
Intermediários para defensivos	23	13	36
Inseticidas	33	2	35
Intermediários para corantes	14	17	31
Aditivos para borrachas	22	-	22
Fungicidas	6	3	9
Explosivos	8	-	8
Total	**1.104**	**355**	**1.459**

(Número de produtos)

Fonte: Secretaria de Política Industrial, Ministério do Desenvolvimento, Indústria e Comércio.

Figura 3.3.1 — Indústria química brasileira
Índice de preços das vendas internas

Fonte: Abiquim.

Figura 3.3.2   Indústria química brasileira
Índice de quantum das vendas internas

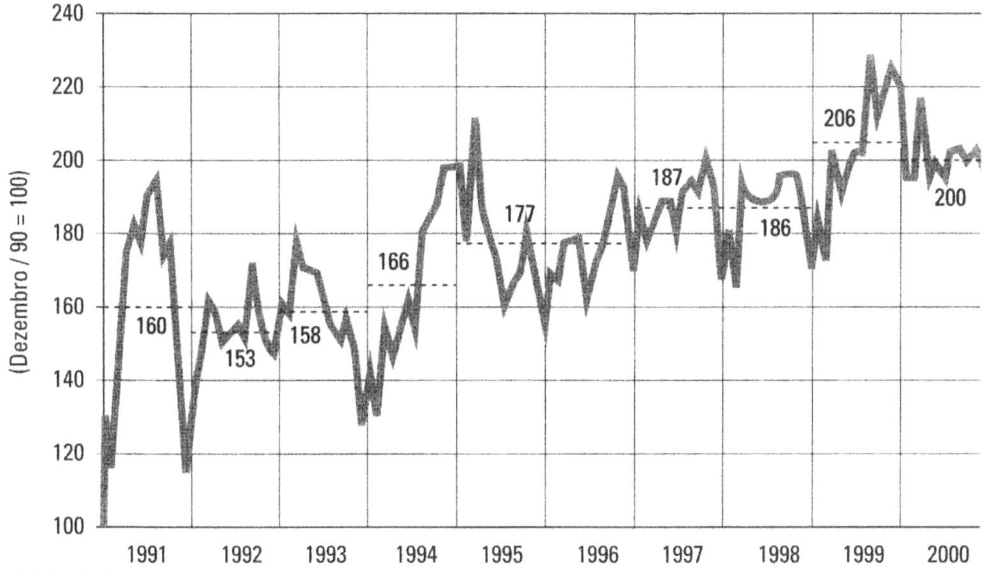

Fonte: Abiquim.

Erber (4) descreveu com propriedade essa questão, ao referir-se à indústria petroquímica:

"As suposições de que, em um país como o Brasil, um setor com as características técnico-econômicas e a inserção interindustrial da petroquímica, cujo desenvolvimento foi baseado em uma longa e ampla regulação estatal, possa, em primeiro lugar, prescindir de qualquer regulação e, em segundo, que esta possa ser eliminada abruptamente, são, seguramente heróicas. Ambas confundem o desejo com o real, ignorando a história e o tempo. A primeira, que se remete a uma abstração do funcionamento do mercado, esquece que este não privilegia os mais fracos, como é o caso do Brasil na petroquímica, e omite uma das principais características do capitalismo moderno que é a articulação entre Estado e grandes grupos capitalistas, precisamente para lograr a força para competir internacionalmente, ainda não atingida pela indústria brasileira. Mesmo se a primeira suposição fosse verdadeira, a segunda olvida a inércia e as dificuldades dos processos de transformação econômica, tornando a transição para um regime regulado apenas pelo mercado, desnecessariamente dolorosa. Em processos desta natureza, o *timing* é uma questão de substância e o heroísmo desavisado pode levar à morte".

A indústria petroquímica

A indústria petroquímica sofreu fortemente com a abertura comercial e a simultânea redução dos preços dos seus produtos no mercado internacional no período 1990–1994.

O processo de desestatização empreendido pelo governo federal após 1990 levou à saída da Petroquisa de praticamente todas as empresas, mantendo-se nas centrais petroquímicas – PQU, Copene, Copesul — com participações entre 15% e 22% do capital votante das empresas[*].

---

[*] No final de 2001 a Petroquisa participava adicionalmente do capital votante das seguintes empresas em operação: Deten (28,56%), FCC - Fábrica Carioca de Catalisadores (40,0%), Metanor (49,50%), Petrocoque (35,00%), Petroquímica Triunfo (45,22%), Cinal (16,62%) e Rio Polímeros (16,67%).

168 PEDRO WONGTSCHOWSKI

Nesse processo a Petroquisa foi substituída, em todos os casos, por um ou mais dos sócios com os quais ela anteriormente compartilhava o controle. Empresas que anteriormente possuíam controle compartilhado, como Ciquine, Estireno do Nordeste, Nitriflex, Oxiteno, Nitrocarbono, Polialden e OPP, passaram a ter um sócio controlador. Outras, como Acrinor, Alcoolquímica, Cia Brasileira de Estireno, Ipiranga Petroquímica e Isopol, passaram, em etapas posteriores, a ter um controlador único. No caso da Copene, o controlador, a Norquisa, é por sua vez controlado pela Odebrecht Química em conjunto com o grupo Mariani; a Copesul tem controle compartilhado entre Odebrecht e Ipiranga; a PQU, entre Unipar, Dow, Polibrasil, Oxiteno e Unigel. A Polibrasil tem controle compartilhado entre Basell e Suzano. A Petroflex é controlada em conjunto pela Suzano, Copene e Unipar. A Politeno é controlada em conjunto pela Copene, Suzano e Sumitomo/Itochu.

O Quadro 3.3.3 indica os sócios controladores e os sócios minoritários de indústrias brasileiras, apontando ainda o estado onde está localizada a unidade fabril principal.

As capacidades de produção das centrais petroquímicas nacionais são de escala internacional: a Copene tem capacidade de 1.200 mil t/ano de eteno, a Copesul 1.135 mil t/ano e a Petroquímica União, de São Paulo, tem capacidade de 500 mil t/ano de eteno.

Além dos três pólos já em funcionamento, está em fase de projeto o pólo gás químico do Rio de Janeiro, que até o ano de 2005 pretende gerar 500 mil t/ano de eteno, a partir do etano separado do gás natural da Bacia de Campos.

QUADRO 3.3.3	Indústria petroquímica brasileira Situação acionária			

Empresa	Localização	Situação acionária em 31/12/2001			
		Sócio controlador		Sócio minoritário	
Acrinor	Bahia	Unigel	100,0%		
Bayer Polímeros	Bahia	Bayer	100,0%		
Carbocloro	São Paulo	Unipar	50,0%		
		Oxychem	50,0%		
Cinal	Alagoas			Trikem	40,2%
				Norquisa	16,6%
				Petroquisa	16,6%
Ciquine	Bahia	Conepar	88,0%	Mitsubishi/Nissho Iwai	12,0%
Cia. Alcoolquímica Nacional	Pernambuco	Union Carbide (atual Dow)	100,0%		
Cia. Bras. de Estireno	São Paulo	Unigel	100,0%		
Copene	Bahia	Norquisa	58,4%	Petroquisa	15,4%
Copenor	Bahia	Metanor	100,0%		
Copesul	R. G. do Sul			OPP Química	29,5%
				Ipiranga Petroquímica	29,5%
				Petroquisa	15,0%
Deten	Bahia	Petresa	71,4%	Petroquisa	28,6%
Dow Química	Bahia	Dow	100,0%		

INDÚSTRIA QUÍMICA NO BRASIL **169**

QUADRO 3.3.3 — Indústria petroquímica brasileira Situação acionária (*continuação*)

Empresa	Localização	Situação acionária em 31/12/2001			
		Sócio controlador		Sócio minoritário	
DSM Elastômeros	R. G. do Sul	DSM Elastomers	100,0%		
Elekeiroz	São Paulo	Itausa	100,0%		
Estireno do Nordeste	Bahia	Dow	98,4%		
Innova	R. G. do Sul	Perez Companc	100,0%		
Ipiranga Petroquímica	R. G. do Sul	Ipiranga	86,9%		
Isopol	Bahia	Dow	100,0%		
Metacril	Bahia	Unigel	100,0%		
Metanor	Bahia	Peixoto de Castro	49,5%		
		Petroquisa	49,5%		
Nitriflex	Rio de Janeiro	Brampac	100,0%		
Nitrocarbono	Bahia	Pronor	95,5%		
OPP Química	Bahia/R.G. do Sul	Odebrecht	100,0%		
Oxiteno	Bahia/S.Paulo/R.G.Sul	Ultraquímica	65,4%	Monteiro Aranha	23,1%
Petrobras/Div.Fafen.	São Paulo	Petrobras	100,0%		
Petroflex	R.Janeiro/R.G.Sul			Suzano	20,1%
				Copene	20,1%
				Unipar	10,1%
Petrom	São Paulo	Cipatex	55,0%		
Petroquímica Triunfo	R. G. do Sul			Petroquisa	45,2%
				Petroplatisc	28,8%
				Dow	25,2%
Petroquímica União	São Paulo			Unipar	37,5%
				Petroquisa	17,5%
				Dow	13,0%
Polialden	Bahia	Copene	66,7%	Mitsubishi/Nissho Iwai	33,3%
Polibrasil Resinas	São Paulo	Suzano	50,0%		
		Basell	50,0%		
Policarbonatos	Bahia			Unigel	33,3%
				Pronor	33,3%
				Idemitsu	33,3%
Polietilenos União	São Paulo	Unipar	100,0%		
Politeno	Bahia			Suzano	35,0%
				Copene	35,0%
				Sumitomo/Itochu	30,0%
Prosint	Rio de Janeiro	Peixoto de Castro	100,0%		

QUADRO 3.3.3 Indústria petroquímica brasileira Situação acionária (*continuação*)

Empresa	Localização	Situação acionária em 31/12/2001			
		Sócio controlador		Sócio minoritário	
Rhodiaco	São Paulo	Rhodia-ster	51,0%	BP	49,0%
Solvay Indupa	São Paulo	Solvay	100,0%		
Solvay Polietileno	São Paulo	Solvay	100,0%		
Trikem	Alagoas/Bahia	OPP Química	64,4%	Mitsubishi/Nissho Iwai	23,5%
Union Carbide	São Paulo	Dow	100,0%		
Unipar	São Paulo	Vila Velha	52,0%		

Fonte: Abiquim.

A indústria de fertilizantes

Na indústria de fertilizantes, a situação, antes do Plano Nacional de Desestatização – PND, era a seguinte:

i) a Petrofértil controlava as empresas Ultrafértil, Nitrofértil, Fosfértil, Goiasfértil e ICC e tinha como coligadas as empresas Arafértil e Indag;
ii) a Petrobras controlava a Petromisa.

Após a Lei 8.031 de 12/4/90 e o Decreto 99.463 de 16/8/90, que criaram o PND, incluindo a desestatização da Petrofértil, e Decreto 99.226 de 27/4/90, que dissolvia a Petromisa, a situação acionária ficou como indicada no Quadro 3.3.4.

QUADRO 3.3.4 Desestatização da Petrofértil

Empresa	Data do leilão	% da participação da Petrofértil vendida em leilão
Indag	23/1/1992	33,33
Fosfértil	12 e 13/8/1992	77,42
Goiasfértil	8/10/1992	82,64
Ultrafértil	24/6/1993	100,00
Arafértil	29/4/1994	33,33

Fonte: Petrobras.

O Decreto 844 de 24/6/93 retira do PND a Petrofértil e a Nitrofértil, cujas unidades industriais passam a ser controladas diretamente pela Petrobras.

Com a desestatização da Petrofértil e a compra das suas controladas (Fosfértil e Ultrafértil) pela indústria privada de fertilizantes, iniciou-se um processo de reagrupamento dessas indústrias, que persiste até os nossos dias.

As empresas privadas que adquiriram o controle da Fosfértil e da Ultrafértil criaram uma *holding*, a Fertifós. A participação acionária da Fertifós ficou assim distribuída: IAP, Solorrico e Manah com 23,06% cada uma, Fertibrás com 12,76%, Fertiza com 10,00%, Takenaka com 6,18% e outros com 1,88%.

A Serrana comprou em 1996 a Fertisul; em 1997 comprou a IAP (e com isto passou a ter 23,06% das ações da Fertifós); em 1998 adquiriu a Divisão de Fertilizantes da Elekeiroz e, também em 1998, em conjunto com Manah, comprou a Takenaka (mais 3,09% da Fertifós). Em 2000 adquiriu o controle da Manah, com isto passando a ter maioria na Fertifós, com 52,30% do capital votante da mesma.

Em 1999 a Cargill norte-americana comprou a Solorrico, passando a deter 23,06% do controle da Fertifós, e em 2000 comprou a Fertiza, aumentando sua participação na Fertifós em mais 10%. Ainda em 2000 a Norsk Hydro norueguesa, maior empresa de fertilizantes do mundo, comprou a Adubos Trevo.

A Fertiza, em 1988, comprou o controle da Fospar, única empresa que produz superfosfatos no Paraná, além de adquirir 50% da Indústria de Fertilizantes de Cubatão, novo nome da Unidade Industrial de Mistura de Cubatão, até então pertencente à Adubos Trevo. Em 2000 foi comprada pela Cargill.

O Quadro 3.3.5 — Desnacionalização da indústria de fertilizantes indica, com relação ao setor de matérias-primas e produtos intermediários para fertilizantes, a porcentagem da produção doméstica de responsabilidade de empresas de capital nacional e de empresas de capital estrangeiro.

Em resumo, a desestatização da Petrofértil implicou a desnacionalização do setor de fertilizantes. Como a Nitrofértil foi retirada do PND em 1993, o setor de matérias-primas para fertilizantes nitrogenados (amônia e uréia) continuou nas mãos da Petrobras.

QUADRO 3.3.5 Desnacionalização da indústria de fertilizantes

Matéria-prima ou produto intermediário	1989		1999	
	Nacional	Estrangeiro	Nacional	Estrangeiro
Amônia	100	-	57	43
Rocha fosfática	68	32	2	98
Ácido fosfórico	65	35	-	100
Ácido sulfúrico	72	28	10	90
Sulfato de amônio	100	-	60	40
Uréia	100	-	60	40
Nitrocálcio	100	-	-	100
Nitrato de amônio	100	-	-	100
Superfosfato simples	79	21	36	64
Superfosfato triplo	82	18	12	88
Fosfatos de amônio (MAP, DAP)	81	19	-	100
Termofosfato	16	84	-	100
Cloreto de potássio	-	-	100	-

Fonte: ANDA.

Entretanto, toda a cadeia de fertilizantes fosfatados, desde a produção de rocha fosfática até a produção de ácido fosfórico, incluindo os superfosfatos simples e triplo e fosfatos de amônio, passou para o controle de empresas estrangeiras.

A produção nacional de matérias-primas e intermediários para fertilizantes em 2000 foi de aproximadamente 1,5 milhão de toneladas de fertilizantes fosfatados (em P_2O_5), 770 mil toneladas de nitrogenados (em N) e 350 mil toneladas de potássicos (em K_2O). Os totais de fertilizantes formulados consumidos pelo mercado nacional, incluindo os provenientes de importação, foram de 16,39 milhões de t/ano em 2000 e de 16,63 milhões de t/ano em 2001.

A indústria de cloro e soda

As indústrias de cloro e soda, no período pós-90, vêm sendo submetidas a vários tipos de pressões, sendo as de natureza ambiental as mais significativas. Enumera-se, a seguir, algumas delas:

i)   percepção do perigo representado pelo cloro e seus compostos;

ii)   eliminação dos clorofluorcarbonos, limitações na utilização de solventes clorados e reduções drásticas na utilização de cloro elementar como agente branqueador na indústria de papel;

iii) tendências dos usuários finais em diminuir ou eliminar a utilização do cloro e de seus compostos;

iv)   campanhas sistemáticas de ativistas ambientais contra a produção de cloro e seus compostos (incluindo a tentativa da eliminação do uso de PVC);

v)   tentativa de paralisação das unidades que operam com células a mercúrio, que representavam, em 1999, 29% da capacidade das indústrias de cloro e soda em nível mundial e 24% no Brasil;

vi)   enormes passivos ambientais das unidades que operam com células a mercúrio.

Além dessas pressões, as indústrias de cloro e soda têm de enfrentar o problema crônico do desbalanceamento de consumo entre a soda cáustica e o cloro, gerando o excesso de um dos dois produtos, que tem de ser vendido a preços marginais.

Acresce-se a isso o elevado custo da energia elétrica, um dos principais insumos desse tipo de indústria. O Quadro 3.3.6 mostra os valores das tarifas de energia elétrica praticados em algumas regiões e países do mundo, em 2001.

QUADRO 3.3.6   Tarifas de energia elétrica

Região/país	Tarifa (US$/MWh)
EUA - Costa do Golfo	20 a 25
Arábia Saudita	10 a 12
Brasil	32 a 40
Canadá	16 a 18
Inglaterra	40 a 50
Argentina	20 a 22

Fonte: Abiclor.

A indústria de química fina

De todos os ramos da indústria química foi, sem dúvida, a química fina que mais sofreu, no período pós-90, os efeitos da abertura de mercados e as substanciais reduções de alíquotas de importação implantadas pelo governo Collor em 1990.

A maioria dos produtos citados no Quadro 3.3.2 pertence às indústrias da química fina, que não puderam suportar as medidas governamentais impostas ao setor. As empresas multinacionais aproveitaram para aumentar a sua participação na indústria de química fina, setor cujo mercado já dominavam amplamente, sobretudo o campo dos fármacos e defensivos, que, somados, correspondem a aproximadamente 70% do mercado da química fina no Brasil. Com a queda das barreiras alfandegárias, algumas multinacionais paralisaram suas unidades de química fina, achando mais vantajoso importar o produto diretamente de suas fábricas no exterior.

Outras empresas multinacionais não radicadas no Brasil aqui se estabeleceram. O Quadro 3.3.7 relaciona algumas empresas multinacionais que, recentemente, entraram no setor de química fina nacional.

QUADRO 3.3.7	Entrada de multinacionais na indústria química brasileira			
Empresa	**Distribuição acionária atual (%)**		**Data da efetiv.**	**Observações**
	Sócio nacional	**Sócio estrangeiro**		
Prochrom	15% Parnaso	85% Griffin Corp.	ago. 96	
Defensa*	10% Defensa	90% Makhteshim-Agan	nov. 96	
Getec	41,1% Eduardo Difini Kurt Politzer e outros	58,9% Corn Products e SPI Brasil	jun. 97	
Carbonor	60% Epanor	40% Church & Dwight	jul. 97	Nessa data mudou de nome para Química Geral do Nordeste-QGN. Posteriormente a Church & Dwight assumiu o controle da empresa, participando com 75% das ações ordinárias.
Herbitécnica*	34,2% Outros	65,8% Makhteshim-Agan	jul. 98	
Nitriflex		DSM	dez. 95	Aquisição da unid. de EPDM.
Nitriflex		Bayer	dez. 96	Aquisição de tecnologia
Quím. da Bahia		Air Products	set. 98	Aquisição de ativos.
Isopol		Dow	1999	Trata-se da unidade de TDI da antiga Pronor.

* A Defensa e a Herbitécnica uniram-se em 1998, formando a Milenia, da qual o grupo israelense Makhteshim-Agan detém 69,9% das ações.

Fonte: Abifina.

174 PEDRO WONGTSCHOWSKI

Simultaneamente começaram a surgir movimentos de junções, reagrupamentos e aquisições, tanto entre empresas nacionais, como entre empresas nacionais e empresas multinacionais já instaladas no país.

O objetivo central de tais movimentos era aumentar a competitividade das empresas, o que se esperava conseguir reduzindo custos fixos, simplificando as organizações e investindo nas relações com o cliente.

A alcoolquímica

A indústria alcoolquímica dividia-se basicamente em dois grandes grupos: o que transformava o etanol em eteno ou acetaldeído (produção de polietileno, dicloroetano, estireno, butadieno, ácido acético, solventes acéticos) e aquele que utilizava o etanol pela sua função química como álcool (produção de éteres glicólicos, ésteres, etilaminas).

Com o retorno da cobrança da taxa de contribuição ao IAA em novembro de 1984, que o governo havia eliminado em 1983, para incentivar a exportação de produtos químicos produzidos via alcoolquímica, as indústrias do primeiro grupo pararam de consumir álcool, para consumir eteno obtido de nafta.

Outras empresas passaram a importar diretamente o ácido acético de que necessitavam para seus produtos, como a Rhodia e a Coperbo.

O consumo de álcool etílico para a indústria alcoolquímica sempre foi pequeno, quando comparado com o álcool consumido como combustível, situando-se na faixa de 400 a 500 milhões de litros por ano. No auge do programa Proálcool foram produzidos, anualmente, 15 bilhões de litros de álcool, estando a produção atual na faixa dos 12 a 14 bilhões de litros de álcool por ano.

A indústria farmacêutica

A indústria farmacêutica brasileira representou 15% das vendas da indústria química brasileira, no ano 2001, sendo o segundo setor de maior faturamento, só perdendo para o setor de produtos químicos industriais.

Segundo a Associação dos Laboratórios Farmacêuticos Nacionais – Alanac, existem cerca de 350 laboratórios farmacêuticos no Brasil, dos quais 56 são empresas multinacionais. Essas multinacionais dominam o mercado de produtos farmacêuticos, sendo crescente sua participação, pois, em 1995, dentre as 40 maiores empresas nacionais e estrangeiras do setor, a participação estrangeira no faturamento global era de 79,4%; em 1997 foi de 86,6% e em 1999, de 88,0%.

O Quadro 3.3.8 a seguir mostra a participação, no mercado, das 10 maiores empresas do setor, no Brasil, em 2000.

A indústria farmacêutica nacional, similarmente às indústrias farmacêuticas de outros países, teve como origem farmácias manipuladoras, que, pelo sucesso de seus produtos, tornaram-se "farmácias-fábricas" ou então obras de pioneiros da industrialização, que viam nesse setor uma oportunidade de progresso.

Entretanto, devido à complexidade química envolvida nos fármacos e o pouco desenvolvimento do país nesse campo, à época, passaram os remédios a ser importados, sobretudo da Europa (Alemanha, principalmente) e Estados Unidos. Instalaram, essas companhias, primeiramente escritórios de vendas, mas, percebendo o potencial do mercado brasileiro, trataram logo de montar fábricas, para produzir localmente, pelo menos parte dos medicamentos antes importados.

QUADRO 3.3.8	Maiores empresas farmacêuticas do Brasil	
Empresa	**Capital controlador***	**Participação no mercado (%)**
Aventis	E	6,74
Novartis	E	6,57
Aché	N	6,12
Roche	E	4,37
Schering-Plough	E	3,68
Bristol–Myers Squibb	E	3,64
Pfizer	E	3,42
Janssen–Cilag	E	3,38
Schering do Brasil	E	2,89
Sanofi–Synthélabo	E	2,82

*E: estrangeiro; N: nacional.

Fonte: Gazeta Mercantil.

No Brasil foram os grandes laboratórios europeus que se instalaram primeiro, vindo os norte-americanos a seguir. A indústria farmacêutica japonesa praticamente não está representada no Brasil.

A primazia das vendas de medicamentos em nosso país está nas mãos da indústria farmacêutica européia, não só por seu grande porte (pelas recentes fusões: Aventis, Novartis, GlaxoSmithKline, Astra Zeneca), mas também porque a linha de seus produtos está mais voltada para as drogas OTC, que não necessitam de prescrição médica para sua venda. A vitamina C Redoxon da Aventis, por exemplo, é um dos dez medicamentos mais vendidos do país.

No ano de 2000 a entrada dos genéricos veio abalar a tradicional liderança de vendas de produtos como Cataflam, Voltaren e Lexotan. No Brasil, os genéricos são aproximadamente 40% mais baratos que os medicamentos de referência, e suas vendas ocasionam a transferência dos negócios dos grandes laboratórios para laboratórios menos conhecidos e especializados em medicamentos sem marca. Observe-se, no entanto, que os grandes laboratórios estão crescentemente presentes no mercado de genéricos.

Entre 2000 e 2001, a receita da venda de genéricos cresceu cinco vezes, passando de US$ 25 milhões, para US$ 127 milhões.

O Quadro 3.3.9, sem pretender ser exaustivo, mostra empresas do setor farmacêutico no Brasil.

QUADRO 3.3.9 — Indústrias farmacêuticas instaladas no Brasil

Ano	Empresa	Observações
1990	Hebron	Foi fundada em 1990, com fábrica em Caruaru, PE.
1994	Galderma Brasil	Iniciou suas atividades no Brasil m 1994. É filial da Galderma Pharma franco-suíça.
1994	Synthélabo Espasil	Surgiu em 1994, com a fusão das empresas francesas Delagrange e Delalande, que no Brasil eram representadas respectivamente pela Quimisintesa Produtos Químicos Ltda. e Laboratórios Farmacêuticos Ltda.
1997	Novartis Biociências	Surgiu em 1997 no Brasil, como resultado da fusão em 1996 das suíças Ciba-Geigy e da Sandoz.
1998	Sanofi-Synthélabo	Surgiu em 1998, como resultado da fusão da Sanofi Winthrop Pharmaceuticals, controlada pelo grupo Elf-Aquitaine francês, e do Synthélabo Groupe, também francês. No Brasil, houve a fusão da Sanofi do Brasil Indústria e Comércio Ltda. e da Synthélabo Espasil Química e Farmacêutica Ltda.
1999	Astra Zeneca do Brasil	Surgiu em 1999, como resultado da fusão entre a Astra sueca e a Zeneca inglêsa.
1999	Aventis Pharma Brasil	Surgiu em 1999, como resultado da fusão dos produtos das "ciências da vida" Hoechst alemã e da Rhône-Poulenc francesa. No Brasil houve a fusão da Hoechst Marion Roussel com a Rhodia Pharma.
2000	Pharmacia Brasil	Surgiu em 2000 como resultado da fusão entre a Pharmacia & Upjohn sueco-americana e a Monsanto norte-americana, que formaram a Pharmacia Corp. No Brasil houve a fusão entre a Pharmacia & Upjohn Limitada e a Monstanto Participações Ltda. (Searle Brasil).
2000	GlaxoSmithKline Brasil	Surgiu em 2000 como resultado da fusão entre as britânicas SmithKline Beecham e a Glaxo Wellcome. No Brasil houve a fusão entre a SmithKline Beecham Brasil Ltda. e a Glaxo Wellcome S.A.

Fonte: Gazeta Mercantil.

TENDÊNCIAS DA INDÚSTRIA QUÍMICA BRASILEIRA

A indústria química brasileira faturou, em 2001, US$ 38,0 bilhões. O Quadro 3.4.1 apresenta a divisão desse faturamento entre os principais segmentos da indústria.

O segmento Produtos Químicos de Uso Industriais representa cerca de 51% desse faturamento, seguido do segmento Produtos Farmacêuticos, que responde por 15% das vendas da indústria química brasileira.

O segmento de Produtos Químicos de Uso Industrial é, por sua vez, composto pelos grupos de produtos químicos inorgânicos, orgânicos, resinas e elastômeros e outros, com faturamento líquido em 2001 indicado no Quadro 3.4.2.

Nos grupos de resinas termoplásticas, orgânicos básicos, intermediários para plásticos, intermediários para fibras, elastômeros e plastificantes, os produtos de origem petroquímica são preponderantes; nos grupos de orgânicos diversos, termofixos e intermediários para fertilizantes, os produtos de origem petroquímica, a despeito de relevantes, não são preponderantes.

Estudo recente sobre o consumo aparente nacional, elaborado pela Abiquim, entre os anos de 1990 e 2000, para várias famílias de produtos químicos fabricados no Brasil, mostra de forma flagrante o grande crescimento das importações, a diminuição das exportações e o decréscimo da produção nacional em relação ao consumo aparente. O Quadro 3.4.3 mostra as variações de produção, importação, exportação e consumo aparente nacional, entre os anos 1990 e 2000, calculadas em porcentagem ao ano.

Para melhor caracterizar a influência da importação no consumo aparente nacional, o Quadro 3.4.4 mostra, para os anos de 1990 e 2000, a participação em porcentagem da importação no consumo aparente nacional.

As principais empresas químicas brasileiras em 1999, segundo o critério de faturamento, estão indicadas no Quadro 3.4.5. Das cem empresas listadas, 39 são de capital nacional, 58 são de capital estrangeiro e 3 são 50% nacional, 50% estrangeiro.

QUADRO 3.4.1   Faturamento líquido da indústria química brasileira

Segmento	Valor (US$ bilhões)
Produtos químicos de uso industrial	19,6
Produtos farmacêuticos	5,7
Cosméticos	3,0
Fertilizantes	2.8
Agroquímicos	2,3
Sabões e detergentes	2,0
Tintas e vernizes	1,4
Outros	1,5
Total	**38,3**

Fonte: Abiquim.

QUADRO 3.4.2 — Vendas de produtos químicos de uso industrial Brasil

Grupo	Vendas (US$ milhões)
Produtos químicos inorgânicos	
Cloro e álcalis	1.018
Intermediários para fertilizantes	2.012
Outros produtos químicos inorgânicos	1.043
Produtos químicos orgânicos	
Produtos petroquímicos básicos	4.089
Intermediários para resinas e fibras	
Intermediários para plásticos	1.013
Intermediários para resinas termofixas	758
Intermediários para fibras sintéticas	654
Outros produtos químicos orgânicos	
Corantes e pigmentos orgânicos	447
Solventes industriais	322
Intermediários para detergentes	562
Intermediários para plastificantes	197
Plastificantes	157
Produtos químicos orgânicos diversos	1.879
Resinas e elastômeros	
Resinas termoplásticas	4.555
Resinas termofixas	336
Elastômeros	468
Produtos e preparados químicos diversos	
Aditivos de uso industrial	90
Total	**19.600**

Fonte: Abiquim.

QUADRO 3.4.3 — Consumo aparente nacional

Produtos	Variação entre 1990 e 2000, em % ao ano			
	Produção	Importação	Exportação	Consumo aparente
Cloro e álcalis	2,3	7,5	(1,0)	2,8
Elastômeros	3,8	18,9	18,9	3,1
Intermediários p/fertilizantes	3,3	18,8	(17,1)	6,9
Interm. p/fibras sintéticas	5,9	10,1	(0,9)	6,8
Interm. p/resinas termofixas	5,0	13,0	(6,3)	6,5
Resinas termoplásticas	7,5	29,4	3,7	10,2
Solventes industriais	2,3	17,7	(1,5)	5,8

Fonte: Abiquim.

QUADRO 3.4.4 — Participação da importação no consumo aparente nacional (%)

Produtos	1990	2000
Cloro e álcalis	6	9
Elastômeros	5	20
Intermediários para fertilizantes	12	35
Intermediários para fibras sintéticas	6	8
Intermediários para resinas termofixas	6	11
Resinas termoplásticas	3	17
Solventes industriais	8	24

Fonte: Abiquim.

QUADRO 3.4.5 — Maiores empresas do setor químico brasileiro

	Empresa	Capital (1)	Segmento		Receita líquida 99 (R$ milhões)
1	Gessy Lever	E	Materiais de limpeza e cosméticos		3.102,5
2	Odebrecht Química	N	Produtos químicos industriais	(2)	2.179,8
3	Copene	N	Produtos químicos industriais		1.853,9
4	Basf	E	Tintas e vernizes	(3)	1.831,1
5	Rhodia	E	Produtos químicos industriais	(4)	1.489,0
6	Johnson & Johnson	E	Materiais de limpeza e cosméticos		1.270,3
7	White Martins	E	Gases industriais		1.250,7
8	Copesul	N	Produtos químicos industriais		1.232,7
9	Novartis	E	Farmacêutica	(5)	1.232,3
10	Dow	E	Produtos químicos industriais		1.209,3
11	Serrana	E	Adubos e fertilizantes		1.086,9
12	Bayer	E	Produtos químicos industriais		1.032,2
13	DuPont	E	Produtos químicos industriais		993,3
14	Avon	E	Materiais de limpeza e cosméticos		936,0
15	Petroquímica União	N	Produtos químicos industriais		832,9
16	Monsanto	E	Defensivos agrícolas		816,6
17	Wyeth-Whitehall	E	Farmacêutica	(6)	786,3
18	Kodak	E	Produtos fotoquímicos		729,0
19	Roche	E	Farmacêutica		716,3
20	Tintas Coral	E	Tintas e vernizes		614,6
21	Oxiteno	N	Produtos químicos industriais		604,2
22	Natura	N	Materiais de limpeza e cosméticos		594,8
23	Aventis	E	Farmacêutica		571,0
24	Akzo Nobel	E	Produtos químicos industriais	(7)	568,4
25	3M	E	Outros		567,8
26	Clariant	E	Produtos químicos industriais		549,9
27	Manah	N	Adubos e fertilizantes		548,8
28	Reckitt Benckiser	E	Materiais de limpeza e cosméticos		544,4
29	Ipiranga Petroquímica	N	Produtos químicos industriais		508,6
30	Aché	N	Farmacêutica		508,4

QUADRO 3.4.5 Maiores empresas do setor químico brasileiro (continuação)

	Empresa	Capital (1)	Segmento	Receita líquida 99 (R$ milhões)
31	Gillette	E	Materiais de limpeza e cosméticos	499,1
32	Polibrasil	(8)	Produtos químicos industriais	471,6
33	Petroflex	N	Produtos químicos industriais	460,8
34	Bristol-Myers Squibb	E	Farmacêutica	459,4
35	Ultrafértil	N	Adubos e fertilizantes	453,9
36	Tintas Renner	N	Tintas e vernizes	445,4
37	Politeno	N	Produtos químicos industriais	440,0
38	Fosfértil	N	Adubos e fertilizantes	436,9
39	Milenia	E	Defensivos agrícolas	418,7
40	Solvay	E	Produtos químicos industriais	418,4
41	L'Oréal	E	Material de limpeza e cosméticos	417,9
42	Pfizer	E	Farmacêutica	408,9
43	Bombril	E	Material de limpeza e cosméticos	376,9
44	Sanofi	E	Farmacêutica	365,1
45	Heringer	N	Adubos e fertilizantes	362,3
46	Henkel	E	Produtos químicos industriais	355,7
47	Zeneca	E	Defensivos agrícolas	330,2
48	Boehringer Ingelheim	E	Farmacêutica	326,2
49	Eli Lilly	E	Farmacêutica	325,7
50	Colgate-Palmolive	E	Material de limpeza e cosméticos	325,6
51	Solorrico	N	Adubos e fertilizantes	323,0
52	Schering-Plough	E	Farmacêutica	321,7
53	Glaxo Wellcome	E	Farmacêutica	304,6
54	Ciba Especialidades Químicas	E	Produtos químicos industriais	302,5
55	FMC	E	Defensivos agrícolas	295,9
56	Merck Sharp & Dohme	E	Farmacêutica	264,9
57	Dow AgroSciences	E	Defensivos agrícolas	261,6
58	Deten	N	Produtos químicos industriais	259,5
59	Millennium	E	Produtos químicos industriais	255,2
60	Ceras Johnson	E	Material de limpeza e cosméticos	253,5
61	Schering	E	Farmacêutica	250,6
62	Copebrás	E	Produtos químicos industriais	246,4
63	Fibra	N	Fibras artificiais e sintéticas	244,9
64	Union Carbide	E	Produtos químicos industriais	237,1
65	Procter & Gamble	E	Material de limpeza e cosméticos	231,0
66	Fibra DuPont	(8)	Fibras artificiais e sintéticas	224,7
67	Carbocloro	(8)	Produtos químicos industriais	216,0
68	Rohm & Haas	E	Defensivos agrícolas	215,0
69	Petroquímica Triunfo	N	Produtos químicos industriais	203,1
70	Fertiza	N	Adubos e fertilizantes	200,2
71	Tortuga	N	Farmacêutica	198,9
72	Fertibrás	N	Adubos e fertilizantes	194,7
73	Merck	E	Produtos químicos industriais	191,7
74	Ajinomoto	E	Outros	182,7
75	Adubos Trevo	N	Adubos e fertilizantes	181,3
76	Polialden	N	Produtos químicos industriais	173,4

INDÚSTRIA QUÍMICA NO BRASIL **181**

QUADRO 3.4.5 Maiores empresas do setor químico brasileiro (*continuação*)

	Empresa	Capital (1)	Segmento	Receita líquida 99 (R$ milhões)
77	Cristália	N	Farmacêutica	169,3
78	Aga	E	Gases industriais	161,3
79	Prodome	N	Farmacêutica	156,2
80	Mitsui	E	Adubos e fertilizantes	152,6
81	Ciquine	N	Produtos químicos industriais	147,3
82	Nitrocarbono	N	Produtos químicos industriais	144,1
83	Biosintética	N	Farmacêutica	134,8
84	O Boticário	N	Materiais de limpeza e cosméticos	131,8
85	Fáb. Carioca de Catalisadores	N	Produtos químicos industriais	130,3
86	Alba	E	Outros	130,1
87	IBF	N	Produtos fotoquímicos	127,9
88	Allergan	E	Farmacêutica	118,6
89	Ucar	E	Outros	115,0
90	Nitro Química	N	Produtos químicos industriais	112,0
91	Ouro Verde	E	Adubos e fertilizantes	111,0
92	Dacarto	N	Produtos químicos industriais	110,3
93	Iharabras	E	Defensivos agrícolas	105,3
94	Galvani	N	Adubos e fertilizantes	100,2
95	B. Braun	E	Farmacêutica	99,9
96	Copas	N	Adubos e fertilizantes	99,6
97	Unipar	N	Produtos químicos industriais	98,2
98	Air Liquide	E	Gases industriais	94,4
99	Medley	E	Farmacêutica	92,7
100	Elekeiroz	N	Produtos químicos industriais	92,6

(1) E = estrangeiro; N = nacional.
(2) Inclui OPP Petroquímica, OPP Polietilenos, OPP Polímeros Avançados, Trikem e CQR.
(3) Corantes, tintas e vernizes: 52%; fármacos, química fina, fitossanitários: 26%; plásticos e fibras: 17%; produtos químicos industriais: 5%.
(4) Produtos químicos industriais: 71%; fibras: 29%.
(5) Farmacêutica: 50%; defensivos agrícolas: 50%.
(6) Inclui Cyanamid Farmacêutica: 38%; defensivos agrícolas: 62%.
(7) Inclui Polyenka. Produtos químicos industriais: 81%; fibras: 19%.
(8) Capital: 50% E; 50% N.

Fonte: Gazeta Mercantil; Exame Melhores e Maiores; Abiquim.

Em termos de faturamento, 33% do faturamento consolidado dessas cem empresas é representado por empresas nacionais e 67% por empresas estrangeiras.

O Quadro 3.4.6 indica o perfil das cem maiores empresas químicas estabelecidas no país em 1999, indicando para cada segmento da indústria o capital preponderante, a maior empresa, a maior empresa de capital majoritariamente nacional e a maior empresa de capital majoritariamente estrangeiro.

Os resultados parciais da Pesquisa Industrial Anual de 1996, realizada pelo IBGE, divulgados em fevereiro de 1999, separando as empresas em dois grupos por número de funcionários, permitem visualizar os tamanhos relativos da indústria química brasileira. O Quadro 3.4.7 mostra essa individualização.

QUADRO 3.4.6 Perfil das indústrias do setor químico brasileiro

Segmento	Capital preponderante	Maior empresa	Maior empresa nacional	Maior empresa estrangeira
Produtros químicos industriais	Nacional	Odebrecht	Odebrecht	Rhodia
Produtos farmacêuticos	Estrangeiro	Novartis	Aché	Novartis
Mat. de limpeza e cosméticos	Estrangeiro	Gessy Lever	Natura	Gessy Lever
Adubos e fertilizantes	Nacional	Serrana	Manah*	Serrana
Tintas e vernizes	Estrangeiro	Basf	Tintas Renner	Basf
Defensivos agrícolas	Estrangeiro	Monsanto	—	Monsanto
Fibras artificiais e sintéticas	Estrangeiro	Fibra	Fibra	—
Gases industriais	Estrangeiro	White Martins	—	White Martins

* Com a compra da Manah, em 2000, pela Serrana, o capital preponderante do setor de adubos e fertilizantes passou a ser estrangeiro.

Fonte: Gazeta Mercantil; Exame; Abiquim.

QUADRO 3.4.7 Tamanho relativo da indústria química brasileira

Tamanho da empresa	Número de empresas		Número de funcionários			Receita bruta anual (R$ milhões)		
	Número	(%)	Número	(%)	Nº médio por empresa	Receita	(%)	Receita média por empresa
Até 29 func.	2.610	68	34.106	12	13,1	2.861	5	1,096
30 ou mais func.	1.213	32	253.644	88	209,1	52.114	95	42,963
Total	**3.823**	**100**	**287.750**	**100**	**75,3**	**54.975**	**100**	**14,380**

Fonte: IBGE.

A análise do futuro do complexo químico brasileiro, para cada um dos segmentos industriais, deve ser feita à luz de sua competitividade e de sua vulnerabilidade à concorrência externa. É tanto mais vulnerável uma indústria, quanto mais transacionáveis forem seus produtos e quanto piores forem as suas condições de competição.

Os produtos mais transacionáveis são, basicamente, aqueles que têm as seguintes características:

i)   são amplamente disponíveis no mercado externo;

ii)   são facilmente transportáveis;

iii) têm homogeneidade internacional de especificação;

iv)   têm vida útil relativamente longa;

v)   não são "localizados".

INDÚSTRIA QUÍMICA NO BRASIL **183**

Produtos "localizados" são aqueles cuja especificação em cada região é determinada por gostos, moda, legislação ou hábitos de consumo peculiares.

O Quadro 3.4.8 indica a *tradability* de cada segmento da indústria química brasileira. Segmentos que utilizam predominantemente *commodities* são mais transacionáveis do que os que utilizam predominantemente especialidades. Segmentos que fabricam predominantemente produtos de consumo são menos transacionáveis. É o caso da indústria farmacêutica, de higiene pessoal e cosméticos, de sabões e detergentes, de tintas e de defensivos agrícolas. É evidente que os segmentos de tintas e de detergentes, por exemplo, atendem também ao parque industrial (tintas para uso industrial e detergentes institucionais, respectivamente).

Os produtos de consumo, por serem menos transacionáveis, têm demanda menos dependente de surtos de importação, diferentemente do que acontece com as *commodities*. Nesse sentido, os segmentos de *tradability* mais baixa tendem a ter um mercado mais estável; mais ainda, os preços dos seus produtos no mercado interno guardam uma relação mais tênue com os preços vigentes no mercado externo do que as *commodities*. A comparação de preços — internos e externos — para produtos de consumo é mais difícil do que para *commodities*, porque, sendo produtos de consumo, os consumidores finais não têm fácil acesso aos preços vigentes no mercado externo. Adicionalmente, a própria comparação não é fácil, dado o caráter especificamente brasileiro do produto. O caso das *commodities* é evidentemente distinto: são produtos indiferenciados, amplamente disponíveis em outras regiões do mundo, de fácil transporte, e consumidos por compradores sofisticados, que têm pleno acesso ao mercado internacional.

As indicações do Quadro 3.4.8 são aproximadas e não completamente isentas de subjetividade.

A análise conjunta dos Quadros 3.4.6 e 3.4.8 indica, ainda mais, que em 1999, apenas dois segmentos mais transacionáveis (e portanto mais vulneráveis) eram preponderantemente controlados por capital nacional (os segmentos de produtos químicos industriais e de fertilizantes[*]). Dentro do segmento produtos químicos industriais apenas a petroquímica composta de produtos químicos básicos é preponderantemente controlada por empresas nacionais; as áreas de especialidades químicas e de produtos químicos para as ciências da vida são controladas pelo capital internacional.

QUADRO 3.4.8 *Tradability* da indústria química brasileira

Segmento	Tradability		
	Baixa	Média	Alta
Produtos químicos industriais		x	x
Produtos farmacêuticos	x	x	
Materiais de limpeza e cosméticos	x		
Adubos e fertilizantes		x	x
Tintas e vernizes	x		
Defensivos agrícolas	x		
Fibras artificiais e sintéticas		x	x
Gases industriais	x		

(*) Em 2000 o setor de fertilizantes passou a ser controlado pelo capital estrangeiro.

As indústrias controladas por capital externo já integram hoje o que Kanter (5) chama de "redes globais". As batalhas competitivas futuras não se travarão entre nações, mas entre redes globais, cujos elos estarão distribuídos em diversos países e regiões.

Os produtos de consumo são menos transacionáveis por uma razão adicional: a importância da marca comercial. O poder do setor industrial na economia global não decorre do controle dos meios de produção, mas, sim, da influência sobre o consumo.

O futuro da indústria química no Brasil está atrelado, ainda, à capacidade do país de manter a indústria aqui instalada e de atrair novos investimentos.

Porter (6), em sua clássica análise da vantagem competitiva das nações, introduziu o conceito de vantagem nacional. Segundo esse conceito, um país para reter e atrair investimentos deveria ter quatro conjuntos de atributos:

i) condições relativas aos fatores — ligadas à posição do país em fatores de produção, tais como mão-de-obra especializada e infra-estrutura necessária àquele setor industrial;

ii) condições de demanda — ligadas à natureza da demanda interna para cada produto;

iii) indústrias relacionadas e de suporte — ligadas à presença no país de fornecedores de insumos e serviços competitivos internacionalmente;

iv) estratégia da empresa, estrutura e rivalidade — ligadas às condições no país para a criação, a organização e a administração das empresas, bem como a natureza da competição doméstica.

Esses atributos, diz Porter, criam o ambiente nacional em que companhias nascem e aprendem a competir.

No estudo publicado pela Abiquim em 1999 "A Competitividade da Indústria Química Brasileira", são apontados os principais fatores que condicionam a inserção competitiva das indústrias químicas brasileiras na economia internacional. Os fatores listados incluem custo dos investimentos (bens de capital, impostos não recuperáveis, tarifa aduaneira, IPI e ICMS, serviços de montagem, impostos incidentes na aquisição de tecnologia e juros de longo prazo), custo da produção (os insumos básicos e carga tributária sobre a produção), ciência e tecnologia, saúde, segurança e meio ambiente, qualidade e logística.

As restrições e dificuldades indicadas pela Abiquim se aplicam tanto às empresas de controle nacional quanto às estrangeiras. As primeiras, como visto, são mais vulneráveis por lidarem majoritariamente com *commodities* altamente transacionáveis. As empresas de controle estrangeiro são, em sua maioria, menos vulneráveis por atuarem majoritariamente com produtos de consumo, por dominarem o mercado consumidor final com marcas comerciais fortes e por terem seus produtos *tradability* menor. Para que tanto umas quanto outras continuem investindo no Brasil, devem ser removidas as restrições listadas pela Abiquim e atendidos os requisitos apontados por Porter em seu conceito de vantagem nacional.

Entre os caminhos apontados para a indústria de controle nacional estão as alianças, a integração vertical para cima, a integração horizontal, a integração vertical para baixo e a conglomeração.

Alguns, como Porter, vêem as alianças como estratégias amplas, que garantirão apenas a mediocridade das empresas, não a sua liderança internacional. Nenhuma empresa pode depender de outra, da qual seja independente, para conhecimentos, habilidades e ativos que sejam centrais para sua vantagem competitiva. Alianças, defende Porter, são **ferramentas seletivas**, empregadas em base temporária ou envolvendo atividades acessórias.

A despeito das restrições de Porter, as alianças são cada vez mais comuns no setor químico brasileiro e implicam, muitas vezes, o enrijecimento das empresas. Oliveira (7) indica que a indústria petroquímica brasileira imobilizou-se durante os anos em que, internacionalmente, ocorreu profunda reestruturação no setor.

Essa imobilização decorreu de sua estrutura de quase-firma[(*)], razão central da fragilidade da indústria. A estrutura de quase-firma implica constrangimentos, como tamanho limitado, ausência de integração e de economias de escopo, impossibilidade de globalizar-se.

A integração vertical para baixo foi, em certo tempo, amplamente defendida no Brasil. Muitos chegaram a sugerir que as empresas petroquímicas brasileiras migrassem para as especialidades e para a química fina, sem entretanto abrir mão da manufatura de *commodities*. No entanto, a história da química fina brasileira está repleta de experiências – em geral mal sucedidas – de empresas petroquímicas investindo em química fina.

Indica-se, especificamente para a indústria petroquímica, a integração vertical como o caminho a ser seguido, pela vantagem em fatores técnicos (escala, existência de co-produtos, custo de transporte), economias de aglomeração (pela localização contígua), economias de transação (segurança de abastecimento, menores impostos, custos administrativos e de comercialização mais baixos) e economias de escopo (P&D, financiamento).

Quanto à conglomeração, claramente é essa a tendência hoje na área das *commodities*. Um processo de conglomeração já ocorreu no segmento brasileiro de fertilizantes e, a partir da criação da Braskem, começa a ocorrer também na petroquímica.

Resta, finalmente, discutir, ainda que brevemente, o papel da inovação no futuro da indústria química aqui instalada.

Os principais problemas herdados do período em que o setor químico esteve sob a regulação do governo foram a deficiente estrutura empresarial e a falta de capacidade de inovação (8).

Marcovitch (9) destaca que, na América Latina, os governos estão tão absorvidos com questões de curto prazo que suas intenções de modernização tecnológica e desenvolvimento científico raramente se traduzem em alocação de fundos.

A análise da evolução recente da indústria no Brasil (pós 1995) mostra, para as empresas locais, que a função tecnológica ainda é tratada por uma óptica bastante operacional, visando a introduzir melhorias contínuas na produção, de caráter de curto prazo, em detrimento de atividades de maior capacitação e de impacto a longo prazo.

No setor químico os estudos apontam na mesma direção. Alguns autores analisaram o efeito do ajuste estrutural de 78 empresas químicas brasileiras sobre as suas atividades de P&D. Concluíram que houve uma redução significativa nas atividades ligadas à engenharia e uma diminuição da capacidade de desenvolvimento tecnológico dessas empresas.

A indústria de polímeros, por exemplo, mudou a natureza de sua trajetória tecnológica, passando da busca de novos materiais para a busca de novos usos para materiais já conhecidos.

O crescimento do conteúdo científico da tecnologia química e a elevação dos custos das atividades de P&D transformaram inovações, de ação típica de empreendedores em prerrogativas da grande empresa. A despeito das evidências da existência de um oligopólio inovativo detido pelas grandes empresas, a inovação, especialmente a incremental, poderá voltar a sair das mãos das grandes empresas para pequenas e médias companhias químicas (10).

Deve-se ressaltar ainda o papel das empresas de pequeno porte na inovação em nichos de mercado, como especialidades químicas e biotecnologia (11).

(*) O conceito de quase-firma adotado por Oliveira aplica-se a toda organização submetida a forte limitações no campo decisório, especialmente aquelas que impedem o processo de acumulação de capital: investimento, alavancagem de recursos, desenvolvimento de tecnologia, reestruturação.

PEDRO WONGTSCHOWSKI

Pode-se, em conclusão, afirmar que é indispensável à empresa brasileira definir uma estratégia tecnológica que permita o enfrentamento de uma concorrência crescente, tanto por parte das empresas aqui localizadas, como de produtos e serviços importados.

Também as empresas do setor químico deverão incrementar suas atividades nas áreas de engenharia e tecnologia, não limitando sua ação tecnológica exclusivamente a atividades visando à melhoria incremental, mas investindo também na inovação tecnológica *stricto sensu*.

BIBLIOGRAFIA DO CAPÍTULO 3

1. CARRARA JR., E.; MEIRELLES, H.,"A Indústria Química e o Desenvolvimento do Brasil". Metalivros, São Paulo (1996).

2. SANTA ROSA, J. N.,"A Indústria Química no Estado de São Paulo". Editor Borsoi, Rio de Janeiro (1958).

3. SUAREZ, M. A.,"Petroquímica e Tecnoburocracia". Editora Hucitec, São Paulo (1986).

4. ERBER, F.S.; VERMULM, R.,"Ajuste Estrutural e Estratégias Empresariais". IPEA, **144**, Rio de Janeiro (1993).

5. KANTER, R. M.,"Classe Mundial — Uma Agenda para Gerenciar os Desafios Globais em Benefício das Empresas e das Comunidades". Editora Campus, Rio de Janeiro (1996).

6. PORTER, M. E.,"The Competitive Advantage of Nations". Harvard Business Review, p.73 , mar./abr. 1990.

7. OLIVEIRA, J. C.,"Firma e Quase–Firma no Setor Industrial — O Caso da Petroquímica Brasileira". Tese de Doutorado, Instituto de Economia Industrial da Universidade Federal do Rio de Janeiro (1994).

8. CHUDNOVSKY, D.; LOPEZ, A., "Auge y Ocaso del Capitalismo Asistido — La Industria Petroquimica Latinoamericana". CEPAL/IRDC, Alianza Editorial, Buenos Aires (1997).

9. MARCOVITCH, J.,"Industry — University Interaction in a New World Context: Policy and Action". Southbound, Penang (Malásia) (1994).

10. QUINTELLA, R. H.,"The Strategic Management of Technology in the Chemical and Petrochemical Industries". Pinter Publishers, Londres (1993).

11. DODGSON, M.; ROTHWELL, R. (editores),"The Handbook of Industrial Innovation". Edward Elgar, Aldershot (Inglaterra) (1994).

CAPÍTULO 4
PREÇOS NA INDÚSTRIA QUÍMICA

INTRODUÇÃO

É pelo sistema de preços que uma economia de mercado determina que bens e serviços devem ser produzidos, que métodos de produção devem ser empregados, quais os insumos a ser utilizados e como a produção e a renda devem ser distribuídas.

Em um mercado perfeito, a relação entre a oferta e a demanda determina o preço. O sistema de definição de preços conduz, em tese, ao mais eficiente uso de recursos escassos. O sistema de preços induz à eficiência: as empresas buscam um conjunto insumos e processos que minimize o custo de produção e maximize o resultado. O sistema incentiva o trabalho, o empresariamento e o desenvolvimento tecnológico.

O funcionamento efetivo do sistema de preços admite a ocorrência de competição perfeita – com grande número de produtores e consumidores agindo independentemente. Em um sistema de competição perfeita nenhum comprador e nenhum vendedor, agindo isoladamente, pode influenciar o preço. A habilidade de controlar preços é chamada de poder de mercado. Entre os extremos do monopólio (um único supridor) e do monopsônio (um único comprador) está, na maior parte dos casos, a realidade do mercado.

O poder de mercado de uma empresa é definido, basicamente, por três fatores:

i)   sua participação de mercado;
ii) a possibilidade de entrada de concorrentes no mercado;
iii) o grau de diferenciação de seus produtos.

É evidente que uma empresa tem seu poder máximo ao atuar com produto único (isto é, fortemente diferenciado), com posição monopolista, em um mercado com pesadas barreiras de entrada.

A indústria química, como parte importante do setor de transformação, tem sua atuação diretamente influenciada pelo comportamento da economia como um todo.

Existem, no entanto, fatores que afetam em particular o setor químico: os choques tecnológicos internos e as variações de preço (ou de rentabilidade).

As mudanças tecnológicas compreendem alterações de processo e variações de rota tecnológica. As primeiras caracterizam alterações significativas no encadeamento processual, mudanças de pressão, temperatura, tipo de reator, catalisador, fase na qual se dá a reação, na geração de subprodutos e de resíduos. As variações de rota tecnológica correspondem às mudanças de matéria-prima.

As variações de preço (e de rentabilidade) são influenciadas especialmente pela relação entre a oferta e a demanda de cada produto químico, que, por sua vez, depende da posição desse produto nos chamados "ciclos" da indústria.

CICLOS DA INDÚSTRIA QUÍMICA

A ciclicidade da indústria química decorre da superposição de fatores de duas naturezas: os **exógenos**, que, por afetarem a economia como um todo, afetam também o setor químico, e os **endógenos**, que afetam em especial o setor químico e que são determinados, em sua maior parte, por agentes do próprio setor químico.

A questão é, em verdade, ainda mais complexa. Dentre os fatores **exógenos**, há os que afetam diretamente o setor químico. O crescimento, por exemplo, do setor de comunicações, cria demandas específicas de produtos químicos os mais diversos. A evolução da moda, das práticas agrícolas, da tecnologia automotiva, da medicina, cria ou faz desaparecer demandas por corantes, princípios ativos de defensivos agrícolas, fertilizantes, pigmentos, plásticos de engenharia e fármacos.

O fator **exógeno** mais importante para o setor químico é a evolução da demanda. Essa evolução decorre da situação econômica geral e do processo de mudança tecnológica.

A ciclicidade da demanda está atrelada à ciclicidade da economia como um todo, seguindo as variações econômicas, que, por sua vez, podem ser medidas pela mudança do Produto Interno Bruto (PIB).

Se, a partir da curva real do PIB em um certo intervalo de tempo, traçar-se a curva de ajuste do PIB, também chamada curva de tendência do PIB, as diferenças entre os valores reais e os valores ajustados constituem os desvios em relação à curva de ajuste. Esses desvios podem ser expressos em valores absolutos ou em porcentagem em relação aos valores da curva de ajuste; são positivos quando os valores reais excederem os valores da curva de ajuste e negativos quando forem inferiores aos valores desta.

A Figura 4.2.1 mostra os desvios do PIB e da produção de eteno, expressos em porcentagem, em relação às respectivas curvas de tendência, nos Estados Unidos, para o período de 1979 a 1999.

Os fatores **endógenos** mais importantes com relação à ciclicidade do setor químico são as variações da oferta e o efeito substituição. Chama-se efeito substituição a característica de certas exigências poderem ser atendidas por diferentes produtos químicos. Isso é especialmente comum no setor de fertilizantes, no campo das resinas termoplásticas e nas especialidades químicas.

O efeito da variação da oferta e da demanda sobre o grau de utilização da capacidade instalada de um produto químico genérico é mostrado na Figura 4.2.2.

PREÇOS NA INDÚSTRIA QUÍMICA **189**

Figura 4.2.1 Ciclicidade do PIB e produção de eteno nos EUA

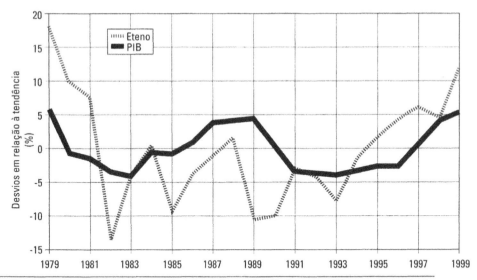

Fonte: Produção de eteno: American Chemistry Council; PIB: Bureau of Economic Analysis.

O efeito maior e mais importante da ciclicidade da indústria química se dá sobre os preços (ou sobre a rentabilidade) do setor. A Figura 4.2.3 apresenta uma curva da variação dos preços de polietilenos no mercado asiático, entre 1986 e 2001.

Esse comportamento aparentemente errático de preços pode ser compreendido quando confrontado com eventos ocorridos nessas datas, que os motivaram e influenciaram, como mostrado na Figura 4.2.4.

Figura 4.2.2 Ciclicidade da oferta e da demanda

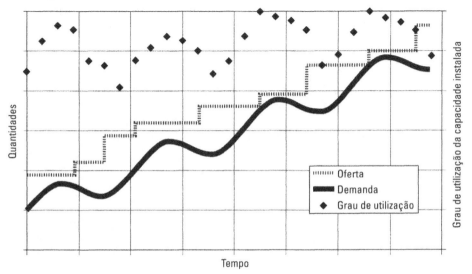

Figura 4.2.3 Preços de polietilenos no mercado asiático

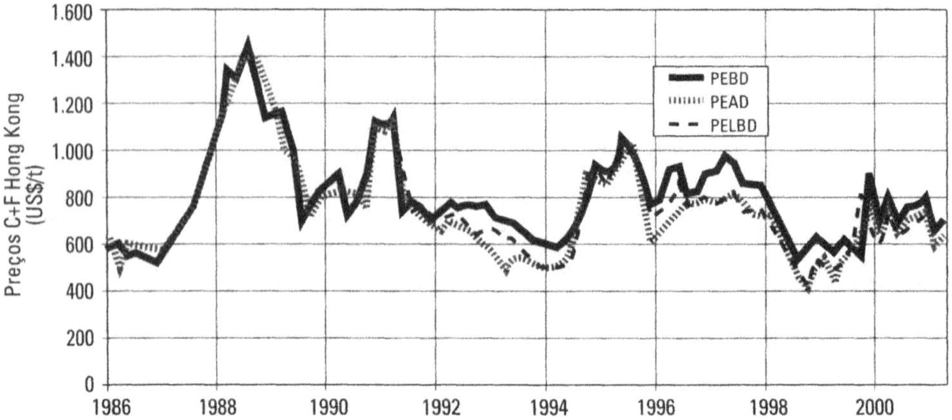

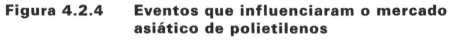

Fonte: Chem Systems.

Esse comportamento cíclico afeta diretamente a rentabilidade das indústrias químicas. A Figura 4.2.5 mostra a rentabilidade da indústria petroquímica norte-americana para o mesmo período, medida por um "índice de rentabilidade", em que se consideram as margens de custo desembolsado a dólares norte-americanos constantes, assumindo-se para o primeiro trimestre do ano de 1982 o índice 100.

Deve-se notar a concordância entre as curvas apresentadas nas Figuras 4.2.4 e 4.2.5, mostrando a influência de fatores exógenos (suprimentos ao mercado chinês, "fechamento" dos portos) na rentabilidade da indústria petroquímica norte-americana.

A Figura 4.2.6 mostra a rentabilidade da indústria de eteno do Japão, representada pelo lucro em bilhões de ienes, para o período compreendido entre 1982 e 1999. Também aí, a concordância com a Figura 4.2.5 é digna de nota.

Figura 4.2.4   Eventos que influenciaram o mercado asiático de polietilenos

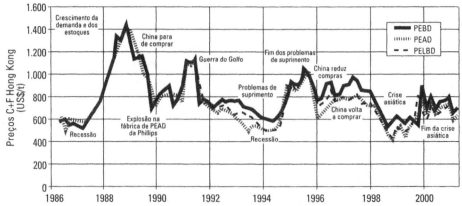

Fonte: Chem Systems.

PREÇOS NA INDÚSTRIA QUÍMICA **191**

Figura 4.2.5   Rentabilidade da indústria petroquímica dos EUA

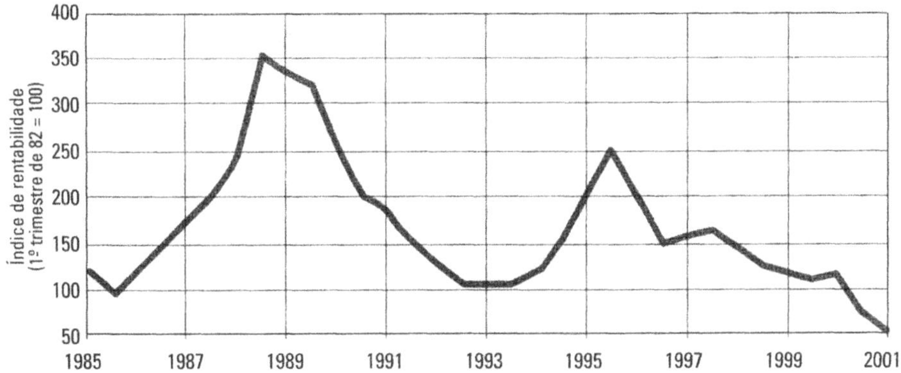

Fonte: Chem Systems.

A ciclicidade da indústria norte-americana de plásticos fica evidente na Figura 4.2.7, que abarca o período de 1986 a 2001.

A globalização do mercado de produtos químicos de grande volume e a existência de firmas de comercialização desses produtos, com enormes capacidades de estocagem, alteram essa ciclicidade, atenuando-a, algumas vezes, ou realçando-a, na maioria das vezes.

A ciclicidade da oferta prende-se a uma característica própria da indústria de *commodities* químicas. Novas unidades de produção a ser implantadas, para se beneficiar das economias de escala, vêm aumentando de porte, de forma considerável. O Quadro 4.2.1 atesta o exposto.

Figura 4.2.6 Rentabilidade da indústria de eteno do Japão

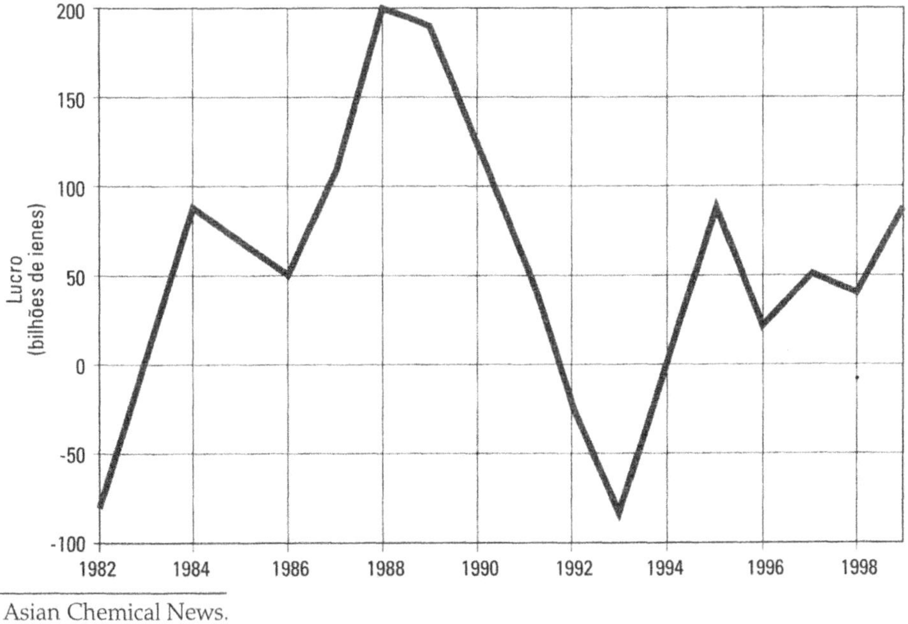

Fonte: Asian Chemical News.

Figura 4.2.7 Ciclicidade da indústria de plásticos nos EUA

Fonte: Chem Systems.

QUADRO 4.2.1 Capacidades típicas de produção

Unidade de amônia			Unidade de eteno	
Ano	t/dia		Ano	mil t/ano
1940	150		1950	50
1950	300		1960	200
1960	600		1970	500
1970	1.700		1980	700
1980	2.000		1995	900
1990	2.000		1998	1.000
2000	2.000		2000	1.270

Fonte: Zaidman (2); SRI International.   Fonte: Cool; Henderson (3); SRI International.

Também a Figura 4.2.8 mostra o crescimento das capacidades de produção de reatores de PELBD/PEAD, PEBD e PP no período de 1970 a 2000. Convém lembrar que os reatores para a produção alternativa de PELBD ou PEAD foram desenvolvidos na década de 70.

Essas novas unidades, ao entrar em operação, muitas vezes quase que concomitantemente, causam um "salto" sensível na curva da oferta. Como a demanda não cresce aos saltos, ou cresce em saltos muito menos acentuados, haverá um excesso de capacidade por um período de tempo, até que a demanda alcance a oferta.

Figura 4.2.8 Evolução da capacidade de produção de reatores

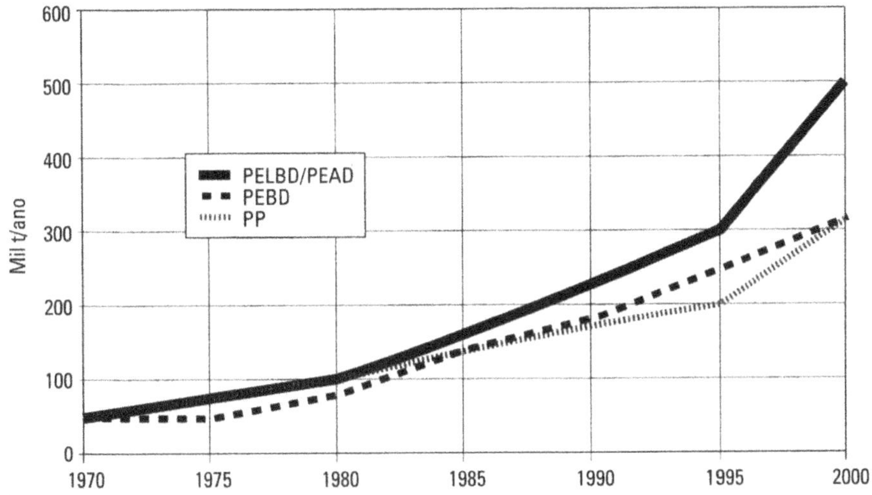

Fonte: Chem Systems.

A variação de preços ao longo do tempo, na forma de ciclos, não afeta igualmente todos os fabricantes de um mesmo produto. A razão básica está ligada a diferentes estruturas de custo. Os produtores mais eficientes, de custos mais baixos, e os produtores menos eficientes, de custos mais altos, têm rentabilidade e capacidade distintas de suportar quedas de preço. O termo eficiência aqui utilizado tem significado amplo. Ser mais eficiente tanto pode ser fruto de se possuir unidade que exija menos matéria-prima ou energia por unidade de produto, como pode significar utilizar matéria-prima mais barata ou ter um custo fixo unitário mais baixo, decorrente de uma escala de produção maior.

Uma das formas utilizadas para distinguir as fábricas mais eficientes das menos eficientes é por um gráfico chamado curva de oferta (supply curve).

A Figura 4.2.9 mostra a curva de oferta para o eteno, na região da Costa do Golfo dos Estados Unidos, em 1987. Foram consideradas 39 unidades produtivas. Elas foram ordenadas, colocando-se as capacidades de produção (acumuladas) no eixo das abscissas e os seus custos desembolsados, em dólares norte-americanos, no eixo das ordenadas, começando-se pela unidade de menor custo desembolsado. Tomando-se agora a demanda de eteno daquele ano e traçando-se uma vertical até a curva de oferta, determina-se um ponto que, levado ao eixo das ordenadas, representa o que se convencionou chamar de preço de referência. A diferença entre o preço de venda e o custo desembolsado é a margem em relação ao custo desembolsado.

Observa-se na Figura 4.2.9 que algumas unidades têm custos desembolsados superiores ao preço de referência do eteno e, portanto, estão trabalhando com prejuízo.

Para as considerações que se seguem, interessa analisar dois grupos de unidades produtivas: as do início da curva de oferta, com baixos custos desembolsados e, portanto, operando com boas margens; são as unidades de vanguarda ou líderes; as do final da curva, de custos desembolsados elevados, operando com baixas margens (ou mesmo margens negativas) são as unidades *laggard*. Unidades líderes são aquelas cujos custos desembolsados correspondem a um valor inferior ou igual a 15% da faixa entre o custo desembolsado mais baixo e o mais alto. Analogamente, as unidades *laggard* correspondem aos 15% mais elevados da mesma faixa de custos.

Figura 4.2.9 Curva de oferta do eteno nos EUA

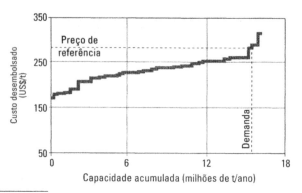

Fonte: Adaptado de Sedriks (1).

A curva de oferta define o preço de referência do produto, a partir da sua demanda. Admitindo-se que o preço do produto seja inferior ao preço de referência, haverá menos unidades fabricando o produto, pois várias fábricas, cujos custos desembolsados excedem esse novo preço, sairão do mercado, uma vez que, em tese, o preço mínimo que uma fábrica pode suportar é o custo desembolsado. Com isso, a oferta do produto será menor que a demanda e haverá falta do produto. Na falta do produto o preço sobe, e aquelas fábricas que pararam de funcionar agora passam a ter custos desembolsados menores ou iguais ao novo preço; voltando a funcionar, aumenta-se a oferta. O mesmo raciocínio aplicar-se-ia para o caso de ocorrer uma elevação do preço do produto, superior ao preço de referência. Fábricas que estavam paradas, por não terem margens, com o novo preço passam a ter margens e voltam a funcionar, provocando um excesso de oferta. Com isso, advém uma queda do preço, com a conseqüente parada de fábricas com custos desembolsados superiores ao novo preço.

Essas considerações, entretanto, são apenas esquemáticas, e a realidade do comportamento dos preços é mais complexa. Os preços de mercado podem ser distintos do preço de referência, e existem diversos preços de mercado para um mesmo produto, em um dado instante. Razões típicas são:

i) o preço de mercado, em cada instante, varia de país para país, como indica a Figura 4.2.10;

ii) o preço para cada cliente varia em função de seu poder de compra e da natureza de sua relação comercial com o fornecedor;

iii) o preço de mercado é influenciado por fatores objetivos, mas também pela expectativa de cada agente quanto à relação futura entre oferta e demanda, expectativa essa construída a partir de informação nem sempre homogênea;

iv) as empresas podem ser obrigadas a (ou optar por) operar com margens negativas de custo desembolsado, por períodos limitados; razões típicas de tal comportamento são compromissos de fornecimento anteriormente assumidos, intenções de manutenção de participação de mercado, obrigações de aquisição de matérias-primas e, finalmente, razões políticas, típicas de empresas estatais.

Outra característica interessante das curvas de oferta é o fato de que vão abaixando e se achatando com o tempo. A Figura 4.2.11 mostra, para o eteno nos Estados Unidos, as curvas de oferta nos anos 1980, 1984 e 1990.

Figura 4.2.10 Preços de eteno

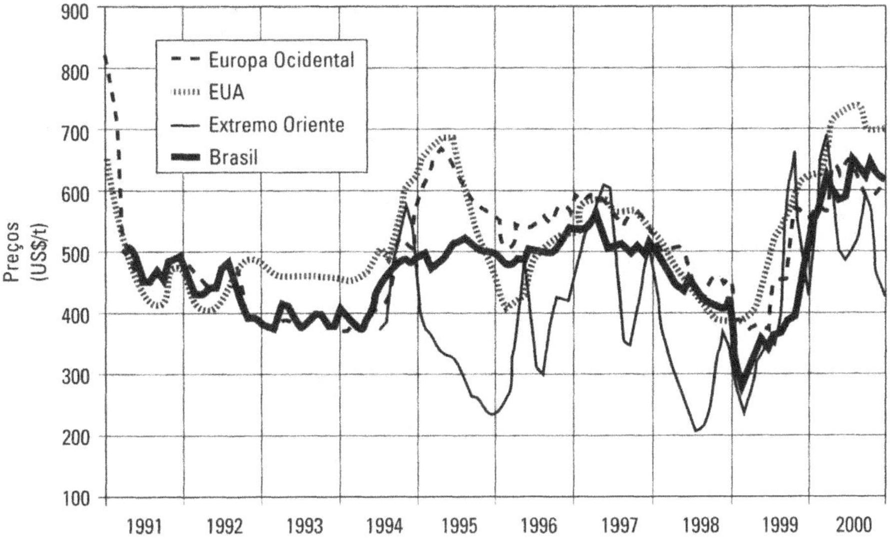

Fonte: SRI International; Probe Economics; Petroquisa.

A entrada de novas unidades de produção, em geral utilizando processos mais modernos ou partindo de matérias-primas mais baratas e portanto com custos desembolsados menores (são as plantas líderes), dá-se em geral perto da extremidade esquerda da curva, ocasionando um abaixamento da mesma, concomitante com um deslocamento das unidades já existentes para a direita. Mesmo unidades novas, com custos desembolsados na faixa intermediária da curva de oferta, provocam o deslocamento para a direita das unidades com custos desembolsados maiores do que ela, o que resulta simultaneamente em um abaixamento da curva. São, portanto, causas de abaixamento da curva a entrada de novas unidades, com custos desembolsados mais baixos e a redução de custos individuais por planta. A Figura 4.2.12 apresenta, esquematicamente, tal comportamento, para um produto genérico em duas datas distintas.

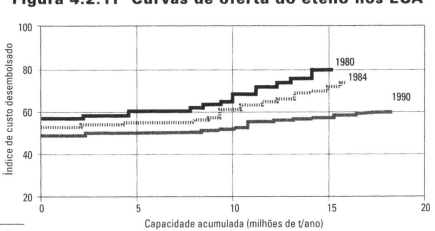

Figura 4.2.11 Curvas de oferta do eteno nos EUA

Fonte: Hüls.

Figura 4.2.12 Curvas de oferta de um produto genérico

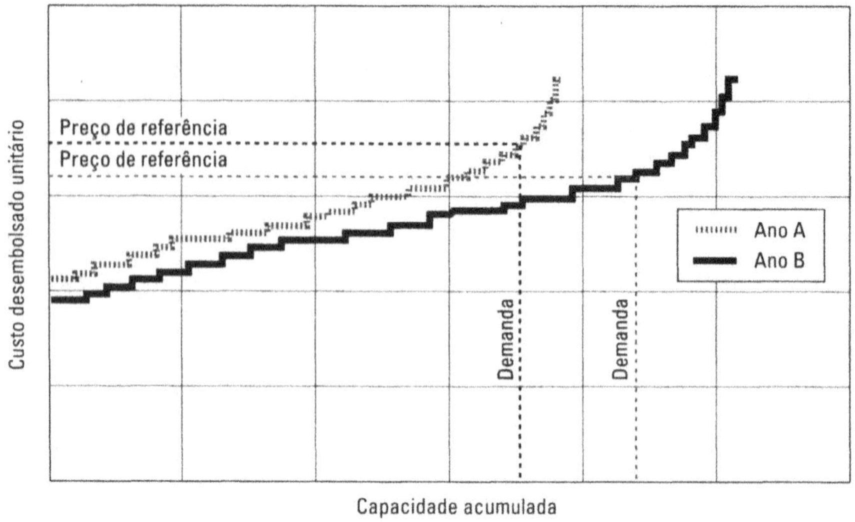

Capacidade acumulada

O aumento da capacidade de produção das plantas individuais foi o fator dominante da redução de custos, em plantas novas, na década de 80 (1).

Já na década de 90 o fator dominante para o abaixamento dos custos refere-se à inovação tecnológica. Sendo essas plantas as de melhores margens, são também as que dispõem de mais recursos para pesquisa e implantação de melhorias nos seus processos de fabricação.

As unidades com custos desembolsados na faixa intermediária geralmente conseguem melhorias nos seus processos, com conseqüente abaixamento nos custos, via contratação de tecnologia externa ou graças a pesquisas próprias (por exemplo, melhorias no catalisador, modificações visando a economia de energia). Para essa faixa intermediária de plantas o desengargalamento é outro fator importante no abaixamento dos custos (por aumento de escala), ocasionando o achatamento da curva.

Finalmente as plantas laggards podem ser descontinuadas nos períodos de excesso de oferta, sendo substituídas pelas unidades de custos mais baixos. A parte direita da curva de oferta, que representa essas empresas, é em geral mais inclinada e com muitos degraus.

É possível ainda construírem-se curvas de oferta para vários países ou regiões diferentes, como mostra a Figura 4.2.13, para a produção de eteno, em 1992, na Europa Ocidental, Estados Unidos e Arábia Saudita.

Há uma influência dramática da ciclicidade para as unidades líderes e unidades *laggards*. Na Figura 4.2.14 indicam-se os desempenhos de 1970 a 1991 de dois fabricantes de polietileno de alta densidade dos Estados Unidos, um considerado líder e o outro considerado *laggard*. Os desempenhos são representados pelo retorno do investimento em termos de caixa. Como esses retornos do investimento em termos de caixa variam com a utilização da capacidade instalada, para os dados da Figura 4.2.14 admitiu-se que esses dois fabricantes operassem na média do grau de utilização da capacidade instalada de todos os produtores norte-americanos de polietileno de alta densidade.

No caso do polietileno de alta densidade nos Estados Unidos, pode-se observar que a unidade líder não teve retorno de seu investimento nenhuma vez abaixo de zero. Dos 21 anos registrados no gráfico, 8 foram superiores ao nível de reinvestimento. Já a unidade *laggard* teve

Figura 4.2.13 Comparação entre curvas de oferta do eteno

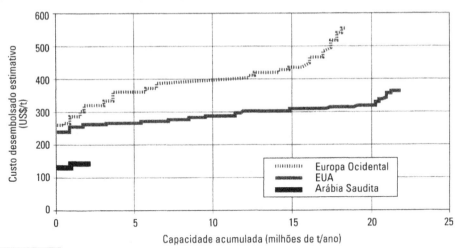

Fonte: Sedriks (1).

só 8 vezes retorno de seu investimento superior a zero, nunca chegando ao nível de reinvestimento e 13 vezes seu fluxo de caixa esteve abaixo de zero.

O retorno do investimento relativo ao caixa é definido como:

$$CFROI = 100 \, (Receita - Custo\ desembolsado)/Investimento;$$

e o retorno sobre o investimento (ROI) como:

$$ROI = 100 \, (Receita - Custo\ desembolsado - Depreciação)/Investimento.$$

Figura 4.2.14 Desempenho de fabricantes de PEAD nos EUA

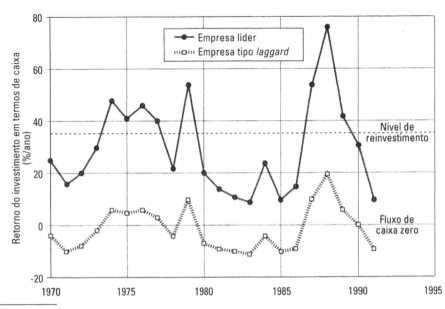

Fonte: Sedriks (1).

Considerando uma depreciação de 10% ao ano tem-se:

$$ROI = CFROI - 10\%$$

Assumindo 25% ao ano como um retorno sobre o investimento necessário para permitir reinvestimento, adota-se um CFROI de 35% para a Figura 4.2.14 (1).

Os gráficos conhecidos como "tacos de hockey" relacionam o grau de utilização médio da capacidade instalada das plantas de cada produto com a rentabilidade de uma planta *laggard* daquele produto. A rentabilidade é medida pelo retorno do investimento relativo ao caixa (CFROI). A Figura 4.2.15 é um gráfico desse tipo.

As principais conclusões apresentadas por Sedriks (1) no estudo desses gráficos são:

i) há relação entre a rentabilidade de uma planta *laggard* e o grau de utilização médio das capacidades instaladas das plantas daquele produto;
ii) os preços do produto tendem a ficar entre os custos variáveis e o custo desembolsado da planta *laggard* considerada;
iii) quando os graus de utilização da capacidade instalada das unidades são elevados, as rentabilidades podem aumentar substancialmente;
iv) o ponto de inflexão ou ponto crítico, além do qual os graus de utilização da capacidade instalada levam a rentabilidades elevadas, varia de produto para produto, mas geralmente está próximo de 90% (ver Figura 4.2.15);
v) quando há níveis de diferenciação crescente no produto estudado ou restrições de oferta (paradas de produção, greves, incêndios), o coeficiente angular da segunda parte do gráfico aumenta, indicando rentabilidades ainda maiores com o aumento do grau de utilização da capacidade instalada;
vi) produtos mais diferenciados ou mercados mais disciplinados têm curvas mais elevadas (produto A da Figura 4.2.15); à medida que um produto "amadurece", sua curva pode "descer" (o produto B da Figura 4.2.15 apresenta maturidade maior que o produto A);

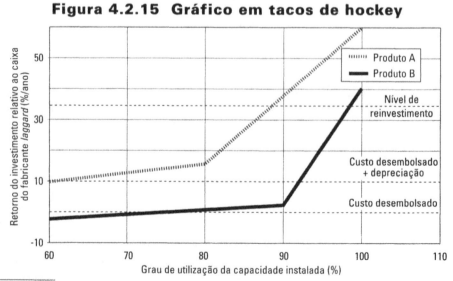

Figura 4.2.15 Gráfico em tacos de hockey

Fonte: Sedriks (5).

vii) gráficos em taco de hockey permitem previsões, a médio prazo, de lucros e preços em cenários cíclicos, se observado o fato de que o grau de utilização da capacidade instalada é uma medida conveniente e simples das expectativas, mas é imperfeita, e que em certas épocas outros fatores podem ser significativos e mesmo predominantes.

Uma das críticas a esse tipo de gráfico é a de que o retorno que uma planta *laggard* pode obter na venda de seu produto depende das expectativas de quão "apertada" será a oferta daquele produto a curto, médio ou longo prazos.

Um gráfico em taco de hockey, para o polipropileno, relativo aos anos de 1961 a 1991, nos Estados Unidos é mostrado na Figura 4.2.16.

Os gráficos em tacos de hockey se mostraram ótimos instrumentos de previsões de preços e, conseqüentemente, de rentabilidades, em cenários cíclicos. Vale observar, entretanto, o que ocorre com alguns produtos petroquímicos de 2ª ou 3ª geração, quando há grandes possibilidades de substituição e que dependem diretamente de um produto de 1ª geração, do tipo polipropileno-propeno. O gráfico em taco de hockey para o polipropileno apresenta melhores resultados se considerados os graus de utilização da capacidade instalada das unidades de propeno, do que se empregados os graus de utilização da capacidade instalada das unidades de polipropileno. Se o produto for um termoplástico, o estudo recomenda considerar os graus de utilização da capacidade instalada de todas as unidades de termoplásticos ou até de todos os produtos petroquímicos.

Para prazos médios, é provável que a melhor correlação seja a que leva em consideração o grau de utilização da capacidade instalada de toda a indústria petroquímica.

Outro ponto a ser observado é o do número de plantas que devam ser consideradas quanto aos seus graus de utilização. Embora, por facilidade na obtenção dos dados, sejam normalmente consideradas as plantas locais, ou do país, a lógica recomenda que sejam analisadas todas as

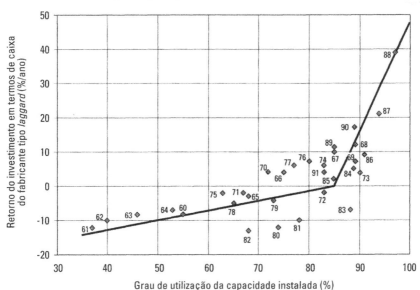

Figura 4.2.16   Gráfico em taco de hockey para o polipropileno nos EUA

Fonte: Sedriks (1).

plantas supridoras daquele mercado, ou mesmo o grau de utilização das plantas daquele produto, em todo o mundo.

Unidades industriais em diferentes regiões do mundo operam, em cada instante, com graus distintos de utilização de sua capacidade instalada. É o que mostra a Figura 4.2.17.

A ciclicidade da demanda é influenciada pelos ciclos econômicos, exógenos à indústria química, mas pode também ser alimentada pelo comportamento dos preços.

A realização de novos investimentos depende diretamente da rentabilidade de operação das plantas. Até passado recente era usual a realização de investimentos em períodos de alta rentabilidade, o que se mostrou desinteressante, pois, como os períodos dos ciclos da indústria química têm sido de 7 a 10 anos e os prazos entre a decisão de investir e a partida da nova planta são de 4 a 5 anos, a data de partida da nova planta ocorre exatamente nas fases de vale dos ciclos. Ocorre assim um efeito perverso, não só pelo abaixamento do preço do produto (nos vales os preços já estão baixos e, com a entrada em operação da nova unidade e o conseqüente aumento da oferta, os preços tendem a baixar mais ainda), mas também pela diminuição da rentabilidade de todas as plantas daquele produto, em vista da diminuição do grau de utilização das mesmas, como apresentado nos gráficos em tacos de hockey.

A realização dos investimentos é assim influenciada pelos graus de utilização das capacidades instaladas das plantas, que influem na rentabilidade das mesmas.

O comportamento do preço depende dos graus de utilização das capacidades instaladas das plantas, das estruturas de custos, das expectativas de preços futuros e da capacidade de substituição do produto por produtos afins. Por sua vez, os preços alimentam a ciclicidade da rentabilidade e realimentam a ciclicidade da demanda (preços mais baixos tendem, em algum grau, a aumentar a demanda e vice-versa).

Finalmente, a rentabilidade das plantas influi diretamente na decisão de novos investimentos, bem como na expectativa de preços futuros.

Todos os demais elementos mostrados na Figura 4.2.18 estão inter-relacionados entre si, realçando a complexidade da ciclicidade.

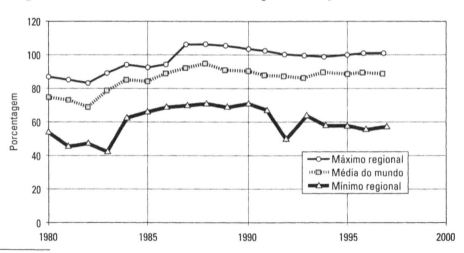

Figura 4.2.17 Graus de utilização das plantas de eteno

Fonte: Tecnon.

Figura 4.2.18 Elementos de ciclicidade

Fonte: ECMRA.

Embora existam alguns aspectos positivos na ciclicidade, por exemplo, forçar a redução de custos ou ocasionar a oportunidade de "compras alavancadas" (leveraged buy-out – LBO) bem sucedidas[*], há uma unanimidade em apontar os efeitos maléficos da ciclicidade:

i) contrações e expansões excessivas, ocasionando desassossego social;
ii) confiança e comprometimento vacilantes por parte dos empregados, da administração e dos clientes;
iii) subutilização da capacidade de produção da planta.

A eliminação ou a atenuação da ciclicidade, ou de seus efeitos, certamente trará benefícios ao setor, graças a uma atuação mais racional das empresas do setor (5).

COMPETIÇÃO IMPERFEITA

A luta pelo mercado faz com que empresas sejam criadas, absorvidas, adquiridas ou fundidas. Nesse processo, empresas crescem e morrem.

A batalha competitiva não implica necessariamente uma melhoria de posição no mercado. Em alguns casos, uma luta intensa pode deixar todos os atores em situação pior que a anterior, mas na mesma posição relativa. O número de empresas que deixam o mercado e o número das que aumentam suas vendas no mercado é uma medida da evolução do grau de competição.

No caso da indústria química, o poder de mercado é definido por:

i) participação de mercado;
ii) existência de barreiras ao aparecimento de produtores na mesma área geográfica;
iii) dificuldade de acesso a produtos fabricados em outras áreas geográficas;
iv) grau de diferenciação do produto ou do serviço a ele associado.

A indústria química não foi, nas suas origens, exemplo de concorrência perfeita. Longe disto.

---

[*] Uma descrição interessante do processo de LBO no setor químico é feita na autobiografia de Gordon Cain (6). Cain, um pioneiro no setor, esteve à frente da aquisição alavancada da Vista Chemical, da Sterling Chemicals, da Cain Chemicals, da Fiber Industries e da Arcadian Corporation.

A maior empresa química americana – a DuPont – adotou, em suas origens, práticas não competitivas. Em 1872 Henry DuPont convidava seus maiores competidores a acabar com as guerras de preço e estabilizar o mercado, dando origem à Gunpowder Trade Association, por meio da qual as empresas Laflin and Rand, Hazard, Oriental Powder, Austin Powder, American Powder, Miami Powder e DuPont definiram um preço único para a pólvora negra e uma clara e explícita divisão de mercados. Três empresas que não aderiram foram atacadas, por reduções localizadas de preço; duas foram subseqüentemente compradas pelos membros da Associação e a terceira juntou-se ao cartel. Entre 1896 e 1902 diversas companhias foram atacadas de diversas formas e acabaram conquistadas (Birmingham Powder, Indiana Powder, North Western Powder, Fairmount, Equitable Powder, Dittmar Powder, Peyton Chemical, American Ordnance e outras).

Em 1911, a DuPont teve sua área de explosivos dividida, por ordem judicial, em três companhias: a DuPont, a Atlas e a Hércules. Na prática pouca coisa mudou, pois a Hércules e a Atlas eram indiretamente controladas e administradas pela DuPont.

Na Alemanha, após intensas lutas de preços entre os fabricantes de corantes e anilinas, entre 1880 e 1900, houve a formação de convênios parciais entre esses fabricantes. Assim, em 1904 foi criada a Dreibund entre a Basf, Bayer e Agfa. Em 1907, a Hoechst, a Cassella e a Kalle formavam a Dreiverband. Em plena Primeira Guerra Mundial, esses dois grupos, juntamente com a Chemische Fabrik Griesheim-Elektron e a Weiler-ter-Meer (fabricante de corantes), uniram-se para formar a Interessengemeinschaft der deutschen Teerfarbenfabriken (Comunidade de interesses dos fabricantes alemães de corantes à base de alcatrão), ou a "Pequena IG", como ficou conhecida, que durou de 1916 até 1925. Nesse ano foi fundado por Carl Bosch, então presidente da Basf, o maior grupo de indústrias químicas já reunidas no mundo, com o nome de IG Farbenindustrie Aktiengesellschaft ou IG Farben, como ficou conhecido. Entre 1925 e 1945, a IG Farben teve um poder de mercado sem paralelo na indústria química européia. Foi só em 1952, sob controle e decisão aliadas, que a IG Farben foi dissolvida.

A história do comércio de borracha natural também não é exemplo de livre competição. Entre 1883 e 1887, acordos entre produtores visando a elevar preços concorriam com acordos entre consumidores visando a reduzi-los.

No final da segunda década do século XX, a indústria química inglesa, fruto de enorme disputa concorrencial e expansões exageradas, estava em má situação financeira. Para sobreviver, as empresas inglesas teriam de se fundir ou, alternativamente, entrar em acordo com as grandes indústrias alemãs. Em 1926, como reação à criação da IG Farben, formou-se a ICI (Imperial Chemical Industries) fruto da fusão da Brunner Mond, da Nobel Industries, da British Dyestuffs e da United Alkali. O objetivo dos ingleses foi criar uma "British IG", evitando que a Grã-Bretanha fosse transformada em potência de segunda classe no setor químico.

A história da Dow também traz exemplos de guerras por mercado, com o uso de métodos que, pela legislação atual, seriam considerados inaceitáveis. A luta pelo mercado dos derivados de bromo na Europa – contrariando o cartel europeu organizado na Bromkonvention – levou a Dow em 1905 a inundar o mercado europeu, enquanto os europeus colocavam seu produto no mercado americano a preços abaixo do custo. Em 1909 acordos tácitos foram firmados; as áreas de influência passaram a ser respeitadas e os preços subiram...

Em 1941 a Dow foi condenada pelo governo americano por conspirar com mais duas companhias americanas (American Magnesium Corporate e Magnesium Development Corporation), visando regular o mercado de magnésio, limitando a oferta e fixando preços.

O chumbo-tetraetila, antidetonante da gasolina, foi objeto de patente de propriedade da Ethyl Corporation desde sua fundação em 1924. À procura de um produto substituto — e de menor toxicidade — a Ethyl iniciou pesquisas com o ferro-pentacarbonil [Fe(CO)$_5$], que também era pesquisado pela Basf (IG Farben). Após entendimentos entre essas companhias, em 1926, a Ethyl e a Basf dividiram entre si, amigavelmente, o mercado mundial. O controle do mercado norte-americano de antidetonante foi, de fato, eficaz. Em 1940, 70% da gasolina vendida nos Estados Unidos continha antidetonante produzido pela Ethyl.

Em 1942 a Rohm & Haas e a DuPont foram acusadas pelo governo americano de conspirar, visando a controlar a produção, a venda e os preços de derivados acrílicos (especialmente metacrilato de metila). Apontavam as autoridades americanas que uma série de contratos cruzados de licenciamento de patentes indicava uma conspiração visando a regular o mercado.

Os cartéis eram especialmente importantes para os produtores mais fracos. Para esses, os cartéis eram essenciais, pois de outra forma suas unidades menores e menos eficientes não sobreviveriam. Os cartéis podiam ser defensivos ou agressivos. Os primeiros se aplicavam a *commodities*, como açúcar, borracha natural ou salitre do Chile, em que a produção era maior que a demanda e cujo preço corria continuamente o risco de cair. O suporte governamental a cartéis permitia a revisão anual das restrições de produção e das regras de divisão do mercado. Cartéis agressivos não se limitavam a restringir a oferta, mas visavam à maximização da rentabilidade, limitando a competição, definindo preços de venda e estabelecendo critérios para ampliação de capacidade (7).

Acordos entre concorrentes, visando a aumento abusivo de preços, é prática ilegal; a despeito disso, a literatura apresenta exemplos recentes:

- Em dezembro de 1988, 14 empresas européias (incluindo a Solvay, a Elf, a Enichem, a ICI, a Hüls e a Montedison) foram condenadas pela Comissão Européia por cartelizar o mercado europeu de PVC. Em 1994 as multas foram canceladas por erros processuais.

- A ICI e a Dyno Nobel em 1995 declararam-se culpadas de ajustar preços de explosivos nos Estados Unidos, entre 1988 e 1992.

- O Departamento de Justiça do governo americano iniciou, em 1995, uma investigação relativa à coordenação de preços de polietileno entre 1992 e 1994. As empresas acusadas foram a Quantum, a Dow, a Union Carbide, a Chevron, a Phillips e a Mobil.

- A Comissão Européia acusou, no final de 1995, grandes empresas européias (Hoechst, Basf, Petrofina, Solvay, British Petroleum, Shell, DSM, Veba, Montedison, Elf e OMV) de operarem um cartel visando ao controle do mercado europeu de polietileno e polipropileno.

- A Praxair, a Air Liquide e a BOC, maiores produtores mundiais de gases industriais, concordaram no início de 1996 em pagar multas no valor total de US$ 50 milhões, como compensação pelo conluio de preços de gás carbônico, utilizado por indústrias de refrigerantes.

- A Ajinomoto, a Kyowa Hakko Kogyo, a Sewon e a ADM foram acusadas pelo governo americano de conspirar para reduzir a competição no mercado de lisina, nos Estados Unidos, entre 1992 e 1995.

- A ADM, a Haarman & Reimer (subsidiária da Bayer), a Hoffmann – La Roche e a Jungbunzlauer foram condenadas pelo Departamento de Justiça, em 1997, a pagar uma multa conjunta de US$ 175 milhões, por terem, entre 1991 e 1995, mantido artificialmente altos os preços do ácido cítrico no mercado americano.

- A Ucar e a SGL Carbon foram processadas em 1997 nos Estados Unidos sob a acusação de ajustar preços de eletrodos de grafita.

- A Akzo Nobel e a Glucona foram multadas em 1997 em US$10 milhões por uma corte norte-americana por ter, entre agosto de 1993 e junho de 1995, feito acordo sobre os preços do gluconato de sódio.

- Em 1998 a Eastman Chemical foi multada pelo Departamento de Justiça norte-americano em US$ 11 milhões, por manter artificialmente altos os preços de sorbatos.
- Em 1999 a Pfizer foi multada em US$ 20 milhões, pela mesma razão, em relação aos preços do isoascorbato de sódio e do maltol.
- Ainda em 1999, o Departamento de Justiça dos Estados Unidos, em uma investigação sem precedentes no mercado de vitaminas, multou a firma suíça Roche em US$ 500 milhões (a maior multa já aplicada para casos desse tipo) e a Basf (alemã) em US$ 225 milhões, por terem manipulado os preços das vitaminas A, B, C e E nos Estados Unidos, entre janeiro de 90 e fevereiro de 1999. A Rhône–Poulenc também participou desse cartel, mas foi isentada de multa por colaborar com o Departamento de Justiça nas investigações do caso. Ao todo foram autuadas 24 empresas, entre elas a Takeda Chemical Industries em US$ 72 milhões, a Eisai em US$ 40 milhões, a Daiichi Pharmaceutical em US$ 25 milhões, a Merck KGaA em US$ 14 milhões, a Degussa–Hüls em US$ 13 milhões e a Lonza em US$ 10,5 milhões. Nesse caso das vitaminas, 3 diretores da Basf e 1 diretor da Roche foram condenados à prisão (de 3 a 4 meses) e a pagar multas individuais variando entre US$ 75 mil e US$ 350 mil.
- Em 2000 a Comissão Européia multou a ADM, a Ajinomoto, a Kyowa Hakko Kogyo, a Cheil Jedang (Coréia) e a Sewon (Coréia) pelo conluio efetuado pelas mesmas, em relação aos preços da lisina, entre julho de 1990 e junho de 1995. A ADM já havia sido multada em 1996, pelo Departamento de Justiça norte-americano, em US$ 100 milhões (a maior multa até aquela data), pelos mesmos motivos. A Ajinomoto e a Sewon tiveram suas multas reduzidas em 50%, por cooperarem com as investigações.
- Também em 2000 a Daicel Chemical Inds. (Japão), Eastman Chemical, Hoechst e Nippon Gohsei foram autuadas, pelo Departamento de Justiça norte-americano, por pactuar preços de sorbatos, entre 1979 e 1996. A Daicel, além de pagar multa de US$ 53 milhões, teve três executivos presos, com penas de 3 anos e multas individuais de US$ 350 mil. O Competition Bureau do Canadá também multou, pelos mesmos motivos, a Daicel em US$ 1,66 milhão e um dos diretores da Daicel em US$ 250 mil, por seu papel no conluio.
- Em 2001 a FMC e a Asahi Chemical foram autuadas pela Federal Trade Comission dos Estados Unidos por conspirar sobre preços e participações de mercado de celulose microcristalina. A FMC foi proibida de distribuir celulose microcristalina nos Estados Unidos, por 10 anos. Foi proibida também de distribuir nos Estados Unidos, pelo prazo de 5 anos, todos os produtos da Asahi Chemical.
- Ainda em 2001 a Akzo Nobel foi multada pelo Departamento de Justiça norte-americano, em US$ 12 milhões, por participar, entre 1995 e 1999, de um cartel do mercado de ácido monocloroacético. Um executivo da Akzo Nobel deverá pagar multa de US$ 20 mil e ficar preso por três meses.

CONCENTRAÇÃO DO MERCADO QUÍMICO

O grau de concentração das indústrias químicas sempre foi grande em função de sua natureza capital-intensiva, do sistema de proteção à propriedade intelectual e do limitado acesso à tecnologia.

Dentre os cem produtos químicos de maior produção mundial, o Quadro 4.4.1 mostra empresas e produtos químicos com concentração alta de mercado.

PREÇOS NA INDÚSTRIA QUÍMICA **205**

QUADRO 4.4.1 Concentração de mercado de produtos químicos de produção elevada

Produto	Empresa	Participação no mercado	Ano
MDI	Bayer	29	1998
	Basf	23	
	Dow	21	
Óxido de propeno	Dow	35	1998
	Lyondell	34	
Propilenoglicol	Dow	31	1999
	Lyondell	28	
Hexametilenodiamina	DuPont	49	1999
TDI	Bayer	27	1998
	Lyondell	21	
Ácido acrílico	Basf	28	2000
	Rohm & Haas	20	
Ácido acético	Celanese	25	1998
	BP	22	
Metiletilcetona	Exxon	25	1999
	Shell	21	
Ácido adípico	DuPont	43	1999
Álcool isopropílico	Shell	38	1999

Fonte: SRI International.

Há outros produtos químicos que, produzidos em menor escala em relação aos anteriores, também têm alta concentração de mercado, como mostra o Quadro 4.4.2.

Há dois tipos de índices que quantificam o grau de concentração da fabricação de determinado produto: os índices discretos e os índices sumários.

Os primeiros são baseados na participação de mercado de um número pequeno de empresas de maior porte, sendo os mais comuns os CR4[*] e CR8, que levam em conta, respectivamente, as quatro maiores e as oito maiores empresas do mercado. Os índices sumários levam em conta todas as empresas do mercado e o mais conhecido é o índice de Herfindahl (HI), definido como o somatório dos quadrados das participações individuais de todas as empresas do mercado (Quadro 4.4.3).

A Figura 4.4.1 mostra os índices CR4, CR8 e HI para a indústria de polietileno de alta densidade no mercado da Europa Ocidental, para o período de 1965 a 1999. No ano de 1965 havia só três empresas produtoras de polietileno de alta densidade na Europa Ocidental.

(*) CR é a abreviação de Concentration Ratio, ou razão de concentração.

QUADRO 4.4.2 Concentração de mercado de produtos químicos de baixa produção

Produto	Empresa	Participação no mercado	Ano
Gluconato de sódio	Jungbunzlauer	31	1999
	AVEBE	23	
	Fujisawa	19	
	Roquette	17	
Metionina	Rhône-Poulenc	31	1998
	Novus	30	
	Degussa	27	
Vanilina	Rhodia	40	2000
	Estatais da China	25	
Lisina	Ajinomoto	33	1998
	ADM	27	
Etilaminas	Union Carbide*	29	1998
	Dow	26	
Éteres glicólicos	Union Carbide*	20	1999
	Dow	18	
Etanolaminas	Union Carbide*	31	1998
Glutamato de sódio	Ajinomoto	28	1999
Alquilaminas	Air Products	26	2000
Fluorocarbonos	Atofina	20	2000

* Antes da fusão com a Dow.

Fonte: SRI International.

QUADRO 4.4.3 Classificação dos índices CR4 e Herfindahl (HI)

Faixa do índice CR4 (%) — **Classificação**

Faixa do índice CR4 (%)	Classificação
75,0 a 100,0	Oligopólio altamente concentrado
50,0 a 74,9	Oligopólio moderadamente concentrado
25,0 a 49,9	Oligopólio pouco concentrado
0,0 a 24,9	Mercado atomizado

Faixa do índice HI	Classificação
0,1800 a 1,0000	Indústrias altamente concentradas
0,1000 a 0,1799	Indústrias cuja concentração pode levar a sérios problemas de competitividade
0,0000 a 0,0999	Mercado com bom desempenho

Fonte: Baldwin(8).

Figura 4.4.1 Índices de concentração de PEAD – Europa Ocidental

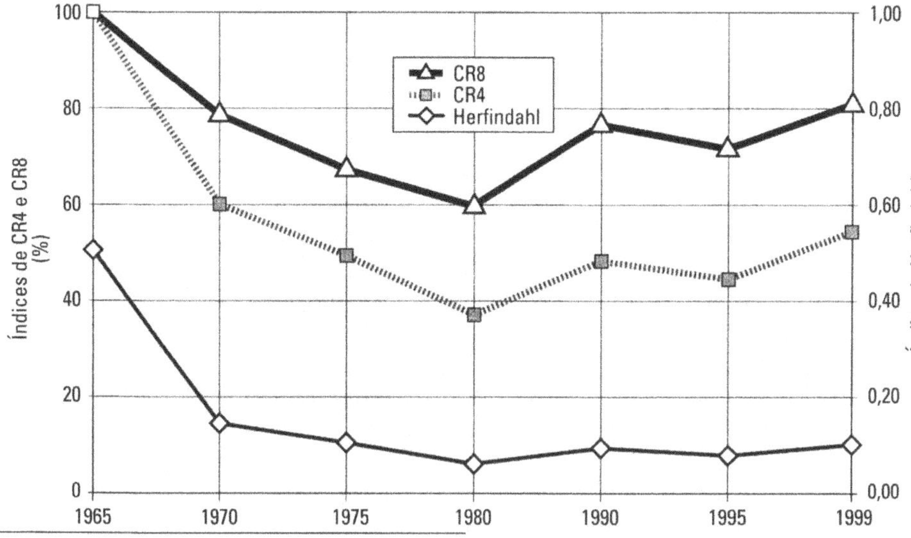

Fonte: Bower (9); Chem Systems; SRI International.

Observa-se que o mercado passou de oligopólio altamente concentrado em 1965 para oligopólio pouco concentrado, a partir de 1975, e voltando a ser moderadamente concentrado em 1999.

A Figura 4.4.2 mostra os mesmos índices da figura anterior, para o mesmo produto e o mesmo período, só que para o mercado do Japão. Em 1965 havia três empresas produtoras e em 1970 sete empresas produtoras.

Também nesse caso houve uma desconcentração do mercado, passando de oligopólio altamente concentrado para oligopólio moderadamente concentrado em 1999.

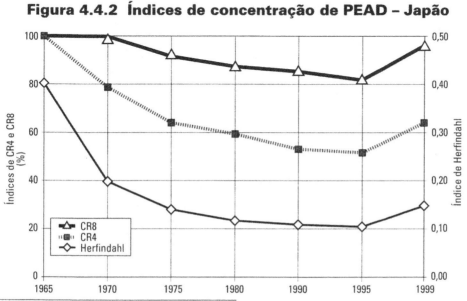

Figura 4.4.2 Índices de concentração de PEAD – Japão

Fonte: Bower (9); Chem Systems; SRI International.

Figura 4.4.3 Índices de concentração de óxido de propeno – EUA

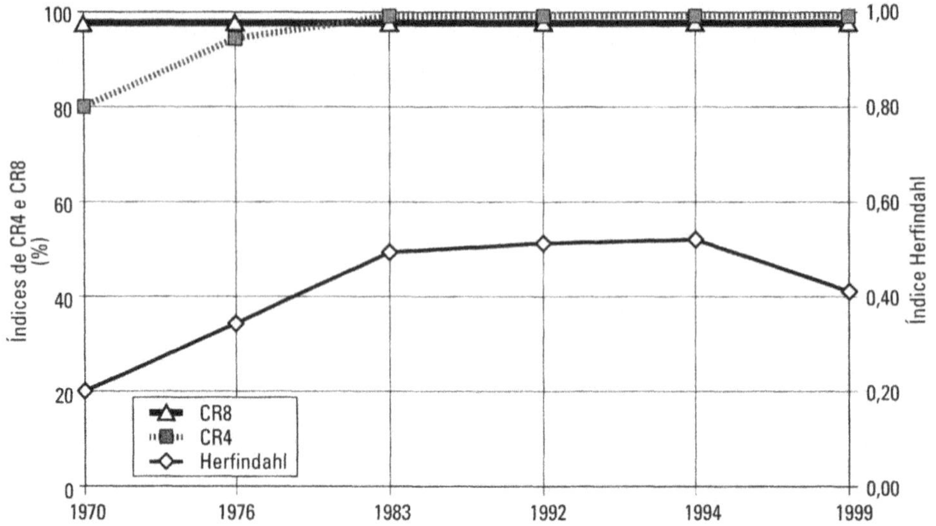

Fonte: SRI International.

Para o mercado de óxido de propeno tem-se a situação inversa: parte-se de um mercado menos concentrado para um mercado mais concentrado. A Figura 4.4.3 mostra os índices CR4, CR8 e HI para a indústria de óxido de propeno, no mercado dos Estados Unidos, no período de 1970 a 1999. Em 1971 havia sete empresas produtoras de óxido de propeno nos Estados Unidos, em 1976 cinco empresas, em 1982 só duas empresas e a partir de 1995, três empresas.

O óxido de propeno é um dos produtos que, em escala mundial, apresenta concentração industrial muito elevada. Praticamente duas empresas controlam 69% do mercado mundial, a Dow Chemical com 35% e a Lyondell (que comprou a Arco Chemical, o braço químico da Atlantic Richfield em 1998) com 34%. A Lyondell utiliza como matérias-primas propeno e isobutano em algumas de suas fábricas e propeno e etilbenzeno em outras, pelo processo via hidroperóxido, enquanto que a Dow parte de propeno e cloro, no processo via cloridrina. Os processos via hidroperóxidos, que atualmente já representam 50% da capacidade mundial de produção de óxido de propeno, têm a vantagem de produzir como subprodutos o álcool butílico térciário, se a matéria-prima de partida foi o isobutano, ou o metil-fenil-carbinol, se a matéria-prima foi o etilbenzeno. Ambos os produtos são bastante valorizados, pois o álcool butílico terciário destina-se à produção do éter metil-terc-butílico, conhecido antidetonante e oxigenante da gasolina, enquanto que o metil-fenil-carbinol, por desidratação produz o estireno, usado na fabricação de poliestireno e da borracha SBR, ambos polímeros de larga aplicação industrial. Esse mercado sempre foi um oligopólio altamente concentrado, em todo o período considerado.

A Figura 4.4.4 aborda os mesmos índices da figura anterior, também para o óxido de propeno, no mesmo período, no mercado da Europa Ocidental. Esse mercado contava com nove empresas produtoras em 1983, oito empresas em 1992 e 1994 e sete empresas em 1999.

A análise do mercado para o óxido de propeno na Europa Ocidental mostra a passagem de um oligopólio pouco concentrado, em 1971, para um oligopólio altamente concentrado a partir de 1983.

A concentração industrial para o ácido fosfórico apresenta-se algo diversa. A Figura 4.4.5 mostra a concentração industrial das empresas de ácido fosfórico na Europa Ocidental, no período

Figura 4.4.4 **Índices de concentração de óxido de propeno Europa Ocidental**

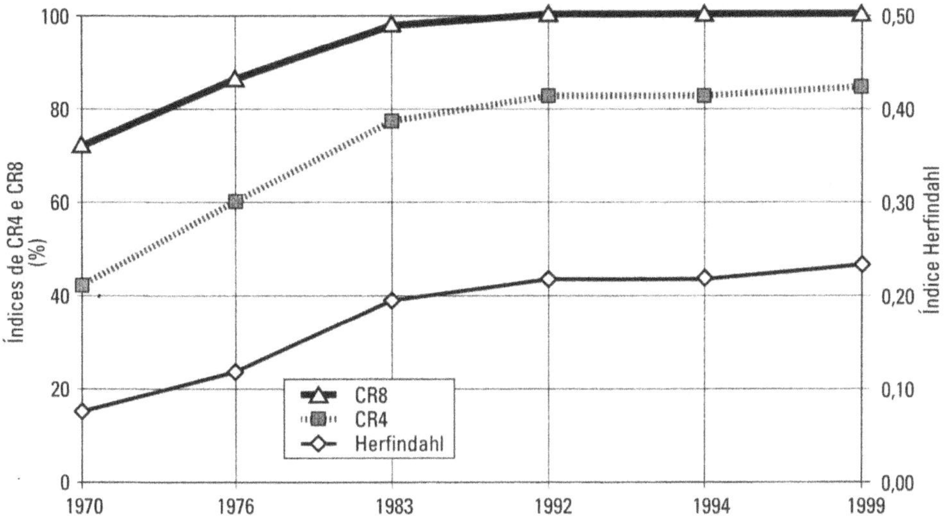

Fonte: SRI International.

de 1980 a 2000, pelos índices CR4, CR8 e Herfindahl. Nota-se um aumento de concentração a partir de 1990, mas ele deve ser devidamente interpretado. Na realidade, o que se passa nesse mercado, além da diminuição do número de empresas que dele participam, é a diminuição substancial da quantidade produzida. A produção de 2000 representa 33% da produção de 1980, o que demonstra que as empresas européias se desinteressaram pela fabricação desse produto, talvez pelos custos elevados da matéria-prima (rocha fosfática), que precisa ser importada, pois não há, a não ser na Finlândia, jazidas importantes de fosfato na Europa Ocidental.

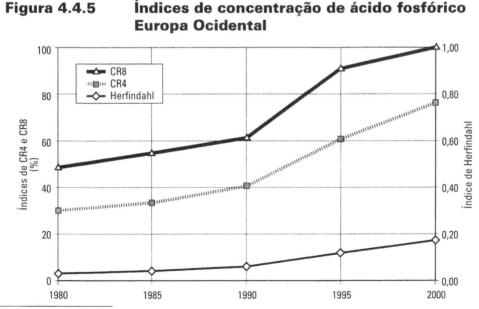

Figura 4.4.5 **Índices de concentração de ácido fosfórico Europa Ocidental**

Fonte: SRI International.

Figura 4.4.6 Índices de concentração de ácido fosfórico – Brasil

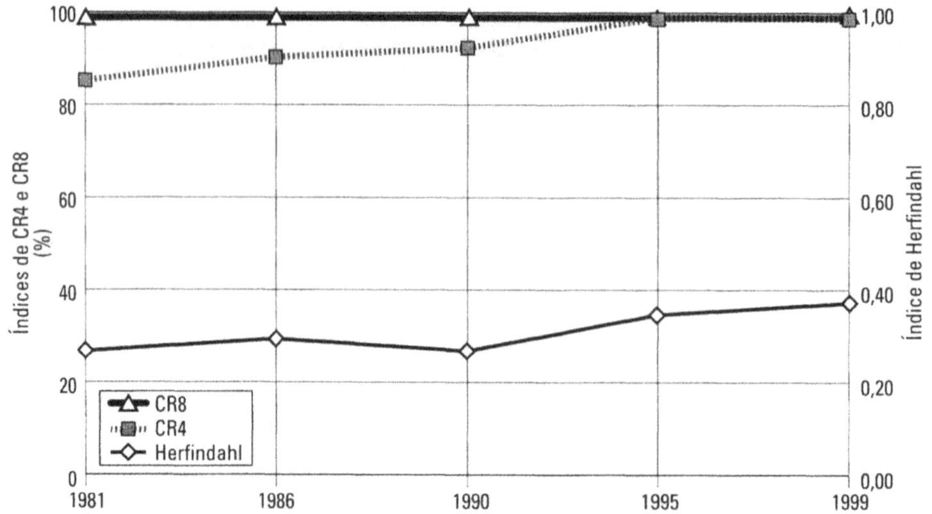

Fonte: Abiquim.

A Figura 4.4.6 analisa o mesmo produto no mercado brasileiro. Aqui não há o problema de redução de capacidade, como o que ocorreu na Europa Ocidental, embora a produção de 1995 seja algo menor que a de 1990, permanecendo no mesmo nível de 1986. O Brasil tinha seis empresas produtoras em 1981, 1986 e 1990 e passou a ter quatro empresas em 1995 e 1999.

O mercado de ácido fosfórico no Brasil, no período considerado, foi sempre um oligopólio altamente concentrado.

Um caso mais dramático é o da indústria de metanol no Japão. De onze empresas produzindo 1,4 milhão t/ano em 1970, passou-se para uma só empresa produzindo 196 mil t/ano em 1995, ano em que essa empresa cessou a produção de metanol. Isso foi motivado pela entrada, no mercado mundial, da empresa canadense Methanex, que, possuindo unidades de produção muito grandes em locais onde o gás natural é muito barato (Canadá, sul do Chile, Nova Zelândia, Trinidad e Tobago), conseguiu suprir o mercado mundial com preços muito baixos, o que tirou do mercado empresas cujo suprimento de gás natural era feito a preços mais elevados. A Methanex detinha, em 1999, 17% da capacidade mundial de produção de metanol e cerca de metade das vendas (comercializava produtos de terceiros).

A Figura 4.4.7 mostra os índices CR4, CR8 e HI para o mercado produtor de metanol no Japão, no período de 1970 a 1995. O Japão possuía onze empresas produtoras em 1970, passou para cinco empresas em 1977, duas empresas em 1990 e uma empresa em 1994 e 1995, quando cessou a produção de metanol no Japão.

O mercado passou de oligopólio moderadamente concentrado, em 1970, para altamente concentrado a partir de 1972, permanecendo nessa situação até 1995, quando a produção de metanol no Japão foi encerrada.

Governos muitas vezes desestimulam elevadas concentrações industriais, visando a manter mercados concorrenciais. A abertura do mercado mundial, com a queda de barreiras tarifárias e não tarifárias, criou, mesmo em países com elevadas concentrações industriais, uma nova realidade, a da ampla competição, com produtores locais e produtores externos disputando o mesmo mercado.

Figura 4.4.7 Índices de concentração de metanol – Japão

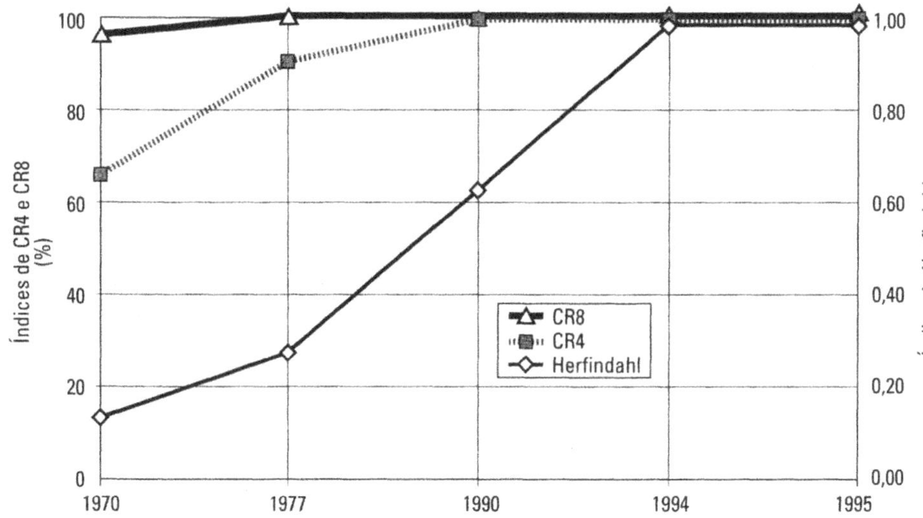

Fonte: Chem Systems; SRI International.

Nos Estados Unidos a Lei Sherman (Sherman Anti-Trust Act) foi promulgada em 2 de julho de 1890, com a finalidade de coibir a formação de monopólios e oligopólios altamente concentrados, regulando as fusões, aquisições e incorporações entre empresas. No Brasil esse papel cabe ao CADE - Conselho Administrativo de Defesa Econômica, criado pela Lei no 4.137 de 10/9/62, vinculado diretamente à Presidência da República. A lei regula a repressão ao abuso do poder econômico. Em 11/6/94, pela Lei 8.884, o CADE foi transformado em autarquia federal, vinculada ao Ministério da Justiça. Em particular cabe à Secretaria de Direito Econômico do Ministério da Justiça "acompanhar (...) as atividades e práticas comerciais de pessoas físicas ou jurídicas que detiverem posições dominantes em mercado relevante de bens ou serviços"(Art. 14 – II da Lei 8.884/94).

Vários fatores concorrem para a tendência de aumento da concentração industrial no campo da indústria química:

i)   o aumento da capacidade de produção das unidades visando às economias de escala daí decorrentes;

ii)   o limitado acesso à tecnologia (para muitos produtos químicos);

iii) fusões, aquisições e incorporações para a formação de mega-empresas transnacionais;

iv)   a mecânica da curva de oferta, segundo a qual cada nova unidade (em geral de grande porte e tecnologia mais avançada) que entra no mercado desloca (ou elimina) várias unidades de pequeno porte e custos elevados (unidades tipo *laggard*);

v)   o abaixamento dos preços (em moeda constante) com o tempo, privilegiando as indústrias com grande capacidade de produção e custos baixos, em geral mais modernas, e prejudicando as indústrias com pequena capacidade de produção e altos custos, em geral mais velhas;

vi)   a construção de megaunidades de produção junto a fontes de matérias-primas abundantes e baratas (fertilizantes fosfatados no Marrocos e na Tunísia, próximas às fontes de fosfatos; derivados de eteno nos países árabes; unidades de metanol no sul do Chile e na Nova

Zelândia, onde há fontes de gás natural muito baratas), deslocando do mercado e mesmo causando o fechamento de empresas que dependem da importação dessas matérias-primas para seus produtos.

Se no âmbito mundial a tendência da indústria química é dirigida para o oligopólio, com mais razão isso ocorre nos países em desenvolvimento e, em particular no Brasil, cujo mercado é relativamente restrito. Os Quadros 4.4.4, 4.4.5 e 4.4.6 mostram a situação de mercado para alguns produtos, no Brasil, em 1999.

QUADRO 4.4.4 Situação de mercado – Produtos da química fina				
Produto	**Empresa**	**Situação de mercado**		
		CR4 (%)	**CR8 (%)**	**HI**
Ácido acetilsalicílico	Sanofi-Synthélabo	100	100	1,000
Ácido benzóico	Liquid Química	100	100	1,000
Glutamato de sódio	Ajinomoto	100	100	1,000
Sorbitol	Getec	100	100	1,000
Ftalato de dimetila	DPV	100	100	1,000
Pentaeritritol	Copenor	100	100	1,000
Bicarbonato de sódio	QGN	100	100	1,000
Policarbonato	Policarbonatos	100	100	1,000
Etilaminas	Air Products	100	100	1,000
Aluminato de sódio	IQA Adecom Cataguases	100	100	0,643
Acrilamida	Adecom Nalco	100	100	0,591
Carboximetilcelulose	Denver Cotia	100	100	1,000

Fonte: Abiquim (empresas produtoras).

QUADRO 4.4.5 Situação de mercado – Produtos químicos inorgânicos

Produto	Empresa	Situação de mercado		
		CR4 (%)	CR8 (%)	HI
Amônia	Petrobras Ultrafértil Usiminas CSN Açominas	99,7	100,0	0,498
Ácido sulfúrico	Fosfértil Serrana Copebrás Caraíba Metais Ultrafértil Galvani Nitro Química Elekeiroz Millennium Paraibuna de Metais MSF Mineira de Metais Morro Velho Profértil Jari Celulose Gessy Lever	66,2	89,1	0,154
Ácido fosfórico	Fosfértil Serrana Copebrás Ultrafértil	100,0	100,0	0,375
Cloro e soda cáustica	Trikem Dow Carbocloro Solvay Indupa CQR CXY Pan-Americana Igarassu Klabin Cenibra Jari Celulose Anhembi	85,2	96,3	0,222
Dióxido de titânio	Millennium DuPont	100,0	100,0	0,531

Fonte: Abiquim (empresas produtoras).

QUADRO 4.4.6 Situação de mercado – Produtos químicos orgânicos

Produto	Empresa	Situação de mercado		
		CR4 (%)	CR8 (%)	HI
Uréia	Petrobras Ultrafértil	100,0	100	0,534
Eteno	Copene Copesul Petroquímica União	100,0	100	0,371
Fenol	Rhodia Quiminvest	100,0	100	0,982
Estireno	EDN CBE	100,0	100	0,506
Acrilonitrila	Acrinor	100,0	100	1,000
Óxido de eteno	Oxiteno	100,0	100	1,000
Óxido de propeno	Dow	100,0	100	1,000
Caprolactama	Nitrocarbono	100,0	100	1,000
Alquilbenzeno linear	Deten	100,0	100	1,000
Polietileno de alta densidade	Ipiranga Petroquímica OPP Polietilenos Politeno Polialden Solvay Polietileno	92,6	100	0,284
Polietileno de baixa densidade	OPP Polietilenos Petroquímica Triunfo Politeno Union Carbide	100,0	100	0,296
Polietileno linear de baixa densidade	OPP Polietilenos Politeno Ipiranga Petroquímica	100,0	100	0,365
Polipropileno	OPP Petroquímica Polibrasil Ipiranga Petroquímica	100,0	100	0,399
Cloreto de polivinila	Trikem Solvay Indupa	100,0	100	0,575
Borracha estireno-butadieno	Petroflex	100,0	100	1,000

Fonte: Abiquim (empresas produtoras).

COMPONENTES DO CUSTO INDUSTRIAL

Na computação dos custos totais para a fabricação de um produto químico e o estabelecimento de um preço de venda ideal, há a interveniência de vários fatores. Primeiramente há os **custos variáveis**, assim chamados porque em geral variam linearmente com a quantidade produzida.

O item matérias-primas e produtos químicos constitui uma das parcelas mais importantes dos custos variáveis e compreende não só as matérias-primas necessárias à fabricação do produto, mas também produtos químicos auxiliares e catalisadores. As embalagens (tambores, sacos, barricas, etc.) também são incluídas nos custos variáveis.

Se há subprodutos ou co-produtos gerados na fabricação do produto principal, estes entram como crédito na composição dos custos.

As utilidades correspondem a outra importante parcela dos custos variáveis. É comum a cobrança de tarifas binárias, por parte dos fornecedores de utilidades, em que há uma cobrança fixa pela demanda de uma utilidade e uma cobrança variável pelo seu consumo. Tal sistema se justifica pelo fato de a cobrança fixa cobrir os custos fixos do fornecedor de utilidades (dos quais o maior é relativo a investimento) e a cobrança variável cobrir os custos variáveis do fornecedor (energia elétrica, por exemplo). Nesses casos inclui-se a demanda como custo fixo e o consumo como custo variável.

Os **custos fixos** são assim chamados porque não dependem da quantidade fabricada de produto.

A primeira parcela é a correspondente à mão-de-obra, que compreende não só a dos operadores da unidade de produção, mas também a de toda a respectiva supervisão.

Na parcela relativa aos custos de manutenção inclui-se a mão-de-obra necessária aos serviços de manutenção preventiva e corretiva e os materiais e as peças de reposição correntes.

Na parcela custos gerais de fabricação estão incluídas as despesas de controle de qualidade, de gestão e de administração das unidades industriais, e as despesas com terceiros que nelas prestam serviços.

Completam esses custos fixos as despesas com seguros, garantindo não só reposição de equipamentos, prédios e parques de estocagem, em casos de sinistro, mas também seguros de responsabilidade civil e lucros cessantes.

A soma dessas duas parcelas, os custos variáveis e os fixos, convencionou-se chamar de custos desembolsados (cash-costs), porque a eles correspondem efetivos desembolsos.

Se incluída também a depreciação de máquinas e equipamentos, prédios e estruturas metálicas, a soma total corresponde aos custos totais de fabricação.

Uma parcela ainda não considerada é a de despesas de comercialização (comissões, fretes, armazenagens em terceiros, promoção e propaganda, estrutura de comercialização, assistência técnica, etc.), de gastos de pesquisa, desenvolvimento e engenharia, e de despesas gerais de administração (contabilidade, tesouraria, suprimentos, recursos humanos, planejamento, etc.). A soma geral, incluindo essa parcela, chama-se custos totais do produto.

Finalmente, se a todas as parcelas já consideradas for adicionada a relativa ao retorno do investimento (ou lucro), obtém-se o preço básico de venda.

A Figura 4.5.1 representa, de forma esquemática, as diversas parcelas componentes do custo industrial.

Figura 4.5.1 Componentes do custo industrial

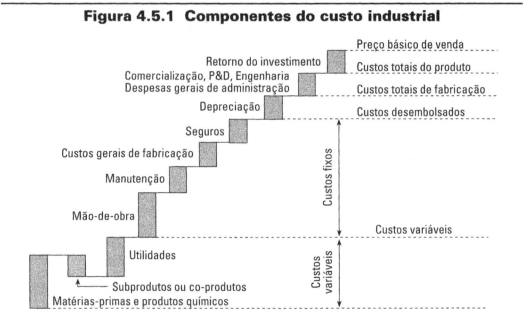

CARACTERÍSTICAS GERAIS DO MERCADO QUÍMICO

O mercado químico tem características diferenciadas, em relação a muitos mercados de produtos industriais, características essas que determinam a competição entre produtores.

As indústrias químicas têm, em geral, um restrito número de matérias-primas principais. Essas matérias-primas respondem, na maioria das vezes, por parte considerável do custo variável. São exemplos típicos o enxofre para fabricantes de ácido sulfúrico, gás natural para fabricantes de amônia ou metanol, amônia para fabricantes de uréia ou ácido nítrico, nafta ou etano para fabricantes de eteno, estireno para fabricantes de poliestireno e borracha SBR, óleos vegetais para fabricantes de ácidos graxos, caprolactama para fabricantes de náilon 6 e fenol para fabricantes de ácido acetilsalicílico. São exceções os produtos químicos cujo principal insumo é a energia elétrica, como é o caso do alumínio ou do cloro e soda.

Uma segunda característica do mercado químico é seu elevado grau de integração vertical. Tal característica é menos pronunciada no Brasil, onde, entre a matéria-prima inicial e o produto final, existe uma cadeia de muitos elos.

A matéria-prima inicial é, em geral, de origem natural:
i) mineral como petróleo, gás natural, enxofre, bauxita;
ii) vegetal como óleo de coco, cana-de-açúcar, mamona;
iii) animal como sebo bovino.

A Basf, seguindo seu conceito de Verbund (união, integração), é altamente integrada, produzindo a partir de petróleo e gás natural, plásticos, especialidades e produtos da química fina, tintas industriais e automotivas e agroquímicos, entre outros. Tal grau de integração implica que parte considerável da produção química não é comercializada, mas, sim, consumida cativamente. Nos Estados Unidos 82% do eteno produzido é consumido pelo próprio produtor.

PREÇOS NA INDÚSTRIA QUÍMICA **217**

Na Europa 65% do álcool graxo produzido é consumido cativamente por empresas que fabricam o produto final – o detergente líquido ou em pó, ou mesmo o produto cosmético final. No setor de fibras sintéticas a integração no exterior é majoritária; no Brasil, para náilon 6/6 e para poliéster, a integração é parcial.

Uma terceira característica do mercado químico é o vínculo indissolúvel existente, em muitos casos, entre o fabricante de um produto e seu cliente. Isso decorre da dificuldade de transporte (ou do custo desse transporte) de produtos químicos. As matérias-primas básicas custam, basicamente, entre US$ 200,00 e US$ 1.000,00 por tonelada. O custo de transporte pode representar entre US$ 20,00 e US$ 200,00 por tonelada ou, de outra forma, aproximadamente entre 10 e 50% do custo do produto. Assim, por exemplo, os consumidores de eteno em Camaçari, Santo André ou Triunfo só podem adquirir o produto respectivamente da Copene, da Petroquímica União ou da Copesul. Produtos como anidrido sulfuroso, fosgênio, isocianato de metila e ácido cianídrico são de transporte caro e perigoso. Disso derivam a organização geograficamente concentrada da indústria química — especialmente da indústria química de grande porte — e, em muitos casos, a dificuldade prática de consumidores trocarem de fornecedores e de os fornecedores terem consumidores alternativos[*]. Essa vinculação recíproca, obviamente, condiciona as relações comerciais entre as partes.

Uma quarta característica particular da indústria química é a existência, em muitos casos, de co-produtos ou subprodutos que guardam entre si relações fixas ou pouco flexíveis. Ao se produzir 1,0 tonelada de cloro, por exemplo, produz-se inevitavelmente 1,13 tonelada de soda cáustica. Ao se produzir 1,0 tonelada de fenol, a partir de cumeno, produz-se 0,61 tonelada de acetona. No campo da química fina os exemplos são também múltiplos: quando se produzem etilaminas, há geração da monoetilamina, da dietilamina e da trietilamina. As proporções em que esses produtos são obtidos são às vezes fixas, às vezes variáveis em faixas estreitas. A estequio-metria e o mercado não andam necessariamente juntos; inexoravelmente um produto é o prin-cipal (e portanto potencialmente escasso) e o outro o secundário (e portanto potencialmente excedente). Durante muitos anos, por exemplo, a Salgema[**], não conseguindo vender ou utilizar o cloro co-produzido na fabricação de soda cáustica, transformou-o em ácido clorídrico diluído, despejando-o no mar, por meio de um emissário submarino.

Uma quinta característica da indústria química é a possibilidade de fabricar um mesmo produto por rotas alternativas. Tome-se o caso do óxido de propeno, para o qual cada grande produtor mundial adota uma rota distinta. A Dow fabrica óxido de propeno (inclusive no Brasil), pela rota cloridrina, em que as matérias-primas básicas são o propeno e o cloro. A Lyondell fabrica o óxido de propeno a partir do propeno e do isobutano por hidroperoxidação, obtendo como subproduto o álcool butílico térciário; pode também produzir o óxido de propeno a partir do propeno e do etilbenzeno, por hidroperoxidação, obtendo o metil-fenil-carbinol como subproduto. A Shell fabrica o óxido de propeno a partir do propeno e do etilbenzeno, por hidroperoxidação, obtendo, além do óxido de propeno, o metil-fenil-carbinol como subproduto.

Sumarizando as características gerais indicadas:

i) alta dependência de matérias-primas específicas;

ii) elevado grau de integração vertical e mercado não cativo limitado;

iii) vínculo entre cliente e fornecedor, resultado da impossibilidade prática de transporte;

iv) existência de co-produtos ou subprodutos em relações pouco ou nada flexíveis;

v) possibilidade de fabricação de um mesmo produto por rotas alternativas,

---

[*] Os americanos chama as empresas nessa situação de dependência recíproca de mutual hostages.
[**] Em 1996 a Salgema e a CPC - Cia Petroquímica de Camaçari foram fundidas, transformando-se na Trikem.

PEDRO WONGTSCHOWSKI

fica claro que elas afetam diretamente as relações comerciais entre fabricante e consumidor e, conseqüentemente, a habilidade de cada parte de negociar livremente o preço de cada produto químico.

DINÂMICA DOS MERCADOS

Diversas empresas internacionais especializaram-se em obter, organizar e vender informações sobre a situação do mercado — inclusive sobre os preços vigentes — para os principais produtos químicos comercializados.

Assim, empresas como a ICIS-LOR (Independent Commodity Information Service — London Oil Reports), a Platt's (empresa pertencente à Standard & Poor's, por sua vez uma divisão da McGraw Hill), a PCI Consulting Group, a PTM Consulting Group (Parpinelli Tecnon — Milão, Itália) e a Tecnon Consulting informam a clientes assinantes do serviço, com periodicidade mensal, semanal ou mesmo contínua, a situação de mercado de uma série de produtos nos Estados Unidos, Europa Ocidental, Extremo Oriente, Oriente Médio e América do Sul.

A ICIS-LOR, por exemplo, cobre mais de 120 produtos, a Platt's 49 produtos. Outras empresas, como a British Sulphur, a CRU-International e a FMB Consultants, todas três da Inglaterra, e Pike and Fischer dos Estados Unidos especializaram-se no setor de fertilizantes.

A partir da análise de um relatório típico entende-se a dinâmica do mercado químico:

i) produtos são cotados na condição contrato e na condição *spot*;

ii) os preços de contrato são fixados por períodos variados, alguns mudam diariamente (petróleo, gasolina, gasolina natural, nafta, gasóleo), outros semanalmente (MTBE, aromáticos), alguns mensalmente (soda cáustica, sorbitol, resinas termoplásticas), outros trimestralmente (fenol, 2-etil-hexanol, monoetilenoglicol)[*];

iii) os preços de contrato são, em geral, fixados depois do período de referência;

iv) os preços indicados são faixas de largura variável.

As informações sobre um mesmo produto, em uma mesma data, são distintas, apesar de próximas. Preços são informações confidenciais; os compradores e os vendedores, por razões diferentes, tendem a informar valores distintos dos reais. Além disso, é evidente que há sempre uma redução de preços para clientes com grande poder de compra.

As Figuras 4.7.1, 4.7.2 e 4.7.3 mostram a variação de preços de dois produtos químicos ao longo do tempo, indicando valores de contrato e valores *spot*. A maioria dos compradores de porte contrata fornecimento de cerca de 80% de sua demanda junto aos grandes supridores. O restante da demanda pode:

i) não existir se o mercado consumidor reduzir-se por alguma razão;

ii) ser atendido pelo mercado *spot*, que, na maior parte do tempo, apresenta preços mais baixos que o preço de contrato.

A Figura 4.7.4 apresenta o comportamento típico do preço de uma *commodity* química, líquida à temperatura ambiente, portanto facilmente transportável, a granel, por via marítima. Nota-se que, na maior parte do tempo, o preço *spot* é menor que o preço contrato. Nas situações da relação oferta/demanda desfavorável para o consumidor, o produto fica mais escasso (por

---

(*) Na realidade a prática comercial é distinta nas diversas regiões do mundo. Nos Estados Unidos e no Brasil os preços são geralmente acordados a cada **mês**, na Europa e no Oriente a base mais comum de acordo é o **trimestre**.

Figura 4.7.1 Preços de monoetilenoglicol na Europa Ocidental

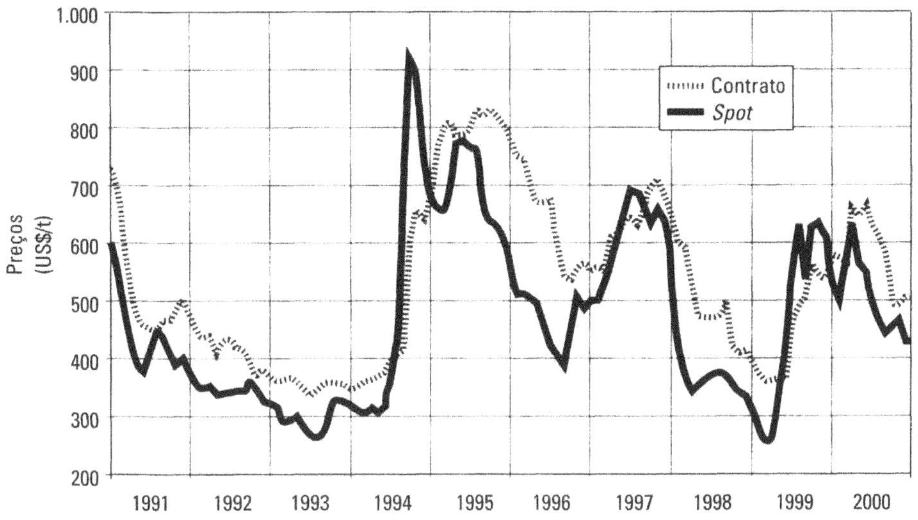

Fonte: ICIS - LOR.

menor oferta ou por maior demanda), o preço contrato sobe e o preço *spot* sobe ainda mais, ultrapassando o preço contrato. Ressalte-se que o mercado *spot* é marginal, no sentido que ele movimenta volumes consideravelmente menores que o mercado contrato.

O termo contrato não deve ser mal-interpretado. Compradores e vendedores acordam quanto a volumes a serem entregues por prazos tipicamente entre um e quinze anos, mas na maioria das vezes o preço não é fixado contratualmente. O preço de contrato é aquele livremente negociado entre as partes quando da entrega, ou é referido a alguma publicação aceita pelas

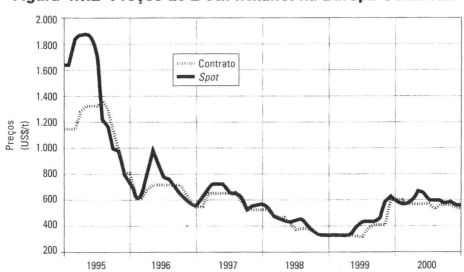

Figura 4.7.2 Preços de 2-etil-hexanol na Europa Ocidental

Fonte: ICIS - LOR.

Figura 4.7.3 Preços de soda cáustica na Costa do Golfo dos EUA

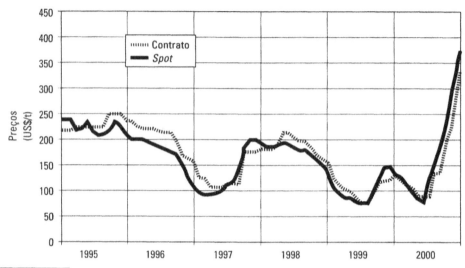

Fonte: ICIS - LOR.

partes, ou ainda é o vigente no mercado para compradores de grande volume. O contrato, portanto, obriga a entrega (e o recebimento) de certo volume a um preço a ser posteriormente definido.

É comum que os preços sejam fixados algum tempo após a entrega do produto ao cliente. Há casos em que, por exemplo, ao final do terceiro trimestre de um determinado ano, os últimos preços acordados sejam os do quarto trimestre do ano anterior. Os preços do primeiro, segundo e terceiro trimestres do ano em curso ainda estão sendo negociados. Para efeito formal, definem-

Figura 4.7.4   Produto químico básico: comportamento típico de preços

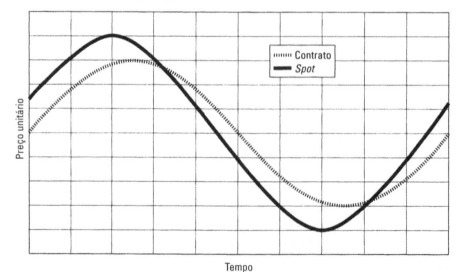

se preços provisórios, que são usados para recebimento e pagamento. Uma vez ajustados os preços definitivos, as partes fazem os acertos complementares correspondentes.

Esse regime é, evidentemente, pouco adequado. O comprador não pode, em geral, usar da mesma flexibilidade junto aos seus clientes (em geral indústrias de transformação ou de bens de consumo). É obrigado a arcar, solitariamente, com os riscos de alterações de custo para matérias- primas que já recebeu, transformou, vendeu e pelos quais já deu quitação final.

A dinâmica dos mercados impõe outra condição. O preço de um produto não guarda necessariamente relação com seu custo. Há, em geral, alguma relação entre o custo de uma matéria-prima e o preço do produto que mais demanda essa matéria-prima.

Exemplificando:

i)   há relação entre o preço do cloro e do DCE, pois o DCE é o principal demandante de cloro; assim, se o DCE sobe de preço, o cloro tende a subir. Outros derivados de cloro têm lógica de preço distinta (por exemplo, vinculada ao mercado de solventes) e, portanto, podem estar em queda ou ascensão, independentemente do que ocorre com o preço do cloro;

ii)   há relação entre o preço dos polietilenos e do eteno. Outros derivados do eteno seguem outras regras (do mercado de fibras, no caso do monoetilenoglicol);

iii) no caso dos solventes clorados (tricloroetileno, percloroetileno e outros) cujos insumos são o cloro e o eteno, o preço é definido, como já dito, pelo mercado de solventes. Não há relação direta entre a evolução do preço desses produtos e dos seus insumos.

Os chamados *price-drivers* são, no caso do cloro, o DCE; no caso do eteno, os polietilenos; no caso do p-xileno, o PTA; no caso do enxofre, o ácido sulfúrico, e assim por diante, ou seja, o preço de um produto demandante de um insumo principal guarda relação com o preço desse insumo.

Esse relacionamento entre preços de insumos e produtos é exemplificado com o ocorrido na Europa, no último trimestre de 2001, entre o benzeno, o ciclohexano e a caprolactama.

A caprolactama, cujo maior uso está relacionada com a produção de náilon, é preferencialmente obtida a partir do ciclohexano, que por sua vez é produzido quase que exclusivamente por hidrogenação do benzeno.

O mecanismo vigente de preços de benzeno e de ciclohexano, ao longo de 2001 na Europa, era tal que, a uma variação do preço do benzeno, havia uma variação do preço do ciclohexano, de modo a manter um diferencial constante entre ambos. No último trimestre de 2001, entretanto, o mercado de caprolactama na Europa (e na Ásia também) mostrou-se bastante desaquecido, colocando os produtores de caprolactama sob pressão. Como o preço do benzeno havia caído, os produtores de ciclohexano diminuíram também seus preços, tentando manter o mesmo diferencial em relação ao preço do benzeno. Os produtores de caprolactama, entretanto, não concordaram com esse procedimento, alegando que os custos de energia haviam diminuído e, conseqüentemente, os custos de hidrogenação; portanto, os preços do ciclohexano deveriam cair mais do que os preços do benzeno.

No dizer de um produtor de caprolactama da época "os meses de outubro e novembro serão bem 'fracos' e o mês de dezembro será um 'desastre'. O nosso mercado está em uma posição bem difícil, e precisamos de toda a ajuda que for possível".

Um último aspecto ainda não considerado é o das expectativas dos produtores e compradores, quando os preços são determinados pelo mercado. Essas expectativas sobre o comportamento do mercado, a curto, médio e longo prazos, são determinadas por um complexo processo, a partir de sinais diretos e indiretos – alterações nos níveis de estoque, esforços de venda, análises nos meios de divulgação especializados dos graus de utilização da capacidade instalada das fábricas, partidas de novas unidades, fechamento de unidades, sinais sobre a situação da indústria e da economia, eventos mundiais. Descontos substanciais, em uma guerra competitiva de preços, acrescentam uma dimensão adicional a essas expectativas.

Evidências empíricas sugerem que ao mercado químico aplicam-se dois comportamentos bem distintos: o mercado comprador e o mercado vendedor, que estão separados por uma região de transição relativamente estreita, ou mesmo por um ponto crítico, baseado nas expectativas. Abaixo do ponto crítico tem-se o mercado comprador, em que os preços estão fortemente relacionados aos custos; acima deste ponto, tem-se o mercado vendedor, no qual os preços estão relacionados ao valor do produto.

PREÇOS NO BRASIL

Os preços de produtos químicos no Brasil foram, na maior parte do tempo, controlados pelo governo federal.

O Conselho Interministerial de Preços (CIP), criado em 1968, se destinava a "fixar e fazer executar as medidas destinadas à implementação de sistemática reguladora de preços" (Decreto 63.196 de 29/8/68). A despeito de ser presidido pelo Ministro da Indústria e Comércio, seu Secretário Executivo era indicado pelo Ministro da Fazenda, estando o CIP fisicamente localizado em instalações do Ministério da Fazenda. Tal fato significava, desde o início, que o CIP era veículo de controle do processo inflacionário e **não** órgão promotor de política industrial.

O CIP substituiu a CONEP - Comissão Nacional de Estímulo à Estabilização de Preços, criada em 1965. O controle de preços no Brasil é ainda mais antigo; vem de 1946, com a instituição da Comissão Central de Preços (CCP). Esta foi substituída, em 1951, pela COFAP (Comissão Federal de Abastecimento e Preços), que por sua vez deu lugar à SUNAB (Superintendência Nacional de Abastecimento) em 1962. Finalmente, em 1968, surgia o CIP (10).

O sistema de controle de preços introduziu distorções óbvias na indústria química. Em primeiro lugar, os procedimentos vigentes implicavam repasses de aumento de custos aos preços; havia, portanto, interesse em que os custos (ao menos os custos iniciais de referência) fossem os mais altos possíveis. O aumento dos custos (por aumento nos insumos, ou nos salários) implicava o direito de solicitar aumentos de preço. Os rendimentos de processo oficialmente adotados eram os mínimos aceitáveis. As empresas se apropriavam das reduções reais de custos e de melhorias em rendimentos de processo; na verdade o governo autorizava repasses parciais de custo, como forma de incentivar aumentos de produtividade. Quando aumentos de produtividade não podiam ser obtidos, a rentabilidade das empresas diminuía.

Havia outras distorções. As centrais petroquímicas, que a partir de nafta fabricam múltiplos produtos (eteno, propeno, butadieno, benzeno, tolueno, xilenos e outros), tiveram definida uma matriz básica de preços relativos. O CIP adotava para essas empresas aumentos lineares, ou seja, mantendo sempre a estrutura de preços relativos. Essa estrutura era reflexo, no início, dos preços relativos vigentes no mercado europeu. Os ajustes não acompanharam a evolução real dos preços dos produtos no mercado europeu; após algum tempo, a estrutura brasileira de preços relativos ficou distante da vigente no mercado europeu.

A Figura 4.8.1 mostra a variação da relação de preços de contrato de propeno e de eteno, na Europa Ocidental, entre 1990 e 1999. A partir daí pode-se imaginar as distorções causadas no mercado pela adoção, no Brasil, durante um longo período, de uma relação fixa entre o preço do eteno e o do propeno.

Figura 4.8.1   Propeno e eteno – Relação de preços na Europa Ocidental

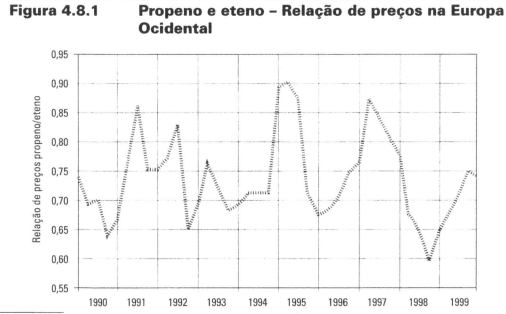

Fonte: Tecnon.

O Quadro 4.8.1 indica a sistemática adotada pelo CIP para fixação do preço de produtos químicos. A relação de produtos controlados pelo CIP (os "cipados") variou ao longo do tempo. Produtos eram incluídos e excluídos por resoluções do CIP, às vezes como reação a aumentos

QUADRO 4.8.1	Critérios CIP para produtos químicos
1 **Utilização da capacidade**	Os preços são determinados na base de 80% da capacidade nominal. A capacidade nominal e a eficiência do processo são determinadas a partir dos contratos de transferência de tecnologia registrados no INPI.
2 **Custos variáveis**	Os custos variáveis são baseados nos contratos de transferência de tecnologia registrados no INPI. Se eles não estão explícitos nesses contratos, são derivados de dados disponíveis no exterior para plantas similares. Para plantas já em operação, relações relevantes de insumo–produto são determinadas de dados históricos.
3 **Custos fixos e despesas de operação**	A provisão para custos de manutenção é menor do que 5% dos ativos intangíveis. A depreciação do equipamento e amortização dos ativos intangíveis obedecem ao método linear.
4 **Retorno sobre o investimento**	O retorno médio para a indústria petroquímica na fórmula de preço é 16,67% (depois de descontado o imposto de renda) sobre investimentos brutos em operação incluindo capital de giro.

Fonte: Adaptado de Parisi Jr.(11).

considerados "abusivos". Em certas épocas, a maioria dos produtos químicos esteve sujeita à liberdade vigiada; nesse sistema a indústria reajustava os preços e apresentava, simultaneamente, suas justificativas ao CIP.

Dessa forma, até 1991[*], os preços dos produtos químicos no Brasil seguiam regras que não as de mercado. As Figuras 4.8.2 a 4.8.5 indicam, para uma série de produtos, as relações entre os preços praticados no Brasil e em outras regiões do mundo. Fica claro que:

i) os preços no Brasil eram mais altos que os do exterior na maior parte do tempo; não guardavam relação com oferta e demanda, mas com os custos de investimento e operação, em geral mais altos no Brasil;

ii) existiam períodos de congelamento de preços;

iii) as altas de preços no mercado internacional não eram acompanhadas por aumentos no mercado interno.

Esse último fato deu origem a novas distorções, pois algumas indústrias, em épocas de alta de preços no mercado externo, deixavam de atender ao mercado interno, deslocando o produto para exportação. Do ponto de vista da empresa, a opção fazia sentido; do ponto de vista nacional era absurda, pois o país era obrigado a importar um mesmo produto a preços mais altos que os exportava.

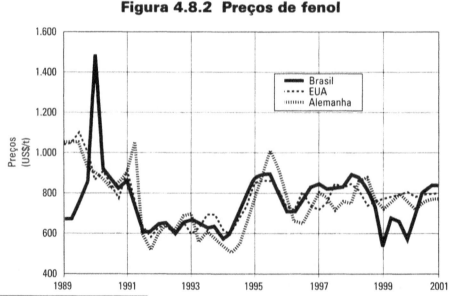

Figura 4.8.2 Preços de fenol

Fonte: SRI International, Petroquisa.

(*) O CIP foi extinto por decreto do Presidente Fernando Collor em 25/4/91.

PREÇOS NA INDÚSTRIA QUÍMICA **225**

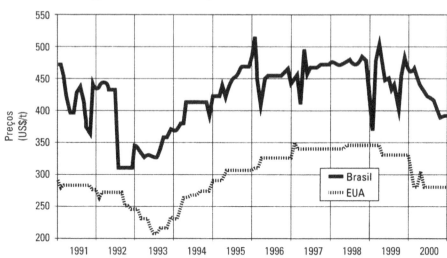

Figura 4.8.3 Preços de ácido fosfórico

Fonte: ANDA.

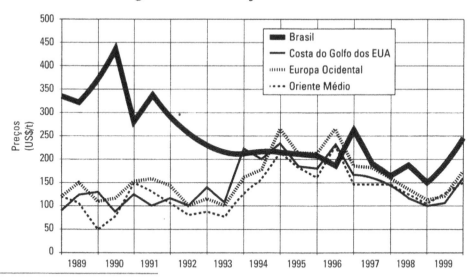

Figura 4.8.4 Preços de amônia

Fonte: SRI International; Petroquisa.

Figura 4.8.5 Preços de PVC

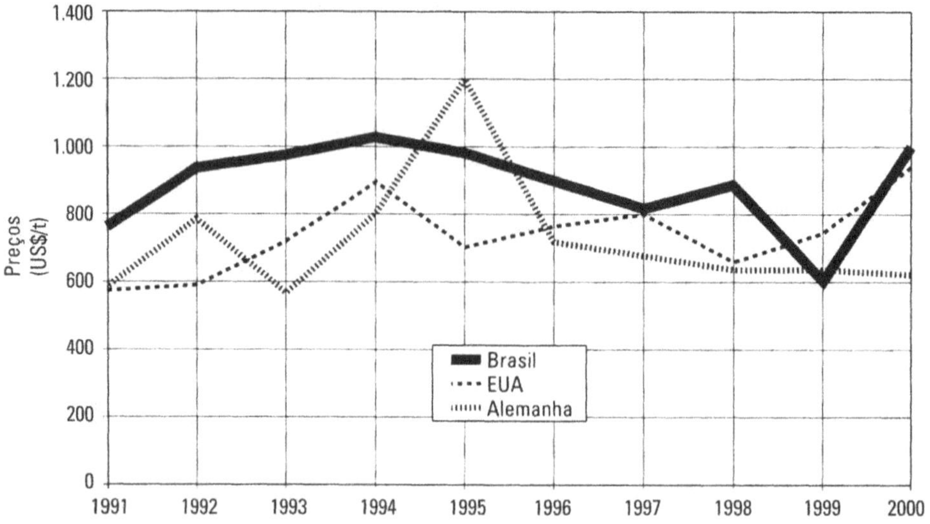

Fonte: SRI International; Petroquisa; Trikem.

A liberação de preços foi acompanhada de progressiva redução das tarifas alfandegárias e da remoção de barreiras não tarifárias à importação. O Quadro 4.8.2 indica a evolução das tarifas **modais** de importação brasileiras entre 1990 e 2001 e o Quadro 4.8.3, a evolução das tarifas de importação **médias** no mesmo período para os principais setores da indústria química. Em 1990 a tarifa modal típica, para produtos em que o Brasil era auto-suficiente, era de 20% para produtos químicos orgânicos e de 40% para tensoativos. Os valores para 2001 são, respectivamente, de 4,5% e 16,5% para os mesmos grupos de produtos.

As tarifas brasileiras de importação já são semelhantes às dos mercados de outros países. O Quadro 4.8.4 indica, comparativamente, as tarifas de importação do Brasil e de outros países, para uma relação típica de produtos, em 2001.

A implicação prática de tais mudanças — o fim do controle de preços, a remoção das barreiras não tarifárias e a redução das alíquotas de importação — é o alinhamento progressivo dos preços no Brasil àqueles vigentes no mercado internacional.

QUADRO 4.8.2 Tarifa modal de importação (%) – Brasil

Produtos	1990	1991	1992	1993	1994	1995	1996	1997	1998	1999	2000	2001
Inorgânicos	0/30	0/15	0/10	0/10	2	2	2	5	5	5	5	4,5
Orgânicos	20	0/30	0/15	0/15	2	2	2	5	5	5	5	4,5
Fertilizantes	10	0	0	0	0	0	0	3	3	3	3	0
Corantes/pigmentos	40	30	20	20	14	14	14	17	17	17	17	16,5
Óleos essênciais	60	40	25	20	14	14	14	17	17	17	17	16,5
Tensoativos	40	30	10	10	10	14	14	17	17	17	17	16,5
Plásticos	20	20	15	15	14	14	14	17	17	17	17	16,5
Elastômeros	45	35	20	15	12	12	12	15	15	15	15	14,5

Fonte: Abiquim.

QUADRO 4.8.3 Tarifa média de importação (%) – Brasil

Produtos	1990	1991	1992	1993	1994	1995	1996	1997	1998	1999	2000	2001
Inorgânicos	13,40	7,58	4,93	4,45	4,64	4,60	5,99	8,93	8,93	8,93	8,93	8,37
Orgânicos	21,04	12,73	9,78	9,01	6,41	6,39	6,38	8,96	8,96	8,96	8,96	8,48
Fertilizantes	3,62	4,89	3,61	3,61	2,35	1,78	2,28	4,90	4,90	4,90	4,90	2,35
Corantes/pigmentos	34,66	26,43	18,68	16,49	11,44	11,11	11,00	14,06	14,06	14,06	14,06	13,37
Óleos essênciais	51,34	34,28	13,96	11,25	9,83	9,30	10,47	13,64	13,64	13,64	13,64	23,29
Tensoativos	39,19	30,83	12,09	10,09	8,62	12,55	13,00	16,31	16,31	16,31	16,31	16,50
Plásticos	22,54	18,59	12,15	10,26	10,37	9,23	10,32	13,36	13,36	13,36	13,36	16,50
Elastômeros	38,13	30,14	15,70	9,59	8,82	7,73	8,17	12,21	12,21	12,21	12,21	14,50

Fonte: Abiquim.

Há, em verdade, algumas distorções advindas da existência, no setor químico, do chamado *dumping* estrutural. Denomina-se *dumping* a venda de um produto no mercado externo a preço inferior ao que é cobrado no mercado doméstico[*]. Para obter proteção contra o *dumping*, considerado pela WTO (World Trade Organization, sucessora do GATT — General Agreement on Tariffs and Trade) como prática desleal de comércio, é preciso provar a prática de preços distintos e deixar claro que ela causa dano à indústria doméstica. O *dumping* do setor químico é chamado estrutural, por ser regra geral a exportação a preços inferiores aos praticados no mercado interno, devido à natureza capital-intensiva da indústria e à conveniência de operação de unidades contínuas à plena capacidade. O dano à indústria local é geralmente mais difícil de provar, pois é preciso demonstrar, irrefutavelmente, que a importação causou baixa de preço ou redução de rentabilidade, que não teriam ocorrido com importação a preços de mercado (fair market prices).

A indústria química brasileira solicitou proteção contra *dumping* em uma série de casos listados no Quadro 4.8.5. Alguns deles estão ainda pendentes de decisão, a outros foi negada

QUADRO 4.8.4 Tarifas de importação (%)

Produtos	Brasil	EUA	UE	Austrália	México
Hidróxido de sódio	10,5	0	7,5	0	5,0
Eteno	4,5	0	0	0	13,0
Propeno	4,5	0	0	0	3,0
Polietilenos	16,5	8,3	8,3	5,0	3,0
Polipropileno	16,5	8,3	8,3	5,0	13,0
PVC	16,5	7,6	8,3	5,0	13,0
Borracha SBR	14,5	0	0	5,0	13,0/18,0

Fonte: Abiquim.

(*) Em 1995 a Abiquim editou um opúsculo "Como se Proteger do *Dumping*", destinado a orientar a indústria quanto à mecânica de obtenção de direitos anti-*dumping*.

PEDRO WONGTSCHOWSKI

QUADRO 4.8.5 Investigações de *dumping* no Brasil

Produto	Origem	Direito definitivo	Encerramento e/ou observações
Cloreto de alumínio	EUA e Canadá	MF nº 47 - 23/1/92	Circ. nº 78 - 25/10/94
Carbonato de bário	China	MF nº 511 - 8/7/92	MF nº 14 - 6/7/98 mantém direito definitivo de 92%.
Cloreto de polivinila	México e EUA	MF nº 792 - 30/12/92	PI nº 18 - 31/12/97 mantém direitos enquanto perdurar a investigação
Fosfato de monoamônio	Rússia	MF nº 86 - 18/2/93	PI nº 2 - 18/1/96 revoga MF nº 86
Cloreto de alumínio	Canadá e França		Circ. nº 78 - 25/10/94
Trietanolamina	EUA	MF nº 498 - 9/9/93	Circ. nº 2 - 27/1/98 avisa que o direito anti-*dumping* terminará em 9/9/98.
Dietanolamina	EUA	MF nº 497 - 9/9/93	Circ. nº 3 27/1/98 avisa que o direito anti-*dumping* terminará em 9/9/98
Éter butílico do monoetilenoglicol	EUA		Circ. nº 77 - 25/10/94
Monoetilenoglicol	EUA		Circ. nº 76 - 25/10/94
Ácido sulfônico	França		Circ. nº 66 - 1/9/94
Poliéter-poliol	EUA		Circ. nº 25 - 30/5/94
Fosfato de monoamônio	Ucrânia, Usbequistão, Geórgia, Bielo-Rússia, Finlândia, Chipre		Circ. nº 71 - 6/9/94 retificada Circ. nº 348 - 7/11/94
Acetato de vinila	México e EUA		Circ. nº 89 - 26/12/94
Tripolifosfato de sódio (uso alimentício)	Reino Unido	MF nº 9 - 5/8/97	
Borrachas estireno-butadieno e butílicas	EUA		Circ. nº 8 - 26/3/97
Carbonato de sódio leve	Bulgária, Polônia		MF nº 23 - 30/6/98
Carbonato de sódio denso	Romênia, Espanha e EUA		MF nº 23 - 30/6/98
Policarbonatos em formas primárias	Alemanha e EUA		PI nº 11 - 26/7/99
Hidroxietilcelulose	Holanda e EUA	PI nº 22 - 19/4/00	
Metacrilato de metila	Alemanha, Espanha, França, EUA e Reino Unido	Res. nº 3 - 23/3/01	
Fios têxteis contínuos de náilon	Coréia	Res. nº 19 - 28/6/01	

Fonte: Wongtschowski (12).

proteção, mas, em alguns casos, o governo brasileiro concedeu a proteção, cobrando, adicionalmente ao imposto de importação, os direitos anti-*dumping*.

Comparando a dimensão da produção química de um país ROW com o potencial exportador dos demais países do mundo, fica evidente a fragilidade da produção química do país ROW. Definindo-se o coeficiente de exposição potencial ao comércio como sendo a relação entre o valor do comércio químico mundial (excluído o valor da exportação do país considerado) e o valor da produção química do país considerado, observa-se, no Quadro 4.8.6, a grande vulnerabilidade, em 2000, de países como México e Argentina.

A tendência dos grandes consumidores de produtos químicos no Brasil é, crescentemente, solicitar a prática no país de preços **iguais** aos praticados no mercado internacional. A plena integração do Brasil ao mercado internacional acabará por fazer valer aqui os mesmos princípios que regem a fixação de preços, assim como regras de mercado semelhantes às vigentes no mercado norte-americano, concorrente principal dos produtores brasileiros.

O IGP levantado pela Abiquim e calculado de acordo com metodologia definida pela FIPE-USP (Fundação Instituto de Pesquisas Econômicas) levava em consideração 64 produtos químicos de 52 empresas; de julho de 2001 em diante, passou a considerar 85 produtos químicos, de 58 empresas.

A Figura 4.8.6 mostra a evolução de preços de resinas termoplásticas nos Estados Unidos (Thermoplastic Resins-Producer Price Index), fornecida pelo US Bureau of Labor Statistics (corrigida para base dezembro de 90 igual a 100), e o índice de preços Abiquim para resinas termoplásticas, no Brasil, deflacionado pela variação do dólar, na mesma base. Nota-se, até meados de 1994, uma total independência entre os índices, e a partir dessa data, um razoável paralelismo, atestando que os preços das resinas termoplásticas nacionais passaram a sofrer a mesma ciclicidade dos preços norte-americanos.

QUADRO 4.8.6 Coeficiente de exposição potencial ao comércio

País	Coeficiente
EUA	1,0
Japão	2,4
Alemanha	5,0
França	7,1
Brasil	13,2
México	42,6
Argentina*	49,1

* Dados de 1998

Fonte : Wongtschowski (13); American Chemistry Council.

Figura 4.8.6 Evolução de preços de resinas termoplásticas

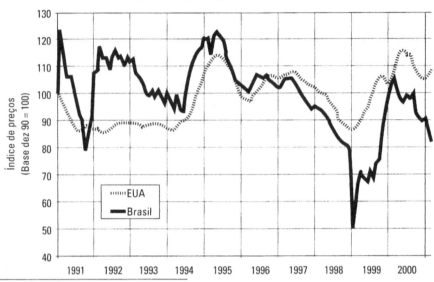

Fonte: Abiquim; US Bureau of Labor Statistics.

BIBLIOGRAFIA DO CAPÍTULO 4

1. SEDRIKS, W.,"Petrochemical Industry Profitability". Process Economic Program Report, **205**, SRI International (1993).

2. ZAIDMAN, B.,"Market Vulnerability in the Process Industries". International Journal of Production Economics, **34**, p.57 (1994).

3. COOL, K.; HENDERSON, J.,"The West European Petrochemicals Industry in 1994". INSEAD (1996).

4. LIEBERMAN, M.B.,"Market Growth, Economies of Scale and Plant Size, in the Chemical Processing Industries". Journal of Industrial Economics, **XXXVI**, 2, p.175, dez. 1987.

5. SEDRIKS, W.,"Understanding the Petrochemical Cycle". Hydrocarbon Processing, p.49, mar. 1994.

6. CAIN, G., "Everybody Wins — A Life in Free Enterprise". Chemical Heritage Press, Filadélfia (1997).

7. SPITZ, P.H.,"Petrochemicals — The Rise of an Industry". John Wiley & Sons, Nova York (1988).

8. BALDWIN, JR.,"The Dynamics of Industrial Competition". Cambridge University Press, Cambridge (1995).

9. BOWER, J.L.,"When Markets Quake". Harvard Business School Press, Boston (1986).

10. SAYAD, J.; CALABI, A.S., "Políticas de Rendimento e Controle de Preços Industriais – Análise e Avaliação da Experiência Brasileira". Convênio IPE/FINEP 80/82, São Paulo (1982).

11. PARISI JR., C.,"O Problema da Competitividade da Indústria Petroquímica Brasileira: Um Estudo sobre o Padrão de Integração das Firmas". Dissertação de Mestrado, Departamento de Economia, FEA, Universidade de São Paulo (1994).

12. WONGTSCHOWSKI, P.,"Panorama da Utilização do Código Anti-*Dumping* pela Indústria Química Brasileira". In: *Dumping* e Subsídios e Suas Aplicações na Indústria Química, Seminário ABIQUIM, São Paulo (1994).

13. WONGTSCHOWSKI, P.,"Free Trade Prospects for South America". In: Latin American Chemicals Markets Conference, Houston (1995).

CAPÍTULO

5
FATORES DE VULNERABILIDADE

INTRODUÇÃO

O risco é o companheiro inseparável do médico, do engenheiro, do político, do investidor e do empresário. Na verdade, a idéia revolucionária que separa os tempos modernos do passado é o domínio do risco, a noção de que o futuro não é resultado do capricho dos deuses e de que os homens não são passivos diante da natureza. A capacidade de entender o risco, medi-lo e avaliar suas conseqüências permitiu converter a iniciativa empresarial em motor do crescimento econômico (1).

Pode-se definir vulnerabilidade como uma condição, geralmente temporal, de uma empresa em relação a um produto (produzido ou a produzir) que caracteriza um potencial de risco. Apesar de algumas tentativas em representar a vulnerabilidade de forma quantitativa, sua melhor conceituação é descritiva: o potencial de risco na indústria química pode advir de três grandes causas:

i)   incertezas na demanda;
ii) incertezas tecnológicas;
iii) incertezas nas margens.

Serão consideradas aqui apenas as causas exógenas à empresa, embora também possam existir causas endógenas (má gestão, greves, acidentes) que aumentam sua vulnerabilidade.

INCERTEZAS NA DEMANDA

Variações não previsíveis na demanda de um produto químico, contribuem de modo decisivo para o aumento da vulnerabilidade das empresas. Os ciclos econômicos, por apresentarem amplitudes e períodos variáveis, são causas de variações da demanda. Também eventos localizados, como fatos de natureza política, econômica ou social, podem ocasionar sensíveis variações na demanda. São exemplos a Guerra do Golfo, o fechamento dos portos da China em 1995 e o ataque terrorista de 11 de setembro de 2001 ao World Trade Center, em Nova York.

Outras causas ainda, por sua relevância, merecem ser citadas.

Substituição e mudanças no produto

Dentro da competição que existe entre produtos, nas resinas termoplásticas, e até entre polímeros de uma mesma família, pode acontecer que um novo produto, com propriedades muito similares a um existente, mas com preços mais vantajosos, venha a substituir o existente, em larga escala. É o que mostra a Figura 5.2.1, apresentando a substituição do polietileno de baixa densidade pelo polietileno linear de baixa densidade, nos anos de 1990 e 1998, em várias regiões do mundo.

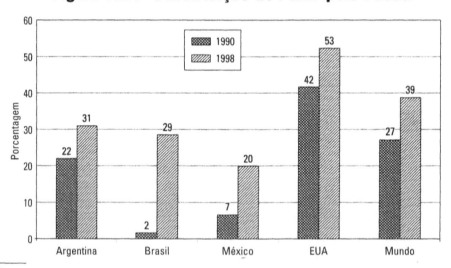

Figura 5.2.1 Substituição do PEBD pelo PELBD

Fonte: Dow.

Processo semelhante ocorreu com a relação borracha natural vs. borracha sintética. Com o acesso bloqueado às plantações da Malásia e da Indonésia em 1942, os Estados Unidos iniciaram um gigantesco esforço de guerra para aumentar a produção de borracha sintética, ao mesmo tempo que implantavam um imenso programa de reciclagem de borracha. Como resultado desse esforço, em 1945 a produção americana de borracha sintética chegou a 800 mil t, representando 85% do consumo americano. O entendimento generalizado era de que a borracha natural não tinha futuro e que seria inexoravelmente substituída por borracha sintética.

Os fatos indicaram que as previsões estavam erradas. Mudanças tecnológicas introduzidas nos pneus — a adoção do pneu radial — fizeram com que o panorama mudasse inteiramente.

Em 1996, aproximadamente 40% do mercado mundial de elastômeros foi atendido pela borracha natural, cujas propriedades fazem com que ela ainda não seja substituível em condições econômicas por borrachas sintéticas.

A Figura 5.2.2 mostra a participação de elastômeros naturais no mercado mundial de elastômeros.

A Mitsubishi Gas Chemical pretende até 2005 implantar uma fábrica de dimetil-éter, com capacidade de 1,5 milhão de t/ano, para substituir o óleo diesel. É um combustível mais limpo que o óleo diesel e estima-se que haverá grande falta do mesmo, no Japão e outros países asiáticos, por volta de 2005. O processo escolhido pela Mitsubishi foi desenvolvido pela Haldor Topsoe e parte diretamente de gás natural, sem ter de passar pela fase intermediária de produção de metanol, que corresponde ao seu processo usual de produção. O sucesso desse processo afetará a demanda de óleo diesel e de metanol.

Figura 5.2.2   Participação de elastômeros naturais no mercado de elastômeros

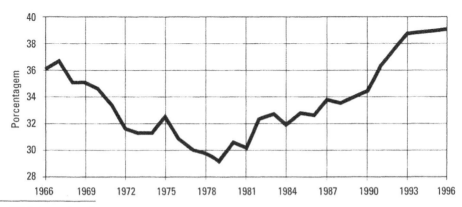

Fonte: SRI International.

Razões ecológico – ambientais

A crescente preocupação com a poluição industrial e a conservação do meio ambiente fazem com que os governos introduzam restrições ou banimentos de certos produtos químicos, criando variações na demanda, com o conseqüente aumento da vulnerabilidade das empresas afetadas.

É o caso dos clorofluorcarbonos: pelo Protocolo de Montreal (setembro 1987) prevê-se a diminuição gradual da produção e consumo dos CFCs. O plano original do Protocolo de Montreal não previa o término da fabricação e uso dos CFCs, mas, sim, a redução de seu uso, de forma gradativa. Para os países desenvolvidos, a redução em relação ao nível de 1986 seria de 20% até 1/7/93 e de 50% até 1/7/98, permanecendo nesse patamar. Para os países em desenvolvimento, a produção poderia aumentar de 10% ao ano, em relação ao nível de 1986, durante toda a década de 90. Foram os aditivos de Londres (1990) e Copenhague (1992) que, diante do agravamento da situação, definiram o término da fabricação e uso dos CFCs para os países desenvolvidos, primeiramente até o ano 2000, depois para o ano de 1996. Os países em desenvolvimento teriam prazo até 2011.

Em 1990 o Brasil adere ao Protocolo e cria o Programa Brasileiro de Eliminação da Produção e Consumo das Substâncias que Destroem a Camada de Ozônio – PB-CO. Por esse programa o Brasil comprometeu-se a eliminar: até 1995 o uso de CFCs em equipamentos de combate a incêndio, instalações frigoríficas e aerossóis; até 1997 os CFCs em equipamentos de ar condicionado instalados em automóveis novos; até 1999 o CFCs utilizados em produtos solventes para limpeza de componentes metálicos; até 2001 os CFCs dos aparelhos de ar condicionado de todos os automóveis (mesmo dos automóveis usados) e não utilizar CFCs em refrigeradores domésticos, esterilizantes e espumas. O Brasil estaria assim adiantando-se em 10 anos com relação ao prazo do Protocolo.

A Figura 5.2.3 mostra a produção do CFC-11(Triclorofluormetano) e do CFC-12 (Diclorodifluormetano), nos Estados Unidos, Europa Ocidental e Japão, para o período entre 1984 e 2000.

Figura 5.2.3 Produção de CFCs nos países desenvolvidos

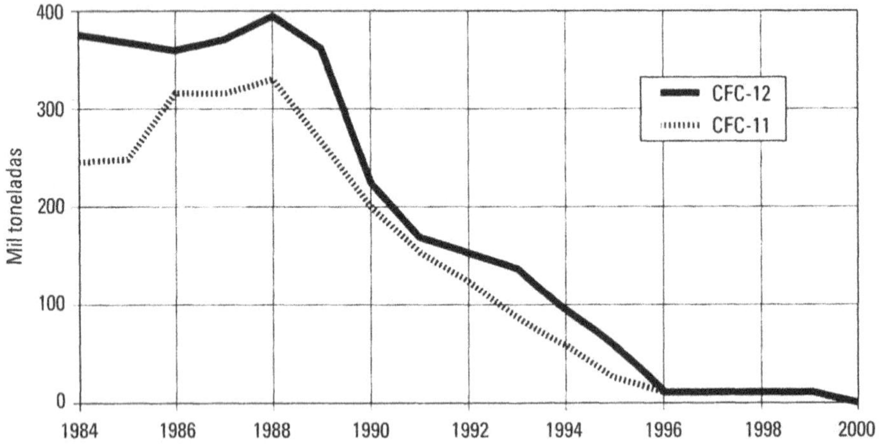

Fonte: SRI International.

Outro exemplo ocorre com os solventes clorados nos Estados Unidos e Europa Ocidental. Pressões ambientais associadas a fatores econômicos, fizeram com que a produção de solventes clorados nos países desenvolvidos diminuísse consideravelmente a partir de 1990.

A Figura 5.2.4 apresenta esse declínio na Europa Ocidental, não havendo mais produção de 1,1,1-tricloroetano a partir de 1996. A produção de cloreto de metileno permaneceu praticamente estável, havendo diminuição das produções de percloroetileno e de tricloroetileno.

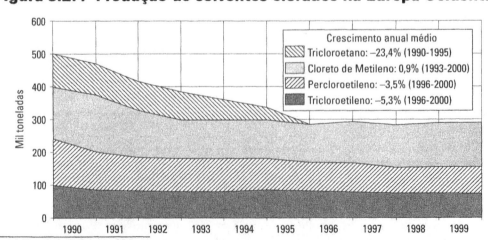

Figura 5.2.4 Produção de solventes clorados na Europa Ocidental

Fonte: European Chemical News.

O mercúrio[*] é outro produto químico que teve seu uso drasticamente reduzido por razões ecológico-ambientais. Suas maiores utilizações eram na indústria de cloro e soda como catodo de células eletrolíticas, em baterias de veículos automotores e na indústria de tintas especiais (anticraca).

Por ser facilmente transformado, por bactérias, em compostos metilados, forma-se um neurotóxico, com efeito cumulativo em seres humanos e animais. É particularmente perigoso para gestantes, afetando o desenvolvimento do feto.

A partir do desastre ecológico da Baía de Minamata, no Japão, na década de 50, a utilização do mercúrio começou a declinar, especialmente a partir da década de 80.

As indústrias de cloro e soda aceleraram a substituição das células a mercúrio por células de membrana e células de diafragma, as baterias tradicionais de chumbo estão sendo substituídas por baterias de níquel e as tintas anticraca passaram a utilizar outros metais como cobre e estanho em vez de mercúrio.

A Figura 5.2.5 mostra o declínio da oferta aparente e consumo de mercúrio, nos Estados Unidos no período compreendido entre 1970 e 1998.

O problema do mercúrio é singular porque, à medida que as indústrias de cloro e soda vão substituindo suas células a mercúrio por outros tipos de células, não há o que fazer com o mercúrio que estas utilizavam. Recentemente nos Estados Unidos, a empresa Holtrachem Manufacturing desativou sua unidade de cloro e soda, gerando 130 t de mercúrio. Para livrar-se desse resíduo, vendeu-o à D.F. Goldsmith Chemical & Metal, uma empresa que compra e vende metais, aí incluído também o mercúrio. A Goldsmith por sua vez vendeu-o à Índia, seu tradicional comprador de mercúrio. Acontece que, dessa vez, a venda era maior que toda a quantidade de mercúrio comprada pela Índia em 1999 (85 t), e algumas organizações não-governamentais tanto indianas quanto norte-americanas denunciaram a transação. O material ficou retido em

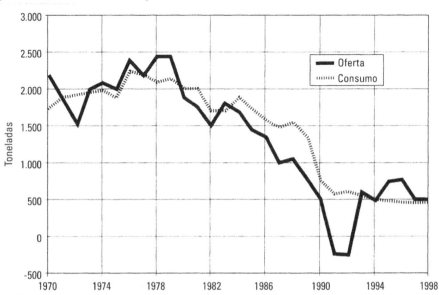

Figura 5.2.5 Oferta aparente e consumo de mercúrio nos EUA

Fonte: USGS.

(*) O mercúrio é um metal, e, embora esteja na sua forma elementar, é tratado como um produto químico.

Port Said, no Egito, com a promessa dos portuários da Índia de não descarregar o mercúrio. Estava criado o impasse. A Goldsmith declarou que tinha outros clientes a quem poderia vender esse mercúrio. Do ponto de vista legal, a transação era perfeitamente lícita, mas do ponto de vista ético, ela deixava a desejar. Reclamam os indianos que se os Estados Unidos, que têm mais meios econômicos e tecnológicos para tratar o mercúrio, não o querem em seu território, a Índia, com menos recursos, tem mais razão para não querê-lo.

A má notícia é que só os Estados Unidos tinham por volta de 3.000 t de mercúrio, em células de eletrólise de cloro e soda (estimativa de 1996), e o resto do mundo, aproximadamente 20.000 t. O problema da destinação de todo esse mercúrio está em aberto, não existindo até o presente, solução para o mesmo.

Mudanças de hábito de consumo

Modificações originadas por fatores econômicos, fatores de natureza ecológico-ambiental e mesmo da moda podem ocasionar significativas mudanças de demanda de um produto químico. São exemplos a mudança de camisas de tecido de náilon para tecido de poliéster, e a mudança das embalagens de poliestireno expandido para papel e papelão, como o fez a cadeia McDonalds.

A produção mundial de ácido acrílico em 1981 foi de 435 mil toneladas, destinando-se aproximadamente 90% para a produção de ésteres (acrilatos). Em 1994 a produção foi de 1,6 milhão de toneladas, sendo que só 54% foi destinada à produção de ésteres, surgindo um novo "consumidor" de ácido acrílico: o polímero superabsorvente, que sozinho consumiu 28% da produção mundial de ácido acrílico (correspondente a praticamente o total produzido de ácido acrílico em 1981). Esses polímeros superabsorventes têm a propriedade de absorver e reter líquido em até cem vezes o seu próprio peso e são usados na confecção de fraldas infantis, que tiveram um desenvolvimento notável, principalmente nesta última década. A Figura 5.2.6 mostra as utilizações do ácido acrílico em nível mundial, nos anos de 1981 e 1994.

Figura 5.2.6 Distribuição do consumo de ácido acrílico no mundo

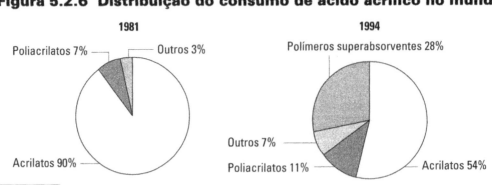

Fonte: Tecnon.

Mudanças nas normas que regulam o comércio exterior

Alterações nos mecanismos que regem as importações e exportações podem acarretar alterações sensíveis na demanda e na parcela da demanda atendida por produção local, como as que ocorreram no Brasil, após o Plano Collor e após a introdução do Plano Real.

Questões regulatórias

Normas, instruções e portarias emitidas por órgãos controladores das áreas de saúde pública, alimentação e agricultura podem causar grande impacto na demanda de produtos químicos, com o conseqüente aumento na vulnerabilidade das empresas.

Esses produtos são em geral do tipo aditivos para a indústria alimentícia, fármacos, defensivos agrícolas e aditivos para plásticos, podendo ser também produtos básicos importantes. Como exemplos poder-se-ia citar o chumbo-tetraetila, utilizado como antidetonante em gasolina e hoje praticamente inexistente; o ascarel ou bifenila policlorada utilizado como óleo dielétrico em transformadores e capacitores e não mais fabricado desde 1977 nos EUA; os BTX, que devem ser parcialmente retirados da gasolina produzida por reforma catalítica nos Estados Unidos, como conseqüência do decreto federal Clean Air Act (CAA) de 1955. Estima-se que a redução do teor de aromáticos de 32% (teor médio na gasolina dos Estados Unidos em 1990) para 25%, que é o valor estipulado pelo CAA para a gasolina, gerará, no primeiro ano em que vigorar esta redução, uma sobra nos Estados Unidos de aproximadamente 5 milhões de toneladas de BTX.

Variações climáticas

Mudanças climáticas anormais (excesso de chuva e temperaturas baixas no verão; invernos muito chuvosos) podem acarretar sensíveis alterações na demanda, com o conseqüente aumento de vulnerabilidade das empresas.

É o caso dos fertilizantes, ou defensivos agrícolas, que, com excessos de chuva, têm suas demandas muito prejudicadas. Também o PET para garrafas plásticas e os produtos utilizados na fabricação de sorvetes sofrem um sensível declínio na sua demanda, em caso de verões frios ou muito chuvosos.

Reciclagem

A reciclagem de produtos químicos, notadamente polímeros, mas também vidro, papel, alumínio, pela sua natureza complexa e alta dose de incertezas, constitui fator gerador de vulnerabilidades para as empresas. A Figura 5.2.7 mostra a estimativa de disposição de poliolefinas recicladas nos Estados Unidos, no ano 2000.

Figura 5.2.7   **Estimativa de disposição de poliolefinas recicladas nos EUA (mil toneladas)**

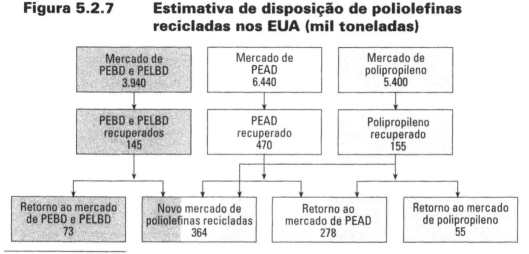

Fonte: SRI International.

Desaparecimento do cliente

A possibilidade de fechamento de empresas, por motivos vários, acarreta incertezas na demanda, aumentando a vulnerabilidade de suas empresas fornecedoras. Um exemplo seria a redução, no Brasil, de produção da indústria de brinquedos, grande consumidora de produtos químicos, que, com o abaixamento das alíquotas de importação, viu seu mercado parcialmente tomado por produtos de diversas origens (especialmente China). A indústria de eletroeletrônicos sofreu no Brasil processo similar, em parte decorrente da utilização de grande volume de componentes importados, antes aqui fabricados ("desverticalização").

Zaidman (2) apresenta fórmulas para a quantificação da vulnerabilidade à variação da demanda, que ele chamou de vulnerabilidade de mercado (market vulnerability – MV). Essa é representada pela expressão matemática:

$$MV = \frac{r}{(GPR + r)}$$

onde

MV é a vulnerabilidade de mercado;

r é a relação entre o custo fixo unitário e o custo total unitário e representa, de certa forma, o grau de sofisticação da tecnologia empregada (quanto maior for o valor do capital aplicado naquela tecnologia, maior o valor de r);

GPR é o grau de rentabilidade do empreendimento, expresso pela relação:
$$GPR = (SP - TUE)/TUE,$$
onde SP é o preço de venda unitário e TUE são os custos totais unitários.

O valor de MV indica a sensibilidade de uma planta à variação do grau de utilização da sua capacidade instalada. Quanto maior for o valor de MV, tanto mais sensível é aquela planta ao grau de utilização da capacidade instalada.

O Quadro 5.2.1 mostra a vulnerabilidade de mercado estudada por Zaidman com relação a oito produtos químicos, produzidos por dois ou mais processos diferentes.

INCERTEZAS TECNOLÓGICAS

Incertezas tecnológicas, ligadas à produção ou ao uso de produtos químicos, representam condições freqüentes de vulnerabilidade para as empresas, tendo em vista a natureza tecnológico-intensiva da indústria química.

As incertezas tecnológicas advêm principalmente dos fatores a seguir.

Alterações de processo

Quando modificações significativas são introduzidas na rota processual, como mudanças de pressão, de temperatura, de tipo de reator, de tipo de fase na qual se dá a reação, na geração de subprodutos e na geração de resíduos, entre outras, diz-se que houve uma alteração de processo. O exemplo do caso do metanol esclarece bem esse conceito.

Até meados de 1960, praticamente todas as empresas do mundo produziam metanol a partir de gás de síntese (mistura de monóxido de carbono e hidrogênio), em reatores a 250-360 atm e a 300-400°C, basicamente pelo processo introduzido pela Basf em 1923. Em 1962 a ICI

QUADRO 5.2.1 Vulnerabilidade de mercado para alguns produtos químicos

Tecnologia	Capacidade de produção (mil t)	Custo fixo unitário (US$/t)	Custo total unitário (US$/t)	Preço unitário (US$/t)	Vulnerabilidade de mercado (MV)
Acrilamida					
a. Hidratação da acrilonitrila(Leito fixo)	14	463	1.158	2.530	0,252
b. Hidratação da acrilonitrila (susp.)	14	530	1.217	2.530	0,288
Caprolactana					
a. Via ácido hexahidroxibenzóico	68	586	1.145	1.980	0,412
b. Via redução do ácido nítrico	68	711	1.383	1.980	0,544
c. Processo fenol	68	693	1.317	1.980	0,511
d. Fotonitrosação do ciclohexano	68	753	1.336	1.980	0,539
Dicloroetano					
a. Cloração do eteno	272	37	296	352	0,398
b. Oxicloração do eteno	272	44	233	352	0,270
Óxido de eteno					
a. Oxidação do eteno por ar	136	319	771	1.045	0,538
b. Oxidação do eteno por oxigênio	136	253	726	1.045	0,442
Fenol					
a. Oxidação do cumeno	91	230	351	594	0,486
b. Sulfonação do benzeno	91	164	503	594	0,643
Anidrido ftálico					
a. Oxidação do o-xileno	32	289	639	880	0,545
b. Oxidação do naftaleno	32	219	729	880	0,592
Estireno					
a. Desidrogenação do etilbenzeno	454	140	623	737	0,551
b. Processo hidroperóxido	454	201	309	737	0,320
Ácido tereftálico					
a. Oxidação do p-xileno a ar	150	533	959	1.600	0,454
b. p-Xileno e acetaldeído	181	286	1.024	1.600	0,332
c. Oxidação do p-xileno por oxigênio	181	297	814	1.600	0,275

Fonte: Adaptado de Zaidman (2).

desenvolveu um novo processo de produção de metanol a partir da reforma a vapor de nafta, criando um gás de síntese sem compostos de enxofre e que, com novo catalisador à base de compostos de cobre, produz metanol com pressões de 50-60 atm e temperaturas de 250°C. Lieberman (3) cita que o preço do metanol nos Estados Unidos, com essa mudança, caiu de 27 centavos de dólar por galão, em 1970, para 10 centavos de dólar por galão, em 1972, e que de 16 plantas operando em 1969 só restaram 8 em 1973. Atualmente a maioria da produção de metanol no mundo parte de gás natural, mas pode partir de nafta, óleo residual e outras fontes adequadas de carbono e hidrogênio.

Em 1982, cerca de 10% da produção mundial de metanol era ainda baseada no processo de alta pressão, aí incluída a unidade de metanol da Prosint, no Rio de Janeiro. Também as economias de energia, em particular e de utilidades em geral, que alguns produtores conseguem realizar coloca-os em posição de vantagem em relação aos menos eficientes, que têm assim sua vulnerabilidade aumentada. A Figura 5.3.1 mostra as economias de energia conseguidas pela ICI, no seu processo de fabricação de diisocianato de metileno.

Figura 5.3.1   Economia de energia na produção de MDI pelo processo ICI

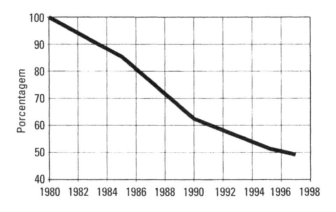

Fonte: Tecnon.

Diversos novos processos estão em fase de estudo e desenvolvimento. A Sumitomo, em conjunto com a Enichem, está desenvolvendo um processo de produção de caprolactama, a partir da oxima da ciclohexanona. Esta é obtida diretamente pela reação, em fase gasosa, entre amônia e peróxido de hidrogênio, ativada por um catalisador especial. Não há produção de sulfato de amônio como subproduto. A caprolactama é a principal matéria-prima para a produção de náilon-6. O processo já foi testado com êxito em instalação piloto, e a Sumitomo e a Enichem pretendem construir uma fábrica com capacidade de 90 mil t/ano em Ehime, no Japão, onde a Sumitomo já tem uma fábrica de mesma capacidade, só que baseada na tecnologia tradicional.

Também a Shell e a DSM estão trabalhando num novo processo para a produção de caprolactama. As matérias-primas para esse processo são o butadieno e monóxido de carbono, e uma das vantagens alegadas por seus inventores é a não produção de sulfato de amônio como subproduto. A participação da Shell no processo deve-se à sua grande experiência com catalisadores do tipo metais de transição.

A BOC inglesa está desenvolvendo um novo processo para a produção de acrilonitrila, partindo de propano, ou produção de anidrido maléico, a partir de butano. O novo processo, chamado Petrox (Process enhancement through recycle using oxygen), segundo seus descobridores, aumenta o rendimento em 20% (em relação aos processos clássicos), diminui 50% da emissão de gás carbônico, reduz 25% do investimento inicial para uma nova planta e abaixa 15% dos custos operacionais.

A BOC informou que a Mitsubishi, após executar testes desse novo processo em sua própria instalação piloto, está cogitando em instalar uma planta de grande capacidade, no Japão.

Alterações de rota tecnológica

Utiliza-se esta expressão para designar mudanças de matéria-prima. O exemplo da acrilonitrila parece bem elucidativo. Na década de 60 os grandes produtores de acrilonitrila partiam de óxido de eteno (Americam Cyanamid e Union Carbide) ou de acetileno (DuPont e Monsanto), que reagiam com ácido cianídrico para a produção de acrilonitrila. Os riscos no manuseio de ácido cianídrico são muito grandes e qualquer alteração de rota tecnológica que viesse a eliminar o ácido cianídrico seria muito bem-vinda, desde que economicamente viável. Em 1962 a Standard Oil of Ohio (Sohio — a partir de 1989 pertencente à BP) lançou um processo de produção de acrilonitrila a partir de propeno, amônia e oxigênio. O processo gera como subproduto quantidades mínimas de ácido cianídrico, e foi tal o sucesso que mais de 90% da produção mundial de acrilonitrila utiliza hoje este processo.

A produção de espumas flexíveis de poliuretana percorreu um caminho similar. Iniciada em meados da década de 50, utilizava, de preferência, como uma das matérias-primas, o diisocianato de tolueno. No processo convencional de moldagem, as temperaturas eram elevadas e a reação lenta, demandando longo tempo para desmoldagem. Em meados de 60 começaram a ser introduzidos novos processos de cura a frio, com temperaturas de moldagem mais baixas e tempo de desmoldagem mais curto. Esses processos novos utilizaram inicialmente uma mistura de TDI e MDI, que posteriormente foi substituída por somente MDI polimérico (uma mistura de MDI com outros di e poliisocianatos). A utilização de MDI polimérico na fabricação de espumas flexíveis de poliuretana foi iniciada na Europa em 1979, nos Estados Unidos em meados da década de 80 e no Japão no fim da década de 80. Em 1997 a produção mundial de MDI foi quase o dobro da produção mundial de TDI, como mostra a Figura 5.3.2.

Até 1963, praticamente todo poliéster produzido no mundo era fabricado a partir de ácido tereftálico, que tinha de ser submetido a um processo de purificação, por meio de sua esterificação a dimetiltereftalato. A Amoco desenvolveu um processo de purificação de ácido tereftálico que permitia a produção direta de poliéster, sem ter de passar pelo DMT, e passou a licenciá-lo a partir de 1965. As vantagens da utilização desse ácido tereftálico purificado na produção de poliéster, em relação ao processo que utiliza o DMT, são as seguintes:

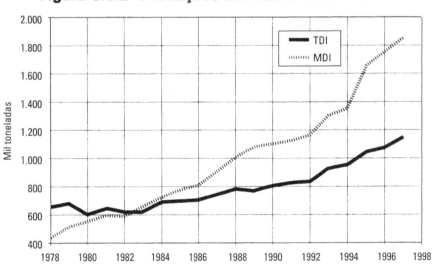

Figura 5.3.2 Produções mundiais de MDI e TDI

Fonte: Tecnon; SRI International.

i) redução de matéria-prima, pois se necessita 17% menos PTA do que DMT para a mesma quantidade de poliéster produzida, já que com o PTA não há a formação de metanol;
ii) a reação é mais rápida, permitindo maior capacidade de produção na unidade;
iii) há menos glicol no sistema; isso diminui os custos de recuperação e há menos perigo de formação de dietilenoglicol (que é um problema na fase de tingimento das fibras);
iv) não há formação de metanol; isso elimina os problemas de arraste de catalisador e também os custos de recuperação e estocagem de metanol, diminuindo o investimento em caso de nova instalação;
v) não há necessidade de manusear e estocar DMT fundido, eliminando o fundidor de DMT e novamente abaixando o investimento de uma instalação nova.

Praticamente toda fábrica de poliéster instalada recentemente utiliza PTA como matéria-prima. A penetração do PTA nesse mercado é mostrada na Figura 5.3.3, que indica as participações do DMT e do PTA na produção de fibra de poliéster no mercado norte-americano.

Várias alterações de rota tecnológica inovadora foram anunciadas recentemente. A Statoil e a Lurgi informaram que vão testar, em escala piloto, a produção de propeno, a partir de metanol, processo esse desenvolvido pela Lurgi. Utiliza-se um reator de leito fixo, em que o metanol e vapor de água passam sobre um novo catalisador, desenvolvido pela Süd-Chemie. A Lurgi pretende avançar a pesquisa, a ponto de produzir propeno a partir de gás natural. O processo interessa à Statoil, pois é grande produtora de metanol.

A EVC International anunciou que construirá uma fábrica para a produção de VCM, utilizando seu novo processo de produção, diretamente a partir de etano. O VCM é utilizado como matéria-prima para a produção de PVC, do qual a EVC é a maior produtora européia.

A Solutia, utilizando uma reação desenvolvida pelo Boreskov Institute of Catalysis russo, está testando um novo processo de produção de fenol, diretamente a partir do benzeno. O processo clássico de produção de fenol, a partir de cumeno, produz grande quantidade de acetona como subproduto. Essa acetona pode ser desejável, caso a empresa a utilize para outras produções,

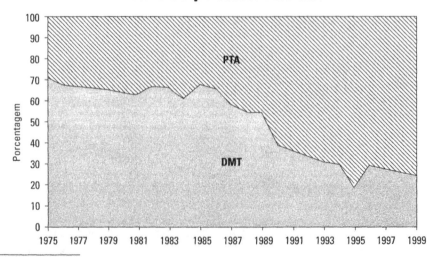

Figura 5.3.3 Participações do DMT e do PTA na produção de fibra de poliéster nos EUA

Fonte: SRI International.

mas também pode ser indesejável, gerando um subproduto difícil de ser descartado. Para esse último caso, o processo da oxidação direta torna-se extremamente interessante. O agente oxidante é o óxido nitroso (NO_2), que a Solutia gera como subproduto da fabricação do ácido adípico. A reação é catalisada por zeólitas contendo ferro em reatores de leito fixo.

Mas foi na produção do metacrilato de metila que surgiram várias rotas tecnológicas inovadoras. O processo clássico de produção, conhecido como processo cianidrina, parte de acetona e ácido cianídrico, reagindo depois com ácido sulfúrico e, por último, com metanol, originando, além do metacrilato de metila (impuro), uma solução de ácido sulfúrico e bissulfato de amônio[*]. O processo, além de utilizar o ácido cianídrico, que é extremamente tóxico, gera grandes quantidades da solução aquosa contendo ácido sulfúrico e bissulfato de amônio. Esse subproduto pode ter dois destinos: recuperação do ácido sulfúrico, para ser utilizado novamente na reação, ou neutralização com amônia, dando uma solução de sulfato de amônio, que pode ser utilizada como fertilizante. Ambos os destinos encarecem os custos de produção e oneram o investimento inicial da instalação.

Uma primeira variante que não utilizava ácido sulfúrico nem gerava bissulfato de amônio, foi introduzida pela Mitsubishi Gas Chemical. Em uma fase intermediária do processo é gerada a formamida, que por desidratação regenera o ácido cianídrico. Essa empresa construiu, em 1997, uma fábrica de capacidade de 41 mil t/ano, em Niigata, no Japão, utilizando esse processo.

Outra variante foi desenvolvida pela Asahi e Mitsubishi Rayon, partindo do isobuteno ou álcool butílico terciário, mediante oxidação em dois estágios e posterior esterificação com metanol. Essa variante tem a vantagem de não utilizar ácido cianídrico e ácido sulfúrico e não gerar bissulfato de amônio. Seus custos de produção, entretanto, são maiores que os do processo cianidrina. A Asahi tem um fábrica em Kawasaki, no Japão, de capacidade de 60 mil t/ano, operando desde 1998, e a Mitsubishi Rayon tem uma fábrica em Ma Ta Phut, na Tailândia, com capacidade de 70 mil t/ano, em atividade desde 1999.

A Basf desenvolveu um processo, no início dos anos 80, partindo do eteno, que é transformado em aldeído propiônico, reagindo depois com formaldeído e dando metacroleína, que é oxidada a ácido metacrílico, que, por fim, é esterificado com metanol, originando o metacrilato de metila. Uma vantagem desse processo, além de não usar ácido cianídrico e ácido sulfúrico, é a produção direta do ácido metacrílico a partir da metacroleína, originando um produto bastante puro. Em função dessa vantagem, a Basf é grande produtora de ácido metacrílico.

Em 1997 a Shell desenvolveu nova rota tecnológica, a partir do propino, que, por reação com monóxido de carbono e metanol, dá diretamente o metacrilato de metila. Se em vez de metanol usar-se água, produz-se o ácido metacrílico. Esse processo foi vendido à ICI, que passou-o à Ineos Acrylics, quando vendeu seus negócios de acrílico. Embora comprovado em escala piloto, ainda não passou para a fase industrial.

Mudanças de catalisador

Algumas vezes, só a mudança do tipo de catalisador empregado pode levar a empresa que o utiliza a obter enormes vantagens em relação às concorrentes, provocando incertezas e vulnerabilidades nessas empresas. O caso dos catalisadores à base de metalocenos, para a indústria de poliolefinas, é típico. São chamados de 2ª geração porque substituem os catalisadores tipo Ziegler–Natta, de 1ª geração. A alta especificidade desses catalisadores, agindo em nível

---

(*) Bissulfato de amônio é o nome técnico do hidrogenossulfato de amônio.

molecular, permite um controle maior no peso molecular dos polímeros, garantindo produtos mais homogêneos, com variação muito pequena do peso molecular. Isso possibilita a produção de polímeros com propriedades pré-determinadas, que poderão substituir não só polímeros da mesma família, mas também copolímeros de eteno e acetato de vinila, elastômeros termoplásticos, cloreto de polivinila e plásticos de engenharia. Esses catalisadores podem ser usados também no campo dos elastômeros como o monômero de eteno-propeno-dieno, no poliestireno e em polímeros novos como as ciclolefinas. A Figura 5.3.4 apresenta a produção total de PELBD nos Estados Unidos, entre 1996 e 2000. Indica ainda a participação porcentual do produto fabricado com catalizador de 2ª geração, no total de PELBD produzido.

Figura 5.3.4 Uso de catalisadores na produção de PELBD nos EUA

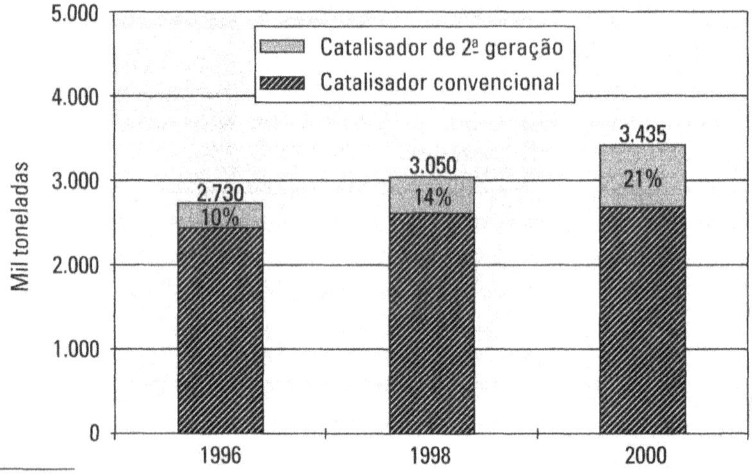

Fonte: Chem Systems.

O óxido de propeno é mundialmente produzido por dois processos clássicos, via hidroperóxido ou via cloridrina.

Recentemente pesquisadores da Academia Chinesa de Ciências do Instituto Dalian de Físico-Química anunciaram a descoberta de um novo catalisador, contendo tungstênio, que permite a epoxidação direta do propeno, com peróxido de hidrogênio. Os produtos da reação são somente óxido de propeno e água, ao contrário dos processos clássicos, que originam quantidades razoáveis de subprodutos, solução de cloreto de cálcio ou de cloreto de sódio, no caso via cloridrina, e álcool butílico terciário (partindo-se de isobutano) ou metil-fenil-carbinol (se a matéria-prima de partida foi o etilbenzeno), no caso via hidroperóxido. A desidratação do metil-fenil-carbinol produz o estireno.

O processo foi testado somente em escala de laboratório, estando protegido por patentes. Uma das possíveis desvantagens do processo, apontada por Rick Fontenot, da Lyondell, uma das maiores fabricantes mundiais de óxido de propeno, seria a necessidade do uso de três estágios de reação.

A Dow, outro grande produtor mundial, depositou recentemente patentes de produção do óxido de propeno, também via peroxidação, porém realizada em fase vapor e com catalisadores contendo ouro.

Mudanças na concepção de equipamentos

Também alterações na concepção de certos equipamentos utilizados no processamento químico (em geral reatores) ou no modo de utilizá-los podem levar a aumentos substanciais de produção ou abaixamentos sensíveis de custos, garantindo uma posição de superioridade para aqueles que introduziram as alterações, em detrimento dos demais, que passam a ficar em uma posição vulnerável.

A produção de ácido acético, a partir de metanol em reatores agitados, apresenta o problema de vazamento de monóxido de carbono pelos selos mecânicos dos agitadores. A UOP[*] introduziu um novo reator, tipo coluna de borbulhamento, sem agitadores e portanto sem risco de vazamentos, que pode utilizar monóxido de carbono de pureza inferior. Os detentores do processo declaram que o ácido acético produzido é de alta pureza, que a geração de subprodutos é mínima e que o teor de iodetos no produto está na faixa de 1 a 2 ppb. Outro exemplo seria o da adição de líquidos, nos reatores de produção de poliolefinas em fase gasosa, para aumentar sua capacidade de produção. A Figura 5.3.5 mostra os aumentos de capacidade possíveis, utilizando-se as técnicas desenvolvidas pela Union Carbide, BP e Exxon.

Figura 5.3.5   Aumento de produção de PELBD com tecnologias de condensação

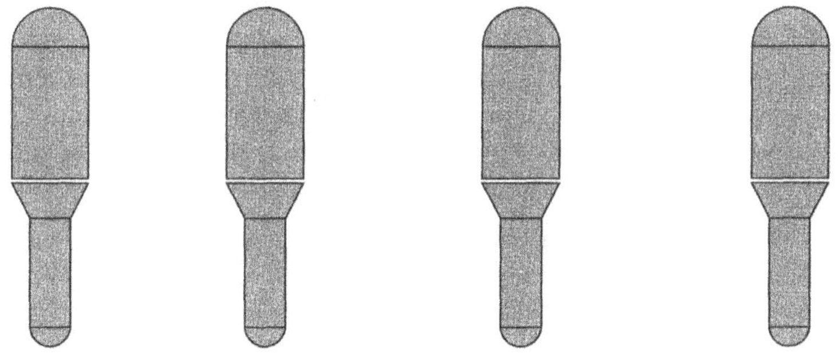

	Somente gás	5-10% líquido	15-20% líquido	30-50% líquido

Operação	Sem condensação	Com condensação	Condensação aumentada	Supercondensação
Desenvolvido por	Union Carbide, BP	Union Carbide	Union Carbide, BP	Exxon
Capacidade (mil t/ano)	100	150	200-300	350-500
Aumento (%)	0	50	100-200	250-400

Fonte: Chem Systems.

Mudanças na legislação ambiental

Alguns exemplos são bastante elucidativos. A crescente restrição da legislação ambiental aos detergentes que contenham fosfatos (tripolifosfato de sódio), em razão da eutroficação que causam às águas residuárias (crescimento exagerado, em função do fosfato presente nas águas, de certas algas, que, ao morrerem, sofrem decomposição, causando grande deficiência no oxigênio dissolvido da água), levou a indústria a substituí-los por zeólitas (silicatos de sódio e alumínio, com estrutura bem determinada). A Figura 5.3.6 mostra a queda do consumo de detergentes à base de fosfatos na Alemanha, no período de 1975 a 1990, e o aumento de consumo de detergentes contendo zeólita A, na Europa Ocidental, para o período de 1986 a 1995.

(*) A UOP (Universal Oil Products) fez esse desenvolvimento em conjunto com a empresa japonesa Chyoda.

Figura 5.3.6 — Consumo de detergentes contendo fosfato na Alemanha e consumo de detergentes contendo zeólita A na Europa Ocidental

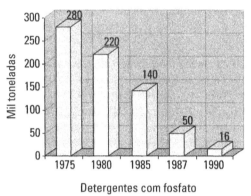
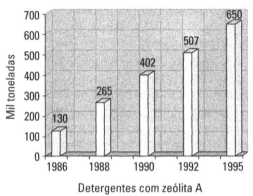

Detergentes com fosfato   Detergentes com zeólita A

Fonte: ECMRA.

No campo dos detergentes, há também o caso dos primeiros agentes tensoativos, à base de dodecilbenzenossulfonato de sódio, no qual o radical dodecil apresentava uma cadeia de carbonos bastante ramificada de tetrâmero de propeno. A biodegradabilidade desse agente tensoativo era muito baixa e foi ele o responsável pela espuma que se via nos rios e lagos, onde eram lançados os esgotos, nas décadas de 50 e 60. Verificou-se que, se o radical dodecil (ou alquil) fosse linear e não ramificado, a biodegradabilidade seria muito maior, perfeitamente compatível com o meio ambiente. Foram então introduzidos os alquilbenzenossulfonatos de sódio lineares, agentes tensoativos utilizados até a presente data[*].

Outro exemplo de mudança de matéria-prima por razões ambientais, diz respeito à produção de anidrido maléico. Até 1974 praticamente toda produção de anidrido maléico partia de benzeno como matéria-prima (constituía exceção a produção de anidrido maléico como subproduto da produção de anidrido ftálico). As pressões das autoridades de fiscalização do meio ambiente sobre a utilização do benzeno, proibindo ou limitando seu uso, fizeram com que fossem procuradas outras alternativas para a produção de anidrido maléico. A utilização do n-butano passou a ser uma alternativa satisfatória, e em 1975 já começava a substituir o benzeno. Essa substituição, embora lenta no início, acelerou-se bastante em 1982 e 1983, e em 1986 já não existiam fábricas nos Estados Unidos que produzissem anidrido maléico a partir do benzeno. A Figura 5.3.7 mostra como ocorreu essa substituição.

Substituição ou mudanças no produto

Por razões várias, podem ser introduzidas mudanças nas características de um produto químico ou mesmo substituições de um produto por outro, gerando incerteza e vulnerabilidade para as empresas produtoras do produto substituído. Já foram citados os exemplos das poliolefinas, que, produzidas com catalisadores de 2ª geração (metalocenos), apresentam melhores propriedades que as produzidas com catalisadores convencionais. Foram também mencionados os detergentes contendo fosfatos que, por razões ambientais, são substituídos por detergentes contendo zeólita A. Tem-se ainda o exemplo dos tensoativos à base de dodecil-benzenossulfonato de sódio, substituídos pelos alquilbenzenossulfonatos de sódio lineares,

[*] Mais recentemente há tendência de substituição do LABS por álcois graxos etoxilados ou por APGs (alquilpoliglucosídeos).

Figura 5.3.7 Utilização de benzeno e n-butano na produção de anidrido maléico nos EUA

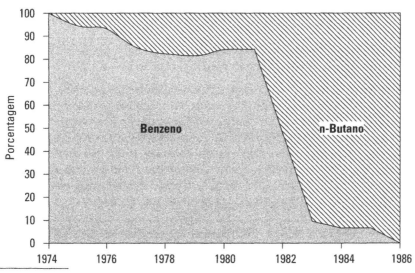

Fonte: SRI International.

também por razões ecológicas. Os polímeros biodegradáveis, à base de polihidroxialcanoatos, principalmente o poli-3-hidroxibutirato, e o seu copolímero poli-3-hidroxibutirato-co-3-hidroxivalerato, começam a aparecer no mercado. Há um potencial avaliado pela Basf, para o mercado europeu em 200 mil t/ano, que poderá causar uma sensível variação na demanda dos termoplásticos convencionais.

Também a Cargill Dow[*] lançou no mercado uma família de polímeros biodegradáveis derivados do ácido poliláctico. Além de competirem com os termoplásticos convencionais, apresentam várias vantagens, entre elas a biodegradabilidade.

A Monsanto anunciou, em 1999, seu desenvolvimento de plantas geneticamente modificadas, capazes de produzir plásticos. Implantou genes de bactérias produtoras de plásticos em plantas dos gêneros da colza e do agrião. Os átomos de carbono que vão formar o polímero vêm do CO_2 do ar, pelo processo de fotossíntese da planta. O próximo passo da Monsanto é aumentar a produção por planta, para obter rendimentos razoáveis. Se isso for possível, ter-se-á conseguido um meio de produção de plásticos que independe de petróleo ou gás natural. Além dessa área, também estão sendo investigadas as possibilidades de obtenção de detergentes, combustíveis, lubrificantes e fibras, a partir das sementes de colza, linho e cânhamo.

Também alterações advindas das mudanças nos sistemas de controle de operação de unidades químicas (sistemas computadorizados, controladores lógicos programáveis) e sínteses diretas podem abaixar sensivelmente os custos de produção (fenol a partir de benzeno, pelo processo desenvolvido pela Monsanto, ou acrilonitrila por amoxidação[**] do propeno, processo ainda em desenvolvimento pela BP America[***]). Alterações introduzidas na tecnologia de um lado beneficiam as empresas que as empregam, de outro aumentam a vulnerabilidade das demais empresas concorrentes.

---

[*] Uma *joint venture* entre a Cargill e a Dow.
[**] Amoxidação é uma oxidação em presença de amônia.
[***] BP América, novo nome da Standard Oil of Ohio — Sohio, que foi comprada pela BP inglesa e que desenvolveu o processo, atualmente em uso no mundo todo, de amoxidação do propeno.

INCERTEZAS NAS MARGENS

Entende-se por margem a diferença entre o preço de venda de um produto químico e uma ou mais parcelas componentes do seu custo industrial. Na indústria química são geralmente analisadas duas margens:

i) margem em relação aos custos variáveis;
ii) margem em relação ao custo desembolsado.

No primeiro caso, sobretudo para os produtos tipo *commodity*, os custos variáveis correspondem praticamente aos custos das matérias-primas, que excedem grandemente não só as demais parcelas do custo variável, mas também as do custo fixo. Para esses produtos o custo das matérias-primas representa geralmente de 50 a 90% do custo desembolsado e entre 80 e 100% do custo variável. Surgem assim as conhecidas curvas de margem de um produto, em que estão representados o preço de venda do produto, o custo das matérias-primas nele contidas e as margens (diferenças) entre o preço de venda e o custo das matérias-primas. A Figura 5.4.1 mostra a margem da uréia no Brasil para o período de 1987 a 2000.

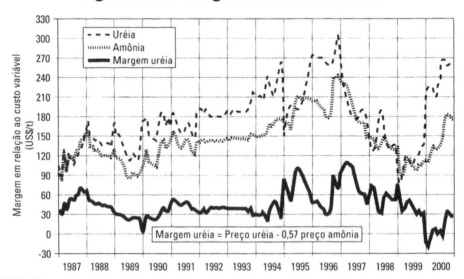

Figura 5.4.1 Margem da uréia no Brasil

Fonte: ANDA.

Observe-se que, no exemplo acima, as margens da uréia variam entre –18,00 US$/t e 109,00 US$/t. São essas margens que — deduzidos itens como os outros custos variáveis e os custos fixos — devem remunerar os investimentos realizados. Os itens a deduzir são pouco variáveis com o tempo; em decorrência, a margem é indicativa da rentabilidade. Dada essa grande faixa de variação, fica evidente sua forte influência sobre a rentabilidade do negócio e o grande impacto sobre a sua vulnerabilidade.

Como a variação dos preços influi diretamente na variação das margens, a Figura 5.4.2 mostra as variações em porcentagem do preço médio mensal mais baixo em relação ao preço médio mensal mais elevado, de alguns produtos químicos, no mercado dos Estados Unidos, no ano de 2000.

Verifica-se por exemplo, que, enquanto para o PVC a variação foi da ordem de 25%, para o DCE, que dá origem ao PVC, mostrou-se superior a 140%.

Figura 5.4.2 Volatilidade de preços de químicos

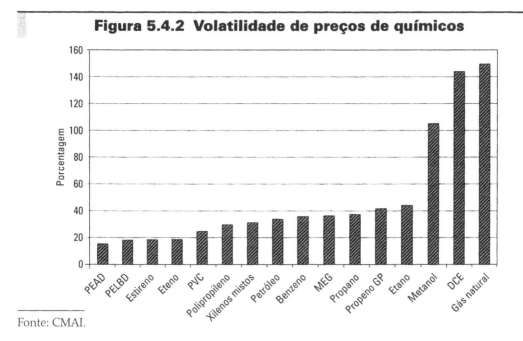

Fonte: CMAI.

O estudo das margens em relação ao custo desembolsado permite uma análise em maior profundidade das margens obtidas, precisamente por levar em conta tanto os custos variáveis como os custos fixos. Vale lembrar que, para a análise dos resultados de uma empresa, o relevante são as margens e não os preços de venda ou os custos considerados individualmente.

Além das variações das margens que ocorrem para um determinado fabricante em um determinado mercado, há ainda que se considerar as variações de margens que ocorrem em nível regional e que também são muito acentuadas, como mostra a Figura 5.4.3

Figura 5.4.3 Margem do estireno

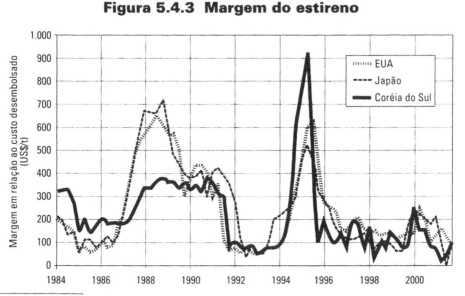

Fonte: Chem Systems.

Nas curvas de oferta de um produto mostra-se em ordenada o custo desembolsado de cada empresa, em ordem crescente. Muitas representações, inclusive, mostram o custo desembolsado separado nos seus dois componentes, o custo variável e o custo fixo. O espaço, que vai do fim do custo desembolsado até o preço de referência, é a margem em relação ao preço de referência, indicando que as indústrias tipo líder são as de maiores margens e as do tipo *laggard* as de margens menores (às vezes, negativas).

A empresa de consultoria norte-americana Chem Systems analisa, para uma série de produtos petroquímicos dos Estados Unidos, as margens em relação aos custos variáveis e em relação aos custos desembolsados, apresentando-as na sua Quarterly Petrochemical Business Analysis – QBA (Análise trimestral dos negócios petroquímicos). Essa análise é feita tanto para indústrias tipo líder quanto tipo *laggard*. As Figuras 5.4.4 e 5.4.5 exemplificam tal análise, mostrando as margens para o eteno produzido nos Estados Unidos, a partir de etano, e em relação ao custo variável e ao custo desembolsado.

A Figura 5.4.6 mostra a margem do polipropileno nos Estados Unidos, para o período de 1978 a 2000.

São conhecidas as vantagens dessas análises:

i) as análises tratam de margens e os resultados são independentes dos custos;
ii) o gráfico apresenta uma visão de conjunto de toda a indústria;
iii) os modelos para indústria tipo líder e tipo *laggard* são ajustados periodicamente. As indústrias tipo *laggard* podem melhorar sua situação ou abandonar o negócio. As tipo líder também podem sofrer mudanças, sobretudo se houver avanço tecnológico;
iv) a margem em relação ao custo desembolsado igual a zero representa o ponto mínimo que uma empresa tipo líder deseja aceitar. Esse ponto freqüentemente coincide com a margem zero em relação ao custo variável de uma empresa do tipo *laggard*. Nesse ponto a empresa tipo *laggard* precisa melhorar ou cessar a produção;

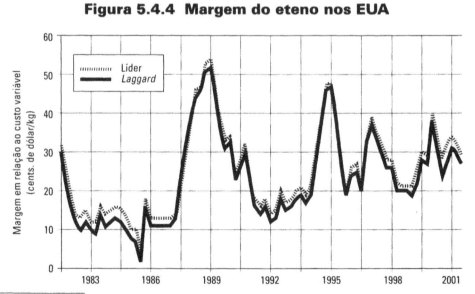

Figura 5.4.4 Margem do eteno nos EUA

Fonte: Chem Systems.

Figura 5.4.5 Margem do eteno nos EUA

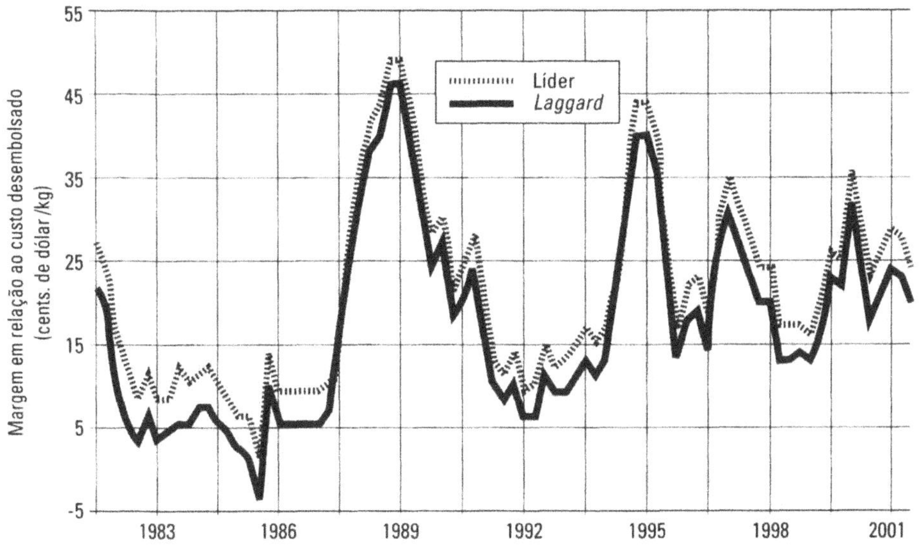

Fonte: Chem Systems.

Figura 5.4.6 Margem do polipropileno nos EUA

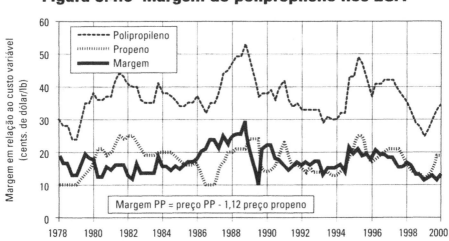

Fonte: Tecnon.

v) o grau de utilização da capacidade instalada é o fator determinante da amplitude das margens.

A Figura 5.4.7 mostra, de forma enfática, a forte influência do grau de utilização da capacidade instalada sobre a rentabilidade da indústria petroquímica dos Estados Unidos, representada por um índice de rentabilidade, determinado pelas margens em relação ao custo desembolsado, a dólares constantes.

A Figura 5.4.8 mostra também a influência do grau de utilização da capacidade instalada mundial nas margens do estireno no mercado dos Estados Unidos.

Figura 5.4.7   **Grau de utilização e rentabilidade da indústria petroquímica dos EUA**

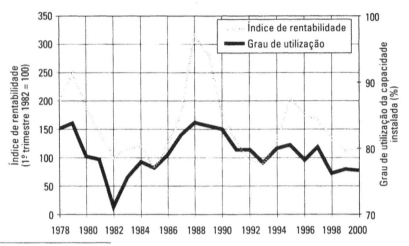

Fonte: Spitz (4); SRI International.

Os preços dos produtos químicos podem variar de maneira distinta que as suas margens. Os fatores que definem os preços do enxofre podem ser distintos dos que afetam os preços do ácido sulfúrico. Os preços de energia elétrica, de cloro e soda cáustica (medidos pelo custo composto do ECU – Eletrochemical Unit, que corresponde a 1,00 t de cloro e 1,13 t de soda cáustica) variam segundo regras distintas.

Figura 5.4.8   **Margem do estireno e grau de utilização da capacidade instalada nos EUA**

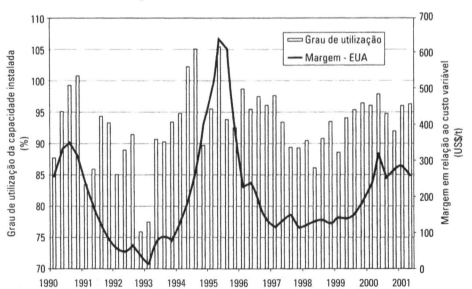

Fonte: Tecnon.

Tome-se o exemplo relativo à cadeia de produção de poliéster. A Figura 5.4.9 mostra os insumos básicos e produtos intermediários para a produção de PES e de PET.

Figura 5.4.9 Cadeia de produção de poliéster

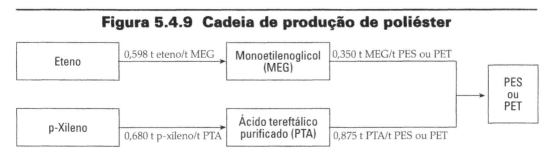

A partir dos preços do eteno, MEG, p-xileno, PTA, PES e PET nos mercados dos Estados Unidos, Europa Ocidental e Extremo Oriente, foram construídas as Figuras 5.4.10 a 5.4.13, em que estão indicadas a margem de MEG (preço de MEG menos custo de eteno contido), a margem do PTA (preço do PTA menos custo de p-xileno contido) e a margem do PES e do PET (preço do PES ou PET menos custo do MEG e do PTA contidos).

Da observação da Figura 5.4.10, pode-se concluir que os fatores que definem o preço do MEG são totalmente diversos dos que definem o preço do eteno (se assim não fosse, as margens do MEG seriam constantes).

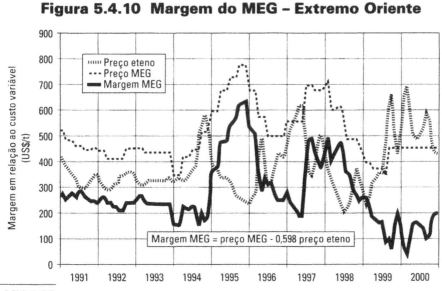

Fonte: ICIS-LOR.

A Figura 5.4.11 mostra que os preços do p-xileno e do PTA são influenciados pelos mesmos fatores, daí o razoável paralelismo entre ambas as curvas; nesse exemplo os aumentos de preços de p-xileno conseguem ser parcialmente repassados aos preços do PTA. A despeito disso, o repasse é imperfeito, implicando margens que variam no tempo (no exemplo citado variam, no período, de um mínimo de 157,00 US$/t a um máximo de 586,00 US$/t).

Figura 5.4.11 Margem do PTA - Extremo Oriente

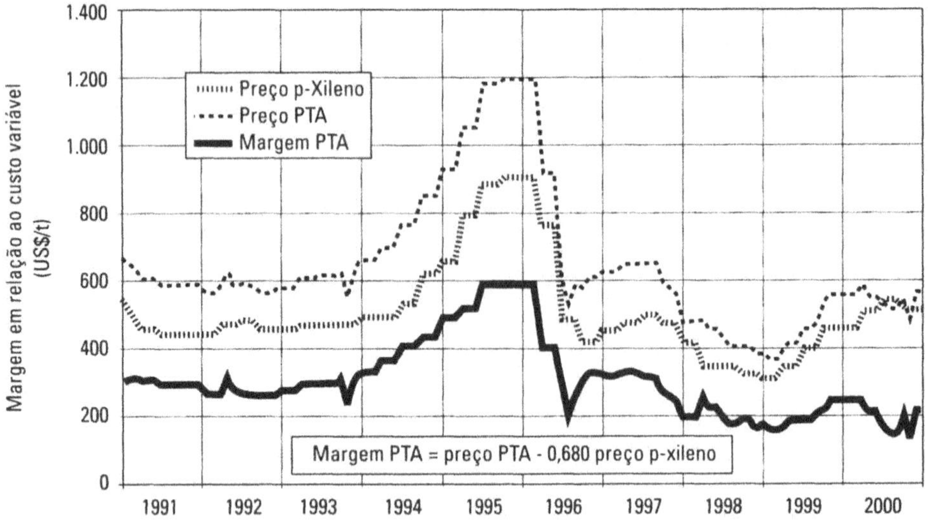

[Gráfico: Preço p-Xileno, Preço PTA, Margem PTA (US$/t) de 1991 a 2000. Margem PTA = preço PTA - 0,680 preço p-xileno]

Fonte: Chemical Week; PCI.

Observando-se a Figura 5.4.12, conclui-se que os preços do PES, do PTA e do MEG são influenciados por fatores independentes entre si; até meados de 1995 os aumentos dos preços do MEG e do PTA puderam ser repassados aos preços do PES, aumentando mesmo as margens obtidas; entretanto, a partir do final do 1.º trimestre de 1995, os preços do PES despencaram, arrastando também as margens.

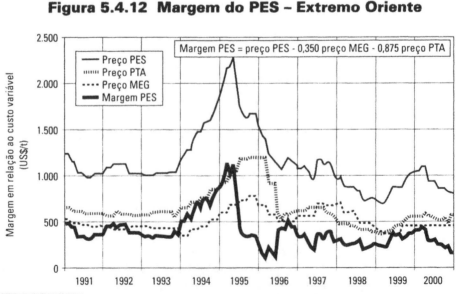

Figura 5.4.12 Margem do PES – Extremo Oriente

Margem PES = preço PES - 0,350 preço MEG - 0,875 preço PTA

Fonte: ICIS-LOR; PCI.

A análise da Figura 5.4.13 é muito semelhante à apresentada para a Figura 5.4.12.

Figura 5.4.13 Margem do PET – Extremo Oriente

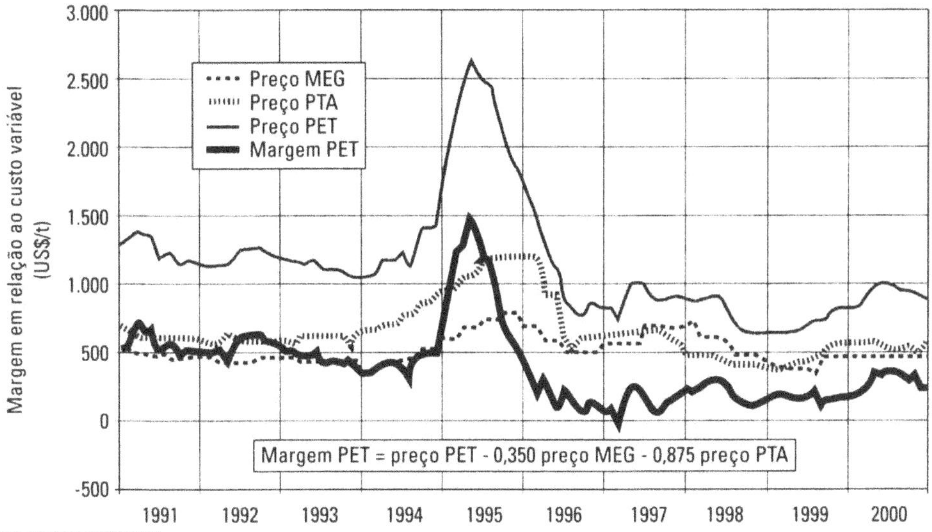

Margem PET = preço PET - 0,350 preço MEG - 0,875 preço PTA

Fonte: ICIS-LOR; PCI.

Uma comparação interessante entre os componentes de custo de produtos químicos, segundo classificação do American Chemistry Council, é apresentada na Figura 5.4.14.

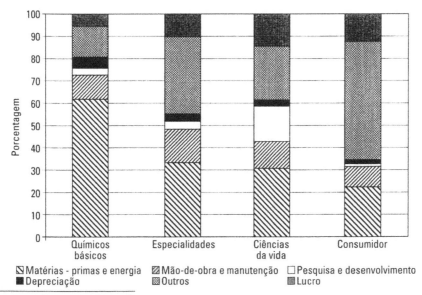

Figura 5.4.14 Estrutura de custos para produtos químicos nos EUA

Fonte: American Chemistry Council.

Embora não seja usual considerarem-se os custos de despesas gerais de administração, vendas, pesquisa e desenvolvimento nas análises das margens, o exemplo serve para mostrar não só as diferenças entre essas classes de produtos químicos, mas também a ordem de grandeza relativa dos vários componentes dos custos.

O fato de a matéria-prima representar uma parcela consideravelmente maior do custo de uma *commodity* do que de uma especialidade, afetando sensivelmente as margens, implica a vulnerabilidade maior das *commodities* em relação às especialidades. Por isso mesmo, é lugar-comum na indústria a afirmação de que as especialidades têm margens mais estáveis do que as *commodities*.

As empresas químicas de especialidades vêm mostrando com certa apreensão que seu mercado está se "commoditizando", isto é, as especialidades estão deixando de ser vendidas por desempenho, para serem vendidas por preço. É no campo dos tensoativos, pigmentos, alguns aditivos para plásticos, produtos químicos para tratamento de água e para a indústria de papel que esse comportamento é mais notório. Suas conseqüências são a diminuição de margens, maior ciclicidade e mudança da forma de comercialização.

Empresas norte-americanas que até há pouco tempo eram consideradas como sendo de especialidades, como a Cytec Industries, Crompton e Great Lakes Chemical, são agora classificadas pelos analistas econômicos como empresas diversificadas.

A Figura 5.4.15 mostra as maiores empresas químicas mundiais, considerando só a venda de especialidades, abrangendo os três últimos trimestres de 2000 e o 1.º trimestre de 2001.

A incerteza das margens é um dos mais importantes fatores de vulnerabilidade da indústria química e decorre, como visto, de que o comportamento dos custos variáveis e o dos preços dos produtos obedecem a diferentes leis de formação.

Figura 5.4.15 Faturamento de empresas químicas de especialidades

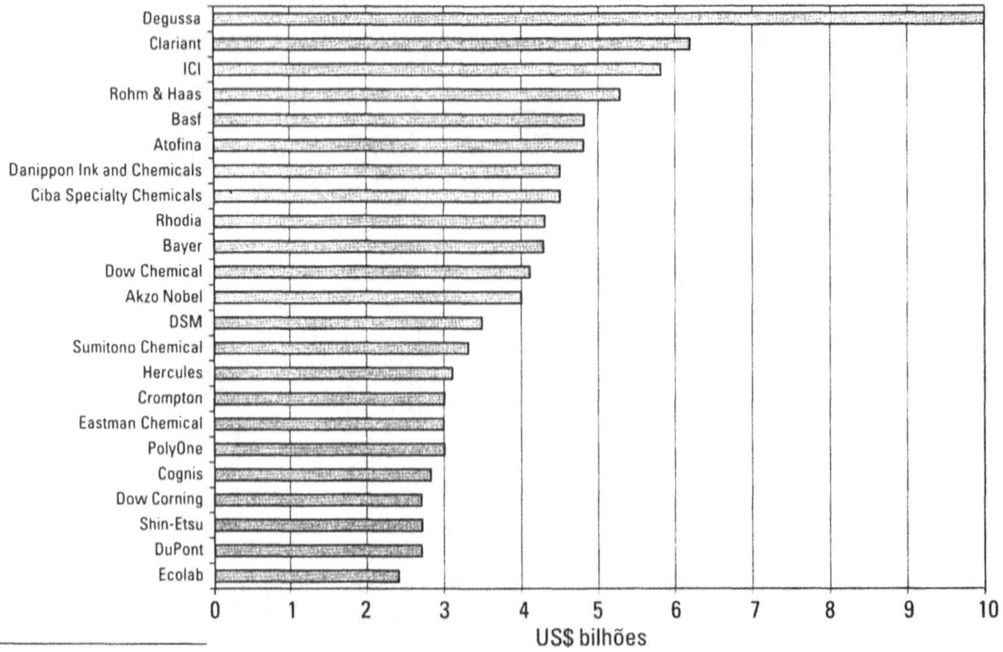

Fonte: Chemical Week.

BIBLIOGRAFIA DO CAPÍTULO 5

1. BERNSTEIN, P.L., "Against the Gods — The Remarkable Story of Risk". John Wiley & Sons, Nova York (1996).

2. ZAIDMAN, B., "Market Vulnerability in the Process Industries". International Journal of Production Economics, **34**, p.57 (1994).

3. LIEBERMAN, M.B., "Strategies for Capacity Expansion". Sloan Management Review, **21**, p.19 (1987).

4. SPITZ, P.H., "Petrochemicals on the Brink of Next Millennium". In: Chem Systems' Eleventh Annual Rio Seminar, Rio de Janeiro (1995).

CAPÍTULO

6
TÉCNICAS DE REDUÇÃO DE VULNERABILIDADE

INTRODUÇÃO

Tem sido freqüente, na indústria química, que fabricantes de determinado produto decidam, simultaneamente, investir na construção de novas unidades de grande capacidade, cada qual ignorando as decisões dos outros e admitindo que o **seu** investimento não impactará significativamente a relação oferta/demanda futura. A busca pela integração vertical, as baixas barreiras de entrada e a tentação de investir no pico do ciclo (quando coexistem boa margem, demanda elevada e recursos disponíveis) agravam a tendência ao sobreinvestimento. Tal fenômeno não é inteiramente generalizado. Para alguns produtos – normalmente com baixo número de fabricantes e tecnologia de difícil acesso – a rentabilidade tem-se mantido estável em um patamar elevado.

As opções não tradicionais disponíveis para os produtores têm sido a de alterar a estrutura da indústria (por fusões ou aquisições), reduzir custos ou adotar técnicas de gerenciamento da ciclicidade. A adoção de tais técnicas implica **não** investir no pico do ciclo do produto e, quando investir, fazê-lo de maneira alavancada (ou seja, substancialmente com recursos de terceiros) para aumentar a rentabilidade sobre o capital próprio.

Cada empresa pode beneficiar-se do conhecimento diferenciado dos ciclos aos quais os seus produtos estão expostos. As estratégias competitivas tradicionais – ter a melhor tecnologia, ser o produtor de menor custo, operar bem e ser integrado verticalmente – são insuficientes. A integração vertical e o ganho de maior participação de mercado não solucionam necessariamente o problema de rentabilidade da empresa. A medida individualmente mais relevante é definir o momento de realização do investimento, que requer profundo conhecimento da lógica dos ciclos de preço e um adequado julgamento da estratégia competitiva de cada concorrente[*].

(*) Observe-se, adicionalmente, o hábito, ainda amplamente difundido nas empresas brasileiras, de projetar as unidades industriais de forma a permitir sua rápida expansão futura. Inevitavelmente, tal prática aumenta o volume inicial de investimento, reduzindo a taxa de retorno correspondente.

Experiências em outras áreas (na indústria de papel, por exemplo) indicam que os investimentos em setores com baixo crescimento têm taxas de retorno mais altas. Investimentos em expansões, desengargalamentos e aquisições de ativos de terceiros (em que se ganha maior participação de mercado sem aumentar a oferta) são aqueles de melhor retorno.

É crescente o número dos que pregam a integração vertical virtual, em que acordos com clientes e fornecedores equivalem a uma integração vertical, **sem** o ônus do respectivo investimento. Nesse modelo a fronteira entre a empresa e seus fornecedores fica mais tênue, fazendo com que estes realizem parte dos investimentos, assumindo o compromisso de fornecer serviços (utilidades, tratamento de efluentes, entamboramento, etc.) à empresa cuja nova unidade está em implantação. Substituir investimento no presente por custo operacional no futuro é, em geral, uma troca favorável.

Na seqüência são propostas as técnicas de redução de vulnerabilidade que, se adotadas, tornam menores os riscos relativos a incertezas na demanda, tecnologia, margens, implantação e gerenciamento da carteira de negócios.

REDUÇÃO DE ERRO NA PREVISÃO DE DEMANDA

Para projetar a demanda de um produto químico, levantam-se dados de mercado, cuja precisão, custos e prazos são função da finalidade para a qual se destina a previsão. As fontes usualmente disponíveis são muito variadas, e as consultas são feitas por pesquisa direta ou por extrapolação de dados existentes. Mecanismos a serem adotados podem incluir:

i)   pesquisa de marketing direta, executada com pessoal próprio ou de terceiros, abrangendo todas as empresas do mercado ou, então, uma parcela significativa das empresas mais importantes;

ii) consulta a entidades de classe, do tipo Abiquim, Abifina, Abiplast, Abiclor, etc.;

iii) consulta a empresas especializadas e/ou consultores especialistas, nesse tipo de serviço (Chem Systems, SRI International, Tecnon, PCI Consulting, etc.);

iv) consulta a revistas e publicações especializadas, nacionais e estrangeiras (Chemical Week, European Chemical News, Asian Chemical News, Chemical Market Reporter, Química e Derivados, Nova Química, Petro & Química, Revista Química Industrial, etc.);

v)   participação de conferências, simpósios, congressos, palestras, etc.;

vi) extrapolação de dados a partir do PIB nacional ou outro índice econômico que reflita de alguma forma a demanda do produto em pesquisa;

vii) extrapolação dos outros indicadores econômicos mais específicos do ramo industrial a que o produto em questão se destina, por exemplo, indústria automobilística, construção civil, indústria têxtil, etc.

Freqüentemente recorre-se a mais de uma fonte, para confronto e aferição dos dados levantados.

Quanto às técnicas de previsão propriamente ditas, há uma gama muito grande de escolha em função da precisão e prazo (e conseqüentemente custo) desejáveis. Entre outros, podem-se citar métodos de médias móveis, subjetivos, de abrandamento exponencial, baseado em regressões, de decomposição em séries temporais e Arima.

A análise dos resultados de uma projeção de demanda deve ser feita de forma criteriosa, ressaltando-se algumas cautelas a serem observadas:

i)   os mercados regionais não têm total comunicação entre si, o que significa que, além da previsão da oferta e da demanda em níveis mundiais, também devem ser feitas as previsões em níveis regionais;

ii) dependendo do método de previsão adotado, lembrar que muitos produtos químicos têm comportamento cíclico, sendo as *commodities* as mais afetadas;

iii) levar em consideração a fase do produto no seu ciclo de vida. Todos os produtos químicos atravessam quatro fases principais durante o seu ciclo de vida: introdução, crescimento, maturidade, declínio. As taxas de crescimento são muito distintas, conforme a fase que o produto está atravessando;

iv) levantar também as importações indiretas, isto é, de produtos que incorporam o produto químico em estudo;

v)   levar em consideração as ações dos outros participantes, tentando prever suas ações futuras.

Entretanto, apesar de todos os cuidados nas estimativas da demanda, as imprecisões acarretarão vulnerabilidades à empresa. Sugerem-se as seguintes ações no sentido de reduzir esses riscos:

i)   contratar demanda previamente, isto é, acordar que o cliente receba por um certo prazo quantidades definidas de produtos em remessas periódicas, a preços combinados previamente ou a serem calculados por ocasião da entrega, a partir de método previamente acordado;

ii) promover a integração vertical do seu produto, migrando para produto mais a jusante da cadeia, que apresente demanda mais distribuída, em termos de clientes ou de mercados;

iii) internacionalizar-se, isto é, abrir mercados alternativos em outros países, de modo a assegurar outras opções de venda, caso haja diminuição de demanda no mercado normalmente atendido pela empresa.

REDUÇÃO DE RISCO TECNOLÓGICO

A vulnerabilidade da indústria química a mudanças tecnológicas é muito grande. Para reduzir tal vulnerabilidade, devem as empresas manter-se constantemente atualizadas quanto à evolução da tecnologia dos processos utilizados, prospectando as possíveis alterações que possam vir a ocorrer a médio e longo prazos.

Essa prospecção é o campo da previsão tecnológica[*]. O objetivo da previsão tecnológica é a tomada de decisões imediatas, que permitam maximizar ganhos ou minimizar perdas ocasionadas por eventos futuros.

Existem vários métodos de previsão tecnológica, destacando-se os baseados em análises de tendências (estimativas de séries temporais, análise de regressão, econométrico, curvas em "S", análise de tendência de patentes, matrizes de entrada/saída, entre outros), os baseados em julgamento de especialistas (entrevistas, questionários, Delphi, técnica do grupo nominal) e os baseados em análises de múltipla escolha (cenários, simulações, paths and trees, análise da carteira de negócios).

(*) Quintella (1) afirma que o conceito de previsão tecnológica parece estar abandonando a "parada de sucessos" do vocabulário técnico. A razão parece ser um desencontro entre o conceito e as metodologias de sua determinação. O conceito de previsão tecnológica é bastante válido. Entretanto, nenhuma das metodologias para sua determinação parece ter sido amplamente aceita.

TÉCNICAS DE REDUÇÃO DE VULNERABILIDADE **261**

O método da análise de tendência de patentes, em especial, vem surgindo como um instrumento bastante útil no campo da previsão tecnológica.

Os resultados das análises de patentes podem ser agrupados de várias maneiras:

i) por tecnologia: faz-se uma contagem de patentes, ano a ano, por tipo de tecnologia. Isso indica o nível de esforço inventivo que está sendo despendido em cada área, no tempo;

ii) por domínio: é feito pela contagem de citações de uma companhia, nas descrições de patentes das outras companhias. Evidentemente as companhias mais citadas são as que estão à frente no desenvolvimento daquela tecnologia;

iii) por características da companhia: informando por companhia o número de patentes depositadas por ano, o campo abordado pelas patentes, os inventores das mesmas, etc.;

iv) por análise de carteira de patentes: permitindo ver por companhia o número de patentes depositadas, o número de patentes concedidas, as áreas abordadas pelas patentes, etc.;

v) por exame específico da atividade de uma companhia: permitindo avaliar em detalhe todas as suas atividades de pesquisa e desenvolvimento, inclusive alterações do quadro de pessoal empregado nessa área.

Com a criação do Escritório Europeu de Patentes em 1983, que resultou na padronização da descrição de todas as patentes européias, e o acordo de cooperação entre os órgãos patenteadores dos Estados Unidos e do Japão em 1992, esse método tornar-se-á um dos mais efetivos na difícil área da previsão tecnológica.

Algumas cautelas se impõem nessa questão de previsão tecnológica. A primeira talvez seja a de nunca empregar um só método, mas, sempre que possível, empregar o maior número deles, compatível com a finalidade da pesquisa. A segunda cautela é estar ciente de que nenhuma previsão substitui o raciocínio lógico e a análise ponderada, que sempre devem ser adicionados aos resultados das previsões.

Há várias formas de reduzir os riscos provenientes de vulnerabilidades tecnológicas. Propõe-se a adoção, isolada ou conjunta, das seguintes medidas:

i) criar competência tecnológica própria, o que pode incluir a montagem de instalações de pesquisa e desenvolvimento próprias. É uma solução cara, entretanto traz uma série de vantagens: permite "entender" o processo, possibilita efetuar mudanças nas matérias-primas, produtos, modos de conduzir a unidade, testar outros catalisadores e estudar aplicações novas para os produtos. A médio e longo prazos é a solução mais eficiente para as indústrias químicas;

ii) contratar tecnologia com direito às melhorias ao longo do tempo e obter preferência no caso de desenvolvimento de novo processo. Esses contratos costumam ser de duas vias, isto é, o licenciado também se compromete a fornecer ao licenciador informações sobre melhorias no processo, nos rendimentos e no desempenho geral da instalação, obtidas ao operar a planta;

iii) desenvolver fontes alternativas de fornecimento de catalisadores, o que nem sempre é fácil, pois esses fornecedores constituem geralmente um oligopólio e muitas vezes, um monopólio;

iv) construir alianças tecnológicas e contratos cooperativos de tecnologia: em face dos custos bastante elevados das instalações de pesquisa e desenvolvimento, cada vez mais empresas têm-se associado no campo tecnológico; os custos são divididos entre os associados e os resultados compartilhados. Nos acordos cooperativos de tecnologia, uma ou mais empresas contratam os serviços de um laboratório de pesquisas independente para a execução de determinados trabalhos;

PEDRO WONGTSCHOWSKI

v)   acompanhar continuamente as tendências de patentes e realizar análise da literatura técnica e científica, como caminho para a atualização; acompanhar conferências, congressos, simpósios e palestras e outros meios de divulgação;

vi)   licenciar a própria tecnologia: se não houver constrangimentos comerciais envolvidos, o licenciamento da própria tecnologia, além de ser uma fonte de recursos, pode trazer dividendos tecnológicos importantes pelas informações provenientes dos licenciados.

REDUÇÃO DE ERRO NA PREVISÃO DE MARGENS

Como são as margens dos produtos e não os seus preços que garantem o resultado das empresas, a previsão correta das margens é de fundamental importância para analisar a rentabilidade da fabricação de determinado produto químico.

Dentre as várias técnicas de previsão de margens, levando-se em conta a existência de ciclicidades, o método do Tightness Index (TI) desenvolvido pela empresa inglesa Tecnon é um dos mais empregados. Nesse método as margens ou rentabilidades serão apresentadas em termos de "Fluxo de Caixa antes dos Impostos" (FCAI) e expressas como porcentagem do custo de reposição da unidade. O conceito de *capability* é definido como sendo a capacidade efetiva da unidade, isto é, sua capacidade nominal multiplicada por um fator experimental (menor que 1), que leva em conta paradas não programadas da unidade, quedas de rendimento devidas à idade do catalisador ou a outras causas, falta de habilidade dos operadores, falta de energia ou matérias-primas, tempo de troca do catalisador, condições meteorológicas muito adversas, etc. Não se considera aqui, evidentemente, a diminuição voluntária da produção. O fator experimental é fruto de anos de observação e é representado por um valor médio para cada tipo de planta.

O Quadro 6.4.1. apresenta, para alguns produtos, o fator experimental, que multiplicado pela capacidade nominal da planta resulta na *capability* ou capacidade efetiva da unidade.

A relação consumo/*capability* é definida como Grau de Utilização e mede a "folga" de capacidade de produção em relação ao consumo; assim um produto com Grau de Utilização próximo de 1 indica que o consumo está próximo da capacidade real de produção e a folga real de capacidade é pequena: o mercado está "apertado".

QUADRO 6.4.1 Fatores para cálculo de *capabilities*

Produto	Fator
Eteno (Europa Ocidental)	1,00
Caprolactama	0,96
PTA	0,95
p-Xileno	0,90
Anidrido ftálico	0,90
Óxido de eteno	0,87
Anidrido maléico	0,85

Fonte: Fryer (2).

Pode-se agora definir o TI, pela expressão matemática:

$$TI = \log\left[\frac{capability}{capability - consumo}\right]$$

e, como $\quad \dfrac{consumo}{capability} =$ grau de utilização,

a expressão torna-se:

$$TI = \log\left[\frac{1}{1 - \text{grau de utilização}}\right].$$

Para uma visualização das relações entre o Tightness Index e o grau de utilização, apresenta-se o Quadro 6.4.2, para alguns valores arbitrários do grau de utilização.

Construindo o gráfico da rentabilidade para o eteno na Europa Ocidental, utilizando o FCAI em ordenadas e o grau de utilização médio da capacidade instalada em abscissas, representando-se desde o 1º trimestre de 1983 ao 3º trimestre de 1996, obtém-se a Figura 6.4.1.

QUADRO 6.4.2 Relação entre o Tightness Index e o Grau de Utilização

Tightness index	Grau de utilização	Tipo de mercado
1,50	96,9%	Mercado muito apertado
1,25	94,4%	Mercado apertado
1,00	90,0%	Mercado balanceado
0,75	82,3%	Mercado frouxo
0,50	68,4%	Excesso de oferta

Fonte: Fryer (2).

Figura 6.4.1 – Rentabilidade do eteno na Europa Ocidental

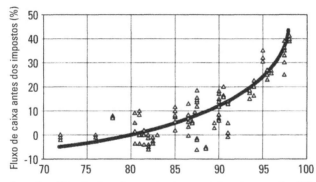

Fonte: Fryer (2).

Figura 6.4.2 Tightness Index do eteno na Europa Ocidental

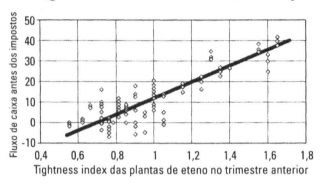

Fonte: Fryer (2).

Colocando-se agora no eixo das abscissas o TI, em vez do grau de utilização da capacidade instalada, mantendo-se em ordenadas o FCAI, surge uma reta, mostrada na Figura 6.4.2.

A representação matemática dessa reta é dada pela fórmula:

$$FCAI\ (\%) = s(TI - m),$$

onde: **s** é o coeficiente angular da reta;
          m é o valor de TI quando $FCAI = 0$.

O fator **m** é chamado de marginalidade do mercado. Para vendas a preços de exportação (usualmente menores que os praticados nos mercados internos pelo produtor local), os valores de **m** aproximam-se de 1,0 , significando que o FCAI fica positivo apenas quando o grau de utilização excede 90%. Para preços dentro do mercado doméstico, **m** é menor do que 1; no caso do eteno para a Europa Ocidental, **m** = 0,70. O fator **s** mede a sensibilidade do fluxo de caixa ao "aperto" do mercado, portanto é chamado de parâmetro da sensibilidade. Os valores de **s** e **m** variam de produto para produto e também em função do mercado estudado.

Para demonstrar que o Tightness Index é o fator determinante da rentabilidade em um mercado cíclico, Fryer determinou a rentabilidade da indústria de eteno na Europa Ocidental, mês a mês, no período de 1983 a 1997. Na verdade ele fez mais do que isso, porque considerou a rentabilidade do "negócio" de eteno na Europa Ocidental, calculando a rentabilidade também de uma "cesta" média de derivados de eteno, para o mercado europeu, conforme Quadro 6.4.3.

QUADRO 6.4.3   Cesta de derivados de eteno para a Europa Ocidental

Produto	Quantidade de eteno requerida
0,450 t de PEBD	0,46 t
0,195 t de PEAD	0,20 t
0,410 t de VCM	0,20 t
0,275 t de estireno	0,08 t
0,085 t de MEG	0,06 t

Fonte: Fryer (2).

Figura 6.4.3 **Rentabilidade e Tightness Index do eteno na Europa Ocidental**

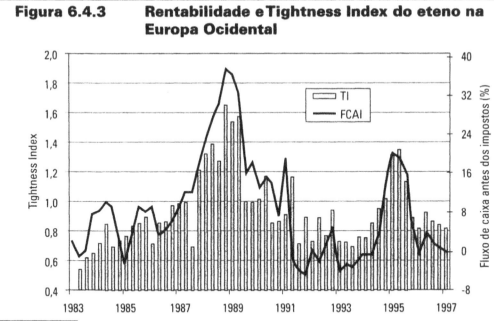

Fonte: Fryer (2).

Construiu então a curva de rentabilidade do "negócio" de eteno na Europa Ocidental para o período de 1983 a 1997. Colocou depois no mesmo gráfico os Tightness Index do eteno, calculados trimestre a trimestre para o mesmo período, e obteve como resultado a Figura 6.4.3, em que aparece com bastante evidência que os Tightness Index são indicadores da rentabilidade do negócio.

A Figura 6.4.4 mostra o Tightness Index para a caprolactama, no mundo.

Figura 6.4.4 **Rentabilidade e Tightness Index da caprolactama no mundo**

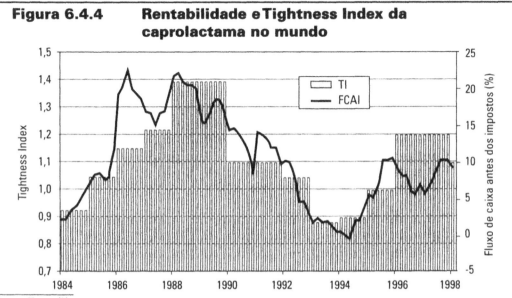

Fonte: Fryer (2).

Outra técnica muito utilizada para a previsão de margens é a que utiliza a curva de experiência, inicialmente conhecida como curva de aprendizado. Foi desenvolvida inicialmente para a indústria aeronáutica, na década de 1930 nos Estados Unidos, e T.P. Wright e outros observaram que os custos diretos de mão-de-obra empregada na produção de uma peça, diminuíam com a experiência acumulada, medida pelo número de peças produzidas.

A expressão matemática dessa constatação empírica é dada pela fórmula:

$$Y = a\mathbf{X}^{-b},$$

onde Y é o custo direto unitário,
$\mathbf{X}$ é a produção acumulada
e a e b são constantes;

ou pela fórmula:

$$\log Y = \log a - b \log \mathbf{X},$$

que é sua representação usual — a equação de uma reta, com coeficiente angular b.

Os trabalhos do Boston Consulting Group, no início da década de 70, divulgaram essa curva de experiência em âmbito mundial, mostrando sua aplicabilidade para uma gama enorme de produtos, inclusive para produtos químicos. Nos seus estudos, substituíram o custo, em geral de difícil obtenção, pelo preço unitário, comprovando a exeqüibilidade de tal substituição.

Outros estudiosos do assunto, em vez de preço unitário, utilizam o valor adicionado unitário em moeda constante. Esse valor adicionado é definido como sendo a diferença entre a preço unitário e a soma do custo unitário mínimo das matérias-primas e energia. O custo unitário mínimo é aquele obtido utilizando-se, na fabricação do produto, a melhor tecnologia disponível.

A utilização do valor adicionado unitário, em vez do preço ou custo unitário, apresenta vantagens, já que preços e custos podem sofrer grandes variações por razões tecnológicas, mercadológicas, econômicas ou políticas (como as crises de petróleo de 73/74 e de 79/80), introduzindo descontinuidades nas curvas de experiência.

As curvas de experiência permitem estimativas de custos em função das quantidades produzidas, sendo instrumentos de planejamento muito utilizados no gerenciamento de indústrias químicas. Seu uso chegou mesmo a ser exagerado, como afirma Pratt (3):

"Se a experiência adquirida é específica da empresa, segue-se que a firma que produzir mais terá os custos mais baixos e o maior lucro.

A maneira de produzir mais seria pelo aumento da sua fatia de mercado. Essa linha de pensamento levou os produtores a cortar os preços na tentativa de aumentar a sua fatia de mercado, antecipando a redução de custos que adviriam de uma produção maior. Essa estratégia não levou aos resultados esperados, porque todos os demais produtores também baixaram os seus preços e não houve aumentos de participações de mercado.

Com efeito, os produtores quiseram ganhar uma vantagem competitiva obtendo uma fatia de mercado maior, enquanto que uma fatia de mercado maior é a **conseqüência** de uma vantagem competitiva e não a sua causa".

Além disso, a estratégia falhou porque, no campo das indústrias químicas, a experiência não é privativa de uma empresa (geralmente), mas difunde-se rapidamente entre as empresas.

A Figura 6.4.5 mostra as curvas de experiência do cloreto de polivinila, levando-se em conta tanto a produção no mercado norte-americano como no mercado mundial, ficando patente o quase paralelismo das duas retas que interpolam os valores adicionados unitários no mercado norte-americano.

Figura 6.4.5 Curva de experiência do PVC

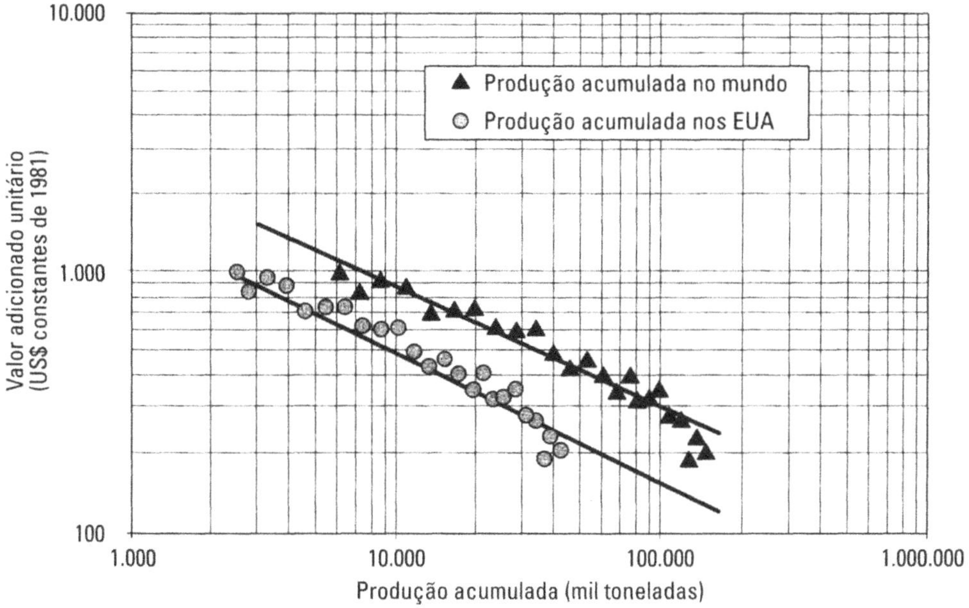

Fonte: Pratt (3); SRI International.

É interessante notar que as curvas de experiência para um determinado produto mantêm seu paralelismo (mesma inclinação), independentemente do mercado que se considera, desde que sejam adotadas as moedas locais desse mercado. Assim Pratt elaborou as curvas de experiência para o polietileno de baixa densidade, sempre levando em conta a produção mundial, considerando os valores adicionados unitários em US$/t para o mercado norte-americano e ienes/t para o mercado japonês.

A Figura 6.4.6 apresenta os resultados obtidos.

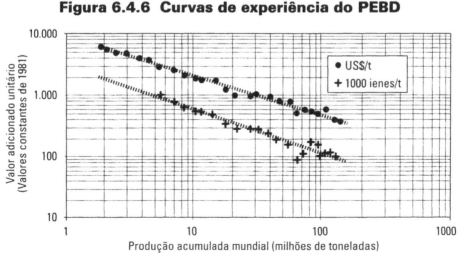

Figura 6.4.6 Curvas de experiência do PEBD

Fonte: Pratt (3).

A expressão "inclinação da reta", que representa a curva de experiência, é empregada de forma diferente pelos vários estudiosos do assunto e pode levar a alguma confusão. Para alguns, uma curva de experiência com "inclinação" de 20% é aquela na qual, cada vez que dobra a produção acumulada, o preço unitário (ou o custo unitário ou o valor adicionado unitário) tem redução de 20%; em outras palavras, o novo preço unitário corresponde a 80% do valor anterior.

A inclinação nada tem a ver com o coeficiente angular da reta (tangente) ou com o ângulo que a reta faz com o eixo das abscissas (arco da tangente). Assim, para o exemplo de uma curva de experiência com inclinação de 20%, o coeficiente angular da reta que a representa vale – 0,32 e o ângulo que ela faz com o eixo das abscissas vale – 17°. O que se nota para esses casos é uma ligeira semelhança entre a "inclinação" expressa em porcentagem e o valor absoluto do ângulo, expresso em graus.

Para outros, a mesma curva de experiência do exemplo anterior tem "inclinação" de 80%, porque o novo preço unitário, ao dobrar-se a produção acumulada, passou a ser 80% do preço anterior. Portanto a mesma curva de experiência, para uns tem "inclinação" de 20%, para outros tem "inclinação" de 80%. Adotou-se aqui a "inclinação" tal como inicialmente definida. A expressão matemática que relaciona a "inclinação" **s** da curva de experiência, expressa em porcentagem, com o coeficiente angular **b** da reta que representa a curva de experiência é dada por:

$$s = (1 - 2^{-b}) \times 100$$

Lieberman (4) elaborou as curvas de experiência de 37 produtos químicos, relacionados no Quadro 6.4.4. Estudou também, nessas curvas de experiência, as influências do comportamento dos preços, da concentração industrial, do nível de gastos com pesquisa e desenvolvimento, do nível de investimentos, do tipo de produção (batelada ou contínua) e da classe de produto químico.

Para evitar a interferência da primeira crise mundial do petróleo, o estudo foi conduzido até o ano de 1972. O prazo médio estudado para cada produto foi de 13,2 anos.

Dos 37 produtos estudados, 26 eram produtos orgânicos, 7 eram inorgânicos, 2 eram fibras sintéticas e 2 eram metais.

A Figura 6.4.7 mostra as curvas de experiência da amônia e da uréia, estudadas por Lieberman, e foram consideradas as produções acumuladas e o preço médio unitário, no mercado norte-americano.

As principais conclusões do estudo de Lieberman (4) foram:

Figura 6.4.7 Curvas de experiência da amônia e da uréia

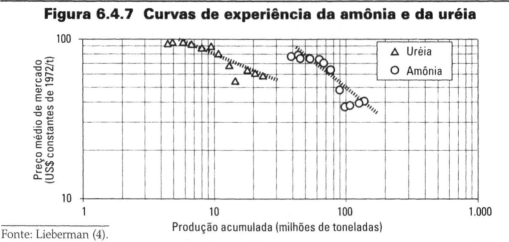

Fonte: Lieberman (4).

TÉCNICAS DE REDUÇÃO DE VULNERABILIDADE

QUADRO 6.4.4 Produtos químicos estudados em curvas de experiência

Classe	Produto químico	Período estudado
Orgânicos	Acetato de vinila	1960 - 1972
	Acrilonitrila	1959 - 1972
	Anidrido ftálico	1955 - 1972
	Anidrido maléico	1959 - 1972
	Anilina	1961 - 1972
	Bisfenol A	1959 - 1972
	Borracha neoprene	1960 - 1972
	Caprolactama	1962 - 1972
	Ciclohexanona	1956 - 1972
	Cloreto de vinila	1962 - 1972
	Dissulfeto de carbono	1963 - 1972
	Estireno	1958 - 1972
	Etanol	1958 - 1972
	Etanolaminas	1955 - 1972
	Eteno	1964 - 1972
	Etilenoglicol	1960 - 1972
	Fenol	1959 - 1972
	Formaldeído	1962 - 1972
	Isopropanol	1964 - 1972
	Metanol	1957 - 1972
	Pentaeritritol	1952 - 1972
	Polietileno de alta densidade	1958 - 1972
	Polietileno de baixa densidade	1958 - 1972
	Sorbitol	1965 - 1972
	1,1,1 Tricloroetano	1966 - 1972
	Uréia	1962 - 1972
Fibras sintéticas	Fibras acrílicas	1960 - 1972
	Fibras de poliéster	1960 - 1972
Inorgânicos	Ácido fluorídrico	1962 - 1972
	Amônia	1960 - 1972
	Bissulfito de sódio	1964 - 1972
	Clorato de sódio	1957 - 1972
	Dióxido de titânio	1964 - 1972
	Negro-de-fumo	1964 - 1972
	Sódio*	1957 - 1972
Metais	Alumínio	1956 - 1972
	Magnésio	1956 - 1972

* O sódio é um metal, mas por suas propriedades químicas foi incluído na classe dos inorgânicos.

Fonte: Lieberman (4).

i) as inclinações das curvas de experiência de 19 produtos químicos situavam-se entre 20 e 30%;

ii) as reduções de preços estão ligadas ao crescimento da produção acumulada do produto, ao crescimento do capital aplicado na melhoria dos equipamentos e, em um nível menor, às economias de escala ao nível de cada fábrica. A grandeza tempo parece não influir nas reduções de preços;

PEDRO WONGTSCHOWSKI

iii) investimentos em novas fábricas influem na redução dos preços de forma diferenciada, segundo a concentração industrial do mercado daquele produto. O índice de Herfindahl de 0,200 representa o divisor entre dois comportamentos: abaixo de 0,200 há substanciais reduções de preços com a entrada de novas fábricas, sejam de produtores já estabelecidos no mercado, sejam de novos produtores; acima de 0,200 (mercado mais concentrado) há também redução de preços, mas menos significativas do que no caso anterior e somente provocada pela entrada de novos produtores; se a entrada for de produtores já estabelecidos, não há redução de preços;

iv) o aumento de despesas com pesquisa e desenvolvimento acarreta o aumento da inclinação da curva de experiência, fazendo os preços unitários diminuírem mais rapidamente com o aumento da produção acumulada;

v) não houve mudanças significativas na inclinação da curva de experiência, ao se confrontarem processos contínuos com processos em bateladas;

vi) também não houve mudanças significativas na inclinação da curva de experiência, ao se avaliar a influência da entrada de novas fábricas de um mesmo produtor no mercado;

vii) para o estudo da influência da classe do produto químico nas curvas de experiência, foram os mesmos divididos em 6 classes: orgânicos primários, orgânicos intermediários, orgânicos para uso final, fibras sintéticas, inorgânicos e metais. Somente os metais apresentaram curvas de experiência com inclinação significativamente diferentes dos demais produtos, e não foi encontrada uma justificativa para tal comportamento.

As curvas de experiência, quando construídas de forma criteriosa, tornam-se ótimos instrumentos para a previsão de rentabilidade de um produto químico. Alguns critérios práticos para essa previsão, citados por Pratt, são:

i) o valor adicionado unitário é calculado a partir do preço unitário pela subtração dos custos das matérias-primas e utilidades. As quantidades de matérias-primas a serem consideradas são as estequiométricas, calculadas a partir das reações químicas nas quais elas participam. Curiosamente, há casos em que a matéria-prima a ser considerada na avaliação dos custos para o cálculo do valor adicionado unitário é a matéria-prima da matéria-prima. Por exemplo, para a construção de curva de experiência do polietileno de baixa densidade na Europa, onde todas as unidades partem de nafta, as curvas de experiência construídas a partir da nafta como matéria-prima dão melhor resultado que as construídas a partir de eteno. Os consumos unitários de utilidades devem ser considerados os mesmos para todos os anos do estudo, e iguais aos obtidos com a utilização da melhor tecnologia então disponível. O valor adicionado unitário, tal como aqui definido, deve cobrir custos fixos, ineficiência relativa à utilização de matérias-primas e utilidades e todas as despesas gerais de administração e comercialização, lucro e retorno do investimento;

ii) todos os valores de custos devem ser expressos em valores constantes. Para os Estados Unidos um índice baseado nos custos de construção é considerado melhor deflator que o Produto Nacional Bruto ou um índice de preços ao consumidor. No Brasil pode-se adotar como deflator o IPA Industrial calculado pela Fundação Getúlio Vargas;

iii) o período a ser considerado deve, de preferência, cobrir 20 anos ou mais, já que períodos curtos podem ser afetados pela ciclicidade;

iv) a produção acumulada em cada ano deve referir-se à produção daquele produto no **mundo todo**, naquele ano e a partir do ano no qual começou a produção do produto. Se o período estudado for anterior a 1970, costuma-se utilizar para esse período as produções dos Estados Unidos, Europa Ocidental e Japão como uma aproximação da produção mundial.

As curvas de experiência podem ser utilizadas para várias finalidades, sobressaindo duas como estratégias para a redução de vulnerabilidades: o estabelecimento de metas para redução de custos a longo prazo e a previsão de preços a longo prazo para análises de investimentos.

A redução de custos a longo prazo é condição de sobrevivência da empresa, dada a inexorabilidade da diminuição das margens com o aumento da produção acumulada.

Propõem-se diversas formas para reduzir ainda mais os riscos advindos de variações futuras de preço, custos e margens dos produtos contemplados em um dado projeto, ou mesmo de produtos já em regime regular de produção por uma empresa determinada:

i) contratar a compra das matérias-primas com regra definida de formação de preço. Essa técnica garante a disponibilidade de produto e o vínculo do preço do insumo, alternativamente, ao preço do insumo vigente no mercado internacional, ao custo de produção do referido insumo ou ao preço do produto final no mercado. As três alternativas são possíveis, e largamente praticadas no mercado internacional. No Brasil são mais comuns os acordos ligando o preço do produto no Brasil ao seu preço no mercado internacional. Nos Estados Unidos o preço do MTBE foi tradicionalmente calculado pela soma do custo unitário do butano, com um terço do custo unitário do metanol acrescido de uma margem fixa. A rigor, a redução de riscos é maior quando o preço do insumo é fixado em função de preço do produto final;

ii) contratar o fornecimento dos insumos à base de *tolling* ou *a façon*. Essa técnica implica que o cliente adquira no mercado a matéria-prima de seu fornecedor e contrate com este a transformação dessa matéria-prima no produto final do fornecedor (que é o insumo do cliente). Esse serviço – transformar o insumo do fornecedor na matéria-prima do cliente – é pago a um valor fixo, predeterminado, que é função do seu custo de transformação. Esquematicamente:

$$\text{Produto } \mathbf{1} \xrightarrow{\text{Empresa } \mathbf{X}} \text{Produto } \mathbf{2} \xrightarrow{\text{Empresa } \mathbf{Y}} \text{Produto } \mathbf{3}$$

A empresa **X** (o fornecedor) transforma **1** em **2**. O cliente (empresa **Y**) transforma **2** (seu insumo) em **3** (seu produto final).

Assim, **Y** adquire **1** no mercado, entrega a **X** para que este a transforme em **2**.

A equação pode ser ainda mais complexa, pois podem ser necessários diversos insumos (**1A**, **1B**, **1C**) para produzir **2**; outras vezes podem existir co-produtos ou subprodutos (**2A**, **2B**, **2C**), que devem ser valorizados e cuja venda pode ser responsabilidade de **X** ou **Y**.

É evidente que **Y** transferiu seu risco: em vez de depender do preço de **2**, passa a depender do preço de **1**. Recomenda-se a utilização dessa sistemática quando **1** tiver preço mais estável ou de determinação mais objetiva do que **2**. Do ponto de vista da empresa **X** ela claramente reduziu seu risco, pois seu resultado (nessa venda) independe do preço de **2** ou do custo de **1**; depende apenas de sua eficiência e do custo dos outros insumos (utilidades, catalisadores, etc.) eventualmente necessários;

iii) contratar a venda de seus produtos a longo prazo, com preço definido. Essa técnica permite reduzir o risco de oscilação de margens se, evidentemente, a fórmula de preço adotada levar em conta (ao menos em parte, ou como piso) o custo de produção;

iv) contratar a venda de seus produtos com rateio de margem. A sistemática de venda de produtos com rateio de margem é adotada no Brasil pela Copene e pela Copesul na venda de eteno a seus clientes. Nessa técnica o preço de venda do produto é calculado pela soma dos custos de produção (reais ou de *benchmarks* acordados) com uma parcela da margem da cadeia de produção, que vai do insumo do vendedor até o produto do comprador.

Usualmente a margem total disponível é dividida entre as duas partes, em proporção ao investimento (real ou de *benchmark*) de cada parte;

v) uso de instrumentos financeiros para reduzir riscos de variação de preços de insumos. Nos Estados Unidos empresas como a Louis Dreyfus, Koch e Shell oferecem contratos de venda futura de produtos químicos a preços fixos, a preços com piso ou a preços com teto.

Para permitir que uma empresa possa se comprometer com um cliente para uma venda futura a preço determinado (ou sujeito a um teto), essa empresa contrata a compra de seu principal insumo a preço determinado (ou sujeito a um teto).

Os mecanismos adotados para utilização dos instrumentos financeiros são os mesmos em vigor há muito tempo para *commodities* como petróleo, óleos vegetais, metais e produtos agrícolas.

As empresas que oferecem esses contratos não fazem entrega física de produtos, mas pagam a diferença entre o preço de mercado do produto e o preço (ou piso, ou teto) pré-ajustado. Trata-se de uma espécie de seguro que diminui (ou anula) a volatilidade do preço do produto. É evidente que tais contratos têm um custo, e que a contrapartida de evitar riscos de perda de margem é a redução do ganho, se o custo do insumo cair abaixo de determinado nível.

Esse mercado é ainda incipiente para produtos químicos e depende de os agentes financeiros encontrarem companhias com interesses complementares (por exemplo, um produtor de eteno que quer garantir um preço piso para seu produto e um consumidor de eteno que quer garantir um custo teto para seu insumo).

Os produtos já abrangidos por essa sistemática nos Estados Unidos incluem eteno, propeno, benzeno, polietileno, polipropileno, estireno, poliestireno e etilenoglicol.

METODOLOGIAS DE IMPLANTAÇÃO

As decisões de implantação de novas fábricas de um produto químico geralmente ocorrem nos períodos de pico, dentro do ciclo desse produto, obedecendo a uma lógica irrefutável: por estar no pico, os preços estão altos e as margens substanciais; além disso o mercado é comprador, havendo grande procura do produto. Ocorre que, dado o prazo necessário à implantação, a nova fábrica ficará pronta, tipicamente, entre 3 a 4 anos após a decisão do investimento. Essa data poderá coincidir com o vale do ciclo, quando os preços estarão comprimidos, os graus de utilização das capacidades instaladas das unidades existentes serão baixos e o retorno do investimento da nova fábrica ficará substancialmente comprometido.

Acresce-se a isso que se o mercado não for monopolista, outras empresas também podem ter tomado a decisão de investir e portanto a capacidade instalada para a produção daquele produto aumenta muito, obrigando a uma redução ainda maior do grau de utilização das fábricas existentes.

Esse tem sido o comportamento da indústria química mundial, sobretudo da petroquímica, mais sujeita ao fenômeno da ciclicidade. É o que muitos chamam de "mentalidade de rebanho".

É evidente que tal comportamento introduz uma série de vulnerabilidades, que podem e devem ser combatidas com metodologias adequadas.

A implantação contracíclica é a primeira delas. A idéia central dessa metodologia é iniciar-se a construção da nova fábrica numa fase tal do ciclo do produto, que seu término coincida com o período de pico do produto, quando há grande procura e preços elevados.

TÉCNICAS DE REDUÇÃO DE VULNERABILIDADE **273**

Fica assim salvaguardada a rentabilidade do investimento, pelo menos no seu primeiro período de vida. Se teoricamente o problema já está resolvido, sua solução na prática não é tão simples. A dificuldade de determinação da duração dos ciclos implica a incerteza quanto ao momento de iniciar-se a implantação da nova fábrica, para que seu término ocorra num período de pico. A duração da fase de implantação é outra incógnita, certamente de menor risco que a primeira, mas não isenta de risco, pois vários entraves podem acarretar atrasos substanciais à implantação. Indefinições quanto ao uso de matérias-primas, sobre a construção de certos equipamentos (nacionais ou importados), grau de sofisticação da instrumentação, aprovações das autoridades governamentais (sobretudo em relação ao meio ambiente) são fatores que podem originar atrasos importantes na implantação de uma nova unidade.

Se outras empresas também decidirem implantar novas unidades, de forma contracíclica, e estas entrarem em operação no período de pico, isso acarretará uma diminuição da duração da fase de pico, dependendo das capacidades instaladas acrescentadas.

Outra metodologia que concorre para a diminuição da vulnerabilidade devida à implantação é a diminuição do tempo de implantação. Considerando que a duração de um ciclo completo de um produto químico possa ser de 7 a 9 anos, pode-se arbitrariamente assumir a duração de 2 anos para a fase de pico, 2 anos para a passagem do pico ao vale, 2 anos para a fase de vale e novamente 2 anos para passar do vale ao pico. Ao se conseguir que a fase de implantação da unidade seja de 1,5 a 2 anos, em vez dos 3 a 4 tradicionais, mesmo que se tome a decisão de implantar a unidade no início da fase de pico, ela ficará pronta ainda na fase de pico, sem as desvantagens apontadas para a implantação corrente. Essa metodologia requer, entretanto, uma fase de preparação prévia, que deverá ser executada, mesmo que o investimento não venha a ser feito posteriormente. A fase de implantação propriamente dita também será algo mais dispendiosa que para o caso da implantação corrente.

A contratação de novas fábricas pelo sistema de fornecimento global (*turn-key*) corresponde também a uma metodologia para a redução de vulnerabilidades, pela redução dos riscos financeiros que a empresa tem de assumir. Com efeito, a contratação por esse sistema, em tese, transfere toda a responsabilidade da execução da nova fábrica para a firma empreiteira que se propôs a fornecê-la, limitando-se a contratante a comparecer à nova fábrica, no dia da inauguração, para "girar a chave" da "porta" que dá acesso à nova fábrica.

Na prática, as coisas passam-se diferentemente. Todos os trâmites no Brasil, junto às autoridades de meio ambiente, são de responsabilidade exclusiva da empresa contratante, limitando-se a empreiteira a fornecer algumas informações e preparar alguns documentos para tal fim.

Se a unidade a ser implantada for integrada num complexo fabril mais extenso, interações e interferências deverão ocorrer entre a contratante e a empreiteira, praticamente durante todo o desenrolar do contrato. Este, aliás, deve ser extremamente detalhado deixando claros os objetivos e as informações da contratante, no que diz respeito à engenharia, à operação e à manutenção da unidade.

Lieberman (5), em seus estudos para a implantação de novas unidades, definiu quatro estratégias:

i)   antecipação ;

ii) coordenação ;

iii) isolamento ;

iv) adequação no tempo

e ordenou-as conforme a concentração de mercado e o risco de um resultado desfavorável (Figura 6.5.1).

Figura 6.5.1 Estratégias para implantação de novas unidades

Fonte: Lieberman (5).

Descrevem-se a seguir cada uma das estratégias:

Antecipação

Esse é um recurso para mercado de alta concentração, que apresenta alto risco de resultado desfavorável. Quando bem empregada, entretanto, a antecipação pode resultar em grandes lucros. A idéia dessa estratégia é adiantar-se aos demais competidores, investindo em uma planta de capacidade substancial em relação às existentes, de modo a garantir para si uma participação de mercado respeitável e desencorajar os demais competidores a fazerem novas implantações.

Em geral essa estratégia é adequada para empresas de grande porte e que já tenham uma participação de mercado significativa. A DuPont, que no início da década de 70 já detinha uma participação do mercado mundial de dióxido de titânio de 40%, desenvolveu um novo processo, nitidamente superior aos existentes, e iniciou a construção de uma nova fábrica com o dobro da capacidade da sua maior fábrica. Pretendia assim aumentar a sua participação no mercado mundial e desencorajar os demais fabricantes a ampliarem suas produções. Falhou, entretanto, no seu intento, porque o mercado mundial cresceu muito menos do que era previsto. As condições para que a estratégia de antecipação apresente resultados são:

i) a nova fábrica a ser implantada deve ter capacidade grande, em relação à capacidade instalada;
ii) a demanda deve estar crescendo lentamente, pois, se o crescimento for muito grande, haverá incentivo também para as ampliações dos concorrentes;
iii) o risco associado ao não crescimento do mercado deve ser pequeno;
iv) o investimento tem de ser dedicado a esse projeto, não podendo ser reorientado para outro fim;
v) a firma deve iniciar a implantação antes de todos os demais concorrentes;
vi) a antecipação será facilitada se o mercado for geograficamente disperso ou o produto apresentar uma curva de experiência favorável;
vii) a antecipação será bem sucedida se os concorrentes estiverem propensos a sair do mercado.

Coordenação

Esta é a estratégia oposta à antecipação. Para ser aplicada, também requer um número pequeno de firmas no mercado e, por ser oposta à antecipação, apresenta pequeno risco de um resultado desfavorável. Consiste em uma ampliação coordenada de capacidades de produção, uma empresa por vez, concordando todas numa perda temporária de participações de mercado. Quando se percebe que vai haver excesso de capacidade, as ampliações seguintes são suspensas, e as empresas que já ampliaram podem enviar seus produtos para serem vendidos pelas que não ampliaram. É uma situação ideal, de perfeito entendimento entre empresas concorrentes.

Lieberman (5) afirma que entendimentos diretos entre empresas concorrentes sobre as datas de suas ampliações violam a legislação antitruste norte-americana; entretanto acordos tácitos são perfeitamente legais e, segundo ele, prática comum entre as indústrias. Para essa estratégia dar certo, é necessário que o número de empresas participantes seja pequeno e essas sejam estrategicamente homogêneas. Essa condição existiu na década de 60 na indústria petrolífera norte-americana. O MITI (Ministério de Indústria e Comércio Internacional do Japão) e a TVA (Tennessee Valley Authority) dos Estados Unidos assumiram, para a indústria química japonesa e para a indústria de fertilizantes dos Estados Unidos, respectivamente, esse papel de coordenação do aumento das capacidades[*].

Isolamento

É uma estratégia de pequeno risco, para mercados com grande número de empresas. Em vez de a empresa influenciar o comportamento dos investimentos das concorrentes, a empresa se isola do impacto total das flutuações da oferta e da procura. Esse isolamento pode ser feito por uma integração a jusante ou criando um produto diferenciado.

A integração a jusante só reduz o risco de flutuações se as condições do mercado a jusante forem substancialmente mais estáveis que as do mercado a montante. Outra alternativa para se isolar das flutuações da demanda é sair do mercado principal e procurar um nicho diferenciado. Em geral, o mercado mais especializado é mais estável do que o mercado principal.

Adequação no tempo

Trata-se de uma estratégia de grande risco, adequada para um mercado de pequena concentração, isto é, grande número de empresas. A empresa se vale de sua habilidade de fazer previsões e ter ótimas informações, para fazer o investimento numa época tal que, quando concluída a fábrica, o mercado esteja atravessando um período de alta (pico), e a empresa seja a primeira a se beneficiar dos preços altos com a nova fábrica.

Essa estratégia difere da antecipação, por ser essa empresa muito pequena para causar algum impacto no mercado ou no comportamento dos investimentos das outras empresas.

Conceitos de implantações

Os conceitos de implantação de fábricas químicas têm variado significativamente nos últimos tempos. Inicialmente prevalecia o conceito de fábrica completamente isolada das outras e totalmente auto-suficiente em utilidades, estocagens, tratamento de resíduos, manutenção, laboratórios, ambulatório, corpo de bombeiros e demais serviços de apoio. Logo depois veio o conceito de distritos industriais, em que fábricas isoladas próximas podiam receber matérias-primas e enviar produtos umas para as outras, sem necessidade de grandes tancagens ou transportes. Esse conceito evoluiu posteriormente para o de complexos industriais, nos quais, além da possibilidade de envio de matérias-primas e produtos, parte dos serviços de apoio, como utilidades, tratamento de resíduos, manutenção, ambulatório, etc., já são comuns a todas as fábricas do complexo.

(*) No Brasil tal papel foi exercido, entre 1964 e 1990, pelo CDI — Conselho de Desenvolvimento Industrial do então Ministério da Indústria e do Comércio.

Modernamente um novo conceito de implantação de unidades químicas vem sendo empregado com sucesso: é o de *sites* multiempresas. Nessa perspectiva, uma empresa química, em geral de grande porte, aceita em seu *site* um certo número de novas empresas, que estão de alguma forma relacionadas com ela, seja para fornecer matérias-primas ou produtos intermediários, seja para consumir seus produtos. As "empresas hóspedes" utilizam-se, em princípio, de unidades de apoio da "empresa hospedeira", evidentemente mediante pagamento desses serviços.

Há variantes na execução prática dessa estratégia, em que prefeituras, órgãos locais (como a Administração Municipal do Porto de Roterdã) e mesmo empresas privadas assumem o lugar da "empresa hospedeira", no fornecimento de facilidades.

A criação de novas empresas, as aquisições, os *spin-offs*, as *joint ventures*, ocorridas nos anos recentes nas grandes empresas químicas mundiais, tiveram, como uma das implicações práticas, a coexistência, em determinados *sites*, das empresas originais e das novas empresas formadas por esse processo.

É o caso da Basf, em Ludwigshafen, onde até há pouco tempo só havia unidades da Basf. Mas, em função de suas *joint ventures* com a Solvay para formar a Solvin, com a Bayer e Hoechst para formar a Dystar, com a Shell para formar a Basell, a Basf tem hoje, empresas distintas usufruindo das facilidades de seu *site*. Já o *site* da ex-ICI Holland, hoje Huntsman, em Rozenburg na Holanda, reúne unidades da Basf, Du Pont e Air Liquide, e na vizinhança imediata unidades da Air Products, da Arco, da Blagden (atual Borden), da Akzo Nobel, do Hoek Loos e da Paktank que beneficiam-se de trocas de utilidades e produtos. A Figura 6.5.2 mostra essa troca entre as empresas participantes.

Ainda na Holanda há o Chemical Park Delfzijl e o Emmtec Industry and Business Park, e em ambos os casos a Akzo Nobel é a "empresa hospedeira".

Na Bélgica, na região do porto de Antuérpia, há várias iniciativas para a implantação de *sites* multiempresas. A Ineos, como "empresa hospedeira", já reuniu em seu *site* de Zwijndrecht as empresas Basf, BP, Dow, Witco, Borealis, EVAL, Praxair e Nippon Shokubai.

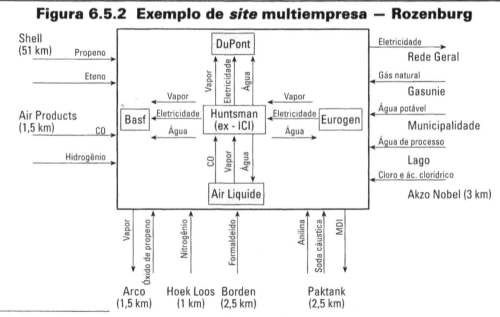

Figura 6.5.2 Exemplo de *site* multiempresa — Rozenburg

Fonte: Chemical Week.

TÉCNICAS DE REDUÇÃO DE VULNERABILIDADE **277**

Na Alemanha há muitos exemplos: Schwarzheide, em que a Basf é a "empresa hospedeira", o Valuepark em Schkopau, em que a Dow é a "empresa hospedeira" e o Chemsite, no estado de Nord Rhein Westfalen, em que a "empresa hospedeira" é a Degussa (ex-Hüls) e uma terceira empresa administra o *site*.

Há inúmeros outros *sites*, também na Inglaterra e França, todos competindo entre si e tentando atrair o maior número de indústrias.

Na administração desses *sites*, há freqüentemente participação de órgãos estatais, que prometem incentivos fiscais, rapidez na aprovação dos projetos, financiamentos em condições favorecidas e, mesmo que os cidadãos locais receberão bem a nova empresa, fato que vem se tornando raro, diante de tantas comunidades que se recusam a receber uma planta química em suas vizinhanças.

Há ainda uma terceira motivação para a criação desses *sites* multiempresas. Empresas implantadas em grandes *sites* próprios acabam desativando unidades, ficando com um excedente de utilidades e demais serviços de infra-estrutura. Para aproveitá-los, incentivam a vinda de novas empresas para seu *site*. É o caso da Bayer, em Belford Roxo, que após desativar várias unidades, procurou atrair novas empresas para ali se instalarem, aproveitando sua infra-estrutura, inclusive unidade de tratamento de resíduos.

Como resultado de fusões, aquisições, *joint ventures* e *spin-offs*, o antigo *site* da Hoechst em Suzano é hoje ocupado pelas empresas Clariant *spin-off* da Sandoz (que se uniu à divisão de especialidades químicas da Hoechst em 1997), produzindo especialidades químicas, Solutia (*spin-off* da Monsanto, que comprou a Vianova – *spin-off* da Hoechst comprado da Morgan Grenfell) produzindo resinas, Ticona (*spin-off* da Hoechst) produzindo plásticos de engenharia, DyStar (*joint venture* entre Hoechst, Bayer e Basf) produzindo corantes e Messer Griesheim (ex-controlada da Hoechst) produzindo gases industriais.

Este é também o caso do antigo *site* da Monsanto, em São José dos Campos, no qual atualmente atuam as empresas Solutia (*spin-off* da Monsanto) produzindo produtos químicos para uso industrial, Astaris (*joint venture* entre a Solutia e a FMC) produzindo compostos de fósforo, Flexsys (*joint venture* entre Monsanto e Akzo Nobel) produzindo aditivos para a indústria de borracha e a Monsanto, agora reduzida a uma empresa que só produz defensivos agrícolas.

GERENCIAMENTO DA CARTEIRA DE NEGÓCIOS

Uma empresa que fabrica um único produto tem sua rentabilidade dependente, em cada momento, da posição do produto no ciclo. Nos períodos em que a relação oferta/demanda for "apertada", o produto tenderá a ter margens melhores e nos períodos "frouxos" as margens tenderão a ser baixas, ou eventualmente negativas.

Uma recomendação para amortecer os efeitos da variação de margem ao longo do tempo é fabricar e vender produtos que tenham comportamento distinto em cada momento. Idealmente, uma "cesta" de produtos bem concebida poderia dar a uma empresa uma rentabilidade constante, pois sempre haveria um produto em situação favorável de margem, para cada produto em situação desfavorável.

A dispersão geográfica ou descentralização é outra recomendação para diminuir riscos no gerenciamento de uma carteira de produtos.

Embora a globalização da indústria química tenha contribuído para que sua ciclicidade se faça sentir de forma cada vez mais marcante em todas as partes do mundo, seus efeitos não são (ainda) os mesmos em todos os países, havendo regiões onde eles se manifestam de forma bastante atenuada. Outros fatores, como mercado em grande desenvolvimento (China), incentivos governamentais (Caribe, Brasil), estabilidade política (Estados Unidos, Canadá, Europa Ocidental), matérias-primas abundantes e baratas (fosfatos no Marrocos e Tunísia, gás natural na Venezuela, Chile e Nova Zelândia), políticas cambiais diversas, podem motivar a decisão de se implantar fábricas de certos produtos em determinados países, com o intuito de diminuir vulnerabilidades, que ocorreriam se todas as fábricas da empresa estivessem concentradas em um mesmo país.

Outro modo de gerenciar a carteira de produtos no sentido de diminuir as vulnerabilidades da empresa é a aplicação do conceito de vantagem competitiva, desenvolvido por Porter (6). Porter começa por definir o conceito de cadeia de valor, que é a forma pela qual uma empresa desenvolve suas atividades desde o projeto, passando pela fabricação, comercialização, entrega e até assistência pós-venda do seu produto. Um mesmo produto fabricado por duas empresas diferentes pode ter as mesmas características e o mesmo preço, mas cadeias de valor muito diferentes. É pela cadeia de valor que as empresas se diferenciam, e é atuando nas várias fases da cadeia que as empresas vão obter suas vantagens competitivas.

As três estratégias básicas que garantem uma vantagem competitiva, citadas por Porter, são:

i) liderança no custo;

ii) diferenciação;

iii) concentração.

A estratégia de liderança no custo resume-se na busca determinada e objetiva de tornar-se **a empresa** de menor custo daquele produto. Essa busca tem de ser a mais ampla possível, e abarcar aspectos que vão desde o uso de matérias-primas alternativas mais baratas, mudanças de rota tecnológica e consumo menor de utilidades, até a forma como o produto é embalado e comercializado. Essa busca tem de ser contínua, porque as empresas concorrentes também a praticam.

Já a diferenciação consiste em procurar junto aos clientes alguma característica particular que seria desejável para o produto, e introduzi-la de tal forma que só o seu produto a possua (pelo menos por um período de tempo). O produto fica assim diferenciado em relação ao produto da concorrência e pode ser vendido a um preço mais alto do que o existente no mercado. Evidentemente os custos para introdução da modificação devem ser mais baixos do que a parcela extra de preço que pode ser exigida pelo fato de o produto apresentar aquela característica diferenciada.

Na estratégia de concentração ou foco escolhe-se um alvo ou nicho de mercado e, para esse alvo, procura-se ser a empresa de custo mais baixo (foco em custos) ou a que apresenta um produto diferenciado (foco em diferenciação).

A verticalização ou integração vertical é uma das formas mais utilizadas para que uma empresa atinja a liderança no custo.

Na integração vertical "para trás" ou a montante, a empresa quer garantir o suprimento de sua matéria-prima. Para uma melhor visualização do que ocorre com as margens de plantas não integradas e integradas, a Figura 6.6.1 mostra, à esquerda, a curva da oferta (teórica) para 4 fábricas de polietileno de alta densidade, **A**, **B**, **C** e **D**, e a curva de oferta (também teórica) para 4 plantas de eteno **A'**, **B'**, **C'** e **D'**. À direita da mesma figura está representada a curva da oferta do polietileno de alta densidade para as fábricas integradas (**A** com **A'**, **B** com **B'** e sucessivamente).

Pode-se ver na figura que, ao se efetuar a integração das unidades, o preço de referência do polietileno de alta densidade cai [é o custo desembolsado da unidade tipo *laggard* integrada para a curva da oferta da direita (**B** + **B'**) e a soma dos custos desembolsados das unidades tipo

Figura 6.6.1 Integração vertical de produtores de polietileno

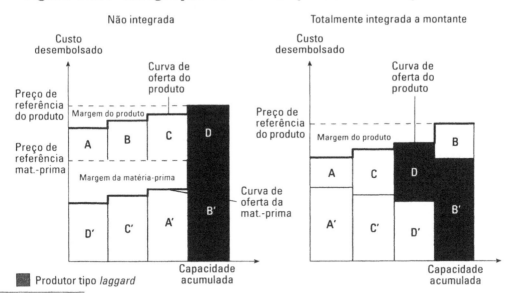

Fonte: McKinsey.

laggard **B**' do eteno e **D** do polietileno, para a figura da esquerda]. Essa queda de preço é estimada em 5 a 20% do preço de referência antes da integração. A unidade de polietileno **D** levou vantagem com a integração, pois antes estava vendendo seu produto a preço de custo desembolsado (preço de referência) e, após a integração passou a ter uma pequena margem. A unidade de polietileno **B** saiu perdendo com a integração (pois se uniu a uma unidade de eteno tipo *laggard* com custo de produção muito elevado), já que antes da integração tinha alguma margem e, após a integração, passou a vender seu produto a preço de custo desembolsado (preço de referência).

Entretanto, é pouco viável economicamente cada fábrica de polietileno ter a sua própria unidade de eteno, até porque as capacidades econômicas ótimas desses dois tipos de fábricas são muito díspares: 800 mil a um milhão de t/ano para a unidade de eteno e de 400 a 500 mil t/ano para a unidade de polietileno. A despeito disso, há plantas integradas em construção; o caso típico é a Rio Polímeros cujo projeto prevê a implantação de uma unidade de eteno de 500 mil t/ano e unidade de polietileno de igual capacidade.

Um dos caminhos encontrados para gozar das economias de escala que uma unidade de craqueamento de porte internacional acarreta, seria o de partilhar a produção da unidade entre dois ou mais usuários, estabelecendo um arranjo entre as partes. Surgiram assim, não um, mas vários arranjos possíveis, conhecidos como "condo cracker" (unidade de craqueamento em condomínio), "virtual cracker" (unidade de craqueamento virtual) e "time-share cracker" (unidade de craqueamento com cotas de tempo).

No arranjo tipo condo cracker as vantagens residem no fato de cada participante usufruir de uma unidade de craqueamento de porte internacional, sem ter de fazer o investimento total para uma tal unidade e com baixo risco de haver interrupção no consumo de eteno, uma vez que cada participante obriga-se a retirar uma cota fixa da produção da unidade. As desvantagens começam por uma estrutura de direção e gerenciamento mais complexa, pois são vários os participantes do empreendimento, um investimento em capital substancial (embora menor do que o investimento total) e as obrigações de consumo de eteno por prazos longos, em geral de 20 a 25 anos.

Exemplos de condo cracker em implantação no mundo são os existentes entre a Union Carbide (atual Dow) e a Nova Chemicals, iniciado em 1996 no Canadá e entre a Basf e a AtoFina em Port Arthur, no Texas. Essa última unidade produzirá 830 mil t/ano de eteno e 860 mil t/ano de propeno. Um arranjo semelhante de instalação condo foi feito entre a Shell, a Basf e a AtoFina, para a maior unidade de extração de butadieno do mundo, com capacidade de 408 mil t/ano, também em Port Arthur e com início de operação previsto para 2002.

Na Europa, esse arranjo é mais comum, existindo várias unidades de craqueamento, do tipo condo cracker. O Quadro 6.6.1 mostra as instalações desse tipo, em operação na Europa, em 1997.

Outro tipo de arranjo é o virtual cracker, cujas vantagens são a possibilidade de comprar quantidades variáveis de eteno por parte dos participantes e a não variação dos custos do eteno com a oferta e procura. Nesse arranjo uma empresa instala e opera a unidade e estabelece contratos de fornecimento com vários participantes. Estes pagam uma parcela relativa aos custos do capital investido pela empresa que instalou a unidade e outra pelo custo variável do eteno retirado, em contratos que variam de 10 a 15 anos. As desvantagens para os participantes são os prazos relativamente longos de consumo de eteno (mas menores do que no condo cracker), o capital necessário ao investimento para a empresa que vai instalar e operar a unidade de craqueamento e, para esta, também o risco de não haver consumo para todo o eteno produzido. Um exemplo de virtual cracker é a unidade de craqueamento da Shell em Deer Park, no Texas, em que ela fornece eteno para a Borden Chemicals e para a Georgia Gulf, em contratos com prazo de 15 anos.

O time-share cracker é um arranjo sugerido pela Equistar, tentando atenuar as desvantagens dos outros dois tipos de arranjo, e só possível graças a condições muito particulares da Equistar, quais sejam: relações de longo prazo com consumidores, extensa rede de tubulações de distribuição de eteno e grande capacidade de produção. Também nesse caso uma empresa instala e opera a unidade de craqueamento e estabelece contratos de fornecimento com vários participantes. Os contratos são de menor duração, geralmente de 3 a 10 anos, e os participantes pagam uma taxa relativa ao capital e uma parcela referente aos custos operacionais. A vantagem aqui é que o participante usufrui da unidade de grande porte, por um certo período de tempo, daí o nome "cota de tempo".

À medida que as matérias-primas começam a ficar comprometidas pela integração real ou virtual, sua disponibilidade no mercado livre diminui, os preços começam a oscilar, pois qualquer

QUADRO 6.6.1 – Instalações de condo cracker na Europa

País	Local	Produção de eteno mil t/ano	Empresas participantes
Alemanha	Gelsenkirchen	840	Veba/PdVSA
	Wesseling	800	Shell/Basf
	Colônia	740	BP/Bayer
Bélgica	Antuérpia	1.000	Fina/Exxon
França	Lavéra	700	BP/Elf Atochem
Inglaterra	Wilton	865	ICI/BP
Itália	Brindisi	400	Enichem/Union Carbide
Noruega	Rafnes	405	Norsk Hydro/Borealis

TÉCNICAS DE REDUÇÃO DE VULNERABILIDADE **281**

mudança na oferta ou na procura pode causar enormes mudanças no preço ou na disponibilidade. As empresas que não se integraram sentir-se-ão vulneráveis e ameaçadas pelas empresas integradas.

Outra conseqüência da maior integração é o abrandamento dos picos e vales dos ciclos do produto, já que não haveria aumentos substanciais simultâneos de capacidade. Os ciclos teriam menor importância, na medida que eles afetariam apenas as empresas no mercado livre e não as integradas, real ou virtualmente.

As estratégias de crescimento das indústrias químicas norte-americanas e européias prevalecentes nas décadas de 70 e 80 centravam-se em aumentar as vendas e aprimorar as operações industriais, visando a abaixar seus custos. Essas estratégias foram substituídas na década de 90 por consolidação e reestruturação, a primeira querendo ganhar economias de escala e a segunda diminuir custos.

De modo geral, essas estratégias são baseadas na idéia de valorização de ativos. A partir de certo momento esse conceito, que originalmente se limitava à valorização de ativos tangíveis, passou a incluir também o uso dos ativos intangíveis.

Surgiram assim as estratégias baseadas no conhecimento (knowledge-based strategies). Trata-se da exploração e melhor utilização do conhecimento acumulado pela empresa, para gerar crescimento.

Na produção de lisina, por exemplo, a ADM norte-americana reduziu em 60% seus custos de produção, pela substituição do processo tradicional de síntese química por um avançado processo biológico-fermentativo. Conseguiu assim tornar-se uma empresa líder mundial nessa produção.

Também a Symyx Technologies, dos Estados Unidos, conseguiu posição de destaque, pelo desenvolvimento de técnicas de química combinatória, que lhe permitiram, em curto prazo de tempo, descobrir novas moléculas, já que a tecnologia tradicional de tentativa e erro exigia bem mais tempo para tal desenvolvimento. As técnicas da Symyx também usam o caminho de tentativa e erro, só que com velocidade cem vezes maior, diminuindo o custo de cada experimento a um por cento do custo incorrido quando se empregam técnicas convencionais.

Uma série de empresas financeiras, especialmente "private equity capital firms", descobriu que pode ser lucrativo comprar negócios químicos, remodelá-los, a fim de aumentar seu valor de mercado, e vendê-los. Investidores em capital de risco têm bom retorno quando empresas de biotecnologia, que eles ajudaram a desenvolver, vendem idéias ou processos às grandes empresas químicas.

Na exploração de ativos escondidos, procura-se utilizar informações sobre marcas, patentes, informações vindas de clientes, conhecimentos desenvolvidos dentro da empresa e transformá-los em produto de venda.

Um exemplo é o Dow Intellectual Asset Management, um centro de tecnologia global que gerencia o ativo intelectual da empresa, através de um grupo multidisciplinar que procura desenvolver as oportunidades contidas nas patentes da Dow. Como resultado desse trabalho, em 18 meses, as taxas e *royalties* auferidos pela Dow subiram de US$ 25 milhões para US$ 125 milhões.

Atualmente as empresas compreendem muito melhor as necessidades de seus clientes e estão mais aparelhadas para oferecer uma ajuda de real valor.

A Dow, por exemplo, em vez de fornecer a borracha para luvas cirúrgicas a algum fornecedor que queira fabricá-las, preferiu ela mesma fabricar as luvas, capturando assim uma parte da cadeia de valor, que normalmente seria atribuída a um fabricante a jusante da cadeia. Também a Basf, na sua linha de tintas automotivas, preferiu ela mesma executar os serviços de pintura de automóveis, aproveitando seus conhecimentos do processo e aumentando a margem dos seus negócios de tintas.

Há algum tempo, as empresas químicas não tinham outra meta além de fabricar produtos químicos para o próximo usuário, a jusante da cadeia de valor. Acreditava-se que a empresa que dispusesse dos melhores ativos — melhores plantas — geraria melhores resultados. Hoje as empresas devem repensar sobre e como e com quem elas competem.

As estratégias baseadas em ativos serviram bem às indústrias químicas e ainda lhes servem e servirão para um futuro próximo. Entretanto as que quiserem se destacar das demais deverão adotar estratégias baseadas no conhecimento. Essas estratégias não são de uso corrente nas indústrias químicas tradicionais, e suas aplicações demandarão tempo e esforço, mas as empresas que as praticarem primeiro usufruirão de inegável vantagem em relação às demais.

A criação de valor é outra estratégia de crescimento. A indústria química tem sido acusada, por alguns analistas econômicos, de ter criado pouco valor para seus acionistas, nos últimos dez anos, quando comparada a outras indústrias.

A estratégia da criação de valor pode ser resumida em três fases:

i)   entender a própria cadeia de valor;

ii) desenvolver novos modelos de negócios;

iii) otimizar a execução operacional.

A primeira fase consiste em detectar como melhorar a sua própria cadeia de valor, pela compreensão profunda das necessidades de seus clientes.

A segunda fase implica arquitetar modelos de desenvolvimento de negócios inovativos, com a finalidade de extração do máximo valor. Três grandes vertentes apresentam-se como modelos de desenvolvimento de negócios: a unidade química, a solução com parceiros e a inovação de produtos. O Quadro 6.6.2 mostra as características de cada vertente, bem como exemplos de variantes para cada uma.

QUADRO 6.6.2 Modelos de desenvolvimento de negócios para a indústria química

Modelos de desenvolvimento	Características importantes	Exemplos de variantes
Unidade química	Excelência na fabricação	Transformador de matéria-prima
	Produção de baixo custo	Operador de baixíssimo custo
	Eficiência na interface fornecedor-cliente	Sócio de ativo
Solução com parceiros	Profunda compreensão das necessidade do cliente	Gerente de fornecimento
	Habilidade em ajustar as ofertas rapidamente	Produto/serviço integrados
	Excelência em gerenciamento de relações com o cliente (CRM)	Especialistas em serviços
Inovação de produtos	Profunda compreensão do produto e das necessidades do mercado	Desenvolvimento de novas idéias
	Habilidade para explorar a tecnologia	Integração de tecnologia
	Excelência em gerenciamento tecnológico	Incubação de negócios

Fonte: Chemical Market Reporter.

Na terceira fase é importante uma execução operacional excelente, necessitando a empresa alinhar seu *portfolio* de processos e recursos. É comum encontrarem-se indústrias químicas com negócios e recursos mal definidos, baseados em práticas anteriores, herdados de seus antecessores, ou decorrentes de fusões e aquisições.Visão de futuro e processos bem delineados certamente facilitarão o *outsourcing*, a automação e as novas estruturas de negócios.

Agem atualmente sobre as indústrias químicas quatro fatores de pressão, de certa forma obrigando-as a uma reestruturação. São eles: demandas do mercado financeiro, pressão de globalização, fornecimento de matéria-prima e o impacto da Internet.

Com efeito, a comunidade de investidores reclama da indústria química o aumento do valor das ações e o retorno do capital empregado. As pressões de globalização apontam para a necessidade de uma presença global, no sentido de satisfazer clientes importantes, e de possibilitar crescimentos potenciais superiores aos do mercado tradicional. A globalização permite ainda anular ou minimizar flutuações regionais de preços e de demanda.

A garantia de fornecimento de matéria-prima é importante, não só para assegurar a produção, mas também para minimizar a volatilidade dos preços, assegurando uma posição de custo vantajosa e conhecida.

A Internet, pela sua implementação no mercado de produtos químicos, contribui decisivamente para o abaixamento de custos. Estima-se que, em 2010, 30% das vendas de produtos químicos serão feitas pela Internet; em 2000 esse valor é estimado em 2%.

BIBLIOGRAFIA DO CAPÍTULO 6

1   QUINTELLA, R.H.,"The Strategic Management of Technology in the Chemical and Petrochemical Industries". Pinter Publishers, Londres (1993).

2   FRYER, C.,"Identifying the Dominant Business Drivers in the Chemical Industry – Meeting the Global Changes". In: Competitiveness and Profitability in the European Chemical Industry, Smi Conference, Londres (1996).

3   PRATT, M.R.,"Experience is a Tough Taskmaster". Chemical Engineering Progress, p.50, jul. 1988.

4   LIEBERMAN, M.B.,"The Learning Curve and Pricing in the Chemical Processing Industries".RAND Journal of Economics, **15**, 2, p.213 (1984).

5   LIEBERMAN, M.B.,"Strategies for Capacity Expansion". Sloan Management Review, **21**, p.19 (1987).

6   PORTER, M.E.,"Competitive Advantage — Creating and Sustaining Superior Performance". Free Press-Mac Millan, Nova York (1985).

GLOSSÁRIO DE TERMOS ESTRANGEIROS

A façon – ver *Tolling.*

Angina Pectoris – dor provocada por isquemia do miocárdio.

A posteriori – posteriormente.

Benchmarking – referência; comparação de custos, rendimentos, pessoal, etc., entre diversos produtores.

Capability – capacidade efetiva de produção de uma unidade industrial.

Commodity – produto não diferenciado, comercializado em larga escala.

Core business – parte central, principal, de um conjunto de negócios.

Dumping – venda de um produto, no mercado externo, a preços inferiores aos praticados no mercado doméstico.

Holding – empresa exclusivamente detentora de participações acionárias (portanto sem operação direta).

In vitro – realizada em laboratório.

Joint venture – associação de duas ou mais empresas, com objetivos específicos, executada pela formação de uma nova entidade jurídica.

Know-how – conjunto de informações (normalmente não patenteáveis) com as quais se consegue fabricar um produto ou reproduzir determinado processo.

Laggard – de alto custo; pouco eficiente.

Outsourcing – aquisição de insumos ou serviços de terceiros.

Overhead – despesas administrativas gerais.

Player – participante.

Portfolio – conjunto de ativos de negócios.

Price-driver – determinante principal do preço de um produto.

Pseudocommodity – produto diferenciado, comercializado em larga escala.

Royalties – pagamentos por uso de uma invenção, um processo, uma patente ou uma jazida.

GLOSSÁRIO DE TERMOS ESTRANGEIROS

Shareholder value – valor para os acionistas.

Site – local da instalação industrial.

Slogan – palavra ou frase, associada a uma empresa ou produto.

Spin-off – separação de parte de uma empresa em nova entidade jurídica, guardando ou não vínculos acionários com a empresa da qual se separou.

Spot – venda oportunista ou eventual; venda sem contrato.

Stakeholder – parte interessada em uma empresa; comumente a expressão abrange a comunidade, os clientes, os fornecedores, os funcionários e os acionistas.

Stricto sensu – em sentido restrito.

Sui generis – única, peculiar.

Timing – momento, instante.

Tolling – contratação de uma empresa para transformar insumos em determinado produto, mediante pagamento dos serviços de transformação.

Tradability – característica de um bem ou serviço transacionável.

Trading company – empresa de comercialização.

Turn key – forma de contratação com o objetivo de fornecimento completo de uma instalação.

ÍNDICE DE PRODUTOS QUÍMICOS

A

Abendazol 161
ABS 60
Acetaldeído 20, 34, 93, 159, 162, 163, 174, 239
p-Acetaminofenol 161
Acetato de butila 146
Acetato de celulose 27, 74
Acetato de etila 163
Acetato de polivinila 148
Acetato de vinila 20, 26, 34, 159, 162, 228, 269
Acetilcolina 105
Acetileno 18, 20, 21, 29, 135, 147, 241
Acetofenatidina 104
Acetona 15, 20, 22, 146, 159, 217, 242, 243
Ácido acético 21, 34, 35, 134, 138, 144, 148, 159, 162, 163, 174, 205, 245
Ácido acetilsalicílico 46, 103, 104, 161, 212, 216
Ácido acrílico 205, 236
Ácido adípico 27, 205, 243
Ácido ascórbico – ver Vitamina C
Ácido benzóico 212
Ácido cianídrico 35, 153, 217, 241, 243
Ácido cítrico 108, 109, 133, 134, 140, 203
Ácido clorídrico 133, 134, 140, 217, 276
Ácido desoxirribonucleico- ver DNA
Ácido 2-etil-hexanóico 163
Ácido fluorídrico 93, 269
Ácido fórmico 148
Ácido fosfórico 156, 157, 171, 172, 208, 209, 210, 213, 225
Ácido fumárico 161
Ácido gama-aminobutírico- ver GABA
Ácido graxo 41, 44, 140, 142, 216
Ácido guaiacol-sulfônico 104
Ácido hexahidroxibenzóico 239
Ácido láctico 134, 140

Ácido metacrílico 243
Ácido monocloroacético 204
Ácido nalidíxico 118
Ácido nicotínico 111
Ácido nítrico 14, 134, 138, 140, 142, 148, 156, 216, 239
Ácido oxálico 140
Ácido poliláctico 81, 247
Ácido salicílico 161
Ácido sulfônico 228
Ácido sulfúrico 9, 36, 46, 133, 134, 136, 138, 140, 142, 144, 145, 146, 156, 157, 171, 213, 216, 221, 243, 252
Ácido tartárico 134
Ácido tereftálico 28, 34, 60, 239, 241, 253
Ácido tereftálico purificado – ver PTA
Acrilamida 212, 239
"Acrilan" 29
Acrilato 26, 34, 236
Acrilato de metila 26
Acrilonitrila 24, 26, 28, 29, 34, 151, 153, 214, 239, 240, 241, 247, 269
"Activase" 124
Açúcar 3, 6, 44, 132, 203
"Adalat"– ver Nifedipina
"Adrenalin"- ver Epinefrina sintética
"Adriamycin"– ver Doxorubicina
"Afrin" 127
Água oxigenada – ver Peróxido de hidrogênio
Álcalis 9, 10, 13, 39, 178, 179
Alcalóide 102, 104, 105, 108, 114
Alcatrão 9, 10, 14, 15, 45, 102, 141, 142, 202
Álcool – ver Álcool etílico
Álcool butílico terciário- ver TBA
Álcool etílico 3, 15, 20, 25, 134, 143, 145, 159, 162, 163, 174, 269

ÍNDICE DE PRODUTOS QUÍMICOS **287**

Álcool graxo 217
Álcool graxo etoxilado 246
Álcool iluminante 134
Álcool isopropílico – ver Isopropanol
Álcool linear 34
Aldeído acético – ver Acetaldeído
Aldeído propiônico 243
"Aldomet" - ver Metildopa
Alfa olefina 34
Alizarina 12, 23
Alquilamina 206
Alquilbenzeno linear 153, 214
Alquilbenzenossulfonato de sódio linear- ver
       LABS
Alquil-cloreto de titânio 27
Alquilfenol 22
Alquil-haleto de alumínio 27
Alquilideno 45
Alquilpoliglucosídeo- ver APG
Alumina 40, 76
Aluminato de sódio 212
Alumínio 6, 23, 121, 216, 237, 269
Ametrin 160
Amianto 88
Amido 42, 72, 138
Amilocaína 106
Aminopirina 103
Amobarbital 108
Amônia 14, 15, 18, 23, 34, 35, 36, 46, 99, 133, 142,
       145,146, 148, 156, 157, 171, 192, 213, 216,
       225, 240, 241, 243, 247, 248, 268, 269
Amoníaco – ver Amônia
"Amphocillin" 112
"Amytal"- ver Amobarbital
"Anacin" 112
Anidrido acético 35, 138, 144, 148
Anidrido ftálico 34, 144, 153, 239, 246, 262, 269
Anidrido maléico 34, 35, 142, 153, 240, 246, 262,
       269
Anidrido sulfuroso 217
Anilina 9, 35, 136, 148, 161, 202, 269, 276
Antazolina 114
"Antergan"- ver Fenoxibenzamina
"Antipyrin"- ver Fenazona
"Antistine"– ver Antazolina
Antraceno 142
APG 246
"Apresoline"- ver Hidralazina
Aril-cloreto de titânio 27
Arsfenamina 104, 107
"Aseptamide"- ver Halazone
"Ascarel"– ver Bifenila policlorada

"Aspirin" – ver Ácido acetilsalicílico
"Atophan" 107
Atrazina 160
"Axid" 127

B

Baquelite 20
Barbital 104, 107
Barrilha 12, 17, 23, 83, 84, 132, 133, 228
Bauxita 216
Benzeno 10, 25, 34, 140, 147, 151, 153, 154, 221,
       222, 239, 242, 246, 247, 249, 272
Benzeno hexaclorado- ver BHC
Benzeno, tolueno, xileno- ver BTX
Benzodiazepina 114, 117
BHC 144, 146, 147
Bicarbonato de sódio 161, 212
Bifenila policlorada 88, 237
Bisfenol A 269
Bissulfato de amônio 243
Bissulfato de cálcio 134
Bissulfito de sódio 269
Borracha acrilonitrila-butadieno-estireno – ver
       ABS
Borracha butílica 228
Borracha estireno-butadieno – ver Borracha SBR
Borracha natural 20, 202, 203, 232
Borracha neoprene 269
Borracha SBR 25, 75, 154, 208, 214, 216, 227, 228
Borracha sintética 18, 19, 20, 23, 24, 25, 26, 38,
       41, 43, 45, 46, 50, 51, 232, 233
"Brazolina" 133
Bretílio 114
Breu 45
Brometo de etila 20
Bromo 20
Bronze 8
"Broxil"- ver Feneticilina
"Brufen"– ver Ibuprofeno
BTX 60, 142, 237
"Bucillin" 112
Buna N 24
Buna S 24, 25
Bussulfan 114
Butacaína 107
Butadieno 18, 22, 24, 25, 35, 151, 153, 154, 159,
       162, 174, 222, 240, 280
1,4 Butanediol 18
Butano 18, 35, 240, 271
n-Butano 246, 247
Butanol 15, 20, 146, 153, 159, 162, 163
Butanol secundário 22

288 PEDRO WONGTSCHOWSKI

Buteno 21, 24, 25
"Butyn"- ver Butacaína

C

Cádmio 84
Cal 132
Calcário 156
Caprolactama 18, 28, 153, 214, 216, 221, 239, 240, 262, 265, 269
Carbeto de cálcio 19, 134, 148
Carbonato básico de chumbo 134
Carbonato de bário 228
Carbonato de potássio – ver Potassa
Carbonato de sódio – ver Barrilha
Carbono 27, 28, 239, 246, 247
Carboximetilcelulose 212
Carbureto de cálcio- ver Carbeto de cálcio
Carvão 8, 9, 10, 18, 21, 25, 30, 35, 133, 135
Carvão ativado 41
"Cataflam" 175
Cefaloridina 118
Cefalosporina 115, 117, 120, 122
"Cellosolve" 20
Celulose 6, 20, 25, 27, 60, 204
"Ceporin"- ver Cefaloridina
CFC 172, 233, 234
CFC – 11 234
CFC – 12 234
Chlorureto de cal – ver Cloreto de cálcio
Chumbo 235
Chumbo-tetraetila 20, 93, 202, 237
Cianidrina 243
Cianocobalamina – ver Vitamina B12
"Cibazol"- ver Sulfatiazol
Ciclohexano 34, 221, 239
Ciclohexanol 34
Ciclohexanona 34, 240, 269
Ciclohexilamina 161
Ciclolefina 244
Cimetidina 118, 122, 127, 161
Cisplatina 118
Citrato 105
"Cleocin"- ver Clindamicina
Clindamicina 118
Clorambucil 114
Clorato de potássio 140
Clorato de sódio 269
Cloreto de alila 22, 161
Cloreto de alumínio 228
Cloreto de amônio 132
Cloreto de cálcio 20, 133, 244
Cloreto de cério 146

Cloreto de etila 93, 159, 163
Cloreto de metileno 234
Cloreto de polivinila – ver PVC
Cloreto de potássio 157, 171
Cloreto de sódio 3, 132, 157, 244
Cloreto de vinila – ver VCM
Cloreto de vinilideno 20
Cloreto mercuroso 134
Cloridrato de trimetilamina 160
Cloridrina 20, 208, 217, 244
Cloro 20, 39, 73, 75, 134, 135, 138, 144, 146, 157, 158, 159, 172, 178, 179, 208, 213, 216, 217, 221, 235, 252, 276
Clorobenzilato 160
Clorofluorcarbono – ver CFC
Clorofórmio 104, 134
Cloroguamida 115
Cloropreno 19
Clorotiazida 117
Clorpromazina 115
Cobre 6, 235, 239
Colofônia 41
Composto organometálico 83
Copolímero de estireno 26
Copolímero de eteno e acetato de vinila 244
Copolímero de poliacrilato 29
Coque 18, 25, 44
Coque de breu 45
Cosmecêutico 4
Cromo 3, 66, 95
Crotonaldeído 20
Cumeno 24, 34, 150, 151, 217, 239, 242

D

"Daraprim"- ver Pirimetamina
"Darenthin"- ver Bretílio
DCE 20, 26, 162, 163, 174, 221, 248, 249
DDT 98, 99, 148, 149
Deoxicorticosterona 111
"Depo-Provera" 130
Dextrina 138
Dextrose 81
Diazepam 114
Dicloroanilina 161
Diclorobenzeno 161
Diclorobutano 22
Diclorodifeniltricloroetano- ver DDT
Diclorodifluormetano- ver CFC - 12
Dicloroetano – ver DCE
Diclorofenilisocianato 161
Dietanolamina 228
Dietilamida do ácido lisérgico – ver LSD

ÍNDICE DE PRODUTOS QUÍMICOS **289**

Dietilamina 217
Dietilenoglicol 20, 242
Difenilamina estirenada 161
Difenilguanidina 161
"Diflucan" 127
Digoxina 105
Diisobuteno 21
Diisobutilamina 161
Diisocianato de metileno- ver MDI
Diisocianato de tolueno- ver TDI
Dimetilamina 160
Dimetil-éter 233
Dimetilformamida 29, 160
Dinitrocelulose 142
Diolefina 27
Diosgenina 111
Dióxido de enxofre 100
Dióxido de titânio 73, 88, 144, 213, 269, 274
Dioxina 84
Di-n-propilamina 161
Dissulfeto de carbono 93, 133, 161, 269
"Diuril"- ver Clorotiazida
DMT 34, 153, 241, 242
DNA 118, 123
Dodecilbenzenossulfonato de sódio 246
Doxorubicina 118
"Dralon" 29
"Dulux" 19, 72
"Duraquin"- ver Quinidina
"Dynel" 29
"Dyreniun"- ver Triantereno

E

EDTA 160
Efedrina 108
"Effortil"- ver Etilefrina
Elastômero 39, 46, 165, 177, 178, 179, 226, 227, 233, 244
Elastômero sintético- ver Borracha sintética
"Enovid" 118
"Entero-Viofórmio" 104
Enxofre 3, 21, 38, 40, 135, 157, 216, 221, 239, 252
EPDM 244
Epicloridrina 22, 161
Epinefrina sintética 104, 107, 117
"Epogen"- ver Eritropoietina
Ergometrina 105, 114
Ergotamina 104
Eritropoietina 124
Estanho 235
Estearina 140
Éster 174

Éster acrílico 29
Estireno 20, 24, 25, 26, 35, 74, 135, 145, 146, 151, 163, 174, 208, 214, 216, 239, 244, 249, 251, 252, 264, 269, 272
Estireno-acrilato 26
Estireno-acrilonitrila 26
Estreptomicina 111, 112
Etano 20, 168, 216, 249, 250
Etanol – ver Álcool etílico
Etanolamina 153, 206, 269
Eteno 2, 20, 26, 34, 36, 46, 135, 143, 147, 149, 150,151, 153, 154, 159, 162, 163, 168, 174, 188, 189, 191, 192, 193, 194, 195, 196, 197, 200, 211, 214, 216, 217, 221, 222, 223, 227, 239, 243, 249, 250, 251, 253, 262, 263, 264, 265, 269, 270, 271, 272, 276, 279,280
Éter 20, 106
Éter butílico do monoetilenoglicol 228
Éter dietílico 134, 159, 163
Éter glicólico 20, 153, 162, 163, 174, 206
Éter metil-terc-butílico- ver MTBE
Etilamina 162, 163, 174, 206, 212, 217
Etilbenzeno 26, 154, 208, 217, 239, 244
Etilcelulose 20
Etilefrina 116
Etilenoglicol- ver MEG
Etileno-tiouréia 161
2-Etil-hexanol 159, 218, 219

F

Fenazona 103
Feneticilina 117
Fenobarbital 104
Fenol 20, 24, 34, 35, 60, 75, 148, 151, 214, 216, 217, 218, 224, 239, 242, 247, 269
Fenoxibenzamina 115
Ferro 8, 121, 124, 243
Ferro-pentacarbonil 202
Fertilizante contendo nitrogênio, fósforo e potássio- ver NPK
Fertilizante fosfatado 39, 156, 157, 172, 211
Fertilizante nitrogenado 23, 39, 148, 156, 172
Fertilizante potássico 39, 172
Fibra acrílica 2, 28, 29, 153, 269
Fibra artificial 25, 27, 28, 38, 39, 40, 41, 42, 43, 44, 45, 46, 47, 182, 183
Fibra natural 25, 28
Fibra de poliéster- ver PES
Fibra sintética 18, 25, 27, 28, 39, 40, 41, 42, 44, 45, 50, 51, 78, 182, 183, 217, 268, 270
Fluorocarbono 73, 206
Fluorpolímero 73

290 PEDRO WONGTSCHOWSKI

Formaldeído 142, 153, 243, 269, 276
Formamida 243
Formiato 148
Formiato de sódio 153
"Formica" 26
Formol – ver Formaldeído
Fosfato 92, 105, 157, 211, 245, 246, 278
Fosfato de diamônio 156, 171, 172
Fosfato de monoamônio 157, 171, 172, 228
Fosfato de sódio 93
Fosfato de tricresila 26
Fósforo elementar 93
Fosgênio 217
Fotoresist 83
Ftalato 144
Ftalato de dimetila 212
Fucsina 9

G

GABA 117
"Garamycin"- ver Gentamicina
Gás carbônico 203, 240, 247
Gás de alto fôrno 18
Gás de iluminação 9
Gás de síntese 18, 34, 238, 239
Gás liquefeito 22
Gás natural 2, 3, 6, 18, 20, 40, 77, 210, 212, 216, 233, 239, 242, 247, 249, 276, 278
Gás residual de refinaria 15, 135, 149
Gasóleo 20, 218
Gasolina de aviação 23, 24
Gasolina natural 218
Gasolina sintética 18
Gelatina 38, 107
Gentamicina 118
"Germanin"- ver Suramin
Glicerina 2, 22, 38, 45, 134, 140
Glicerol – ver Glicerina
Glicidol 22
Glicol 242
Glicose 138
Gluconato de sódio 203, 206
Glutamato de sódio 206, 212
Grafita 41, 203
"Gynergen"- ver Ergotamina

H

Halazone 107
Halopiramina 114
n-Heptano 24
Hexametilenodiamina 27, 34, 35, 205
Hexametileno-diisocianato 18

Hexametilenotetramina 142, 153
Hexose 81
Hidralazina 114
Hidrato de cloral 101, 104
Hidrato de hidrazina 161
Hidrogênio 14, 18, 35, 238, 239, 276
Hidrogenossulfato de amônio – ver Bissulfato de amônio
Hidroperóxido 35, 208, 239, 244
Hidróxido de cálcio 132
Hidróxido de sódio – ver Soda cáustica
Hidroxietilcelulose 228
Hipoclorito de sódio 132, 134, 140
Hipofosfito de cálcio 134
Histamina 105, 118
Hulha 45, 102
"Humulin"- ver Insulina humana

I

Ibuprofeno 118
Igelit 26
Imipramina 114, 117
"Inderal"- ver Propanolol
Índigo 161
"Indocin"- ver Indometacina
Indometacina 118
Insulina 92, 105, 108
Insulina humana 108, 124
Interferon A 124
Iodeto 245
Iodeto de chumbo 134
Iodeto de ferro 134
Iodeto de potássio 134
Iodofórmio 134
Iproniazida 114
"Irgamida"- ver Sulfadicramida
Isoascorbato de sódio 204
Isobutano 21, 24, 35, 208, 217, 244
Isobutanol 153
Isobuteno 35, 243
Isocianato de metila 85, 217
Isooctano 21, 22, 24
Isopropanol 15, 20, 21, 22, 148, 205, 269
Isopropilbenzeno – ver Cumeno

K

"Kevlar" 35

L

LABS 246
Lactato de cálcio 140
Lactato de etila 140

ÍNDICE DE PRODUTOS QUÍMICOS **291**

Lanolina 45
"Largactil"- ver Clorpromazina
"Leukeran"– ver Clorambucil
"Lexotan" 175
"Librium"- ver Benzodiazepina
Lisina 3, 203, 204, 206, 281
"Lopid" 127
"Lotrimin" 127
LSD 114
"Luminal"- ver Fenobarbital
"Lupolen" 27
Lycra 77

M

Magnésio 2, 20 202, 269
Maleato de dimetila 26
Maltol 204
Malva (corante) 9
"Marsilid"- ver Iproniazida
MDI 205, 240, 241, 276
MEG 20, 28, 60, 153, 218, 219, 221, 228, 249, 253,
254, 255, 264, 269, 272
Melamina 153
6-Mercaptopurina 114
Mercúrio 84, 172, 235, 236
Metabissulfito de sódio 161
Metacrilato 35
Metacrilato de metila- ver MMA
Metacroleína 243
Metaloceno 27, 65, 66, 243, 246
Metano 18
Metanol 2, 18, 34, 35, 36, 46, 64, 73, 144, 153,
210, 211, 2126, 233, 238, 239, 240, 242, 243,
245, 249, 269, 271
Metildopa 117
Metiletilcetona 205
Metil-fenil-carbinol 208, 217, 244
Metil-terciobutil-éter – ver MTBE
Metionina 161, 206
Minipress – ver Prazosin
MMA 203, 228, 243
Monoclorobenzeno 93, 161
Monoetilamina 161, 217
Monoetilenoglicol – ver MEG
Monoisopropilamina 161
Monômero de cloreto de vinila – ver VCM
Monômero de eteno-propeno-dieno – ver
EPDM
Monometilamina 160
Monóxido de carbono 18, 34, 35, 44, 238, 240,
243, 245, 276

MTBE 208, 218, 271
"Myleran"– ver Bussulfan

N

Nafta 25, 152, 162, 174, 216, 218, 222, 239, 270
Naftaleno 142, 239
Náilon 2, 18, 19, 27, 28, 60, 77, 144, 153, 216, 217,
221, 228, 236, 240
Negro-de-fumo 42, 148, 269
"Nembutal"- ver Pentobarbital
"NeoGram"- ver Ácido nalidíxico
"Neonal" 107
Neosalvarsan 107
Nifedipina 118
Níquel 235
Nitrato de amônio 156, 171
Nitrato do Chile – ver Nitrato de sódio
Nitrato de etila 134
Nitrato de sódio 14
Nitrato de prata 134
Nitrocálcio 171
Nitrocelulose 19, 134, 142, 143
Nitroclorobenzeno 161
p-Nitrofenol 161
Nitrogênio 18, 23, 41, 99, 276
Nitroglicerina 14
"Nolvadex"- ver Tamoxifeno
Noretindrona 111
"Noryl" 35
"Novocain"- ver Procaína
NPK 156
Nutracêutico 4

O

Ocitocina 107
Octana 24
Octanol 151, 153, 163
Olefina 18, 22, 27, 60, 77
Óleo animal 44, 45
Óleo combustível 94
Óleo de creosoto 142
Óleo de rícino 145
Óleo diesel 233
Óleo essencial 38, 42, 45, 133, 226, 227
Óleo láurico 2
Óleo residual 239
Óleo resinóide 45
Óleo vegetal 3, 6, 38, 44, 45, 138, 216
Organometálico- ver Composto organometálico
Orlon 29
Ouro 244
Óxido de alumínio 144

292 PEDRO WONGTSCHOWSKI

Óxido de cálcio – ver Cal
Óxido de eteno 20, 35, 60, 151, 153, 162, 214,
    239, 241, 262
Óxido de ferro 138
Óxido de polifenileno 35
Óxido de propeno 35, 60, 74, 151, 205, 208, 209,
    214, 217, 244, 276
Óxido de zinco 148
Óxido nitroso 243
Oxigênio 26, 34, 41, 99, 239, 241, 245
Oxoálcool 18, 34
Ozônio 89

P

"Paludrine"- ver Cloroguamida
"Pantosediv"- ver Talidomida
Pantotenato de cálcio 111
Papaverina 102
Parafina 22, 34, 133
PDO 82
PEAD 27, 34, 95, 151, 153, 154, 163, 192, 196,
    197, 205, 207, 214, 237, 249, 264, 269, 278
PEBD 2, 19, 27, 66, 135, 142, 151, 153, 154, 163,
    192, 232, 237, 264, 267, 269, 270
PELBD 35, 65, 66, 192, 214, 232, 237, 244, 249
Penicilina 108, 109, 110, 112, 113, 114, 115, 117,
    120, 121
Penicilina G 110
Pentaeritritol 153, 212, 269
Pentobarbital 107
Pentose 81
Pentothal"- ver Tiopental
"Pepsid" 127
Peptídeo 83
Percloroetileno 221, 234
Peróxido de hidrogênio 140, 240, 244
PES 2, 28, 77, 153, 217, 242, 253, 254, 269
PET 35, 77, 94, 237, 253, 255
Petróleo sintético 3
"Phenacetin"- ver Acetofenatidina
Piridoxina – ver Vitamina B6
Pirimetamina 114
Pirimidina 114
Pirita 135
Plástico de engenharia 2, 34, 35, 74, 244, 277
Platina 133
"Platinol"- ver Cisplatina
Poliacetato de vinila 26
Poliacrilato 29, 236
Poliacrilonitrila 29
Poliamida 28, 144
Polibutadieno 159

Policarbonato 34, 60, 161, 212, 228
Policloreto de vinila- ver PVC
Poliéster 28, 73, 77, 236, 241, 242, 253
Poliéster alifático 28
Poliéster aromático 28
Poliestireno 26, 75, 144, 146, 208, 216, 236, 244,
    272
Poliéter-poliol 75, 228
Polietileno 2, 26, 27, 28, 33, 34, 65, 66, 150, 174,
    190, 203, 221, 227, 272, 279
Polietileno de alta densidade – ver PEAD
Polietileno de baixa densidade – ver PEBD
Polietileno linear de baixa densidade – ver
    PELBD
Polietileno tereftalato – ver PET
Polihidroxialcanoato 247
Poliisocianato 241
Polímero biodegradável 81, 247
Polímero superabsorvente 236
Polímero termofixo 6, 25, 39, 178
Polímero termoplástico 3, 6, 25, 39, 46, 96, 165,
    178, 218, 229, 230
Poliól 151
Poliolefina 2, 34, 237, 243, 245, 246
Polipropileno- ver PP
Polipropilenoglicol 60
Polissulfeto de sódio 20
Politrimetilenotereftalato – ver PTT
Poliuretana 18, 241
Pólvora 19, 45, 132, 133, 134, 140, 202
Potassa 132, 134
PP 27, 34, 35, 71, 72, 74, 77, 151, 153, 192, 199,
    203, 214, 227, 237, 249, 250, 251, 272
Prazosin 118
"Premarin" 112
Prenilamina 116
"Prestone" 20
"Priscol"- ver Tolazolina
Procaína 104, 107
Progesterona 111
Proguanil- ver Cloroguamida
"Prontosil"– ver Sulfonamida
Propano 18, 240, 249
1,3 Propanodiol – ver PDO
Propanolol 117
Propeno 20, 21, 22, 27, 34, 151, 153, 154, 208,
    217, 222, 223, 227, 241, 242, 244, 247, 249,
    272, 276, 280
Propilenoglicol 60, 205
Propino 243
"Protropin" 124
Prozac 122

ÍNDICE DE PRODUTOS QUÍMICOS 293

PTA 77, 221, 241, 242, 253, 254, 255, 262
PTT 82
Purina 114
"Purinethol"- ver 6-Mercaptopurina
PVC 2, 18, 26, 33, 133, 150, 151, 172, 203, 214, 226, 227, 228, 242, 244, 248, 249, 266, 267
"Pyramidon"- ver Aminopirina
"Pyribenzamine"- ver Tripelanamina
"Pyroxilin" 19

Q

Querosene 133
Quinidina 108
Quinina 9, 102, 108

R

Raiom 23, 29, 133, 138, 139, 143, 146, 148
"Rastinon"- ver Tolbutamida
Resina ABS – ver ABS
Resina acrílica 29, 148
Resina alquídica 142, 146
Resina de fenolformaldeído 20, 26, 142
Resina de poliéster 142
Resina de tereftalato de polietileno- ver PET
Resina fenólica 19, 142, 146
Resina maléica 142, 146
Resina melamina-formaldeído 26
Resina termofixa – ver Polímero termofixo
Resina termoplástica – ver Polímero termoplástico
Resina uréia-formaldeído 26
Resina vinílica 26
Riboflavina – ver Vitamina B2
Rocha fosfática 3, 171, 172, 209
"Roferon A"– ver Interferon A

S

Sacarina 46
Sacarose 81
Sal – ver Cloreto de sódio
Sal de bismuto 105
"Sal Hepática" 112
Sal-gema 20, 157, 158
Salitre 132, 133, 203
Sal sódico de penicilina G 110
"Salvarsan" - ver Arsfenamina
"Saran" 20
SBR – ver Borracha SBR
Secobarbital 108
"Seconal"- ver Secobarbital
"Segontin"- ver Prenilamina
Silano 161

Silicato de alumínio 245
Silicato de sódio 245
Silicato de zircônio 146
Siloxano 161
Silvinita 157
Simazina 160
Soda – ver Soda cáustica
Soda cáustica 9, 20, 36, 73, 75, 135, 138, 140, 144, 146, 157, 158, 159, 172, 213, 216, 217, 218, 220, 227, 235, 252, 276
Sódio 93, 269
Solvente acético 163, 174
Solvente clorado 172, 221, 234
Sorbato 204
Sorbitol 212, 218, 269
"Stovaine"- ver Amilocaína
"Streptase"- ver Estreptomicina
Sulfadicramida 114
Sulfaquinoxalina 111
Sulfatiazol 114
Sulfato de alumínio 140
Sulfato de amônio 153, 171, 240, 243
Sulfato de magnésio 134
Sulfato de sódio 133
Sulfato de sódio anidro 161
Sulfeto de cálcio 84
Sulfeto de carbono – ver Dissulfeto de carbono
Sulfeto de sódio 146
Sulfito de sódio 93
Sulfito neutro de sódio 161
"Sulfonal" 104
Sulfonamida 104, 108, 110, 111, 112, 113, 114, 115, 116, 117
Superfosfato 133, 144, 146, 171, 172
Suramin 104
"Synpen"- ver Halopiramina

T

"Tagamet"- ver Cimetidina
Talidomida 119, 120, 121
Tamoxifeno 118
Tanino 45
TBA 35, 208, 217, 243, 244
TDI 153, 205, 241
Tereftalato de dimetila- ver DMT
Tereftalato de polietileno- ver PET
Tereftalato de politrimetileno- ver PTT
Termoplástico – ver Polímero termoplástico
"Terylene" 28
Testosterona 111
Tetraciclina 113
Tetrâmero de propeno 150, 151, 246

"Thiocol"- ver Ácido guaiacol-sulfônico
"Thiokol" 20
Tiamina- ver Vitamina B1
Tiazida 117
Tiopental 107
Tiramina 105
Tiroxina 107
Titânio 3
TNP 14
TNT 14
"Tofranil"- ver Imipramina
Tolazolina 114
Tolbutamida 116
Tolueno 22, 140, 151, 153, 222
Tório 93, 146, 147
Triantereno 117
Triazina 160
1, 1, 1 Tricloroetano 234, 269
2, 2, 2 Tricloro- 1, 1 Etanodiol- ver Hidrato de cloral
Tricloroetileno 221, 234
Triclorofluormetano- ver CFC - 11
Trietanolamina 20, 228
Trietilamina 217
Trietilenoglicol 20
Trimetilamina 160
2,2,4 Trimetilpentano – ver Isooctano
"Trimeton" 127
Trinitrocelulose 142
Trinitrofenol- ver TNP
Trinitrotolueno- ver TNT
Tripelanamina 114
Tripolifosfato de sódio 228, 245
Tungstênio 244
Turfa 44, 133

U

Urânio 146, 147
Uréia 156, 157, 171, 214, 216, 248, 268, 269
Uretana 34, 73

V

"Valium"- ver Diazepam
Vanilina 206
Vasopressina 107
VCM 18, 20, 26, 29, 34, 75, 147, 150, 151, 242, 264, 269
"Veronal"- ver Barbital
"Victron" 26
Vinil-piridina 29
"Vinylite" 20, 26
"Viofórmio" 104
Viscose 140, 142
Vitamina A 204
Vitamina B1 111
Vitamina B2 3, 79, 81, 110, 111
Vitamina B6 111
Vitamina B12 111
Vitamina C 108, 111, 175, 204
Vitamina D 105
Vitamina E 204
"Voltaren" 175

X

Xileno 36, 140, 151, 153, 154, 222, 249
o-Xileno 34, 151, 153, 239
p-Xileno 34, 45, 60, 77, 151, 153, 221, 239, 253, 254, 262
Xilose 81

Z

"Zantac" 122, 127
Zeólita 73, 243, 245
Zeólita A 92, 245, 246
Zinco 6
"Zovirax" 127
"Zyrtec" 127

ÍNDICE DE EMPRESAS QUÍMICAS

A

Abbott 75, 106, 107, 109, 122, 123, 129, 137
Abbott Laboratories- ver Abbott
Aceta 28
Aché 138, 147, 149, 175, 179, 182
Açominas 213
Acordis 1
Acrinor 153, 154, 160, 168, 214
Adecom 212
ADM- ver Archer Daniels Midland
Adubos Trevo 171, 180
AECI 76
Aga 135
Aga (Brasil) 134, 181
Agfa 10, 11, 13, 29, 202
Agouron 129
AgrEvo 74
Air Liquide 54, 80, 203, 276
Air Liquide (Brasil) 181
Air Products 161, 173, 206, 276
Air Products (Brasil) 212
Ajinomoto 74, 203, 204, 206
Ajinomoto (Brasil) 180, 212
Akzo 35, 147, 153, 155
Akzo Nobel 54, 62, 69, 74, 141, 203, 204, 256, 276, 277
Akzo Nobel (Brasil) 140, 179
Alba 142, 144, 181
Albany Molecular 83
Alba S.A. Adesivos e Laticínios Brasil-América – ver Alba
Albright-Wilson 1
Alca 140
Alcan 155
Alclor 154, 160, 161
Alcon 141

Alcoolquímica – ver Cia. Alcoolquímica Nacional
Alfa (Grupo) 76, 77
Alfar 160
Allergan 181
Allied Signal 1
Alpek 77
Alpharma 129
American Cyanamid 26, 108, 129, 130, 241
American Home Products 72, 112, 113, 122, 123, 127, 129
American Magnesium 202
American Ordnance 202
American Powder 202
American Soda 83
American Viscose 29
Amgen 124
Amoco 34, 35, 61, 68, 71, 156
Andrade Latorre 140
Anglo American 149
Anglo-Iranian Oil 24
Anhembi 213
Anilinas Holandesas do Brasil 148
Antarctica 134
Apothecon 126
Appryl 71
Arafértil 170
Aramco 77
Arcadian 201
Archer Daniels Midland 3, 203, 204, 206, 281
Arco 1, 35, 208, 276
Armour 128
Asahi Chemical 62, 204, 243
Asahi Glass 33, 73
Astaris 1
Astaris (Brasil) 277
Astra 129, 176

296 PEDRO WONGTSCHOWSKI

Astra Medica 75
Astra Zeneca 175
Astra Zeneca do Brasil 176
Atlantic Richfield 208
Atlas 202
Ato Chimie 155
Atofina 71, 206, 256, 280
Austin Powder 202
Avantium Technologies 66
AVEBE 206
Avecia 1
Aventis 1, 31, 69, 74, 102, 137, 143, 161, 175
Aventis Animal Nutrition 74
Aventis Behring 74, 128
Aventis (Brasil) 175, 179
Aventis CropScience 72, 74
Aventis Pasteur 74
Aventis Pharma 74, 128, 143
Aventis Pharma (Brasil) 176
Avisun 34
Avon 80, 179
Ayerst, McKenna and Harrison 112

B

Bachem 83
Bakelite 20
Bakol 144
Baldacci 145
Bally (Grupo) 137
Basell 1, 2, 71, 72, 73, 77, 155, 168, 169, 276
Basf 2, 10, 11, 13, 14, 15, 26, 27, 30, 31, 34, 35, 54,
    62, 69, 71, 72, 73, 74, 75, 99, 102, 116, 129,
    149, 151, 160, 202, 203, 204, 205, 216, 243,
    247, 256, 276, 277, 280, 281
Basf (Brasil) 141, 149, 160, 179, 182
Basf Química da Bahia 160
Bayer 2, 10, 11, 13, 17, 29, 30, 31, 34, 54, 62, 69,
    72, 74, 75, 92, 102, 103, 104, 116, 118, 124,
    129, 133, 134, 137, 139, 151, 155, 168, 173,
    202, 203, 205, 256, 276, 277, 280
Bayer (Brasil) 134, 136, 179, 277
Bayer CropScience 72
Bayer Polímeros 155, 168
B.Braun 181
Beecham 1, 117, 120, 124, 128
BF Goodrich 2, 25, 26, 34, 133
Behringwerke 128
Berlimed 137
Bikofarma 147
Biocor 129
Biosintética 181
Birmingham Powder 202

Blagden 276
BOC 203, 240
Boehringer 116
Boehringer Ingelheim (Brasil) 180
Boehringer Mannheim 129
Bombril 180
Boots 115, 118, 120, 129
Borden 143, 276, 280
Borealis 71, 77, 276, 280
Boticário 181
BP 2, 24, 31, 34, 54, 61, 65, 66, 68, 71, 77, 203,
    205, 241, 245, 247, 276, 280
BP América 247
BP Amoco 2
Brampac 169
Brasitex-Polimer 148
Brasivil 151
Brasivil Resinas Vinílicas- ver Brasivil
Braskem 185
Bridgestone 139
Bristol 118
Bristol-Labor 144
Bristol-Myers 112, 113, 122, 123, 124, 141, 143,
    149
Bristol-Myers (Brasil) 142
Bristol-Myers Squibb 75, 113, 124, 125, 126, 130,
    141, 145
Bristol-Myers Squibb do Brasil 140, 141, 175, 180
British Alizarin 14, 17, 23
British Dye 14, 17
British Dyestuffs 14, 17, 22, 202
British Dynamite 17
British Petroleum- ver BP
Brunner Mond 17, 18, 202
Bunge (Grupo) 147, 149
Bunge y Born – ver Bunge
Burroughs Wellcome 1, 105, 114, 115, 127, 129,
    143
Butilamil 163
Byk 147
Byk Química e Farmacêutica 146

C

Cabo Branco 161
Cain Chemicals 201
Calico Printers 28
Camargo Correa (Grupo) 153
Camig – Cia Agrícola de Minas Gerais 157
CAN – ver Cia. Alcoolquímica Nacional
Canonne 137
Canonne (Brasil) 136
Capelini (Grupo) 145

ÍNDICE DE PRODUTOS QUÍMICOS **297**

Caraíba Metais 213
Carbide and Carbon Chemicals- ver Union
  Carbide
Carbocloro 155, 159, 168, 180, 213
CarboGen 129
Carbonor 160, 161, 173
Cargill 81, 171, 247
Cargill Dow 3, 81, 247
Cassella 11, 202
Cataguases 212
CBE – ver Cia. Brasileira de Estireno
CEG – ver Cia. Estadual de Gás
Celamerck 72
Celanese 34, 74, 155, 205
Cenibra 213
Centeon 74, 128
Centocor 129
Central de Polímeros da Bahia 155, 161
Ceralit 142
Cerâmica Mauá 136
Ceras Johnson 180
Cevekol (Grupo) 145, 153, 161
Cheil Jedang 204
Chemicon 161
Chemische Fabrik Griesheim – Elektron 11, 15,
  202
Chemo-Sero Therapeutic Institute 128
Chemstrand 29
Cheplin Laboratories 109, 112
Chevron 72, 203
Chevron Phillips 54
Chevron-Texaco 2
Chilcot Laboratories 113
China National Petroleum Corp.- ver CNPC
China Petrochemical Corp.- ver Sinopec
Chiron 129
Church & Dwight 161, 173
Chyoda 245
Cia. Aga de Gás Acumulado – ver Aga (Brasil)
Cia. Alcoolquímica Nacional 154, 155, 159, 160,
  168
Cia. Antarctica Paulista- ver Antarctica
Cia. Brasileira de Alumínio 140, 155
Cia. Brasileira de Carbureto de Cálcio 134
Cia. Brasileira de Cimento Portland Perus 136
Cia. Brasileira de Estireno 135, 146, 151, 154,
  163, 168, 214
Cia. Brasileira Rhodiaceta – ver Rhodiaceta
Cia. de Ácidos 133
Cia. de Fabricação de Ácidos, Barrilha e
  Chlorureto de Cal 133
Cia. de Gaz e Óleos Minerais 133

Cia. de Petróleos da Amazônia 148
Cia. de Superfosfatos e Prod. Químicos 144
Cia. Eletro-Chímica Fluminense – ver Cia.
  Eletroquímica Fluminense
Cia. Eletroquímica Fluminense 138
Cia. Estadual de Gás 141
Cia. Fiat Lux de Fósforos de Segurança- ver Fiat
  Lux
Cia. Goodyear do Brasil – ver Goodyear (Brasil)
Cia. Melhoramentos de São Paulo – ver
  Melhoramentos
Cia. Nitro Química Brasileira- ver Nitro Química
Cia. Paraibuna de Metais- ver Paraibuna
Cia. Petroquímica Brasileira- ver Copebrás
Cia. Petroquímica de Camaçari 154, 156, 160,
  217
Cia. Química do Recôncavo 159, 160, 181, 213
Cia. Química Duas Âncoras 134
Cia. Química Industrial CIL 144
Cia. Química Rhodia Brasileira – ver Rhodia
  (Brasil)
Cia. Rhodosa de Raion – ver Rhodosa
Cia. Siderúrgica Nacional 142, 213
Cia. Suzano – ver Suzano
Cia. Vale do Rio Doce 157
Ciba 72, 104, 111, 114, 120, 126, 139
Ciba Especialidades Químicas 180
Ciba-Geigy 1, 117, 128, 141, 160, 176
Ciba-Geigy (Brasil) 138, 160
Ciba Specialty Chemicals 256
Cilag Chemie 113, 139
Cimento Portland Perús- ver Cia. de Cimento
  Portland Perus
Cinal 154, 160, 167, 168
Cipatex 169
Ciquine 151, 153, 154, 155, 160, 161, 168, 181
C. Itoh 153
Clariant 1, 54, 69, 74, 256
Clariant (Brasil) 179, 277
Cloroetil 163
CN Biosciences 129
CNPC 70
Cobafi 153, 155
Cognis 1, 256
Colgate-Palmolive 80
Colgate-Palmolive (Brasil) 180
Color Resolutions 83
Columbian Chemicals 149
Combilaca 141
Com. e Ind. João Jorge Figueiredo 136
Commercial Solvents 115
Condea 76

298 PEDRO WONGTSCHOWSKI

Conepar 153, 168
Connaught 116, 128
Conoco 34
Conti Reviglio 137
Copamo 151
Consórcio Paulista de Monômeros- ver Copamo
Copas 181
Copebrás 148, 161, 180, 213
Copene 76, 152, 153, 154, 155, 156, 160, 162, 167, 168, 169, 179, 214, 217, 271
Copenor 153, 155, 168, 212
Coperbo 154, 159, 160, 163, 174
Copersucar 3
Copesul 152, 154, 167, 168, 179, 214, 217, 271
Copperhead Chemical 73
Coral – ver Tintas Coral
Corn Products 173
Cortume Carioca 136
CPB – ver Central de Polímeros da Bahia
CPC – ver Cia. Petroquímica de Camaçari
CQR – ver Cia. Química do Recôncavo
Cristália 181
Crompton 256
Crosfield 73
CSN – ver Cia. Siderúrgica Nacional
Cutter Laboratories 109
CVRD – ver Cia. Vale do Rio Doce
CXY 213
Cyanamid 72
Cyanamid Produtos Farmacêuticos 181
Cytec 130, 256

D

Dacarto 181
Daicel Chemicals 204
Daiichi Pharmaceutical 204
Dainippon Ink & Chemicals 54, 62, 256
Defensa 173
Degussa 2, 31, 54, 72, 74, 75, 92, 206, 256, 277
Degussa Dental 75
Degussa-Hüls 75, 204
Degussa Metals Catalysts Cerdec – DMC2 75
Delagrange 176
Delalande 176
De La Rue Plásticos do Brasil 142
Denki Kagaku 33
Denver Cotia 212
Destilaria Sul Riograndense 138
Deten 153, 154, 155, 167, 168, 180, 214
D.F. Goldsmith Chemical & Metal 235, 236
Diamond Shamrock 72, 155
Dierberger 133

Distillers 24, 34, 115
Dittmar Powder 202
Divi's Laboratories 83
DMC2 - ver Degussa Metals Catalysts Cerdec
Dow 2, 19, 20, 25, 26, 31, 54, 61, 65, 66, 67, 68, 69, 71, 72, 75, 77, 80, 81, 124, 125, 129, 143, 151, 154, 155, 168, 169, 170, 173, 202, 203, 205, 206, 208, 217, 244, 247, 256, 276, 277, 280, 281
Dow (Brasil) 152, 153, 158, 159, 168, 179, 213, 214
Dow Agro 72, 75
Dow AgroSciences (Brasil) 180
Dow Corning 161, 256
Dow Corning (Brasil) 161
Dow Elanco 75, 125
Dow Química- ver Dow (Brasil)
DPV Prods. Químicos 212
Dreibund 11, 14, 15, 202
Dreiverband 11, 14, 15, 202
Dr. Maag 72
DSM 54, 62, 71, 83, 155, 169, 173, 203, 240, 256
DSM Elastômeros 169
DSM Elastomers- ver DSM
Dunlop do Brasil 146
Duperial 137, 142
DuPont 2, 17, 19, 27, 28, 29, 30, 31, 34, 35, 54, 61, 68, 72, 73, 75, 77, 80, 82, 128, 139, 153, 155, 156, 161, 202, 203, 205, 241, 256, 274, 276
DuPont do Brasil 137, 138, 143, 153, 179, 213
DuPont Merck 128
DuPontSa 77
DUSA- ver DuPont Sabanci Brasil
DuPont Sabanci Brasil 77, 153, 155
Dynamit Nobel 153, 155
Dynea 1
Dyno Nobel 203
DyStar 2, 74, 102, 276, 277

E

Eastman 35, 61, 66, 68, 204, 256
Eastman Global Technology 66
Eastman Kodak 137
Ecolab 256
EDN – ver Estireno do Nordeste
Eisai 204
Eka Chemicals 139, 141
Elanco 141
Elclor – ver Eletrocloro
Elekeiroz 133, 144, 155, 169, 171, 181, 213
Elekeiroz do Nordeste 159, 163

ÍNDICE DE PRODUTOS QUÍMICOS **299**

Elenac 73, 74
Eletrocloro 135, 140, 146, 159, 161, 163
Eletroteno 151, 159
Elf 176, 203
Elf Atochem 280
Eli Lilly 72, 106, 107, 108, 109, 113, 122, 123, 124, 125, 129, 141
Eli Lilly do Brasil 140, 180
Ellba 74
E.Merck 110
Empresa Brasileira de Tetrâmero 151
Endochimica 149
ENIA 136, 137, 160, 161
ENIA Indústrias Químicas- ver ENIA
Enichem 77, 203, 240, 280
E.On 75
Epanor 173
Equistar 2, 54, 280
Equitable Powder 202
E.R. Squibb – ver Squibb
E.R. Squibb e Sons do Brasil – ver Squibb (Brasil)
Esso Química 136
Estabelecimento Nacional Indústria de Anilinas ENIA- ver ENIA
Estireno do Nordeste 154, 155, 160, 168, 169, 214
Ethyl 20, 34, 202, 203
EVAL 276
EVC International 242
Explo 141
Exxon 21, 34, 61, 65, 67, 68, 69, 71, 137, 205, 245, 280
ExxonMobil 2, 24, 31, 54, 61, 65, 68, 71, 77

F

Fábrica Carioca de Catalisadores 154, 167, 181
Fábrica de Ácido Sulfúrico Concentrado em Platina 133
Fábrica de Fertilizantes de Cubatão 148, 156
Fábrica de Medicamentos Chímica Industrial Bayer Weskott & Cia. 137
Fábrica de Pólvora do Ministério da Guerra 134, 140
FAFEN – Fábrica de Fertilizantes Nitrogenados do Paraná 157, 169
FAFER – ver Fábrica de Fertilizantes de Cubatão
Fairmount 202
Fairway 145
Falzoni 161
Farmasa 138
Farmitalia 118
FBC 72

Fenol Rio Química 154
Fermenta 72
Fertibrás 171, 180
Fertifós 171
Fertilizantes Mitsui 181
Fertilizantes Serrana 134, 147, 171, 179, 182, 213
Fertilizantes Vale do Rio Grande- ver Valep
Fertisul 171
Fertiza 171, 180
F. Hoffmann – La Roche- ver Hoffmann – La Roche
Fiação Brasileira de Raion "Fibra" – ver Fibra
Fiat Lux 138
Fiber Industries 201
Fibra 146, 180, 182
Fibra DuPont (Brasil) 180
Fielmex 77
Fina 71, 280
Firestone 25, 139
Firestone (Brasil) 138
Fisiba 151, 153, 155
Fisons 129
Flexsys (Brasil) 277
FMC 72, 204, 277
FMC (Brasil) 180
Fongra 144, 148, 159
Fontoura (Grupo) 145
Fontoura-Wyeth 144
Formosa 76
Fort Dodge Serum 112
Fosfértil 157, 170, 171, 180, 213
Fospar 171
Foster Grant 155
Frederico Bayer & Cia. 134, 137
French and Richard 106
Fujisawa 206

G

Galderma Brasil 176
Galderma Pharma 176
Galvani 181, 213
G.D. Searle - ver Searle
GE – ver General Electric
Geigy 104, 114, 139
Gelest 83
Genentech 108, 123, 124, 129
Geneva Pharms 126
General Bakelite Company- ver Bakelite
General Electric 34, 35, 54
Genetics Institute 129
Genomics 129
Geon 133, 149

300 PEDRO WONGTSCHOWSKI

Georgia Gulf 280
Gessy Lever 139, 179, 182, 213
Getec 173, 212
Gillette 180
Givaudan (Brasil) 144
Givaudan Roure 145
Glasurit 141
Glaxo 1, 105, 115, 118, 120, 122, 127, 129, 143
Glaxo (Brasil) 142
Glaxo SmithKline 1, 128, 143, 175
Glaxo SmithKline (Brasil) 143, 176
Glaxo Wellcome 80, 105, 128, 143, 176
Glaxo Wellcome do Brasil 176, 180
Glicolabor Indústria Farmacêutica 141
Globo 138
Globo S.A. Tintas e Pigmentos – ver Globo
Glucona 203
Goiasfértil 157, 170
Goodrich – ver BF Goodrich
Goodyear 24, 25, 139
Goodyear (Brasil) 138
Grace 73, 145
Great Lakes Chemicals 256
Greenstone 126
Griffin 161, 173
Gruenenthal Chemie 119
Gulf 34, 150

H

Haarman & Reimer 203
Haas Corp. 83
Halcon 34, 35, 155
Haldor Topsoe 233
Hanwha 76
Hazard 202
Hebron 176
Hélios 136
Henkel 2, 54, 74, 92, 129
Henkel (Brasil) 180
Herbitécnica173
Hercules 23, 24, 34, 71, 73, 74, 154, 155, 202, 256
Hercules Powder Company- ver Hercules
Heringer 180
Himont 35, 71, 73
H.K. Mulford 106
Hoechst 1, 2, 10, 11, 13, 27, 30, 31, 34, 62, 71, 72,
        73, 74, 79, 80, 92, 102, 103, 104, 116, 128,
        129, 137, 145, 154, 155, 159, 176, 202, 203,
        204, 276
Hoechst (Brasil) 142, 163, 277
Hoechst Marion Roussel 74, 128, 143
Hoechst Marion Roussel (Brasil) 176

Hoechst Roussel Vet 74
Hoek Loos 276
Hoffmann-La Roche 104, 109, 112, 114, 117,
        120, 129, 139, 203
Holtrachem Manufacturies 235
Hostalen 73
Houdry 24, 34
Hüls 1, 2, 71, 74, 151, 195, 203, 277
Humble Oil 24
Huntsman 54, 73, 276
Hyundai 76

I

IAP 171
IBF 181
ICC 157, 170
ICI 2, 16, 17, 18, 19, 23, 26, 27, 28, 30, 31, 34, 35,
        54, 62, 69, 71, 72, 73, 79, 105, 115, 117, 118,
        120, 130, 135, 137, 147, 149, 153, 155, 202,
        203, 238, 240, 256, 276, 280
ICI do Brasil 136, 139, 143
Idemitsu 130, 161, 169
Idemitsu Technofine 130
Idrongal 148
Igarassú 213
IG Farben 11, 15, 16, 17, 18, 19, 21, 23, 24, 26, 27,
        28, 29, 30, 104, 116, 135, 202, 203
I. G. Farbenfabriken Aktiengesellschaft- ver IG
        Farben
Iharabras 181
Imbel 163
Imerys 1
Imhausen 34
Imperial Chemical Industries – ver ICI
Inbra 138
Indag 170
Ind. Brasileira de Pigmentos 148
Ind. Carboquímica Catarinense – ver ICC
Ind. de Fertilizantes de Cubatão 171
Ind. de Produtos Químicos Alca – ver Alca
Ind. de Tintas e Vernizes Super – ver Super
Indiana Powder 202
Ind. Química Anastácio 140
Ind. Química Mantiqueira 140
Inds. Andrade Latorre – ver Andrade Latorre
Inds. Nucleares do Brasil 147
Inds. Químicas Brasileiras Duperial – ver
        Duperial
Inds. Químicas Eletrocloro – ver Eletrocloro
Industrial Irmãos Lever 138
Indústrias Matarazzo de Energia 138
Indústrias Reunidas Francisco Matarazzo- ver

ÍNDICE DE PRODUTOS QUÍMICOS **301**

IRFM
Indústrias Votorantim- ver Votorantim
Ineos 1, 73, 75, 276
Ineos Acrylics 73, 243
Ingá 149
Innova 154, 169
Instituto Lorenzini 147
Instituto de Pesquisas Tecnológicas – ver IPT
Interessengemeinschaft der deutschen
 Teerfarbenfabriken 11, 15, 202
International Vitamin 112
Ipiranga (Grupo) 154, 161, 168, 169
Ipiranga Petroquímica 154, 155, 168, 169, 179,
 214
IPT 3
IQA - Indústrias Químicas Arujá 212
Iran National Petrochemical 76
IRFM 133, 140, 144, 146, 148
Isaac Saba 74, 149
ISK 72
Isocianatos 153,155, 161
Isopol 153, 168, 169, 173
Israel Chemicals 76
Italfarmaco 161
Itap 153
Itochu 152, 153, 155, 168, 169
Ives Pharmaceuticals 112

J

Janssen 113, 120, 139
Janssen-Cilag (Brasil) 139, 175
Japan Evolue 33
Jari Celulose 213
Jilin Chemical 76
John Grant 133
Johnson & Johnson 80, 112, 113, 123, 125, 127,
 129, 130, 139
Johnson & Johnson (Brasil) 138, 179
Johnson & Johnson – China 130
Johnson & Johnson – Merck Consumer Pharma-
 ceuticals 127
Jungbunzlauer 203, 206

K

Kalle 11, 202
Kellogg 34
Klabin 213
KMG Chemicals 83
Knoll (Brasil) 136
Knoll Pharmaceuticals 75, 129, 137
Koch 74, 272
Kodak 20

Kodak Brasileira 136, 179
Koppers 25
Koppers (Brasil) 146
Kordsa 77
Kosa 74
Kuwait Petrochemical 76
Kyowa Hakko Kogyo 203, 204

L

Laboratoires Mérieux 116
Laboratoires Roger Bellon 116
Laboratoires Sérobiologiques 129
Laboratório Bracco – Novotherapica 139
Laboratório Catarinense 136
Laboratório Neo-Química 144
Laboratório Procienx 147
Laboratório Teuto-Brasileiro 142
Laboratórios Aché- ver Aché
Laboratórios Baldacci 144
Laboratórios Biosintética 140
Laborratórios Connaught- ver Connaught
Laboratórios Farmacêuticos 176
Laboratórios Lederle- ver Lederle
Laboratórios Sintofarma 142
Laborterápica 143, 145
Laborterápica Bristol 141, 143, 145
Laflin and Rand 202
Lederle 108, 109
Les Établissements Poulenc 105, 106, 137
Levinstein 10, 14, 17
Libbs Farmacêutica 148
Linde 19, 135
Linde Air Products 19
Liquid Química 212
Liquipar 161
Lonza 204
L'Oréal 180
Luciplan 153
Lume (Grupo) 157
Lurgi 242
Lyondell 205, 208, 217, 244

M

Magnesium Development 202
Makhteshim-Agan 173
Manah 171, 179, 182
Mariani (Grupo) 153, 168
Marion (Brasil) 142
Marion Laboratories 124
Marion Merrell Dow 124, 129, 143
Marubeni (Grupo) 153, 155

Matarazzo – ver IRFM
McNeil Laboratories 113, 125
Mead Johnson (Brasil) 148
Mead and Johnson 113
Medichem Life Sciences 83
Medley 181
Melamina Ultra 153
Melco Chemical 21
Melhoramentos 134
Mercantil e Industrial Ingá – ver Ingá
Merck (Alemanha) 74, 118, 137, 204
Merck (EUA)- ver Merck Sharp & Dohme
Merck S. A. Inds. Químicas 136, 180
Merck Sharp & Dohme 106, 108, 109, 110, 111,
113, 115, 117, 122, 123, 126, 127, 128, 139,
147
Merck Sharp & Dohme (Brasil) 146, 180
Mercocítrico Fermentações 141
Merial 74
Merrell Drug 124
Messer Griesheim 74, 277
Metacril 169
Metallchemie 75
Metago 157
Metanor 153, 154, 155, 167, 168, 169
Methanex 73, 210
Miami Powder 202
Microchem 83
Milenia 173, 180
Miles Laboratories 124
Millennium (Brasil) 180, 213
Minancora 136
Mineira de Metais 213
Mitsubishi 33, 35, 153, 155, 156, 168, 169, 170,
240
Mitsubishi Chemical 54, 70, 129
Mitsubishi Gas 33, 153, 233, 243
Mitsubishi Kasei 33, 70, 92
Mitsubishi Oil 33
Mitsubishi Petrochemical 33, 70
Mitsubishi Plastics 33
Mitsubishi Rayon 33, 153, 243
Mitsui 33, 35
Mitsui (Brasil) – ver Fertilizantes Mitsui
Mitsui Chemicals 34, 54, 70
Mitsui Petrochemical 33, 70
Mitsui Pharmaceuticals 129
Mitsui Toatsu 33, 34, 70
Mobil 61, 69, 71, 203
Mobil Oil 24
Monsanto 1, 29, 34, 35, 61, 68, 72, 73, 74, 79, 124,
128, 129, 149, 176, 241, 247, 277

Monsanto (Brasil) 176, 179, 182, 277
Montecatini 27, 34
Montedison 35, 71, 73, 203
Montefina 71
Montell 71, 73, 74
Morro Velho 213
MSF 213
Multikarsa (Grupo) 74

N
Nadir Figueiredo 137
Nalco 212
National Carbon 19
National Distillers 151, 154, 155
National Starch 72, 73
Natura 179, 182
Naugatuck Chemical 26
Neste 1, 71
Nippon Gohsei 204
Nippon Shokubai 276
Nippon Zeon 33
Nissho Iwai 152, 153, 155, 156, 168, 169, 170
Nitriflex 154, 168, 169, 173
Nitrocarbono 153, 154, 155, 160, 168, 169, 181,
214
Nitroclor 154, 160, 161
Nitrofértil 156, 170, 171
Nitronor 160, 161
Nitro Química 134, 138, 142, 146, 181, 213
Nobel Industries 14, 17, 202
Nordesquim 153
Nordeste Química – ver Norquisa
Norquisa 137, 153, 159, 160, 161, 168
Norsk Hydro 62, 69, 171, 280
North Sea 71
North Western Powder 202
Nova Chemicals 280
Novartis 1, 72, 80, 128, 139, 141, 160, 175
Novartis (Brasil) 175, 176, 179, 182
Novartis Biociências 176
Noveon 1
Noviant 1
Novus 206
Nuclemon – ver Indústrias Nucleares do Brasil

O
O Boticário- ver Boticário
Occidental Petroleum 68
Odebrecht (Grupo) 154, 156, 168, 169
Odebrecht Química 168, 179, 182
OMV 203
OPP Petroquímica 168, 181, 214

ÍNDICE DE PRODUTOS QUÍMICOS **303**

OPP Polietilenos 181, 214
OPP Polímeros Avançados 181
OPP Química 154, 155, 168, 169, 170
Orgamol 83
Oriental Powder 202
Orion 134
Orquima 146
Ortho Pharmaceuticals 113, 125
Ouro Verde 181
Oxiteno 151, 153, 154, 155, 163, 168, 169, 179, 214
Oxiteno Nordeste 153, 160
Oxychem 155, 168

P

Paktank 276
Pan-Americana 144, 159, 213
Paraibuna 213
Parke-Davis 106, 107, 109, 113, 139
Parnaso (Grupo) 173
Paskin (Grupo) 153
Pasteur Mérieux 128
Pasteur Mérieux Connaught 74, 128
PCD Polymere 71
PdVSA 280
Peak Chemicals 83
Peixoto de Castro (Grupo) 147, 153, 155, 169
Pemex 76
Pequiven 76
Perez Companc (Grupo) 169
Perkin & Sons 10
Petresa 153, 155, 168
Petroaplub 154
Petrobras 135, 139, 145, 147, 148, 149, 150, 151, 156, 157, 169, 170, 171, 213, 214
Petrobras Química Fertilizantes 156
Petrocoque 154, 155, 167
Petrofértil 156, 157, 170, 171
Petrofina 203
Petroflex 154, 168, 169, 180, 214
Petroleos de Venezuela S.A. – ver PdVSA
Petrom 169
Petromisa 157, 170
Petropar 154
Petroplastic 154, 155, 169
Petroplus 73
Petroquímica da Bahia 153, 155, 161
Petroquímica do Sul – ver Copesul
Petroquímica Triunfo 154, 155, 167, 169, 180, 214
Petroquímica União 151, 154, 155, 162, 167, 168, 169, 179, 214, 217

Petroquisa 150, 151, 152, 153, 154, 155, 156, 159, 161, 167, 168, 169, 224, 225, 226
Petrorio 154
Peyton Chemical 202
Pfizer 108, 109, 111, 113, 118, 122, 123, 125, 127, 129, 147, 204
Pfizer (Brasil) 146, 175, 180
Pharmacia 1, 128, 129, 149, 176
Pharmacia Brasil 176
Pharmacia & Upjohn 74, 128, 129, 149, 176
Pharmacia & Upjohn (Brasil) 176
Phenolchemie 75
Phillips – ver Phillips Petroleum
Phillips Petroleum 34, 72, 73, 150, 151, 156, 203
Pirelli 137
Pirelli (Brasil) 136
Plásticos Plavinil- ver Plavinil
Plavinil 144
Plough 149
Polialden 153, 154, 155, 160, 168, 169, 180, 214
Polibrasil 151, 153, 154, 155, 168, 169, 180, 214
Policarbonatos 161, 169, 212
Poliderivados 154
Polietilenos União 151, 155, 169
Polifiatex 153, 155
Poliolefinas 151, 154, 155
Polipropileno 153, 154, 155, 160
Polisul 154, 155
Politeno 153, 154, 155, 160, 168, 169, 180, 214
Poly Carbon 83
Polyenka 181
PolyOne 256
Powers, Weightman Rosengarten 110
PPG 34, 54, 73
PPH 154, 155
PQU- ver Petroquímica União
Praxair 80, 203, 276
Prest-O-Lite 19, 20
Prochrom 161, 173
Procter & Gamble 3
Procter & Gamble (Brasil) 180
Prodome 139, 147, 181
Profértil 213
Pronor 153, 154, 155, 160, 161, 169, 173
Proppet 153
Prosint 169, 240
Pullman 34

Q

Qatar Fertilizers 76
QGN 161, 173, 212
Quantum 203

304 PEDRO WONGTSCHOWSKI

Queiroz, Moura & Cia. 133
Quest 72, 73
Quimanil 149
Quimbrasil 134, 146, 148
Química da Bahia 160, 161, 163, 173
Química Geral do Nordeste- ver QGN
Quiminvest 214
Quimisintesa Prods. Químicos 176

R

Raychem 34
Read Holliday & Sons 17
Reckitt Benckiser (Brasil) 179
Refinações de Milho Brasil 138
Refinaria de Petróleo Manguinhos 146
Refinaria e Exploração de Petróleo União 146, 150
Refinaria Ipiranga 138
Refinaria Nacional de Petróleo 144
Reichel Laboratories 112
Reliance 76, 77
Renner – ver Tintas Renner
Resana 142
Rheinische Olefin Werke – ROW 73
Rhodia 54, 74, 134, 137, 139, 145, 147,149, 151, 155, 156, 161, 206, 256
Rhodia (Brasil) 134, 136, 137, 146, 148, 151, 153, 159, 162, 163, 174, 179, 182, 214
Rhodiaceta 138
Rhodiaco 156, 170
Rhodia Indústrias Químicas e Têxteis – ver Rhodia (Brasil)
Rhodia Nutrição Animal 161
Rhodia Pharma (Brasil) 176
Rhodia-ster 156, 170
Rhodosa 148
Rhône-Poulenc 1, 31, 62, 69, 70, 72, 74, 79, 102, 105, 106, 115, 116, 120, 129, 134, 137, 143, 176, 204, 206
Rhône-Poulenc Agro 74
Rhône-Poulenc Animal Nutrition 74
Rhône-Poulenc Rorer 74, 128, 129
Richardson Vick 124
Rilsan Brasileira 144
Rio Polímeros 154, 167
R. Montesano – ver Tintas e Vernizes R. Montesano
Rocha Miranda (Grupo) 153
Roche 114, 124, 129, 204
Roche (Brasil) 138, 175, 179
Roerig 127
Rohm & Haas 34, 72, 80, 203, 205, 256

Rohm & Haas (Brasil) 180
Roquette Frères 206
Rorer 129
Roussel Uclaf 143
Rubber Reserve Company 25
Rupturita 141
Rütgers 73

S

Sabanci 77, 153
Sabic 54, 76, 77
S.A. Cortume Carioca – ver Cortume Carioca
S.A. Fábricas Orion – ver Orion
S.A. Indústrias Votorantim- ver Votorantim
S.A. Inds. Reunidas F. Matarazzo- ver IRFM
Saint Gobain 134
Salgema 134, 154, 156, 158, 160, 161, 163, 217
Sanbra 134
San-dia 1
Sandoz 1, 72, 85, 104, 114, 128, 139, 141, 160, 176, 277
Sandoz (Brasil) 140
Sanofi 128
Sanofi do Brasil 176, 180
Sanofi-Synthélabo 128
Sanofi-Synthélabo (Brasil) 175, 176, 212
Sanofi Winthrop 176
Santa Marina – ver Vidraria Santa Marina
Sasol 76
S.A. White Martins – ver White Martins
Schering 72, 74, 116, 118, 127, 129, 137, 149
Schering do Brasil 136, 175, 180
Schering-Plough 122, 123, 139, 149
Schering-Plough do Brasil 139, 148, 175, 180
Searle 73, 106, 118, 122, 123, 124, 129
Searle (Brasil) 148, 176
Sensient 1
Serrana – ver Fertilizantes Serrana
Sewon 203, 204
SGL Carbon 203
Shangai Petrochemical 76
Sharp and Dohme 106, 109
Shell 2, 18, 21 22, 24, 31, 34, 35, 54, 66, 71, 72, 73, 77, 155, 203, 205, 217, 240, 243, 272, 276, 280
Shin-Daiichi Vinyl 33
Shin-Etsu 256
Showa Denko 35
Silinor 161
Sino American Shangai/Squibb 130
Sinopec 54, 70, 76
SKW 2, 75

ÍNDICE DE PRODUTOS QUÍMICOS 305

SKW Piesteritz 75
SKW Trostberg- ver SKW
SmithKline 1, 128, 161
SmithKline and French 106, 117, 118, 122, 123, 124
SmithKline Beecham 66, 122, 127, 128, 143, 176
SmithKline Beecham Brasil 176
SmithKline do Nordeste 161
SmithKline Enila 161
Snia Viscosa 147
Soares Sampaio (Grupo) 147, 150
Sociedade Produtos Químicos L. Queiroz 133
Société Anonyme du Gaz de Rio de Janeiro 140
Société Chimique des Usines du Rhône 106, 137
Socony Vacuum 24
SOD – ver Standard Oil Development
Sohio – ver Standard Oil of Ohio
Solorrico 171, 180
Solutia 1, 73, 129, 242, 243, 277
Solutia (Brasil) 277
Solvay 69, 71, 80, 134, 135, 141, 143, 145, 151, 159, 163, 170, 203, 276
Solvay Indupa 170, 180, 213, 214
Solvay Polietileno 170, 214
Solvias 1
Solvin 1, 276
Specia 106
Sphinx Pharmaceuticals 129
SPI Brasil 173
Squibb 106, 109, 113, 123, 124, 141, 143
Squibb (Brasil) 140, 143
Standard Asphalt 25
Standard Oil 19, 21
Standard Oil Development 21
Standard Oil of New Jersey 21, 24, 25
Standard Oil of Ohio 34, 241, 247
Statoil 71, 242
Stauffer 34, 72
Sterling 118, 122, 123
Sterling Chemicals 201
St. Gobain- ver Saint Gobain
Sudamericana de Fibras 153, 155
Süd-Chemie 242
Sugen 129
Sumitomo 33, 62, 72, 147, 152, 153, 155, 168, 169, 240
Sumitomo Chemical 33, 34, 54, 256
Sumitomo Mitsui Polyolefin 34
Super 140
Suzano (Grupo) 153, 154, 155, 168, 169
Svaloff 129
Symyx Technologies 281

Synetix 73
Syngenta 1, 54, 72
Syntechrom-Heubach do Brasil 147
Syntex 111, 129
Synthélabo 128, 176
Synthélabo Espasil 176

T

Taiyo Vinyl 33
Takeda 62, 204
Takenaka 171
Targor 71, 73, 74
Tate & Lyle 82, 141
Terra 73
Tetrâmero- ver Empresa Brasileira de Tetrâmero
The Collaborative Group 129
Theraplix 116
Th.Goldschmidt 2, 75
Thomas de La Rue 143
Ticona 2, 277
Tintas Coral 134, 148, 179
Tintas e Vernizes R. Montesano 146
Tintas Renner 180, 182
Tokuyama 33
Tokyo Tanabe Pharmaceutical 129
Toray 54, 62
Tortuga 180
Tosco 72
Tosoh Chemical 33
TotalFina 77
TotalFinaElf 2, 31, 54
3M 179
Trevira 74
Triaquímica 161
Trikem 159, 168, 170, 181, 213, 214, 217, 226

U

Ucar 181, 203
Ultra (Grupo) 150, 151, 153, 155, 156
Ultrafértil 156, 157, 170, 171, 180, 213, 214
Ultraquímica 169
Una (Grupo) 153
União Química Farmacêutica 138
Unichema – ver Uniqema
Unigel (Grupo) 147, 151, 153, 168, 169
Unilever 2, 73, 80, 139
Unimauá 149
Union Carbide 1, 2, 19, 20, 25, 26, 29, 34, 35, 54, 61, 65, 66, 68, 71, 72, 75, 134, 150, 155, 168, 203, 206, 241, 245, 280
Union Carbide (Brasil) 135, 142, 150,151, 159, 163, 170, 180, 214

Unipar – União de Inds. Petroquímicas 150, 151, 154, 155, 161, 168, 169, 170, 181
Uniqema 72, 73
Unirhodia 161
Uniroyal 25
Uniroyal (Brasil) 149
United Alkali 17, 19, 202
United Carbide and Carbon 19
Univation Technologies 65, 66
Universal 155
Universal Oil Products 25, 35, 245
UOP – ver Universal Oil Products
Upjohn 1, 106, 109, 118, 122, 123, 125, 126, 128, 130
USI 34
Usiminas 213
Usina Colombina 136
Usina Victor Sence 146, 159, 163
U.S. Rubber 25

Vacuum Oil 24
Vale do Rio Doce – ver Cia. Vale do Rio Doce
Valefértil 157
Valep – Mineração Vale do Paranaíba 157
Vantico 1
Veba 74, 75, 203, 280
Velsicol 72
Vestolen 71
Vianova 277
Victor Sence – ver Usina Victor Sence
Vicunha (Grupo) 147
Vidraria Santa Marina 134
Vila Velha 170

Virgínia Química 161
Vista Chemical 201
Votorantim 134, 139, 141, 142, 143, 147
Vulcan 145

Wacker 34
Warner-Lambert 80, 112, 113, 122, 123, 125, 127, 129, 139, 147
Weiler-ter-Meer 11, 15, 202
Wellcome- ver Burroughs Wellcome
West Point Pharma 126
Westwood Pharmaceuticals 113
White Laboratories 127
White Martins 134, 179, 182
Wintech 1
Winthrop 109
Witco 276
W.R. Grace – ver Grace
Wyandotte 34
Wyeth 112, 145
Whitehall-Pharmacal 112
Wyeth-Whitehall (Brasil) 179

X
Xian-Janssen 130

Zambom 149
Zambom (Brasil) 148
Zeneca 72, 80, 129, 130, 176
Zeneca (Brasil) 180